高职高专机械类专业系列教材

机械工程材料及成形工艺基础

主　编　张至丰
副主编　罗建军　罗晓晔　李志宏
参　编　万金彪　刘雪华　王桂荣　宫成立
　　　　李淑清　曲爱玲　于艳丽
主　审　严绍华

机 械 工 业 出 版 社

本书是依据教育部颁布的"高职高专教育工程材料与成形工艺基础课程教学要求",总结高职高专教学改革成果,结合参编人员多年教学实践经验编写的。

　　本书共分 13 章,系统阐述了金属材料的力学性能,金属学基础知识,钢的热处理,常用金属材料,非金属材料与复合材料,铸造、锻压、焊接的成形工艺,机械零件的毛坯成形综合选材与工艺路线等内容。每章后附有思考题与练习题。本书的材料牌号、单位、名词术语等均采用国家新标准。

　　本书为高职高专院校机械类、近机械类专业教材,也适合职工大学、业余大学、中等专业学校选用,也可供有关工程技术人员参考。

　　本书配有电子课件,凡选用本书作为教材的老师,均可登录机械工业出版社教育服务网 www.cmpedu.com 注册后免费下载。咨询电话:010-88379375。

图书在版编目(CIP)数据

机械工程材料及成形工艺基础/张至丰主编. —北京:机械工业出版社,2007.3(2024.1重印)
高职高专机械类专业系列教材
ISBN 978-7-111-20954-6

Ⅰ. 机… Ⅱ. 张… Ⅲ. 机械制造材料-成形-工艺-高等学校:技术学校-教材 Ⅳ. TH14

中国版本图书馆 CIP 数据核字(2007)第 025122 号

机械工业出版社(北京市百万庄大街 22 号 邮政编码 100037)
责任编辑:王海峰 于奇慧 版式设计:霍永明 责任校对:吴美英
责任印制:常天培

固安县铭成印刷有限公司印刷

2024 年 1 月第 1 版 · 第 16 次印刷
184mm×260mm · 18.75 印张 · 462 千字
标准书号:ISBN 978-7-111-20954-6
定价:49.80 元

电话服务		网络服务		
客服电话:010-88361066		机 工 官 网:www.cmpbook.com		
	010-88379833	机 工 官 博:weibo.com/cmp1952		
	010-68326294	金 书 网:www.golden-book.com		
封底无防伪标均为盗版		机工教育服务网:www.cmpedu.com		

前　　言

　　本教材是根据教育部制定的"高职高专教育工程材料与成形工艺基础课程教学基本要求",根据培养生产第一线需要高等技术应用型人才为目标要求,结合近年高职高专院校教改经验和教学实践,组织教学一线的教师编写的。

　　"机械工程材料及成形工艺基础"是一门重要的技术基础课。本教材在内容和体系上进行了较大改革,删除了传统成形工艺的陈旧内容,突出了成形工艺方法与之相关主要设备的基本原理,着重以培养分析零件结构工艺性和选择成形工艺方法的基本素质为主线,大幅度增加了新材料、新工艺、新技术的内容,对各种材料成形工艺方法进行了归纳总结。教材中引入了一部分工艺设计常用资料,突出了其实用性与综合性,既考虑到便于课后使用,又有利于学生自学。本教材名词术语等均采用最新国家标准。各章都附有难度不等的思考题与练习题,以满足不同课时教学的要求,供不同层次学生复习使用。

　　本教材可作为高职高专院校机械类、近机械类专业用教材,也可供有关工程技术人员参考。使用教材时可结合各专业的具体情况进行调整,有些内容可供学生自学。

　　参加本教材编写的有杭州职业技术学院张至丰、罗晓晔、王桂荣,福建工程学院刘雪华,江西机电职业技术学院罗建军、于艳丽,温州职业技术学院万金彪,四川工程职业技术学院李志宏,沈阳职业技术学院官成立、李淑清,北京汽车工业学校曲爱玲。本书由张至丰任主编,罗建军、罗晓晔、李志宏任副主编。

　　本教材特聘清华大学严绍华教授担任主审。严教授对书稿内容提出了许多宝贵意见,对此,谨致诚挚的谢意。

　　参加本教材审稿的还有杭州电子科技大学何发昌教授、福建工程学院陈抗生副教授,在此一并表示衷心的感谢。

　　由于我们水平有限,书中难免有不妥之处,恳请读者批评指正。

编　者

常用符号表

$\sigma_{p0.01}$	规定非比例拉伸应力	Ld′	变态莱氏体
σ_s	屈服点	A_1	共析转变平衡相变点
$\sigma_{0.2}$	屈服强度	A_3	铁素体⇌奥氏体转变点
σ_b	抗拉强度（强度极限）	A_{cm}	奥氏体析出或溶入渗碳体的平衡相变点
σ_{-1}	对称循环载荷下测定的疲劳极限	Ac_1、Ac_3、Ac_{cm}　加热时的相变点	
δ	伸长率；板料厚度	Ar_1、Ar_3、Ar_{cm}　冷却时的相变点	
δ_5	短试样（$l_0 = 5d_0$）伸长率	v_k	临界冷却速度
δ_{10}	长试样（$l_0 = 10d_0$）伸长率	S	索氏体（细珠光体）
Ψ	断面收缩率	T	托氏体（极细珠光体）
A_K	冲击吸收功	B	贝氏体
HBW	布氏硬度	M	马氏体
HRA	洛氏 A 标度硬度	M_e	合金元素
HRB	洛氏 B 标度硬度	M_s	马氏体转变开始温度
HRC	洛氏 C 标度硬度	M_f	马氏体转变终止温度
HV	维氏硬度	CE	碳当量
L	液相、液态、液体	IT	尺寸精度
T 或 t	温度	CT	尺寸公差等级
$T_{再}$	热力学温度表示的金属再结晶温度	MA	加工余量等级
N	结晶过程中的形核率	R_a	表面粗糙度
G，G	结晶过程中的线长大速度；石墨	MPa	强度单位
w_C	碳的质量分数	m	拉深系数
F，F	铁素体；载荷	τ	切应力
A	奥氏体	K	热力学温度
A′	残留奥氏体	Y	锻造比
Fe_3C	渗碳体	ρ	材料密度
P	珠光体	Z	凸凹模间隙
Ld	莱氏体		

目 录

前言
常用符号表
绪论 ……………………………………… 1
第一章 金属材料的力学性能 …………… 2
  第一节 强度与塑性 …………………… 2
    一、拉伸试验 ………………………… 2
    二、强度 ……………………………… 3
    三、塑性 ……………………………… 4
  第二节 硬度 …………………………… 4
    一、布氏硬度试验 …………………… 4
    二、洛氏硬度试验 …………………… 5
    三、维氏硬度试验 …………………… 6
  第三节 冲击韧度 ……………………… 7
    一、冲击试验方法与原理 …………… 7
    二、冲击试验的实际意义 …………… 8
  第四节 疲劳 …………………………… 9
    一、疲劳概念 ………………………… 9
    二、疲劳曲线与疲劳极限 …………… 9
    三、提高材料疲劳极限的途径 …… 10
  第五节 断裂韧度 …………………… 10
    一、裂纹扩展的基本形式 ………… 10
    二、应力场强度因子 K_I ………… 10
    三、断裂韧度 K_{Ic} 及其应用 …… 11
  思考题与练习题 …………………… 11
第二章 纯金属与合金的晶体结构 …… 13
  第一节 纯金属的晶体结构 ………… 13
    一、晶体与非晶体 ………………… 13
    二、晶体结构的基本知识 ………… 13
    三、金属特性和金属键 …………… 14
    四、常见金属晶格类型 …………… 14
    五、晶体结构致密度 ……………… 15
    六、晶面与晶向 …………………… 16
  第二节 合金的晶体结构 …………… 17
    一、合金的基本概念 ……………… 17
    二、合金的相结构 ………………… 17
  第三节 金属的实际晶体结构 ……… 20
    一、单晶体与多晶体 ……………… 20

    二、晶体中的缺陷 ………………… 20
  思考题与练习题 …………………… 22
第三章 纯金属与合金的结晶 ………… 23
  第一节 纯金属的结晶 ……………… 23
    一、纯金属的冷却曲线和过冷现象 … 23
    二、纯金属的结晶过程 …………… 24
    三、晶粒大小对金属力学性能的影响 … 24
    四、同素异构转变 ………………… 24
  第二节 合金的结晶 ………………… 25
    一、二元合金相图的建立 ………… 25
    二、匀晶相图 ……………………… 26
    三、共晶相图 ……………………… 27
    四、共析相图 ……………………… 30
    五、合金性能与相图间关系 ……… 30
  思考题与练习题 …………………… 31
第四章 铁碳合金相图 ………………… 32
  第一节 铁碳合金的基本相 ………… 33
    一、铁素体 ………………………… 33
    二、奥氏体 ………………………… 34
    三、渗碳体 ………………………… 34
  第二节 铁碳合金相图分析 ………… 34
    一、相图中各点分析 ……………… 34
    二、相图中各线分析 ……………… 35
    三、铁碳合金分类 ………………… 36
  第三节 典型铁碳合金的平衡结晶过程 … 36
    一、合金 I（共析钢） …………… 36
    二、合金 II（亚共析钢） ………… 37
    三、合金 III（过共析钢） ………… 38
    四、合金 IV（共晶白口铸铁） …… 39
    五、合金 V（亚共晶白口铸铁） … 40
    六、合金 VI（过共晶白口铸铁） … 40
  第四节 铁碳合金的成分、组织与
           性能间的关系 ……………… 41
    一、碳的质量分数对平衡组织的影响 … 41
    二、碳的质量分数对力学性能的影响 … 41
    三、碳的质量分数对工艺性能的影响 … 42
  思考题与练习题 …………………… 43
第五章 钢的热处理 …………………… 45

第一节　钢在加热时的组织转变 …… 45
　一、奥氏体的形成 …………………… 45
　二、奥氏体晶粒长大及其控制 ……… 46
第二节　钢在冷却时的组织转变 …… 48
　一、过冷奥氏体的等温转变 ………… 48
　二、过冷奥氏体的连续冷却转变 …… 50
　三、马氏体转变 ……………………… 52
第三节　钢的退火与正火 …………… 54
　一、退火 ……………………………… 54
　二、正火 ……………………………… 56
　三、退火和正火的选择 ……………… 56
第四节　钢的淬火 …………………… 56
　一、钢的淬火工艺 …………………… 57
　二、淬火方法 ………………………… 57
　三、钢的淬透性与淬硬性 …………… 59
第五节　钢的回火 …………………… 60
　一、回火的目的 ……………………… 61
　二、淬火钢在回火时的组织转变 …… 61
　三、回火的种类与应用 ……………… 61
　四、回火脆性 ………………………… 62
第六节　钢的表面淬火 ……………… 62
　一、感应加热表面淬火的基本原理 … 63
　二、感应加热表面淬火用钢及其应用 … 63
　三、感应加热表面淬火的特点 ……… 63
第七节　钢的化学热处理 …………… 64
　一、渗碳 ……………………………… 64
　二、渗氮 ……………………………… 66
　三、钢的碳氮共渗 …………………… 67
第八节　表面气相沉积 ……………… 67
　一、表面气相沉积的方法 …………… 67
　二、表面气相沉积的应用 …………… 68
思考题与练习题 ……………………… 69

第六章　常用钢材及选用 ………… 70
第一节　钢的分类与编号 …………… 70
　一、钢的分类 ………………………… 70
　二、钢的编号 ………………………… 71
第二节　钢中常存杂质元素的影响 … 72
　一、硅的影响 ………………………… 72
　二、锰的影响 ………………………… 72
　三、硫的影响 ………………………… 72
　四、磷的影响 ………………………… 72
第三节　合金元素在钢中的作用 …… 72
　一、合金元素在钢中的存在形式 …… 73

　二、合金元素对铁碳合金相图的影响 …… 74
　三、合金元素对钢的热处理的影响 …… 75
第四节　结构钢 ……………………… 77
　一、工程结构用结构钢 ……………… 77
　二、机器零件用结构钢 ……………… 80
　三、其他结构钢 ……………………… 91
第五节　工具钢 ……………………… 94
　一、刃具钢 …………………………… 94
　二、模具钢 …………………………… 100
　三、量具钢 …………………………… 104
第六节　特殊性能钢 ………………… 105
　一、不锈钢 …………………………… 105
　二、耐热钢 …………………………… 108
　三、耐磨钢 …………………………… 110
思考题与练习题 ……………………… 111

第七章　铸铁 ……………………… 113
第一节　铸铁的石墨化 ……………… 113
　一、铁碳合金双重相图 ……………… 113
　二、石墨化过程及影响因素 ………… 114
第二节　灰铸铁 ……………………… 115
　一、灰铸铁的化学成分、组织和性能 …… 116
　二、灰铸铁的孕育处理 ……………… 117
　三、灰铸铁的牌号和应用 …………… 117
　四、灰铸铁的热处理 ………………… 118
第三节　球墨铸铁 …………………… 118
　一、球墨铸铁的化学成分、组织
　　　和性能 …………………………… 118
　二、球墨铸铁的牌号和应用 ………… 120
　三、球墨铸铁的热处理 ……………… 120
第四节　蠕墨铸铁 …………………… 122
　一、蠕墨铸铁的化学成分、组织
　　　和性能 …………………………… 122
　二、蠕墨铸铁的牌号和应用 ………… 122
　三、蠕墨铸铁的热处理 ……………… 123
第五节　可锻铸铁 …………………… 123
　一、可锻铸铁的化学成分和组织 …… 123
　二、可锻铸铁的牌号、性能和应用 …… 124
第六节　合金铸铁 …………………… 125
　一、耐磨铸铁 ………………………… 125
　二、耐热铸铁 ………………………… 125
　三、耐蚀铸铁 ………………………… 126
思考题与练习题 ……………………… 126

第八章　非铁金属及粉末冶金材料 …… 128

第一节 铝及铝合金 …………… 128
一、工业纯铝 …………… 128
二、铝合金的分类 …………… 128
三、铝合金的热处理 …………… 129
四、变形铝合金 …………… 129
五、铸造铝合金 …………… 131
第二节 铜及铜合金 …………… 134
一、工业纯铜 …………… 134
二、黄铜 …………… 134
三、青铜 …………… 135
第三节 轴承合金 …………… 138
一、对轴承合金性能的要求 …………… 138
二、轴承合金的组织特征 …………… 138
三、常用轴承合金 …………… 139
第四节 粉末冶金材料 …………… 140
一、粉末冶金工艺简介 …………… 141
二、粉末冶金材料的应用 …………… 141
思考题与练习题 …………… 143

第九章 非金属材料及成形 …………… 145
第一节 高分子材料 …………… 145
一、基本概念 …………… 145
二、高分子化合物的合成 …………… 146
三、高分子材料的分类与命名 …………… 147
四、工程塑料 …………… 148
第二节 陶瓷材料 …………… 153
一、陶瓷材料的分类 …………… 153
二、陶瓷材料的性能特点 …………… 153
三、常用陶瓷的种类、性能和应用 …………… 154
第三节 复合材料 …………… 155
一、复合材料的分类 …………… 155
二、复合材料的性能 …………… 155
三、复合材料的制造方法 …………… 156
四、常用复合材料及其应用 …………… 157
第四节 纳米材料及功能材料 …………… 158
一、纳米材料 …………… 158
二、超导材料 …………… 161
三、储氢合金 …………… 163
四、形状记忆合金 …………… 164
五、非晶态合金 …………… 165
思考题与练习题 …………… 166

第十章 铸造成形工艺 …………… 167
第一节 合金的铸造性能 …………… 168
一、合金的流动性 …………… 168

二、合金的收缩性 …………… 169
第二节 砂型铸造工艺设计 …………… 172
一、造型方法的选择 …………… 172
二、浇注位置与分型面的选择 …………… 173
三、铸造工艺参数的确定 …………… 177
四、型芯的设计 …………… 179
五、铸造工艺设计举例 …………… 180
第三节 特种铸造 …………… 182
一、熔模铸造 …………… 183
二、金属型铸造 …………… 184
三、压力铸造 …………… 185
四、低压铸造 …………… 186
五、离心铸造 …………… 187
六、实型铸造 …………… 188
七、常用铸造方法的比较 …………… 189
第四节 铸件结构设计 …………… 190
一、铸件质量对铸件结构的要求 …………… 190
二、铸造工艺对铸件结构的要求 …………… 193
第五节 铸件质量与成本分析 …………… 196
一、铸件的主要缺陷及其防止措施 …………… 196
二、铸件成本分析 …………… 197
思考题与练习题 …………… 198

第十一章 锻压成形工艺 …………… 200
第一节 金属的塑性变形 …………… 200
一、金属塑性变形的实质 …………… 200
二、金属的冷塑性变形、回复
及再结晶 …………… 202
三、锻造流线及锻造比 …………… 204
四、金属的锻造性能 …………… 205
第二节 坯料加热和锻件冷却 …………… 206
一、坯料的加热 …………… 206
二、锻件的冷却 …………… 207
第三节 自由锻 …………… 207
一、自由锻设备 …………… 207
二、自由锻的基本工序 …………… 208
三、自由锻工艺规程的制订 …………… 210
四、自由锻锻件结构工艺性 …………… 216
第四节 模锻 …………… 217
一、锤上模锻 …………… 217
二、胎模锻 …………… 221
三、压力机上模锻 …………… 223
第五节 板料冲压 …………… 225
一、板料冲压的基本工序 …………… 226

二、板料冲压件的结构工艺性 ………… 228
三、冲模的分类和构造 ………… 230
第六节 其他压力加工工艺 ………… 231
一、精密模锻 ………… 231
二、挤压成形 ………… 232
三、轧制成形 ………… 233
四、压力加工新工艺 ………… 235
第七节 锻件质量与成本 ………… 237
一、锻件质量 ………… 237
二、锻件成本 ………… 238
思考题与练习题 ………… 239

第十二章 焊接成形工艺 ………… 242
第一节 电弧焊 ………… 242
一、焊接电弧 ………… 242
二、电弧焊的冶金特点 ………… 243
三、焊条电弧焊 ………… 243
四、埋弧焊 ………… 245
五、气体保护焊 ………… 247
第二节 焊接质量及其控制 ………… 248
一、焊接接头的组织与性能 ………… 248
二、焊接应力和变形 ………… 249
三、焊接缺陷及质量检验 ………… 252
第三节 其他焊接方法 ………… 253
一、电渣焊 ………… 253
二、电阻焊 ………… 254
三、钎焊 ………… 255
四、等离子弧焊与切割 ………… 256
五、电子束焊 ………… 257
六、激光焊接与切割 ………… 258
七、摩擦焊 ………… 258
八、常用焊接方法比较与选用 ………… 259
第四节 常用金属材料的焊接 ………… 260
一、金属材料的焊接性 ………… 260
二、碳素结构钢和低合金高强度
结构钢的焊接 ………… 260
三、不锈钢的焊接 ………… 261
四、铸铁的焊补 ………… 261

五、非铁金属（有色金属）的焊接 …… 262
第五节 焊接结构工艺性 ………… 263
一、焊接结构材料的选择 ………… 263
二、焊缝的布置 ………… 263
三、焊接接头的设计 ………… 265
思考题与练习题 ………… 268

第十三章 机械零件的毛坯成形综合
选材及工艺路线分析 ……… 270
第一节 零件与工具的失效方式 ………… 270
一、变形失效 ………… 270
二、断裂失效 ………… 271
三、表面损伤失效 ………… 271
第二节 选用材料的一般原则 ………… 272
一、材料的使用性能 ………… 272
二、材料的工艺性能 ………… 272
三、材料的经济性 ………… 273
第三节 毛坯成形综合选材 ………… 273
一、毛坯的类型 ………… 273
二、毛坯类型选择的依据 ………… 275
三、常用零件的材料及毛坯选择 ………… 276
第四节 热处理的技术条件、工序位置
与结构工艺性 ………… 277
一、热处理的技术条件 ………… 277
二、热处理工序位置的安排 ………… 277
三、热处理零件的结构工艺性 ………… 279
第五节 典型零件的选材及工艺
路线分析 ………… 280
一、齿轮 ………… 280
二、轴类 ………… 282
第六节 典型工具的选材及工艺
路线分析 ………… 284
一、手用丝锥 ………… 284
二、冷作模具 ………… 285
思考题与练习题 ………… 288

参考文献 ………… 290

绪　　论

机械工程材料及其成形工艺基础是一门研究材料成形方法的技术基础课。作为机械类及近机类各专业的主干课程之一，本课程在奠定专业基础、拓宽知识面、提高综合素质方面起着重要作用。

在机械制造工艺过程中，通常是先用铸造、锻压、焊接、非金属材料成形等方法制成毛坯，再经切削加工得到所需零件，为了改善零件某些性能，常要进行热处理，最后将零件装配成机械设备。因此，这些成形方法是各类机械制造生产中不可缺少的重要环节。

工程材料及其成形工艺是人类长期在生产实践中发展起来的一门科学。我国是世界上应用铜、铁最早的国家。远在新石器时代（距今6000多年）开始，就已会冶炼和应用黄铜。至商周时期，青铜冶炼、铸造技术已达到很高水平。如当时铸造的重达875kg的祭品司母戊鼎，外形尺寸133cm×78cm×110cm，是迄今世界上最古老的大型青铜器。战国时期开始大量使用铁器，广泛应用于辘轳、滑轮、绞车以及各种兵器、战车和战船中。秦汉时期，金属材料的冶铸、锻焊技术已达到相当高的水平，出现了齿轮和链条等传动系统。从秦公一号墓出土的铁铲、铁杈，比世界上其他国家发现的最早铁器工具要早1800多年。与此同时，我国劳动人民在长期的生产实践中，总结出一套较完整的金属加工工艺经验。如先秦时代的《考工记》、宋代沈括的《梦溪笔谈》、明代宋应星的《天工开物》等著作中，都记载了冶炼、铸造、锻焊、淬火等各种金属加工方法。尤其是《天工开物》，可谓是一部金属材料加工工艺的"百科全书"，是世界上最早的金属加工工艺科学著作。

新中国成立后，特别是改革开放以来，我国科学技术突飞猛进的发展，2005年钢铁年产量达到了3亿t，居世界第一位，有力地推动了我国机械制造、矿山冶金、交通运输、石油化工、电子仪表、航天航空等现代化工业的发展，同时，现代化的机械制造先进技术在我国已得到了广泛的应用。

机械工程材料及其成形工艺基础课程是一门综合性的技术基础课，是机械类、近机类各专业的必修课。其特点一是课程内容的广泛性、综合性、工艺方法的多样性；另一特点是实践性很强。课堂内容不但涉及金属材料、非金属材料及其成形工艺，而且和质量检验、经济性紧密联系，其工艺既可以单独应用，也可以优化组合。其评价标准，在满足性能的前提下，视经济效益高低而定。本课程的讲授内容，来自生产实际和科学实验总结。为此，要特别注意联系生产实际。

本课程的任务是使学生获得有关工程结构和机器零件常用金属材料、非金属材料主要性能特点，成形工艺特点，应用范围，合理选择毛坯材料的知识，初步掌握常用工程材料的成形工艺方法及工艺分析的能力，掌握毛坯结构工艺性并具有设计毛坯和零件结构的初步能力。

学习本课程时，在内容上既要注意理解基本概念、基本原理，又要注意工艺特点，逐步熟悉常用技术名词、符号、常用材料牌号和必要的工艺参数。在理论学习外，还要注意密切联系生产实际。本课程的实践性强，必须在金工教学实习、参观中获得感性认识的基础上进行课堂教学，才能收到预期效果。课堂中有些工艺知识等内容，尚需在后续课程教学、课程设计、毕业设计中提高，才能较好地掌握和运用。

第一章 金属材料的力学性能

为了正确地使用金属材料，应充分了解和掌握金属材料的性能。金属材料的性能包括使用性能和工艺性能。使用性能是指为保证机械零件能正常工作，金属材料应具备的性能，包括力学性能、物理性能（如电学性能、磁学性能及热学性能等）、化学性能（如耐蚀性、抗氧化性等）。工艺性能是指在制造机器零件过程中，金属材料适应各种冷、热加工工艺要求的能力，包括铸造性能、锻造性能、焊接性能、热处理性能和切削加工性等。

机械零件在使用过程中，要受到各种载荷的作用，金属材料在载荷作用下，所反映出来的性能，称为力学性能。力学性能包括强度、塑性、硬度、冲击韧度、疲劳极限、断裂韧度等，它们是设计机械零件选材时的重要依据。

第一节 强度与塑性

一、拉伸试验

金属材料的强度和塑性指标可以通过拉伸试验测定。

1. 拉伸试样

国家标准 GB/T 228—2002 对试样的形状、尺寸及加工要求均有规定，图 1-1a 所示为圆柱形拉伸试样。

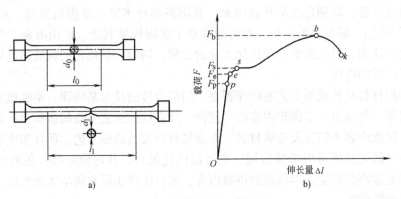

图 1-1 拉伸试样与力-伸长曲线
a) 拉伸试样 b) 力-伸长曲线

图中 d_0 为试样直径，L_0 为原始标距。根据标距与直径之间有关系，试样可分为长试样（$L_0 = 10d_0$）和短试样（$L_0 = 5d_0$）。

2. 力-伸长曲线

将试样夹在拉伸试验机上，缓慢加载，直至拉断为止。在拉伸过程中，试验机自动记录载荷与伸长量之间的关系，并得出以载荷为纵坐标、伸长量为横坐标的图形，即力-伸长曲线。图 1-1b 所示为低碳钢力-伸长曲线。由图可见，低碳钢试样在拉伸过程中，其载荷与伸长量关系分为以下几个阶段。

当载荷不超过 F_p 时，拉伸曲线 Op 为直线段，即伸长量与载荷成正比。若此时卸除载荷，试样立即能恢复到原来的尺寸，属于弹性变形阶段。

当载荷超过 F_p 后的一定范围，拉伸曲线开始偏离直线，即试样的伸长量与载荷不成正比例关系。若此时卸除载荷，试样仍能恢复到原来的尺寸，故仍属于弹性变形阶段。

当载荷超过 F_e 后，试样将继续伸长。但此时若卸除载荷，试样不能完全恢复到原来的尺寸，这种不能恢复的变形称为塑性变形或永久变形。

当载荷增加到 F_s 时，力-伸长曲线在 s 点后出现一个平台，表明载荷不增加，试样继续伸长，这种现象称为屈服。

当载荷超过 F_s 后，试样的伸长量与载荷又将成曲线关系上升，但曲线的斜率比 Op 段小，即载荷的增加量不大，而试样的伸长量却很大，表明当载荷超过 F_s 后，试样已开始产生大量的塑性变形。当载荷继续增加到某一最大值 F_b 时，试样的局部截面缩小，产生颈缩现象。由于试样局部截面的逐渐减少，故载荷也逐渐降低，当达到拉伸曲线上的 k 点时，试样被拉断。

二、强度

强度是指金属材料在载荷作用下抵抗塑性变形和断裂的能力。当金属材料受载荷作用而未引起破坏时，其内部产生与载荷相平衡的力称为内力。材料单位面积上的内力称为应力。强度的高低是以金属材料所能承受的应力大小来表示的。

1. 屈服点与屈服强度

金属材料开始产生屈服现象时的最低应力值称为屈服点，用符号 σ_s 表示。

$$\sigma_s = F_s/A_0$$

式中　F_s——试样发生屈服时的载荷（N）；

　　　A_0——试样的原始横截面积（mm^2）。

工业上使用的某些金属材料，如高碳钢、铸铁等，在拉伸过程中，没有明显的屈服现象，无法确定其屈服点 σ_s，按 GB/T 228 规定，可用屈服强度 $\sigma_{0.2}$ 来表示该材料开始产生塑性变形时的最低应力值，如图 1-2 所示。屈服强度为试样标距部分产生 0.2% 残余伸长时的应力值，即

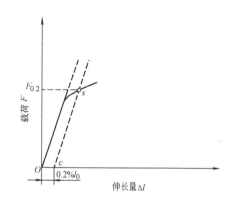

图 1-2　屈服强度的测定

$$\sigma_{0.2} = F_{0.2}/A_0$$

式中　$F_{0.2}$——试样标距产生 0.2% 残余伸长时的载荷（N）；

　　　A_0——试样的原始横截面积（mm^2）。

对大多数机器零件，不仅是在裂断时形成失效，而往往是在发生塑性变形丧失了尺寸和公差的控制时就形成了失效，因此常将 σ_s 或 $\sigma_{0.2}$ 确定为材料的许用应力，作为机器零件选材和设计时的依据。

2. 抗拉强度

金属材料在断裂前所能承受的最大应力值称为抗拉强度，用符号 σ_b 表示。

$$\sigma_b = F_b/A_0$$

式中　F_b——试样在断裂前所承受的载荷（N）；

A_0——试样原始横截面积（mm^2）。

由力-伸长曲线可见，抗拉强度是表示塑性材料抵抗大量均匀塑性变形的能力。脆性材料在拉伸过程中，一般不产生颈缩现象，因此抗拉强度 σ_b 就是材料的断裂强度。用脆性材料制作机器零件或工程构件时，常以 σ_b 作为选材和设计的依据，并选用适当的安全系数。

三、塑性

金属材料在载荷作用下，断裂前材料发生不可逆永久变形的能力称为塑性。塑性的大小用伸长率 δ 和断面收缩率 ψ 表示。

$$\delta = L_1 - L_0/L_0 \times 100\%$$
$$\psi = A_0 - A_1/A_0 \times 100\%$$

式中　L_0——试样原始标距（mm）；

L_1——试样拉断后标距（mm）；

A_0——试样原始横截面积（mm^2）；

A_1——试样拉断后颈缩处最小横截面积（mm^2）。

材料的伸长率随标距增加而减小。对于同一种材料，用短试样测得的伸长率大于用长试样测得的伸长率，即 $\delta_5 > \delta_{10}$。通常，试验时优先选取短的比例试样。比较不同材料的伸长率时，应采用尺寸规格一样的试样。而断面收缩率与试样的尺寸因素无关。

金属材料的塑性好坏，对零件的加工和使用都具有重要的意义。塑性好的材料不仅能顺利进行锻压、轧制等成形工艺，而且在使用时万一超载，由于塑性变形而能避免突然断裂。所以，大多数机器零件除要求具有足够的强度外，还必须具有一定的塑性。一般说来，伸长率达5%或断面收缩率达10%的材料，即可满足绝大多数零件的要求。

第二节　硬　度

硬度是指金属材料抵抗局部变形，特别是塑性变形、压痕或划痕的能力。通常，材料的硬度愈高，其耐磨性愈好，故常将硬度值作为衡量材料耐磨性的重要指标之一。

硬度的测定常用压入法。把规定的压头压入金属材料表面层，然后根据压痕的面积或深度确定其硬度值。根据压头和压力不同，常用的硬度指标有布氏硬度 HBW、洛氏硬度（HRA、HRB、HRC 等）和维氏硬度 HV。

一、布氏硬度试验

1. 试验原理

用直径为 D 的硬质合金球，在规定试验力压入试样表面，保持规定的时间后卸除试验力，在试样表面留下球形压痕，如图1-3所示。布氏硬度值用球面压痕单位面积上所承受的平均压力表示。布氏硬度用符号 HBW 表示。

$$HBW = \frac{F}{A} = 0.102 \frac{2F}{\pi D(D - \sqrt{D^2 - d^2})}$$

式中　F——试验力（N）；

A——压痕表面积（mm^2）；

d——压痕平均直径（mm）；

D——硬质合金球直径（mm）。

布氏硬度的单位为 MPa，但习惯上只写明硬度值，而不标出单位。一般硬度符号 HBW 前面为硬度值，符号后面数值表示试验条件指标，依次表示球体直径、试验力大小及试验保持时间（保持时间为 10～15s 时不标注）。如 600HBW/30/20 表示用 1mm 直径的硬质合金球，在 294N 试验力下保持 20s，测得硬度值为 600。

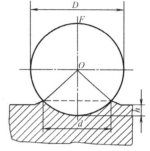

图 1-3 布氏硬度
试验原理图

2. 选择试验规范

硬度试验应根据被测金属材料的种类和试样厚度，选用不同大小的球体直径 D，施加的试验力 F 和试验力保持时间，按表 1-1 所列的布氏硬度试验规范正确选择。按 GB/T 231.1—2002 规定，球体直径有 10mm、5mm、2.5mm 和 1mm 四种，试验力（单位为 kgf$^{\ominus}$）与球体直径平方的比值（F/D^2）有 30、15、10、5、2.5 和 1 共 6 种，可根据金属材料的种类和布氏硬度范围选定。试验力保持时间为 10～15s。

表 1-1 布氏硬度试验规范

材　　料	布氏硬度	$0.102F/D^2$	备　　注
钢及铸铁	<140	10	
	≥140	30	
铜及其合金	<35	5	
	35～200	10	
	>130	30	F 单位：N
轻金属及其合金	<35	25	D 单位：mm
	35～80	10	
	>80	10	
铅、锡		1	

由布氏硬度值计算公式可以看出，当所加试验力 F 和硬质合金球直径 D 已选定时，硬度值 HBW 只与压痕直径 d 有关。d 越大，则 HBW 值越大，表明材料越硬。实际测试时，用刻度放大镜测出压痕直径 d，然后根据 d 值查表，即可求得所测的硬度值。

3. 试验的优缺点

布氏硬度试验的优点是：试验时使用的压头直径较大，在试样表面上留下压痕也较大，所得值也较准确。缺点是：对金属表面的损伤较大，不易测试太薄工件的硬度，也不适于测定成品件硬度。布氏硬度试验常用来测定原材料、半成品和性能不均匀材料（如铸铁）的硬度。

二、洛氏硬度试验

1. 试验原理

$\ominus$ kgf 为非法定计量单位，此处暂保留，1kgf = 9.8N。

洛氏硬度是以顶角为120°的金刚石圆锥体或直径为φ1.588mm 的淬火钢球作压头,以规定的试验力使其压入试样表面,试验时,先加初试验力,然后加主试验力,压入试样表面之后卸除主试验力,在保留初试验力的情况下,根据试样表面压痕深度,确定被测金属材料的洛氏硬度值。

图1-4 所示为洛氏硬度试验原理图。图中0-0 为金刚石压头的初始位置,1-1 为在初试验力作用下压头所处的位置,压入深度为 h_1。加入初试验力的目的是为了消除由于试样表面不光洁对试验结果的精确性造成不良影响。图中2-2 是在总试验力(初试验力 + 主试验力)作用下压头所处的位置,压力深度为 h_2,3-3 是卸除主试验力后,由于被测试金属弹性变形恢复,而使压头略为提高时的位置,这时,压头实际压入试样深度为 h_3。故由主试验力引起的塑性变形而产生的残余压痕深度 $h = h_3 - h_1$,并以此来衡量被测试金属的硬度。显然,h 值愈大,被测试金属的硬度愈低;反之则愈高。为了照顾习惯上数值愈大,硬度愈高的概念,根据 h 值及常数 K 和 S,用以下公式计算洛氏硬度:

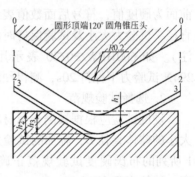

图1-4 洛氏硬度试验原理图

$$洛氏硬度 = \frac{K - h}{S}$$

式中,K 为给定标尺的硬度数,S 为给定标尺的单位,通常以 0.002 为一个硬度单位。

2. 常用洛氏硬度标尺及适用范围

为了能用一种硬变测定较大范围的硬度,洛氏硬度采用了常用三种硬度标尺,分别用 HRA、HRB、HRC 表示,其试验条件及应用范围见表1-2。

表1-2 常用洛氏硬度标尺的试验条件和应用

标尺	硬度符号	所用压头	总试验力 F/N	适用范围[①]HR	应用范围
A	HRA	金刚石圆锥	588.4	20~88	碳化物、硬质合金、淬火工具钢、浅层表面硬化钢
B	HRB	φ1.588mm 钢球	980.7	20~100	软钢、铜合金、铝合金、可锻铸铁
C	HRC	金刚石圆锥	1471	20~70	淬火钢、调质钢、深层表面硬化钢

① HRA、HRC 所用刻度盘满刻度为 100,HRB 为 130。

洛氏硬度值没有量纲,它置于符号 HR 的前面,HR 后面为使用的标尺。例如,60HRC 表示用 C 标尺测定的洛氏硬度值为 60。实际测量时,硬度值一般均由硬度计的刻度盘上直接读出。

3. 试验优缺点

洛氏硬度试验的优点是:操作简单迅速,效率高,直接从指示器上读出硬度值;压痕小,故可直接测量成品或较薄工件的硬度;洛氏硬度 HRA 和 HRC 采用金刚石压头,可测量高硬度薄层和深层的材料。其缺点是:由于压痕小,测得的数值不够准确,通常要在试样不同部位测定数次,取其平均值做为该材料的硬度值。

三、维氏硬度试验

布氏硬度试验不适用测定硬度较高的材料。洛氏硬度试验虽然可用于测定软材料和硬材料，但其硬变值不能进行比较。为了测量从极软到极硬金属材料的硬度值，并有连续一致的硬度标尺，特制定维氏硬度试验法。

1. 试验原理

维氏硬度试验原理与布氏硬度试验相似，也是根据压痕单位表面积上的试验力大小来计算硬变值，区别在于其压头采用锥面夹角为136°的金刚石正四棱锥体，将其以选定的试验力压入试样表面，按规定保持一定时间后卸除试验力，测量压痕两对角线长度，进而计算出被测金属的硬度值，其试验原理如图1-5所示。维氏硬度值用四棱锥压痕单位面积上所承受的平均压力表示，符号为HV。

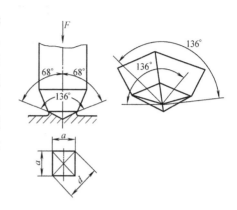

$$HV = 0.189F/d^2$$

式中　　F——作用在压头上试验力（N）；

　　　　d——压痕两对角线长度的平均值（mm）。

图1-5　维氏硬度试验原理

HV 值的单位为 MPa，但习惯上只写出硬度值而不标出单位。

2. 常用试验力及其适用范围

维氏硬度试验所用试验力视其试样大小、薄厚及其他条件，可在 49.03～980.7N 的范围内选择。常用的试验力有 49.03N、98.07N、196.1N、294.2N、490.3N、980.7N。

HV 符号前面的数字为硬度值，HV 后面依次用相应数字注明试验力和试验力保持时间（10～15s 不标注）。例如 640HV30/20 表示试验力 294.2N，保持 20s 测得的维氏硬度值为 640。

维氏硬度试验适用范围宽，尤其适用于测定金属镀层、薄片金属及化学热处理的表面层（渗碳层、渗氮层等）硬度，其结果精确可靠。

3. 试验的优缺点

与布氏、洛氏硬度试验比较，维氏硬度试验不存在试验力与压头直径有一定比例关系的约束，也不存在压头变形问题，压痕轮廓清晰，采用对角线长度计量，精确可靠，硬度值误差较小。其缺点是硬度值的测定比较麻烦，效率不如洛氏硬度试验高。

第三节　冲击韧度

前面讨论的都是在静载荷条件下测得的力学性能指标，实际上大多数机器零件，如内燃机活塞销与连杆、锻锤的锤杆、冲床的冲头等，由于冲击载荷的加载速度高，作用时间短，使金属在受冲击时，应力分布与变形很不均匀，因此对承受冲击载荷的零件来说，仅仅具有足够的静载荷强度指标是不够的，还必须具有足够抵抗冲击载荷的能力。

目前最常用的冲击试验方法是摆锤式一次冲击弯曲试验。

一、冲击试验方法与原理

一次冲击弯曲试验通常在摆锤式冲击试验机上进行。试样必须标准化，按 GB/T 229—1994 规定。冲击试样有夏比 V 型缺口试样和夏比 U 型缺口试样两种。两种试样的尺寸及加工要求如图 1-6 所示。

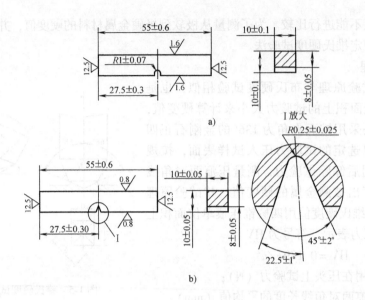

图 1-6　冲击试样

a) V 型缺口　b) U 型缺口

试验时，将试样放在试验机两支座上，如图 1-7 所示。把质量为 m 的摆锤抬到 H 高度，使摆锤具有位能为 mHg。摆锤落下冲断试样后升至 h 高度，具有位能为 mhg，故摆锤冲断试样推动的位能为 $mHg - mhg$，这就是试样变形和断裂所消耗的功，称为冲击吸收功 A_K，即

$$A_K = mg(H - h)$$

用试样的断口处截面积 $S_N(\text{cm}^2)$ 去除 $A_K(\text{J})$ 即得到冲击韧度，用 α_K 表示，单位为 J/cm^2。其计算公式为

$$\alpha_K = A_K/S_N$$

冲击吸收功的值可从试验机的刻度盘上直接读得。A_K 值的大小，代表了材料的冲击韧度的高低。一般把冲击吸收功值低的材料称为脆性材料；值高的材料称为韧性材料。脆性材料在断裂前无明显的塑性变形，断口较平整，呈晶状或瓷状，有金属光泽；韧性材料在断裂前有明显的塑性变形，断口呈纤维状，无金属光泽。

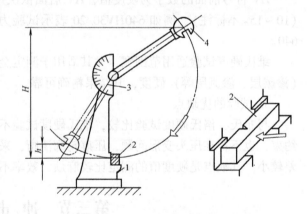

图 1-7　夏比冲击试验原理图

1—支座　2—试样　3—指针　4—摆锤

二、冲击试验的实际意义

1. 韧脆转变温度

冲击吸收功的大小与试验温度有关，有些材料在室温 20℃ 左右试验时并不显示脆性，但在较低温度下，则可能发生脆性断裂。温度对冲击吸收功的影响如图 1-8 所示。由图可以看出，冲击吸收功的值随着试验温度下降而减小。材料在低于某温度时，A_K 值急剧下降，使试样的断口由韧性断口过渡为脆性断口。因此，这个温度范围称为韧脆转变温度范围。

韧脆转变温度是金属材料的质量指标之一，韧脆转变温度愈低，材料的低温冲击性能就愈好，对于在寒冷地区和低温下工作的机械和工程结构，如运输机械、桥梁、输送管道尤为重要，由于它们的工作环境温度可能在 – 50 ~ + 50℃之间变化，所以必须具有更低韧脆转变温度，才能保证工作正常进行。

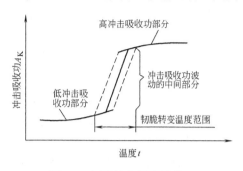

图 1-8 韧脆转变温度示意

2. 衡量原材料的冶金质量和热加工产品质量

冲击吸收功对原材料内部结构、缺陷等具有较大敏感性，很容易揭示出材料中某些物理现象，如晶粒粗化、冷脆、回火脆性及夹渣、气泡、偏析等。目前常用冲击试验来检验冶炼、热处理及各种热加工工艺和产品的质量。

第四节　疲　劳

一、疲劳概念

许多机械零件，如内燃机曲轴、齿轮、弹簧、连杆等都是在交变应力或重复应力下工作的，如图 1-9 所示。虽然零件所承受的交变应力数值小于材料的屈服强度，但在长时间运转后也会发生断裂，这种现象称为疲劳断裂。据统计，机械零件断裂中有 80% 是由于疲劳引起的。疲劳断裂的过程往往起始于零件表面，有时也可能在零件的内部某一薄弱部位产生裂纹，随着应力的交变，裂纹不断向截面深处扩展，使零件的

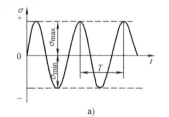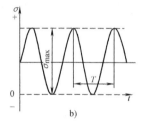

图 1-9　交变应力与重复应力示意图

a) 交变应力　b) 重复应力

有效承载面积不断减少，以至在某一时刻，零件即发生突然断裂。

二、疲劳曲线与疲劳极限

为了防止疲劳断裂，零件设计时不能以 σ_b、$\sigma_{0.2}$ 为依据，必须制定疲劳抗力指标。疲劳抗力指标是由疲劳曲线试验测得的。试验证明，金属材料所受最大交变应力 σ_{max} 愈大，则断裂前所受的循环周次 N（定义为疲劳寿命）愈少，这种交变应力 σ_{max} 与疲劳寿命 N 的关系曲线称为疲劳曲线或 S-N 曲线，如图 1-10 所示。

从图中可以看出，曲线 1 的形式，其特征是当循环应力小于某数值时，循环周次可以达到很大，甚至无限大，而试样仍不发生疲劳断裂。工程上规定，材料经受相当循环周次不发生断裂的最大应力称为疲劳极限，以符号 σ_{-1} 表示。一般钢铁材料取循环周次为 10^7 次时，能承受的最大循环应力为疲劳极限。

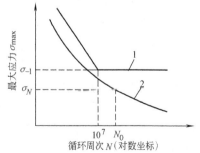

图 1-10　疲劳曲线

1—钢铁材料　2—有色金属

一般有色金属的 *S-N* 曲线属于图 1-10 中曲线 2 的形式，其特征的循环周次 *N* 随着所受应力的降低而增加，不存在曲线 1 所示的水平线段。因此，对曲线 2 所示特征的金属，要根据零件的工作条件和使用寿命，规定一个疲劳极限循环基数 N_0，并以 N_0 所对应的应力作为"条件疲劳极限"，以 $\sigma_r(N_0)$ 表示。对于有色金属，N_0 取 10^8 次。

三、提高材料疲劳极限的途径

由上述疲劳断裂过程可知，凡使零件表面和内部不容易形成裂纹，或裂纹生成后不容易扩展的任何因素，都将不同程度地提高疲劳极限。具体地说，主要从以下几个方面考虑。

（1）设计方面　尽量使零件避免尖角、缺口和截面突变，以避免应力集中及其所引起的疲劳裂纹。

（2）材料方面　通常应使晶粒细化，减少材料内部存在的夹杂物和由于热加工不当引起的缺陷，如疏松、气孔和表面氧化等。晶粒细化使晶界增多，从而对疲劳裂纹的扩展起更大阻碍作用。材料内部缺陷，有的本身就是裂纹，有的在循环应力作用下会发展成裂纹。没有缺陷，裂纹就难以形成。

（3）机械加工方面　要降低零件表面粗糙度值，提高表面加工质量。因表面刀痕、碰伤和划伤等都是疲劳裂纹的策源地。

（4）零件表面强化方面　可采用化学热处理、表面淬火、喷丸处理和表面涂层等，使零件表面造成压应力，以抵消或降低表面拉应力引起疲劳裂纹的可能性。

第五节　断 裂 韧 度

以常规方法设计的力学性能，都是假定材料是均匀、连续、各向同性的。根据常规方法分析认为是安全的设计，有时也会发生意外断裂事故，即发生低应力（低于 σ_s）的脆性断裂。对大量断裂零件分析表明，零件中存在有宏观裂纹或微裂纹缺陷，低应力脆断就是由于宏观裂纹失稳扩展所引起的。金属材料抵抗裂纹扩展的能力指标称为断裂韧度。断裂韧度可以对零件允许的工作应力和裂纹尺寸进行定量计算，故在安全设计中具有重要意义。

一、裂纹扩展的基本形式

在裂纹扩展的过程中，裂纹扩展形式可分为三类。第一种类型如图 1-11a 所示，裂纹面位移的方向垂直于裂纹线，称为张开型（也称 I 型），是工程上最常见最危险的断裂形式。第二种类型如图 1-11b 所示，裂纹面位移方向垂直于裂纹线，称为滑开型（也称 II 型）。第三种类型如图 1-11c 所示，裂纹面位移方向与裂纹线平行，称为撕开型（也称 III 型）。

由上可知，零件在平面应变和 I 型裂纹扩展状态最危险，因此工程上一般用这种状态来评定材料的断裂韧度。

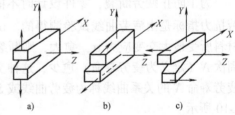

图 1-11　裂纹扩展形式
a）张开型（I 型）　b）滑开型（II 型）
c）撕开型（III 型）

二、应力场强度因子 K_I

实际材料的组织并非是均匀、各向同性的，组织有微裂纹，还会有夹杂、气孔等缺陷。这些缺陷可看成材料的裂纹。当材料受载荷作用下，这些裂纹的尖端附近出现应力集中，形成一个裂纹尖端的应力场。根据断裂力学对裂纹尖端应力场分析，裂纹前端附近应力场强弱区要取决于一个力学参数，即应力强度因子 K_I，单位为 $MPa \cdot m^{1/2}$，脚标 I 表示 I 型裂纹强度因子。

$$K_I = Y\sigma \sqrt{a}$$

式中　Y——与裂纹形状、试样类型与加载方法有关的系数；

　　　σ——外加应力（MPa）；

　　　a——裂纹的尺寸（m）。

三、断裂韧度 K_{Ic} 及其应用

由公式 $K_I = Y\sigma \sqrt{a}$ 可知，如果 Y 为定值，则 K_I 随 σ、a 值增加而增大，当 K_I 增大到某一临界值时，就将造成材料断裂。这一临界状态所对应的应力场强度因子，即称为材料断裂韧度，用 K_{Ic} 表示，即

$$K_I = Y\sigma \sqrt{a} \geqslant K_{Ic} = Y\sigma_c \sqrt{a_c}$$

式中　σ_c——裂纹扩展时临界状态所对应的工作应力，称为断裂应力；

　　　a_c——裂纹扩展时临界状态所对应的裂纹尺寸，称为临界裂纹尺寸。

不同材料，其 K_{Ic} 值不同，当零件的内裂纹尖端的应力场强度因子 K_I 超过所用材料的断裂韧度 K_{Ic} 时，零件就发生脆性断裂。

材料的断裂韧度 K_{Ic} 值，可用于高强度钢、超高强度钢或大尺寸零件设计计算。

1）当已探测零件中的裂纹形状和尺寸，可根据材料的 K_{Ic} 值计算判定零件工作是否安全。

2）根据材料内部宏观裂纹尺寸 a，计算零件不产生脆断所能承受的最大应力 σ_c。

3）根据材料所承受载荷的大小，计算不产生脆断所允许的内部宏观裂纹的临界尺寸 a。

思考题与练习题

1. 力学性能指标中，有了 σ_s 为何还要制订出 $\sigma_{0.2}$？有了 $\sigma_{0.2}$ 为何还要制订 σ_b？

2. δ 与 ψ 哪个指标表征材料的塑性更准确，为什么？塑性指标在工程上有哪些实际意义？

3. 有一低碳钢试样，原直径为 $\phi10mm$，在试验力为 2100N 时屈服，试样断裂前的最大试验力为 30000N，拉断后长度为 133mm，断裂处最小直径为 $\phi6mm$，试计算 σ_s、σ_b、δ、ψ。

4. 图 1-12 所示为三种不同材料的力-伸长曲线（试样尺寸相同），试比较这三种材料的抗拉强度、屈服强度和塑性大小，并指出屈服强度的确定方法。

5. 下列标注是否正确，为什么？

（1）HBS650～700。

（2）HBS = 250～300N/mm^2。

（3）15～20HRC。

（4）70～75HRC。

6. 下列几种工件应该采用何种硬度试验方法来测定硬度？

（1）自行车架。

（2）锉刀、錾子刃口。

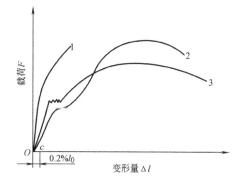

图 1-12　三种不同材料的力-伸长曲线

（3）耐磨工件的硬化层。

7. 为什么相同材料进行拉伸试验时 $\delta_5 > \delta_{10}$？

8. A_K 的含义是什么？它的单位是什么？有了塑性指标为何还要测定 A_K？

9. 冲击吸收功、韧脆转变温度、疲劳极限等力学性能有什么实用价值？

10. α_K 与 K_{I_c} 的概念有什么不同？

11. 断裂韧度与其他常规力学指标根本区别何在？

12. 断裂韧度是表明材料的何种性能指标？为什么要求在设计零件时考虑这种指标？

第二章　纯金属与合金的晶体结构

第一节　纯金属的晶体结构

一、晶体与非晶体

固态物质的性能与原子在空间的排列情况有着密切关系。固态物质按原子排列特点可分为晶体与非晶体两大类。

凡原子按一定规律排列的固态物质，称为晶体。如金刚石、石墨和一切固态金属及其合金等。晶体的特点是：

1）原子在三维空间呈有规则的周期性重复排列。

2）具有一定的熔点，如铁的熔点为 1538℃，铜的熔点为 1083℃。

3）晶体的性能随着原子的排列方位而改变，即单晶体具有各向异性。

在自然界中有些物质，如塑料、玻璃、沥青等是非晶体。非晶体的原子呈不规则的排列，由于非晶体的结构无异于液态结构，故可以看成是被冻结的液体。非晶体没有固定熔点，随着温度的升高将逐渐变软，最终变为有明显流动性的液体。当冷却时，液体又逐渐稠化，最终变为固体。此外，非晶体在各个方向上的原子聚集密度大致相同，都具有各向同性。

二、晶体结构的基本知识

晶体中原子的排列可用 X 射线分析等方法加以测定，晶体中最简单的原子排列情况，如图 2-1 所示。

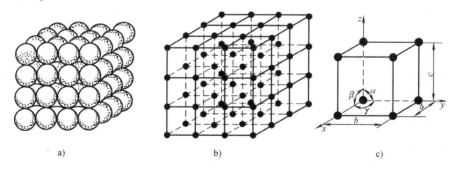

a)　　　　　　　　　b)　　　　　　　　　c)

图 2-1　晶体结构示意图

a）晶体中最简单的原子排列　b）晶格　c）晶胞

1. 晶格

为了清楚地表明原子在空间的排列规律，人为地将原子看作一个点，再用一些假想线条将晶体中各原子的中心连接起来，便形成了一个空间格子，如图 2-1b 所示。这种抽象的、用于描述原子在晶体中规则排列方式的空间几何图形称为结晶格子，简称晶格。晶格中的每个点称为结点。晶格中各种不同方位的原子面称为晶面。

2. 晶胞

晶体中原子的排列具有周期性变化的特点，因此，只要在晶格中选取一个能够完全反映晶格特征的最小的几何单元进行分析，便能确定原子排列的规律。组成晶格的最基本几何单元称为晶胞，如图 2-1c 所示。实际上整个晶格就是由许多大小、形状和位向相同的晶胞在空间重复堆积而成的。

3. 晶格常数

为了研究晶体结构的需要，在结晶学中规定用晶格常数来表示晶胞的几何形状和大小，如图 2-1c 所示。晶胞的各棱边长分别为 a、b、c，棱边夹角分别为 α、β、γ。其中，棱边长度称为晶格常数。单位为 Å（$1\text{Å} = 10^{-10}\text{m}$）。当晶格常数 $a = b = c$，棱边夹角 $\alpha = \beta = \gamma = 90°$ 时，这种晶胞称为简单立方晶胞。

三、金属特性和金属键

1. 金属特性

在化学中，金属的特性表现在它与非金属元素发生化学反应并失去价电子；在工程技术中，金属特性表现在它具有金属光泽、一定的塑性、良好的导电性与导热性以及正的电阻温度系数。金属为什么具有上述特性？这是因为这些特性与金属原子的内部结构及原子间结合方式有关。

2. 金属键

金属原子结构特点是围绕原子核运动的最外层电子（价电子）数很少，通常只有 1~2 个，容易失去变成自由电子，为整个金属所共有，它们在整个金属内部运动，形成所谓"电子气"。绝大部分金属原子将失去其价电子而变成正离子。金属晶体就是依靠各正离子与共有的自由电子间相互吸引而结合在一起的。金属原子的这种结合方式称为金属键，如图 2-2 所示。

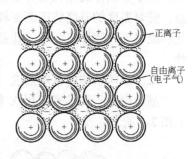

图 2-2 金属键示意图

因为金属是靠金属键结合的，自由电子在一定电位差下运动，就构成金属良好的导电性，而这种运动又为金属所独有，同时也能传递热能，所以金属具有良好的导热性。当金属原子相对位移时，正离子和自由电子仍然保持结合，因而金属可变形而不破坏，具有塑性。

金属中的自由电子容易吸收可见光而被激发到较高的能级，当它跳回原来能级时把吸收的可见光又重新辐射出来，因而金属不透明，有光泽。

金属中正离子是以某一固定位置为中心作热振动，对自由电子的流动有阻碍作用，这就是金属具有电阻的原因。随着温度的升高，正离子振动的振幅要加大，对自由电子通过的阻碍作用也加大，因而金属的电阻是随温度升高而增大，即具有正的电阻温度系数。

四、常见金属晶格类型

不同金属具有不同晶格类型。除一些具有复杂晶格类型的金属外，大多数金属的晶体结构都比较简单，其中常见的有以下三种。

1. 体心立方晶格

体心立方晶格的晶胞是一个立方体，原子分布在立方体的各结点和中心处。如图 2-3 所示。晶胞中原子数（n）可参照图 2-3c 计算如下：晶胞每个结点上原子为相邻的 8 个晶胞共有，加上晶胞中心的一个原子，故每个晶胞原子数为 $n = 8 \times 1/8 + 1 = 2$(个)。

2. 面心立方晶格

面心立方晶格的晶胞也是一个立方体，原子分布在立方体的各结点和各面的中心处，如图 2-4 所示。晶胞中原子数可参照图 2-4c 计算如下：晶胞每个结点上的原子为相邻的 8 个晶胞所共有，而每个面中心的原子却为两个晶胞所共有，所以，每个晶胞中的原子数为 $n = 8 \times 1/8 + 6 \times 1/2 = 4$(个)。

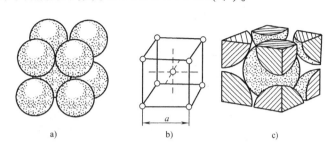

图 2-3　体心立方晶格

a) 刚性模型　b) 晶格类型　c) 晶胞原子数示意图

属于面心立方晶格类型的金属有 γ-Fe（1394 ~ 912℃的纯铁）、铝、铜、银等。

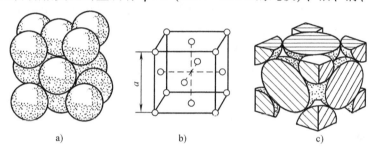

图 2-4　面心立方晶格

a) 刚性模型　b) 晶格类型　c) 晶胞中原子数示意图

3. 密排六方晶格

密排六方晶格的晶胞是在正六方柱体的十二个结点和上、下底面的中心处各排列一个原子，另外，中间还有三个原子，如图 2-5 所示。该晶胞要用两个晶格常数表示，一个是六边形的边长 a，另一个是柱体的高度 c。当轴比 c/a 为 1.633 时，原子排列最紧密。晶胞原子数可参照图 2-5c 计算如下：密排六方晶胞每个结点上的原子为相邻的 6 个晶胞所共有，上下底面中心的原子为两个晶胞所共有，晶胞中间的三个原子为该晶胞所独有，故密排六方晶胞中原子数为 $n = 12 \times 1/6 + 2 \times 1/2 + 3 = 6$（个）。

属于这种晶格类型的金属有镁、锌、镉、铍等。

五、晶体结构致密度

把晶格中的原子看成刚性小球，使其一个紧靠一个地排列着，原子之间仍会有空隙存在，为了对晶体中原子排列的紧密程度进行定量比较，通常采用晶体结构的致密度来表示。致密度是指晶胞中原子所占体积与该晶胞体积之比。

体心立方晶胞中含有 2 个原子，这 2 个原子共占体积为 $2 \times (4/3) \pi r^3$，式中 r 为原子半径，由图 2-6 可见，原子半径 r 与晶格常数的关系为 $r = (\sqrt{3}/4)a$，晶胞体积为 a^3，故体心立方晶格的致密度为

$$\frac{2\ \text{个原子体积}}{\text{晶胞体积}} = \frac{2\times(4/3)\pi r^3}{a^3} = \frac{2\times(4/3)\pi\left(\frac{\sqrt{3}}{4}a\right)^3}{a^3} = \frac{\sqrt{3}\pi}{8} = 0.68$$

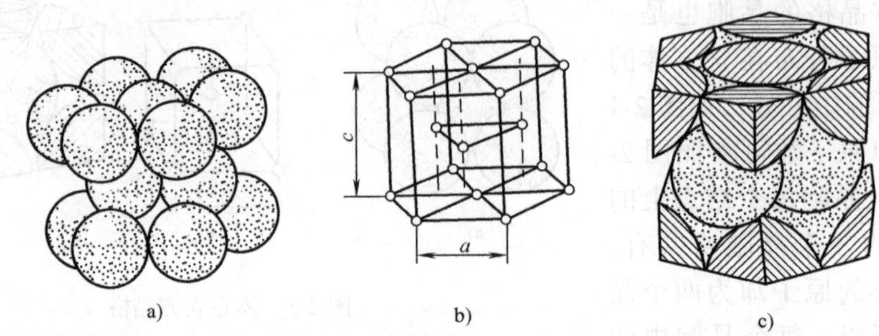

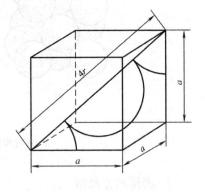

图 2-5　密排六万晶格

a) 刚性模型　b) 晶格模型　c) 晶胞原子数示意图

这表明体心立方晶格中68%的体积被原子所占用，其余32%则为晶胞内的间隙体积。

同理，可求出面心立方晶格和密排六方晶格的致密度均为0.74。

在晶体中，致密度愈大，原子排列就愈紧密。所以，当铁在冷却时，由于晶格致密度较大（0.74）的面心立方晶格 γ-Fe 转变为晶格致密度较小（0.68）的体心立方晶格 α-Fe，就会发生体积膨胀而引起应力和变形。

六、晶面与晶向

在金属晶体中，各原子组成的平面，称为晶面。通过两个以上原子中心连线直线所指方向称为晶向。为了便于研究，不同的位向的晶面或晶向采用一定符号来表示。表示晶面的符号称为晶面指数；表示晶向的符号称为晶向指数。

图 2-6　体心立方晶胞原子半径的计算

图2-7 为立方晶格中某些晶面及晶面指数，即（100）（图a）、（110）（图b）及（111）（图c）三种晶面。

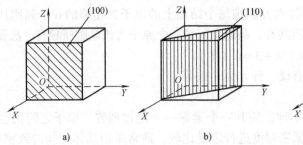

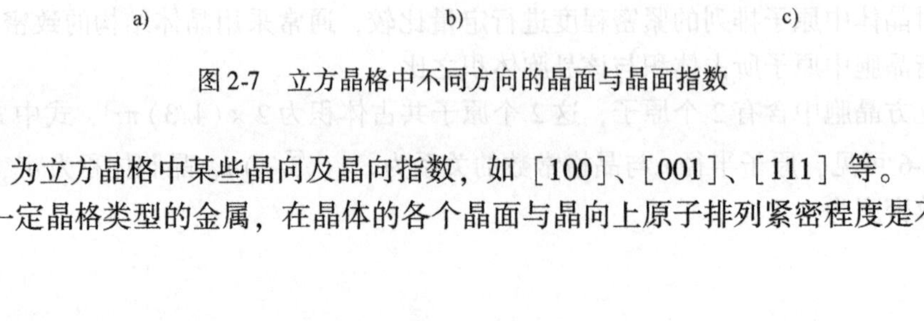

图2-7　立方晶格中不同方向的晶面与晶面指数

图2-8 为立方晶格中某些晶向及晶向指数，如［100］、［001］、［111］等。

具有一定晶格类型的金属，在晶体的各个晶面与晶向上原子排列紧密程度是不同的，原子间相互作用也就不同，因而使晶体在不同方向上性能就有差异，这就是金属晶体具有各向异性的原因。

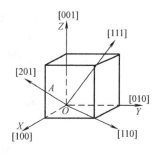

图 2-8 立方晶格中不同晶向与晶向指数

第二节 合金的晶体结构

一般来说，纯金属大都具有优良的塑性、导电、导热等性能，但其制取困难，价格较贵，种类有限，特别是力学性能和耐磨性都比较低，难以满足多品种高性能的要求，因此，工程上大量使用的金属材料都是根据性能需要配制的各种不同成分的合金，如碳钢、合金钢、铸铁、铝合金及铜合金等。

一、合金的基本概念

合金是由两种或两种以上的金属元素或金属与非金属元素组成的具有金属特性的物质。例如黄铜是由铜和锌两种元素组成的合金；碳钢和铸铁是由铁和碳组成的合金，硬铝是由铝、铜和镁组成的合金。

组成合金的最基本的、独立的物质称为组元，简称为元。一般来说，组元就是组成合金的元素，例如铜和锌就是黄铜的组元。有时稳定的化合物也可以看作组元。例如铁碳合金中的渗碳体（Fe_3C）就可以看作组元。通常，由两个组元组成的合金称为二元合金，由三个组元组成的合金称为三元合金。

由若干个给定组元，可以配制出一系列成分不同的合金系列。这一系列合金就构成一个合金系统，简称合金系。由两个组元组成的合金系称为二元系，由三个组元组成的合金系称为三元系。

相是指合金中成分、结构均相同的组成部分。相与相之间有明显的界面。液态合金通常都是单相液体。合金在固态下，由一个固相组成时，称为单相合金；由两个以上固相组成时，称为多相合金。

二、合金的相结构

通常把合金中相的晶体结构称为相结构。由于组元间相互作用不同，固态合金的相结构可分为固溶体和金属化合物两大类。

1. 固溶体

合金在固态下，组元间仍能互相溶解而形成的均匀相，称为固溶体。形成固溶体后，晶格保持不变的组元称溶剂，晶格消失的组元称溶质。固溶体的晶格类型与溶剂组元相同。

（1）固溶体的分类 根据溶质原子在溶剂晶格中所占据位置的不同，可将固溶体分为置换固溶体和间隙固溶体两种。

1) 置换固溶体。若溶质原子代替一部分溶剂原子而占据溶剂中的某些结点位置，称为置换固溶体，如图 2-9a 所示。

形成置换固溶体时，溶质原子在溶剂晶格中的溶解度主要取决于两者晶格类型、原子直径的差别和它们在周期表中的相互位置。一般来说，晶格类型相同，原子直径差别愈小，在周期表中位置愈靠近，则溶解度愈大，甚至在任何比例下均能互溶形成无限固溶体。例如，铜和镍都是面心立方晶格，铜原子的直径为 0.255nm，镍原子直径为 0.249nm，是处于同一周期的相邻的两个元素，所以可形成无限固溶体；反之，若不能满足上述条件，则溶质在溶剂中的溶解度是有限的，这种固溶体称为有限固溶体。例如铜和镍、铅和锌等都形成有限固溶体。

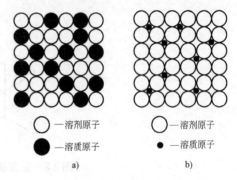

图 2-9　固溶体的两种类型
a) 置换固溶体　b) 间隙固溶体

2) 间隙固溶体。溶质原子在溶剂晶格中并不占据晶格结点的位置，而是在结点间的空隙中，这种形式的固溶体称为间隙固溶体。如图 2-9b 所示。

形成间隙固溶体的条件是：溶质原子半径很小而溶剂晶格间隙较大。一般来说，当溶质与溶剂原子半径的比值小于或等于 0.59 （$r_{溶质}/r_{溶剂} \leqslant 0.59$）时，才能形成间隙固溶体。一般过渡族元素（溶剂）与尺寸较小的碳、氮、氢、硼、氧等元素，易形成间隙固溶体。

（2）固溶体的性能　由于溶质原子的溶入，使固溶体的晶格发生畸变，如图 2-10 所示，变形抗力增大，使金属的强度硬度升高的现象称为固溶强化。它是强化金属材料力学性能的重要途径之一。例如，低合金高强度结构钢是利用锰、硅等元素强化铁素体，使钢材力学性能得到较大提高。

当溶质的质量分数适当时，固溶体不仅有着较纯金属高的强度和硬度，而且有着好的塑性和韧性。例如，镍固溶于铜中组成 Cu-Ni 合金，当硬度从 38HBW 提高到 60 ~ 80HBW 时，其伸长率仍保持在 50% 左右。

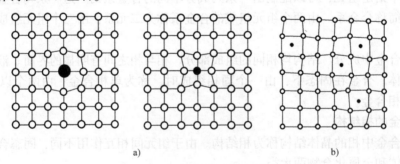

图 2-10　形成固溶体时晶格畸变
a) 置换固溶体　b) 间隙固溶体

2. 金属化合物

金属化合物是合金组元间发生相互作用而生成的一种新相，其晶格类型和性能不同于其中任一组元，因此性能也不同于组元。

金属化合物种类很多，常见的有以下三种类型。

1）正常价化合物。这类金属化合物通常由金属元素与周期表中第Ⅳ、Ⅴ、Ⅵ族的元素组成的。例如 MgS、MnS、Mg_2Si 等，其分子式符合原子价规律，并且成分是固定不变的。

2）电子化合物。这类金属化合物是按一定电子浓度组成的具有一定晶格类型的化合物，电子浓度 $C_电$ 为化合物中的价电子数与原子数之间的比值，即

$$C_电 = 价电子数／原子数$$

在电子化合物中，一定的电子浓度都有一定的晶格类型相对应。例如当电子浓度为 3/2 时，形成体心立方晶格的电子化合物，称为 β 相；当电子浓度为 21/13 时，形成复杂立方晶格的化合物，称为 γ 相；当电子浓度为 7/4 时，形成密排六方晶格的电子化合物，称为 ε 相。

电子化合物存在于许多金属材料中，例如 Cu-Zn 合金中的 CuZn，因铜的价电子数为 1，锌的价电子数为 2，化合物总原子数为 2，故 Cu-Zn 的 $C_电$ = 3/2，属于 β 相。同理，Cu_5Zn_8 属于 γ 相，$CuZn_3$ 属于 ε 相。

3）间隙化合物。间隙化合物一般是由原子直径较大的过渡族金属元素（Fe、Cr、Mo、W、V 等）与原子直径较小的非金属元素（H、C、N、B 等）组成。它的晶体结构特征是：直径较大的过渡族元素的原子占据了新的晶格正常位置，而直径较小的非金属元素的原子有规律地嵌入晶格的空隙中。

间隙化合物又可分为两类，一类是具有简单晶格形式的间隙化合物。如 VC、WC、TiC 等。图 2-11 所示是 VC 的晶格示意图，其碳原子规则地嵌入由钒原子组成的面心立方晶格的空隙中。

另一类是具有复杂结构的间隙化合物，如 Fe_3C、$Cr_{23}C_6$、Cr_7C_3、Fe_4W_2C 等。

Fe_3C 是铁碳合金中的一种重要间隙化合物，其碳原子与铁原子的半径之比为 0.63。其晶体结构如图 2-12 所示。

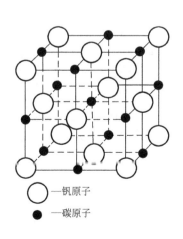

图 2-11 VC 的晶格形式

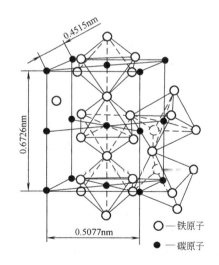

图 2-12 Fe_3C 的晶格形式

第三节　金属的实际晶体结构

一、单晶体与多晶体

晶体内部的晶格方位完全一致，这种晶体称为单晶体。在工业生产中，只有经过特殊制作才能获得单晶体，如半导体元件、磁性材料、高温合金材料等。

实际使用的工业金属材料，即使体积很小，其内部仍包含了许多颗粒状小晶体（晶粒）。每个小晶体的内部，晶格方位都是基本一致的，而各个小晶体之间彼此的方位都不相同的，如图 2-13 所示。由于其中每个小晶体的外形多为不规则的颗粒，通常称为晶粒。晶粒与晶粒之间的界面称为晶界。这种实际上由许多晶粒组成的晶体称为多晶体。一般金属材料都是多晶体。

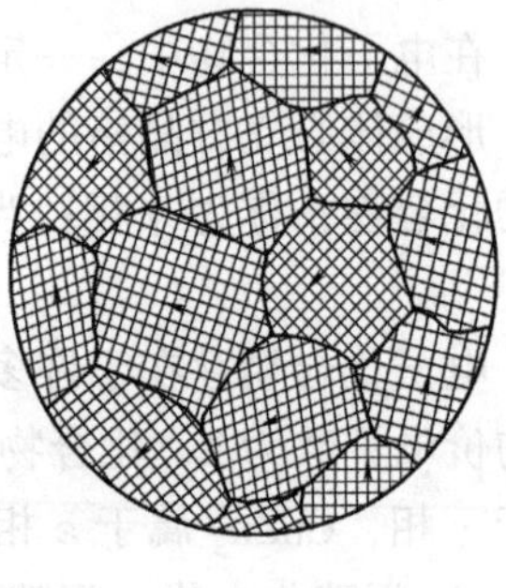

晶粒尺寸是很小的，如钢铁材料的晶粒一般在 $10^{-1} \sim 10^{-3}$ mm 左右，故只有在金相室显微镜下才能观察到。

图 2-13　多晶体示意图

单晶体在不同方向上的物理、化学和力学性能不相同，即具有各向异性。但是，测定实际金属的性能，在各个方向上却基本一致，显示不出很大差别，即具有各向同性。这是因为，实际金属是由许多方位不同的晶粒组成的多晶体，一个晶粒的各向异性在许多方位不同的晶体之间可以多相抵消或补充所致。

二、晶体中的缺陷

晶体中原子完全为规则排列时，称为理想晶体。实际上，金属由于多种原因的影响，内部总是存在着大量缺陷。晶体缺陷的存在对金属的性能有着很大的影响。例如对理想完整的金属晶体进行理论计算所得出的屈服强度，要比实际晶体测得的数值高出千倍左右。根据晶体缺陷的几何特点，常分为点缺陷、线缺陷和面缺陷三大类。

1. 点缺陷

点缺陷是指长、宽、高尺寸都很小的缺陷。常见的点缺陷是空位和间隙原子，如图 2-14 所示。在实际晶体结构中，晶格的某些结点往往未被原子所占有，这种空着的位置称为空位，与此同时，又有可能在个别晶格空隙处出现多余原子，这种不占有正常晶格位置而处于晶格空隙中的原子，称为间隙原子。在空位和间隙原子附近，由于原子间作用力的平衡被破坏，使周围原子发生靠拢或撑开，因此，晶格发生歪曲（亦称晶格畸变），使金属的强度提高，塑性下降。

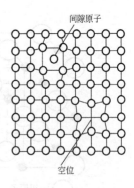

图 2-14　空位和间隙原子示意图

2. 线缺陷

线缺陷是指在空间的一个方向上尺寸很大，其余两个方向上尺寸很小的缺陷。晶体中的线缺陷通常是指各种类型的位错。所谓位错就是在晶体中某处有一列或若干列原子发生了某种有规律的错排现象。这种错排有许多类型，其中比较简单的一种形式就是刃型位错。

图 2-15 为简单立方晶格的晶体中刃型位错模型图。图中可以看到，*ABCD* 晶面上沿 *EF*

处多插入了一层原子面 *EFGH*，它好象一把刀刃那样切入晶体中，使上下层原子不能对准，产生错排，因而称刃型位错。多余原子面的底边 *EF* 线称为位错线。在位错线附近晶格发生畸变，形成一个应力集中区。在 *ABCD* 晶面以上一定范围内的原子受到压应力；相反，在 *ABCD* 晶面以下一定范围内原子受到拉应力。离 *EF* 线愈远，晶格畸变愈小。

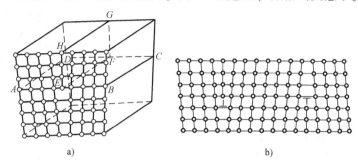

图 2-15　刃型位错示意图

a）立体模型　b）平面图

通常把晶体上半部多出一层原子面的位错称为正刃型位错，以符号"⊥"表示；把晶体下半部多出一层原子面的位错称为负刃型位错。以符号"⊤"表示，如图 2-15 所示。

晶体中位错的多少可用单位体积中所包括的位错线的总长度表示，称为位错密度，即

$$\rho = \Sigma L / V$$

式中　ρ——位错密度（cm^{-2}）；

　　ΣL——位错总长度（cm）；

　　V——体积（cm^3）。

晶体中位错密度的变化以及位错在晶体内的运动，对金属的强度、塑性变化及组织转变等都有着极为重要的影响。图 2-16 示出金属强度与位错密度的关系。由图可见，当金属处于退火状态（$\rho = 10^6 \sim 10^8$ cm^{-2}）时，强度最低。随着位错密度的增加或降低，都能提高金属强度。冷塑性变形后的金属，其位错密度增高，故高的位错密度也是金属强化的重要途径之一。而目前，尚在实验室制作的极细的金属晶须，因位错密度极低而使其强度又明显提高。

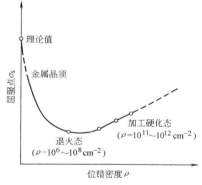

图 2-16　金属的强度与位错密度的关系

3. 面缺陷

面缺陷是在两个方向的尺寸很大，第三个方向的尺寸很小而呈面状的缺陷，这类缺陷主要指晶界与亚晶界。

（1）晶界　工业上使用的金属材料一般都是多晶体。多晶体中两个相邻晶粒之间的位向不同，所以晶界处实际上是原子排列逐渐从一种位向过渡到另一种位向的过渡层，该过渡层的原子排列是不规则的，如图 2-17 所示。

晶界处原子的不规则排列，使晶格处于歪扭畸变状态，因而在常温下会对金属塑性变形起阻碍作用。从宏观上来看，晶界处表现出有较高的强度和硬度，晶粒愈细小，晶界就愈

多，它对塑性变形的阻碍作用就愈大，金属的强度、硬度也就愈高。

（2）亚晶界　亚晶界实际上是由一系列刃型位错所组成的小角度晶界。如图2-18所示。由于亚晶界处原子排列也是不规则的，使晶格产生了畸变，因此，亚晶界的作用与晶界相似，对金属强度也有着重要影响。亚晶界愈多，强度就愈高。

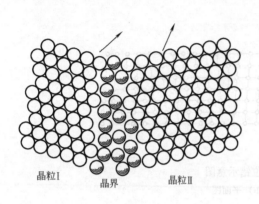

晶粒Ⅰ　　晶界　　晶粒Ⅱ

图2-17　晶界的过度结构示意图

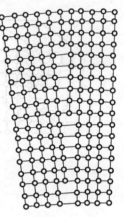

图2-18　亚晶界结构示意图

思考题与练习题

1. 解释下列名词：

晶体、非晶体、晶格、晶胞、晶格常数；晶粒、晶界、单晶体、多晶体。

2. 解释下列名称：

合金、组元、合金系、相和组织。

3. 何谓固溶体、置换固溶体、有限固溶体、无限固溶体和间隙固溶体？

4. 指出下列名词的主要区别：

金属化合物、正常价化合物、电子化合物、间隙化合物。

5. 常见的金属晶格类型有哪些？试绘图说明其特征。

6. 为什么单晶体呈各向异性，而多晶体无各向异性？

7. 什么是刃型位错？位错密度对金属的力学性能有何影响？

8. 根据刚性球模型，计算面心立方晶体的致密度。

9. 已知铁和铜在室温下的晶格常数分别为 2.86×10^{-10} m 和 3.607×10^{-10} m，求 $1cm^3$ 中铁和铜的原子数。

10. 试述固溶强化、细晶强化、弥散强化原理，并说明它们的区别。

第三章 纯金属与合金的结晶

第一节 纯金属的结晶

物质由液态冷却转变为固态的过程称为凝固。如果凝固的固态物质是原子（或分子）作有规则排列的晶体，则这种凝固又称结晶。

一、纯金属的冷却曲线和过冷现象

利用图 3-1 所示装置，将纯金属加热到熔化状态，然后将其缓慢冷却，在冷却过程中，每隔一定时间记录下金属的温度，直到结晶完毕为止。这样可得到一系列时间与温度相对应的数据，把这些数据标在时间-温度坐标图中，并画出一条温度与时间的相关曲线，这条曲线称为冷却曲线，如图 3-2 所示。这种方法称为热分析法。

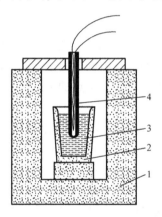

图 3-1 热分析法装置示意图

1—电炉 2—坩埚 3—液态金属 4—热电偶

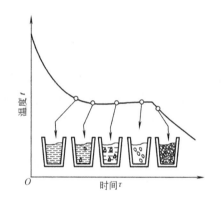

图 3-2 纯金属冷却曲线的绘制

由冷却曲线可见，液态金属随着冷却时间的增长温度不断下降，但当冷却到某一温度时，随着冷却时间的增长其温度并不下降，在冷却曲线上出现一个水平线段，这个水平线段所对应的温度就是纯金属进行结晶的温度。出现水平线段的原因，是由于金属结晶时放出的结晶潜热补偿了向其外界散失的热量。

如图 3-3 所示，金属在无限缓慢冷却条件下（即平衡条件下）所测得的结晶温度 T_0 称为理论结晶温度。但在实际生产中，金属由液态结晶为固态时冷却速度都是相当快的，金属总是要在理论结晶温度 T_0 以下的某一温度 T_1 才开始进行结晶。温度 T_1 称为实际结晶温度。实际结晶温度 T_1 低于理论结晶温度 T_0 的现象称为过冷现象。而 T_0 与 T_1 之差 ΔT 称为过冷度，即 $\Delta T = T_0 - T_1$。

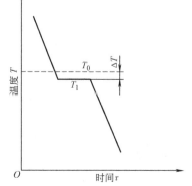

图 3-3 纯金属的冷却曲线

过冷度并不是一个恒定值，液体金属的冷却速度愈大，实际结晶的温度 T_1 就愈低，即过冷度 ΔT 就愈大。

实际金属总是在过冷情况下进行结晶的，所以过冷是金属结晶的一个必要条件。

二、纯金属的结晶过程

纯金属的结晶过程是在 冷却曲线上的水平线段内发生的。实验证明：金属结晶时，首先从液体金属中自发形成一批结晶核心，与此同时，某些外来的难熔质点也可充当晶核，形成非自发晶核；随着时间的推移，已形成的晶核不断长大，并继续产生新的晶核，直到液体金属全部消失，晶体彼此接触为止。所以结晶过程，就是不断地形核和晶核不断长大的过程，如图 3-4 所示。

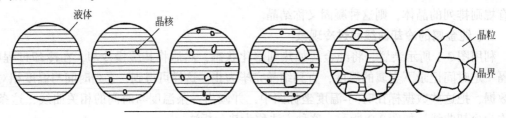

图 3-4　金属的结晶过程示意图

结晶时由每个晶核长成的晶体就是一个晶粒。晶核在长大过程中，起初是不受约束的，能够自由生长，当互相接触后，便不能再自由生长，最后即形成由许多向位不同的晶粒组成的多晶体。由于晶界的晶粒内部凝固得迟，故其上面富集着较多低熔点的杂质。

三、晶粒大小对金属力学性能的影响

结晶后的金属是由许多晶粒组成的多晶体，晶粒大小可以用单位体积内晶粒数目来表示。数目愈多，晶粒愈小。为了测量方便，常以单位截面上晶粒数目或晶粒的平均直径来表示。实验证明，在常温下的细晶粒金属比粗晶粒金属具有较高的强度、塑性和韧性。这是因为，晶粒愈细，塑性变形愈可分散在更多的晶粒内进行，使塑性变形愈均匀，内应力集中愈小；而且晶粒愈细，晶界就愈曲折；晶粒与晶粒间犬牙交错的机会就愈多，愈不利于裂纹的传播和发展，彼此就愈紧固，强度和韧性就愈好。表 3-1 说明了晶粒大小对纯铁力学性能的影响。

表 3-1　晶粒大小对纯铁力学性能的影响

晶粒平均直径/μm	σ_b/MPa	σ_s/MPa	δ(%)
70	184	34	30.6
25	216	45	39.5
2.0	268	58	48.8
1.6	270	66	50.7

由表 3-1 可见，细化晶粒对提高常温下金属的力学性能有很大作用，是使金属材料强韧化的有效途径。

四、同素异构转变

大多数金属在结晶完成后其晶格类型不再变化，但有些金属如铁、锰、锡、钛等在结晶后继续冷却时，其晶格类型还会发生一定的变化。

金属在固体下由一种晶格类型转变为另一种晶格类型的变化称为同素异构转变。由同素异构转变所得到的不同晶格类型的晶体称为同素异构体。

铁是典型的具有同素异构转变特性的金属。图 3-5 是纯铁的冷却曲线，它表示了纯铁的结晶和同素异构转变的过程。液态纯铁在 1538℃时结晶成为具有体心立方晶格的 δ-Fe，继续冷却到 1394℃时发生同素异构转变，体心立方晶格的 δ-Fe 转变为面心立方晶格的 γ-Fe，再继续冷却到 912℃时又发生同素异构转变，面心立方晶格的 γ-Fe 转变为体心立方晶格的 α-Fe。再继续冷却，晶格的类型不再变化。

需要指出，同素异构转变不仅存在于纯铁中，而且存在于以铁为基的钢铁材料中，这是钢铁材料性能呈多种多样，用途广泛，并能通过各种热处理进一步改善其性能的重要原因。

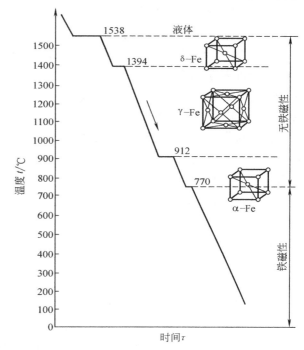

图 3-5　纯铁的冷却曲线

第二节　合金的结晶

一、二元合金相图的建立

1. 二元合金相图的表示方法

纯铁的结晶过程，可以利用冷却曲线来研究。如果把冷却曲线上的转变点投影到温度坐标轴上，则得到相应的 1、2、3 点，如图 3-6 所示。这些点便可表示为纯铁的组织转变点（相度点），即 0～1 点之间为 α-Fe，1～2 点之间为 γ-Fe，2～3 点之间为 δ-Fe，3 点以上是液相 L。这样，利用一个纵坐标就可以表示，出纯铁在加热和冷却时的组织转变过程。

对于二元合系，除温度变化外，还有合金成分的变化，因而需要采用两个坐标轴来表示二元合金相图，如图 3-7 所示。在二元合金相图中，以纵坐标表示温度，以横坐标表示成分。例如 A、B 为组成合金的组元，1 点为纯组元 A，2 点为纯组元 B。合金中 A 的质量分数由左向右逐渐减少；B 的质量分数由左向右逐渐增加。图中 3 点表示 A 的质量分数为

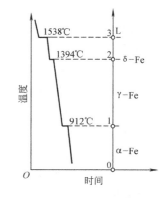

图 3-6　纯铁的冷却曲线及相图

60%，B 的质量分数为 40%的二元合金；图中 4 点表示 A 的质量分数为 80%，B 的质量分数为 20%的合金在 1000℃时的组织。

2. 二元合金相图的测定方法

合金相图一般是通过实验方法得到的。目前，测定各种合金相图的常用方法有热分析法、磁性分析法、膨胀分析法、显微分析及 X 射线晶体结构分析法等。一般很难用单一方法精确地测绘出相图，而是多种方法互相配合，其中最基本、最常用的方法是热分析法。

热分析法是将配制好的合金放入炉中加热至融化温度以上，然后极其缓慢冷却，并记录下降温度与时间的关系，根据这些数据可测绘出合金的冷却曲线。由于合金状态转变时，会发生吸热或放热现象，使冷却曲线发生明显转折或出现水平线段，由此可确定合金的相变点，再根据这些相变点，即可在温度和成分坐标上绘出相图。

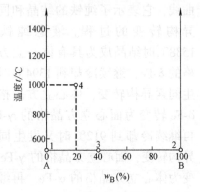

图 3-7 二元合金相图的坐标

现以 Cu-Ni 合金为例，说明用热分析法实验测定二元合金相图的过程。

1）首先配制一系列不同成分的 Cu-Ni 合金,见表3-2。

2）用热分析法测出所配制的各合金的冷却曲线，如图 3-8a 所示。

3）找出各冷却曲线上的相变点。与纯金属不同的是，一般合金有两个相变点，说明合金的结晶过程是在一个温度范围内进行的。

表 3-2 实验用 Cu-Ni 合金的成分和转变温度

合金序号	w_{Me}（%）		结晶开始温度 t/℃	结晶终了温度 t/℃
	Cu	Ni		
I	100	0	1083	1083
II	80	20	1175	1130
III	60	40	1260	1195
IV	40	60	1340	1270
V	20	80	1410	1360
VI	0	100	1452	1452

4）将各个合金的相变点分别标注在温度-成分坐标图中相应的合金垂线上。

5）连接各相同意义的相变点，所得的线称为相界线，这样就得到 Cu-Ni 合金相图，如图 3-8b 所示。

二、匀晶相图

两组元在液态与固态均可彼此无限溶解的合金相图，称为匀晶相图。

图 3-9 所示的 Cu-Ni 合金相图就是属于二元匀晶相图。图中 A 点 1083℃，为纯铜的熔点，B 点 1452℃为纯镍的熔点。AB 为合金开始结晶温度曲线，即液相线；AB 为合金结晶终了温度曲线，即

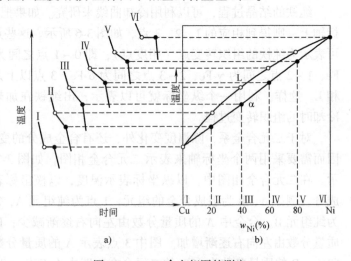

a) 冷却曲线   b) Cu-Ni 合金相图

图 3-8 Cu-Ni 合金相图的测定

固相线。在液相线 *AB* 以上为液相区；在固相线以下合金全部形成均匀的 α 固溶体，为固相区；液相线与固相线之间为液相 L 和固溶体 α 共存区域，为两相区。

铜和镍二组元在固态下能完全互相溶解，并能以任何比例形成单相 α 固溶体。因此，无论什么成分的 Cu-Ni 合金平衡结晶过程都是相似的。现以 $w_{Ni} = 60\%$ 的 Cu-Ni 合金为例，说明其平衡结晶过程及组织。

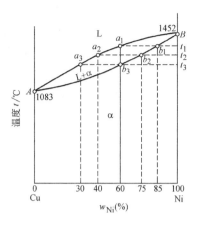

图 3-9　Cu-Ni 合金相图

由图 3-9 可见，该合金的合金垂线与相图中的相界线交于 a_1、b_3 两点，当合金以极其缓慢的冷却速度冷至 t_1（即合金垂线上 a_1 点温度）时，开始从液相合金中结晶出 α 相。随着温度继续下降，α 相的量不断增加，剩余液相的量不断减少，同时液相和固相的成分也将通过原子扩散不断改变。在 t_1 温度时，液、固两相的成分分别为 a_1、b_1 点在横坐标上的投影；当缓冷至 t_2 温度时，液、固两相的成分分别为 a_2、b_2 点在横坐标上的投影；当再缓冷至 t_3 温度时，液、固两相的成分分别为 a_3、b_3 点在横坐标上的投影。总之，合金在整个冷却过程中，随着温度的降低，液相成分沿着液相线由 a_1 变至 a_3，而 α 相成分沿着固相线由 b_1 变至 b_3，结晶终了时，获得与原合金成分相同的 α 固溶体。其结晶示意图如图 3-10 所示。

凡是两组元在液态和固态下均能完全相互溶解的合金，如 Cu-Ni，Fe-Ni，Au-Ag 等均属于这类相图。

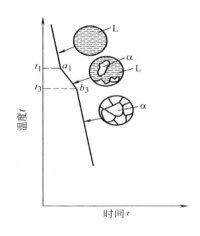

图 3-10　Cu-Ni 合金的
结晶过程示意图

三、共晶相图

两组元在液态互溶，在固态相互有限溶解，并发生共晶反应的合金相图，称为共晶相图。具有这类相图的合金有 Pb-Sn、Pb-Sb、Cu-Ag、A1-Si 等。

1. 相图分析

图 3-11 为 Pb-Sn 合金相图，图中左边部分是 Sn 溶于 Pb 中，形成 α 固溶体的部分匀晶相图；图右边部分是 Pb 溶于 Sn 中，形成 β 固溶体的部分匀晶相图，故 t_A、t_B 分别为 Pb 和 Sn 的熔点。t_AC、t_BC 线为液相线，液相在 t_AC 上开始结晶出 α 固溶体，在液相线 t_BC 线上开始结晶出 β 固溶体。t_AD、t_BE 线分别为 α 与 β 固溶体的结晶终了的固相线。由于在固态下，Pb 与 Sn 的互相溶解度随温度的降低而逐渐减少，故 *DF*、*EG* 线分别为 Sn 溶于 Pb 和 Pb 溶于 Sn 的固态溶度曲线，也称固溶线。

C 点是液相线 t_AC、t_BC 与液相线 *DCE* 的交点，表示在 *C* 点所对应的温度（$t_C = 183℃$）下，成分为 *C* 点的液相（L_C）将同时结晶出成分为 *D* 点的 α 固溶体（α_D）和成分为 *E* 点的 β 固溶体（β_E）的混合物，其反应式为

$$L_C \underset{}{\overset{恒温}{\rightleftharpoons}} \alpha_D + \beta_E$$

通常把在一定温度下，由一定成分的液相同时结晶出成分一定的两个固相的过程，称为共

晶转变。共晶转变的产物 $(\alpha_D + \beta_E)$ 是两个固相的混合物,称为共晶体或共晶组织。故 C 点称为共晶点,C 点所对应的温度与成分分别成为共晶温度或共晶成分。通常水平的固相线 DCE 称为共晶线,成分在 CD 之间的合金称为亚共晶合金。在 CE 之间的合金称为过共晶合金。

由以上分析可知,相界线把共晶相图分成六个相区:三个单相区 L、α、β 相区;三个两相区为 L+α、L+β、α+β 相区。共晶线 DCE 是 L、α、β 三相平衡的共存线。

2. 典型的合金结晶过程分析

(1) 合金 I (F、D 点间的合金) 图 3-12 为这类合金的冷却曲线及结晶过程示意图。

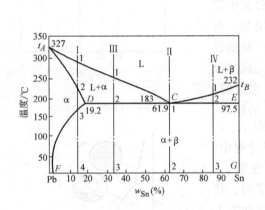

图 3-11 Pb-Sn 合金相图

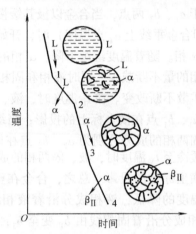

图 3-12 合金 I 的冷却曲线及
结晶过程示意图

当 w_{sn} <19.2% 的 Pb-Sn 合金,由液相缓冷到 1 点时与液相线相交,开始结晶出 α 固溶体。随着温度的下降,α 固溶体的数量不断减少,液相成分沿液相线 t_AC 变化,固相 α 的成分沿固相线 t_AD 变化。当合金冷却到与固相线相交的 2 点时,全部结晶为 α 固溶体。这一过程和前面提过的匀晶转变完全相同。

继续冷却到 2 点至 3 点的温度范围内,单相 α 固溶体不发生变化。当合金冷却 3 点时,与 α 固溶体的固相线 DF 相交。此时,锡在铅中的溶解度已达到饱和,温度降至 3 点以下时,则将发生过剩的锡以 β 固溶体的形式从 α 固溶体中析出,随着温度的继续下降,从 α 固溶体中继续析出 β 固溶体,且 α 固溶体的成分沿 DF 变化,而析出 β 固溶体的成分沿着 EG 变化。

为了区别从液相中结晶出的 β 固溶体,把从固相中析出的 β 固溶体,称为次生的 β 固溶体,并以 β_{II} 表示。因此,合金 I 的室温组织为 α 固溶体 + β_{II} 固溶体。

(2) 合金 II (C 点合金) w_{Sn} =61.9% 的合金称为共晶合金。共晶合金由液相缓冷到 C 点时发生共晶转变,其冷却曲线及结晶过程,如图 3-13 所示。

这一过程在 C 点温度下一直进行液相完全消失为止,

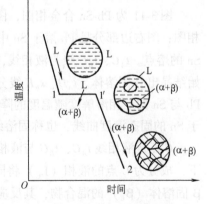

图 3-13 合金 II 的冷却曲线及
合金结晶过程示意图

结晶终了后的合金为 α 固溶体与 β 固溶体组成共晶组织。

在 C 点以下，合金进入共晶线下面的 α + β 两相区，此时，温度继续下降，α 与 β 的溶解度分别沿着各自固溶体 DF、EG 线变化。因此由 α 中析出 $β_{II}$；由 β 中析出 $α_{II}$。但由于从共晶体中析出的次生相常与共晶体中同类相混在一起，在金相显微镜下很难分辨，且次生相量又较少，故一般不予考虑。共晶合金 II 的室温组织为（$α_F + β_G$）的共晶体。

（3）合金 III（C、D 点间合金）成分在 C 点与 D 点之间的合金，称为亚共晶合金。

当合金 III 缓冷到 1 点与液相线相交，开始从液相中结晶出 α 固溶体。随着温度的下降，α 固溶体量不断增加，而液相量则相应减少。α 固溶体成分沿固相线 $t_A D$ 向 D 点变化，液相成分沿液相线 $t_A C$ 向 C 变化。当温度下降到 2 点（共晶温度）时，α 固溶体的成分为 D 点成分，而剩余液相的成分达到 C 点将发生共晶转变。这一转变一直进行到剩余液相全部转变为共晶组织为止。共晶转变终了后，亚共晶合金的组织由初晶 α 固溶体（又称先共晶 α 固溶体）与共晶组织（α + β）组成。

当合金冷却到 2 点以下温度时，α 和 β 的溶解度分别沿 DF、EG 线变化，故分别要从 α 和 β 中析出 $β_{II}$ 和 $α_{II}$ 两种次生相，在金相显微镜下，只有从先共晶 α 固溶体中析出的 $β_{II}$ 可以观察到，共晶组织中析出 $α_{II}$ 和 $β_{II}$ 一般难以分辨。

图 3-14 为合金 III 的冷却曲线及结晶过程示意图。

（4）合金 IV（C、E 点间合金）成分在 C 点与 E 点之间的合金称为过共晶合金。过共晶合金的结晶过程与亚共晶合金类似。图 3-15 为合金 IV 的冷却曲线及结晶过程示意图。其不同之处为初晶相为 β 固溶体，结晶后的组织为初晶 β + 次生 $α_{II}$ + 共晶体（α + β）。

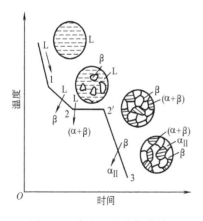

图 3-14　合金 III 的冷却曲线
与结晶过程示意图

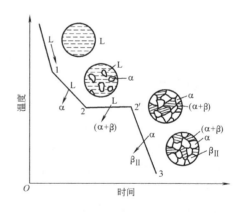

图 3-15　合金 IV 的冷却曲线
及结晶过程示意图

3. 合金的相组分与组织组分

总结上述几种典型合金的结晶过程，可以清楚看到 Pb-Sn 合金结晶所得组织中仅出现 α、β 两相。因此 α、β 相称为合金的相结构（相组成物）。图 3-11 中各相区就是以合金的相组分填写的。

由于不同合金的形成条件不同，各种相可以不同的形状、数量、大小互相组合，因而在金相显微镜下可观察到不同的组织。若把合金结晶后的组织直接填写在相图中，如图 3-16

所示的组织组分的 Pb-Sn 合金相图，图中 α、$α_{II}$、β、$β_{II}$ 及共晶体（α+β）各具有一定组织特征，并在金相显微镜下可以明显区分，故它们都是该合金的组织组分。在进行相图分析时，主要用组织组分来表示合金的显微组织，故常用合金的组织组分填写于相图中。

四、共析相图

在二元合金相图中常遇到在高温通过匀晶转变所形成的固溶体，在冷却到某一温度时，又发生分解而形成两个新的固相，这种相图称为共析相图，如图 3-17 所示。

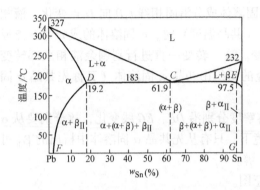

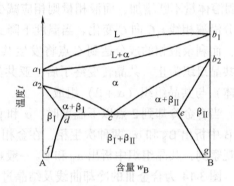

图 3-16　标明组织组分的 Pb-Sn 合金相图　　　　图 3-17　共析相图

图中 A 和 B 代表两个组元，c 为共析点，dce 为一条三组共存的共析线，在该温度下（共析温度），从 c 点成分（共析成分）的 α 固溶体中同时析出 d 点成分的 $β_I$ 和 e 点成分的 $β_{II}$ 两种固相，可用下式表示

$$\alpha_c \xrightleftharpoons{\text{恒温}} \beta_{II d} + \beta_{II c}$$

这种从一个固相中同时析出两个不同成分的固相转变称为共析转变。与共晶转变相比，共析转变具有以下几个特点：

1）共析转变是固态转变，转变过程中需要原子作大量的扩散，但在固态中的扩散比在液态中困难得多，所以共析转变需要较大的过冷度。

2）由于共析转变过冷度大，因而形核率高，得到的共晶体更细密。

3）共析转变前后晶体结构不同，转变会引起容积变化，从而产生较大的内应力。这一现象在钢的热处理时表现较为明显。铁碳合金中珠光体转变就是最常见的共析转变，这一内容将在铁碳合金相图中（第四章）详细讨论。

五、合金性能与相图间关系

当合金形成单相固溶体时，合金的力学性能与组元的性质、溶质元素的质量分数有关。对于一定的溶剂和溶质，溶质质量分数愈多，则合金晶体中的晶格畸变程度愈严重，合金的强度、硬度愈高，但能保持较好的塑性与韧性。固溶体合金的强度、硬度变化规律如图 3-18 所示。

当合金形成两相混合物时，其力学性能随合金成分的改变而呈直线关系在两组成相的性能之间变化。当合金形成共晶组织时，力学性能还与组织的细密程度有关，共晶组织愈细密，合金的强度、硬度愈高。具有共晶转变合金的硬度变化规律如图 3-19 所示。

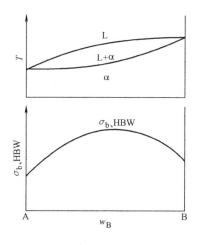

图 3-18　固溶体合金的
强度、硬度变化规律

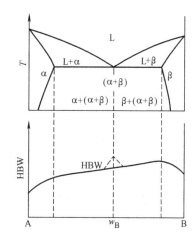

图 3-19　具有共晶转变合
金的硬度变化规律

思考题与练习题

1. 何谓过冷度？它与冷却速度有何关系？它对铸件晶粒大小有何影响？

2. 液态金属发生结晶的必要条件是什么？可用哪些方法获得细晶粒组织？其依据是什么？

3. 晶核有几种？非自发晶核对实际生产有何作用？

4. 如果其他条件相同，试比较下列铸造条件下铸件晶粒大小：

（1）金属型浇注与砂型浇注。

（2）浇注温度较高些与较低些。

（3）铸成薄壁件与铸成厚壁件。

（4）厚大铸件的表面部分与中心部分。

5. 什么是金属的同素异构转变？试以纯铁为例说明之。

6. 金属的同素异构转变与液态金属结晶有何异同之处？

7. 判别下列情况下是否有转变：

（1）液态金属结晶。

（2）晶粒由粗变细。

（3）同素异构转变。

（4）磁性转变。

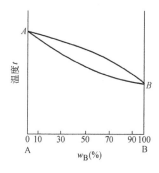

图 3-20　二组元固态下完全
互溶的合金相图

8. 已知 A（熔点为 657℃）和 B（熔点为 1430℃），在液态无限互溶，固态时互不相溶，在 577℃时，$w_B = 12.6\%$ 的合金发生共晶转变，现要求如下：

（1）粗略作出 A、B 合金相图。

（2）分析 B 的质量分数分别为 5%、12%、60% 等合金的结晶过程。

9. 试分析下列二元合金相图（图 3-20）

（1）写出图中主要点、线、区的含义及各个区域相的名称。

（2）试分析 $w_B = 50\%$ 的合金的结晶过程。

10. 为什么铸造合金常选用靠近共晶成分的合金？压力加工合金则选用单相固溶体成分的合金？

第四章　铁碳合金相图

现代工业中使用最广泛的金属材料是钢铁材料。其基本组元是铁与碳，故统称铁碳合金。不同成分的铁碳合金具有不同的组织，而不同的组织又具有不同的性能。为了便于在生产中合理使用，必须熟悉铁碳合金的成分、组织和性能之间的关系。铁碳合金相图正是指在平衡条件下（极其缓慢加热或冷却），不同成分的铁碳合金，在不同温度下所处状态或组织的图形。为此必须首先了解和研究铁碳合金相图。

在铁碳合金中，铁和碳可以形成一系列稳定的化合物（Fe_3C、Fe_2C、FeC），由于 $w_C > 6.69\%$ 的铁碳合金材质很脆，在工业上无使用价值，所以，我们仅研究 $w_C < 6.69\%$ 的部分。而 $w_C = 6.69\%$ 对应的正好全部是铁碳体（Fe_3C），把它作为一个组元，实际上我们研究的铁碳相图是 $Fe\text{-}Fe_3C$ 相图，如图 4-1 所示。

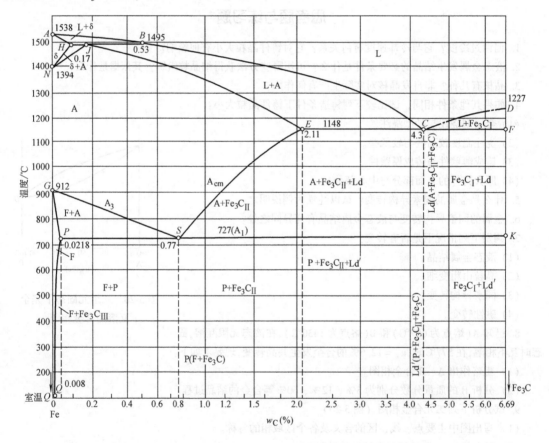

图 4-1　$Fe\text{-}Fe_3C$ 相图

由于 $Fe\text{-}Fe_3C$ 相图左上部分的包晶反应实用意义不大，为了便于研究分析将其简化，所得简化的 $Fe\text{-}Fe_3C$ 相图如图 4-2 所示。

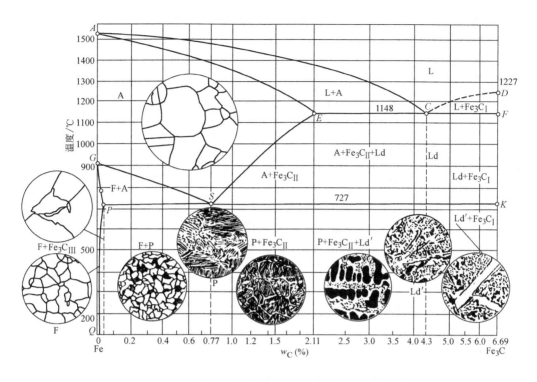

图 4-2　简化的 Fe-Fe₃C 相图

第一节　铁碳合金的基本相

纯铁具有较好的塑性，但强度太低，不能用来制造机械零件。在纯铁中加入少量碳，会使强度和硬度明显提高，其原因是铁和碳相互作用形成不同的合金组织。

在固态铁碳合金中，铁和碳的相互作用有两种：一是碳原子溶解到铁的晶格中形成固溶体，如铁素体与奥氏体；二是铁和碳按一定比例相互作用形成金属化合物，如渗碳体。铁素体、奥氏体、渗碳体是铁碳合金的基本相。

一、铁素体

碳溶于 α-Fe 中的间隙固溶体称为铁素体，用符号 F 或 α 表示。它仍保持 α-Fe 的体心立方晶格，由于体心立方晶格原子间隙很小，因而溶碳能力极差，在 727℃时的最大质量分数为 $w_C = 0.0218\%$，随着温度的下降溶碳量逐渐减小，在 600℃ 时质量分数约为 $w_C = 0.0057\%$，在室温时质量分数为 0.0008%。因此，其室温性能几乎和纯铁相同。铁素体的强度、硬度不高，但具有良好的塑性和韧性。其数值如下：

抗拉强度 σ_b：　　　　　　　　180～280MPa
屈服点 σ_s：　　　　　　　　　100～170 MPa
伸长率 δ　　　　　　　　　　30%～50%
断面收缩率 ψ：　　　　　　　　70%～80%
冲击韧度 α_K：　　　　　　　　160～200J/cm²
硬度　　　　　　　　　　　　～80HBW

铁素体在770℃以下具有铁磁性，在770℃以上则失去铁磁性。

铁素体的显微组织与纯铁相似，呈明亮多边晶粒组织，如图4-3所示。

二、奥氏体

碳溶于γ—Fe的间隙固溶体称为奥氏体，用符号A或γ表示。它仍保持γ-Fe的面心立方晶格。由于面心立方晶格原子间的空隙比体心立方晶格大，因此γ-Fe的溶碳能力比α-Fe要大些。在1148℃时，γ-Fe的溶碳能力最大，可达$w_C = 2.11\%$；随着温度的下降，溶碳能力逐渐减小，在727℃时$w_C = 0.77\%$。

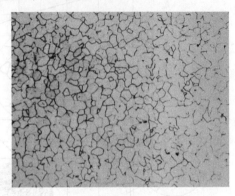

图4-3　铁素体的显微组织（100×）

奥氏体的力学性能与其溶碳量及晶粒大小有关。一般奥氏体的硬度为170~220HBW，伸长率为40%~50%，因此，奥氏体的硬度较低而塑性较高，易于锻压成形。

奥氏体存在于727℃以上高温范围内，其显微组织如图4-4所示。

三、渗碳体

渗碳体是铁和碳组成的金属化合物，是具有复杂晶格的间隙化合物，分子式为Fe_3C，其$w_C = 6.69\%$，熔点约为1227℃。渗碳体硬度很高（950~1050HV），而塑性与韧性几乎为零，脆性极大。

渗碳体不能单独使用，在钢中总是和铁素体混在一起，是碳钢中的主要强化相。渗碳体在钢和铸铁中的存在形式有片状、球状、网状和板状，

图4-4　奥氏体的显微组织（100×）

其数量、形状、大小和分布状况对钢的性能影响很大。通常，渗碳体愈细小，在固溶体基体中分布得愈均匀，合金的力学性能愈好；反之，渗碳体粗大或呈网状分布，则脆性愈大。

渗碳体是一种亚稳定相，在一定条件下会发生分解，形成石墨状的自由碳。

第二节　铁碳合金相图分析

铁碳合金相图（Fe-Fe_3C相图，见图4-2）是研究铁碳合金及热处理的基础。

一、相图中各点分析

相图中各点的温度、碳的质量分数及含义见表4-1。

表4-1　Fe-Fe_3C相图中的特性点

符号	温度/℃	碳的质量分数 w_C（%）	含　义
A	1538	0	纯铁的熔点
C	1148	4.3	共晶点

（续）

符号	温度/℃	碳的质量分数 w_C(%)	含 义
D	1227	6.69	渗碳体熔点
E	1148	2.11	碳在 γ-Fe 中的最大溶解度
F	1148	6.69	渗碳体的成分
G	912	0	α-Fe、γ-Fe 同素异构转变点（A_3）
K	727	6.69	渗碳体的成分
P	727	0.0218	碳在 α-Fe 中的最大溶解度
S	727	0.77	共析点（A1）
Q	室温	0.0008	碳在 α-Fe 中的溶解度

二、相图中各线分析

AC 线和 *DC* 线为液相线，该线以上全部为液态金属，用符号 L 表示。液态铁碳合金冷却到 *AC* 线时开始结晶出奥氏体，在 *DC* 线以下结晶出渗碳体，称为一次渗碳体，用符号 Fe_3C_I 表示。

AE 线和 *ECF* 线为固相线，*AE* 线为奥氏体结晶终了线，*ECF* 线是共晶线，液态合金冷却到该线温度（1148℃）时，发生共晶转变。

ES 线又称为 A_{cm} 线，是碳在奥氏体中的固溶线，随着温度变化，奥氏体溶碳量将沿着 *ES* 线变化。因此，凡是 $w_C > 0.77\%$ 的铁碳合金自 1148℃ 冷至 727℃ 的过程中，必将从奥氏体中析出渗碳体，称为二次渗碳体，用符号 Fe_3C_{II} 表示。

GS 线又称 A_3 线，是奥氏体和铁素体的相互转变线。随着温度的下降，从奥氏体中析出铁素体。

PSK 线又称 A_1 线，是共析线。温度为 727℃，凡 $w_C = 0.0218\% \sim 6.69\%$ 的铁碳合金，在此温度时奥氏体都会发生共析转变。

PQ 线是碳在铁素体中的固溶线。铁碳合金自 727℃ 冷至室温时，将从铁素体中析出渗碳体，称为三次渗碳体，用符号 Fe_3C_{III} 表示。表 4-2 列出了 $Fe-Fe_3C$ 相图中主要特性线的意义。

表 4-2 简化的 Fe_3C 相图中的特性线

特性线	含 义	特性线	含 义
ACD	液相线	*ES*	碳在奥氏体中的固溶线
AECF	固相线	*ECF*	共晶线 $L_C \rightarrow A_E + Fe_3C$
GS	奥氏体转变为铁素体中的开始线	*PSK*	共析线 $A_S \rightarrow F_P + Fe_3C$

简化后的 $Fe-Fe_3C$ 相图主要由共晶、共析二个基本转变所组成。

1. 共晶转变

在 1148℃（水平线 *ECF*），成分为共晶点 C 的液态合金将发生共晶转变，结晶出奥氏体和渗碳体所组成的共晶混合物（共晶体），其表达式为

$$L_C \xrightarrow{1148℃} A_E + Fe_3C$$

共晶转变后所获得的共晶体（A + Fe₃C）称为莱氏体，用符号 Ld 表示。凡 w_C > 2.11% 的铁碳合金冷至 1148℃时，都将发生共晶转变，从而形成莱氏体。

2. 共析转变

在 727℃（水平线 PSK），成分为共析点 S 的奥氏体将在恒温下同时析出铁素体和渗碳体的细密混合物，称为珠光体，用符号 P 表示。其表达式为

$$A_S \xrightarrow{727℃} P(F_P + Fe_3C)$$

其 w_C = 0.77%，由于它是硬、软两相混合物，所以它的性能介于两种组成相性能之间，硬度约为 180 ~ 280HBW，σ_b = 750 ~ 900MPa，δ = 20% ~ 25%，A_K = 24 ~ 32J。

根据上述各点、线意义分析，可以填出铁碳合金相图中各区域的组织。

三、铁碳合金分类

在铁碳合金相图中，各种碳的质量分数不同的铁碳合金，根据其组织和性能的特点，常分为三类：

1. 工业纯铁

碳的质量分数在 P 点左面（w_C < 0.0218%）的铁碳合金，其室温组织为铁素体或铁素体和三次渗碳体。

2. 钢

碳的质量分数在 P 点和 E 点之间（w_C = 0.0218% ~ 2.11%）的铁碳合金，其特点是高温固态组织为具有良好塑性的奥氏体，因而宜于锻造。根据室温组织的不同，钢又可分为三类：

（1）共析碳钢　w_C = 0.77%的铁碳合金，室温组织为珠光体。

（2）亚共析碳钢　0.0218% < w_C < 0.77%的铁碳合金，室温组织为铁素体和珠光体。

（3）过共析碳钢　0.77% < w_C < 2.11%的铁碳合金，室温组织为珠光体和二次渗碳体。

3. 白口铸铁

碳的质量分数在 E 点和 F 点之间（w_C = 2.11% ~ 6.69%）的铁碳合金，其特点是液态结晶时都有共晶转变，因而与钢相比具有较好铸造性能。根据室温组织的不同，白口铸铁又分为三类：

（1）共晶白口铸铁　碳的质量分数为 C 点（w_C = 4.3%）的铁碳合金，室温组织为变态莱氏体（是 727℃以下的莱氏体，由珠光体与渗碳体所组成的混合物，用符号 Ld′表示。）。

（2）亚共晶白口铸铁　碳的质量分数在 C 点左面（2.11% < w_C < 4.3%）的铁碳合金，室温组织为变态莱氏体、珠光体和二次渗碳体。

（3）过共晶白口铸铁　碳的质量分数在 C 点右面（4.3% < w_C < 6.69%）的铁碳合金，室温组织为变态莱氏体和一次渗碳体。

第三节　典型铁碳合金的平衡结晶过程

一、合金Ⅰ（共析钢）

图 4-5 中合金Ⅰ（w_C = 0.77%）为共析钢。当合金冷到 1 点时，开始从液相中析出奥氏体，降至 2 点时全部液相都转变为奥氏体。合金冷到 3 点时，奥氏体将发生共析反应，即

$A_S \longrightarrow P$（$F_P + Fe_3C$）。温度再继续下降，珠光体不再发生变化。共析钢冷却过程如图 4-6 所示，其室温组织是珠光体。

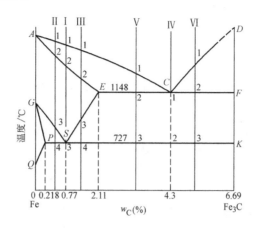

图 4-5 典型铁碳合金结晶过程分析

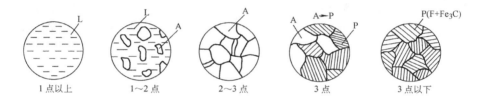

图 4-6 共析钢组织转变过程示意图

珠光体的典型组织是铁素体和渗碳体呈片状相叠加，如图 4-7 所示。

二、合金Ⅱ（亚共析钢）

图 4-5 中合金Ⅱ（$w_C = 0.4\%$）为亚共析钢。合金在 3 点以上冷却过程与合金Ⅰ相似，缓冷至 3 点（与 GS 线相交于 3 点）时，从奥氏体中开始析出铁素体。随着温度降低，铁素体量不断增多，奥氏体量不断减少，并且碳的质量分数分别沿 GP、GS 线变化。温度降到 PSK 温度，剩余奥氏体中碳的质量分数达到共析成分（$w_C = 0.77\%$），即发生共析反应，转变成珠光体。4 点以下冷却过程中，组织不再发生变化。因此，亚共析钢冷却到室温的显微组织是铁素体和珠光体，其冷却过程组织转变如图 4-8 所示。

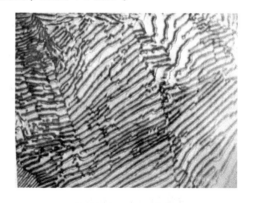

图 4-7 共析钢的显微组织（100×）

凡是亚共析钢结晶过程均与合金Ⅱ相似，只是由于碳的质量分数不同，组织中铁素体和珠光体的相对量也不同。随着碳的质量分数的增加，珠光体量增多，而铁素体量减少。亚共析钢的显微组织见图 4-9 所示。

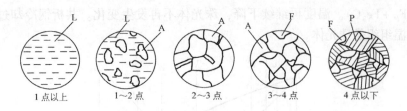

图4-8 亚共析钢组织转变过程示意图

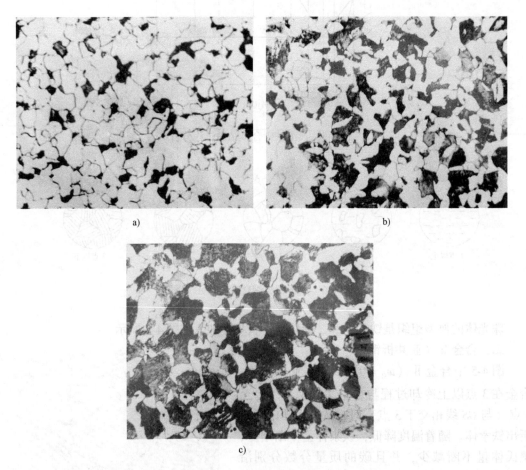

图4-9 亚共析钢的显微组织

a) $w_C = 0.2\%$ (200×)　b) $w_C = 0.4\%$ (200×)　c) $w_C = 0.6\%$ (200×)

三、合金Ⅲ（过共析钢）

图4-5中合金Ⅲ（$w_C = 1.20\%$）为过共析钢。合金Ⅲ在3点以上冷却过程与合金Ⅰ相似，当合金冷却到3点（ES 线相交于3点）时，奥氏体中碳的质量分数达到饱和，继续冷却，奥氏体成分沿 ES 线变化，从奥氏体中析出二次渗碳体。二次渗碳体沿奥氏体晶界呈网状分布。温度降至 PSK 线时，奥氏体中碳的质量分数达到 0.77% 即发生共析反应，转变成珠光体。4点以下至室温，组织不再发生变化。过共析钢的组织转变过程见图4-10，其室温下的显微组织是珠光体和网状二次渗碳体。

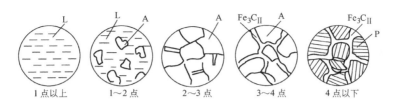

图 4-10 过共析钢组织转变示意图

过共析钢的结晶过程均与合金Ⅲ相似，只是随着碳的质量分数不同，最后组织中珠光体和渗碳体的相对量也不同。图 4-11 是过共析钢在室温时的显微组织。

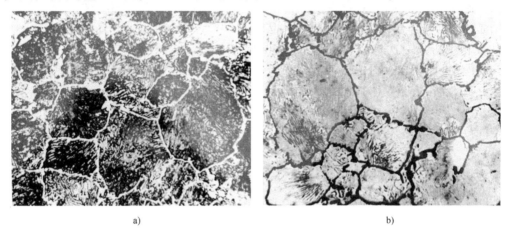

a)   b)

图 4-11　过共析钢的显微组织（100×）

四、合金Ⅳ（共晶白口铸铁）

图 4-5 中合金Ⅳ（$w_C = 4.3\%$）为共晶白口铁。合金Ⅳ在 1 点以上为单一液相，当温度降至与 ECF 线相交时，液态合金发生共晶反应，即

$$L_C \xrightarrow{1148°C} Ld(A_E + Fe_3C)$$

结晶出莱氏体。随着温度继续下降，奥氏体成分沿 ES 线变化，从中析出二次渗碳体。当温度降至 2 点时，奥氏体发生共析转变，形成珠光体。故共晶白口铸铁室温组织是由珠光体、二次渗碳体和共晶渗碳体组成的混合物，称之为变态莱氏体（Ld′），其结晶过程见图 4-12。

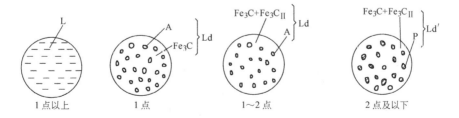

图 4-12　共晶白口铸铁组织转变示意图

室温下共晶白口铸铁显微组织如图 4-13 所示。图中黑色部分为珠光体，白色基体为渗碳体。

五、合金 V（亚共晶白口铸铁）

结晶过程同合金 IV 基本相同，区别是共晶转变之前有先析相 A 形成，因此其室温组织为 P + Fe_3C_{II} + Ld′，见图 4-14 所示。图中黑色点状、树枝状为珠光体，黑白相间的基体为变态莱氏体，二次渗碳体与共晶渗碳体在一起，难以分辨，如图 4-15 所示。

六、合金 VI（过共晶白口铸铁）

结晶过程也与合金 IV 相似，只是在共晶转变前先从液相中析出一次渗碳体，其室温组织为 FeC_I + Ld′，见图 4-16。图中白色板条状为一次渗碳体，基体为变态莱氏体，见图 4-17 所示。

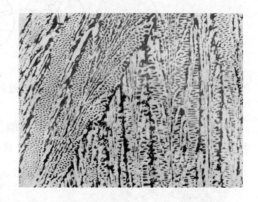

图 4-13　共晶白口铸铁的显微组织（250×）

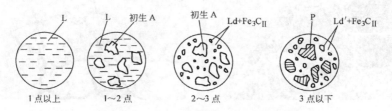

图 4-14　亚共晶白口铸铁的结晶示意图

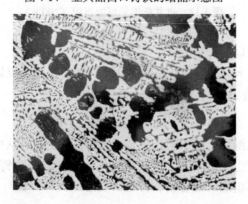

图 4-15　亚共晶白口铸铁显微组织（80×）

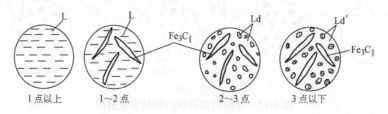

图 4-16　过共晶白口铸铁的结晶示意图

图 4-17　过共晶白口铸铁显微组织（100×）

第四节　铁碳合金的成分、组织与性能间的关系

一、碳的质量分数对平衡组织的影响

铁碳合金的成分与缓冷后的相组分及组织组分间有一定的定量关系，其关系归纳于图 4-18 中。从图 4-18 可以看出，不同种类的铁碳合金其室温组织是不同的。随着碳的质量分数的增加，铁碳合金的室温组织变化顺序为

$$F \longrightarrow F + P \longrightarrow P \longrightarrow P + Fe_3C_{II} \longrightarrow P + Fe_3C_{II} + Ld' \longrightarrow Ld' \longrightarrow Ld' + Fe_3C_I$$

由此可知，当碳的质量分数增高时，组织中不仅渗碳体的数量增加，而且渗碳体的大小、形态和分布情况也随着发生变化。渗碳体由层状分布在铁素体基体内（如珠光体），变为呈网状分布在晶界上（如 Fe_3C_{II}），最后形成莱氏体时，渗碳体已作为基体出现。因此，不同成分的铁碳合金具有不同的性能。

二、碳的质量分数对力学性能的影响

在铁碳合金中，渗碳体一般可看作是一种强化相。如果合金的基体是铁素体，则随着渗碳体数量的增加，其强度和硬度升高，而塑性与韧性相应降低。当这种硬而脆的渗碳体以网状分布在晶界，特别是作为基体出现时，将使铁碳合金的塑性、韧性大大下降，这就是高碳钢和白口铸铁脆性高的主要原因。

图 4-19 所示为碳的质量分数对碳钢力学性能的影响。

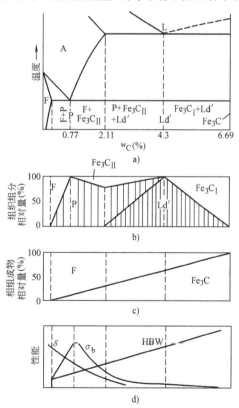

图 4-18　铁碳合金成分、组织与性能的对应关系
a）铁碳合金平衡组织　b）组织组分相对量
c）相组分相对量　d）w_C 与力学性能关系

碳的质量分数很低时，基本上是纯铁，其组织由单相铁素体构成，故它的塑性好、韧性很好，而强度和硬度很低。

亚共析碳钢，其组织由不同数量的铁素体和珠光体组成。随着碳的质量分数的增加，组织中珠光体数量也相应增加，钢的强度和硬度呈直线上升，而塑性、韧性不断下降。

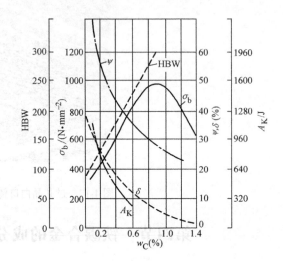

图4-19 碳的质量分数对碳钢力学性能的影响

过共析碳钢，其组织由珠光体和二次渗碳体所组成。当钢中 $w_C > 0.9\%$ 时，脆性的二次渗碳体数量也相应增加，形成网状分布，使其脆性增加，不仅使钢的塑性、韧性进一步下降，而且强度也明显下降。所以，工业上使用钢的碳质量分数一般为 $w_C = 1.3\% \sim 1.4\%$。

铁碳合金相图揭示了合金的组织随成分变化的规律，根据组织可以判断其大致性能，便于合理选择材料。

建筑结构和各种型钢需要塑性、韧性好的材料，应采用低碳钢（$w_C \leq 0.25\%$）；各种机器零件需要强度、塑性及韧性都好的材料，应采用中碳钢（$0.25\% < w_C < 0.60\%$）；各种工具需要硬度高、耐磨性好的材料，应采用高碳钢（$w_C > 0.60\%$）。

白口铸铁由于组织中存在较多的渗碳体，在性能上则特硬特脆，难以进行切削加工，因此在机械制造工业中很少应用。

但是白口铸铁耐磨性好，铸造性能优良，适于制造耐磨、不受冲击、形状复杂的铸件，例如拔丝模、冷轧辊、火车车轮、犁铧、球磨机铁球等。此外，白口铸铁还用作生产可锻铸铁的毛坯。

三、碳的质量分数对工艺性能的影响

1. 铸造性能

根据 Fe-Fe$_3$C 相图，可以确定合适的浇注温度。由相图可知，共晶成分的合金，其凝固温度间隔最小（为零），故流动性好，分散缩孔较小，有可能得到致密的铸件。共晶成分的铸铁熔点最低，就可以用比较简易的熔炼设备。而钢的熔点明显增高 $200 \sim 300\,℃$，就需要复杂的熔炼设备（如电炉等）。因此在铸造生产中，接近共晶成分的铸铁被广泛应用。

2. 锻造性能

钢在室温组织为两相混合物，因而使用的塑性较差、形变困难，只有将其加热到单相奥氏体状态才能有较好的塑性，因此钢材的锻造或轧制应选择在具有单相奥氏体的温度范围内进行。一般始锻温度控制在固相线以下 $100 \sim 200\,℃$，温度不宜太高，以免钢材氧化严重；而终锻温度对亚共析碳钢应控制在稍高于 GS 线以上，对于过共析碳钢应控制在稍高于 PSK 线上，温度不能过低，以免使钢材塑性差而导致产生裂纹。如图4-20所示。

3. 焊接性能

焊接时由焊缝到母材各区域的加热温度是不同的，由 Fe-Fe₃C 相图可知，在不同加热温度下会获得不同的高温组织，随后的冷却也就可能出现不同组织与性能，这就需要在焊接后采用热处理方法加以改善。

4. 切削加工性能

材料的切削加工性能是指工件材料切削加工的难易程度。这种难易程度是个相对的概念，对于不同的切削条件和加工要求，材料的切削加工性能的评价也不同。生产上常用的评价指标有如下几种。

1）刀具使用寿命指标。

2）加工表面质量指标。

3）切削力或切削温度指标。

这几种指标从不同的侧面反映了材料的切削加工性能。其影响主要因素有：

1）材料的强度和硬度。材料的强度和硬度愈高，切削过程中的切削力就愈大，消耗的功率也愈大，切削温度愈高，刀具的磨损加剧，故切削加工性也就愈差。

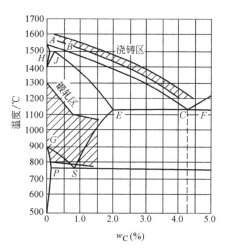

图 4-20　Fe-Fe₃C 相图与铸、锻工艺的关系

2）材料的塑性。材料的塑性愈大，切削时的塑性变形愈大，切削温度就愈高，刀具容易产生粘结磨损和扩散磨损，刀具的使用寿命降低；而且在低速切削时容易形成积屑瘤和鳞刺，影响加工表面质量；再加上塑性大的材料断屑较难，因此切削加工性较差。但是塑性太小的材料，切削时切削力和切削热集中在切削刃附近，使刀具的磨损加剧，故切削加工性能也不好。

3）材料的韧性。韧性较大的材料，在切削变形时吸收的功较多，切削力也大；再加上断屑困难，已加工表面粗糙度值也较大，故切削加工性较差。

4）材料的导热性。材料的导热系数小时，其导热性就差。因此切削热不易被切屑和工件传散，切削温度高，刀具的磨损较快，故切削加工性较差。

为此，生产中最常用的办法之一是通过适当的热处理工艺，改变材料的金相组织，使材料的切削加工性得到改善。

思考题与练习题

1. 比较下列名词：
①α-Fe，铁素体；②γ-Fe，奥氏体；③共晶转变，共析转变。

2. 何谓铁素体、奥氏体、渗碳体、珠光体、莱氏体？它们在结构、组织形态和性能上各有何特点？

3. 试述钢和白口铸铁中碳的质量分数、组织和性能的差别。

4. 分析碳的质量分数分别为 0.40%、0.77%、1.2% 的铁碳合金从液态缓冷到室温的结晶过程和室温组织。

5. 随着钢中碳的质量分数的增加，钢的力学性能有何变化？为什么？

6. 根据 Fe-Fe₃C 相图，将三种成分在给定温度下的显微组织，填于下表。

w_C（%）	温度/℃	显微组织	温度/℃	显微组织
0.25	800		900	
0.80	700		800	
1.20	680		800	

7. 试从显微组织方面来说明 $w_C = 0.2\%$ 、$w_C = 0.45\%$ 、$w_C = 0.77\%$ 三种钢力学性能有何不同。

8. 比较一次渗碳体、二次渗碳体、三次渗碳体、共晶渗碳体、共析渗碳体的异同处。

9. 说明下列现象的原因

（1）$w_C = 1.0\%$ 的钢比 $w_C = 0.5\%$ 的钢硬度高。

（2）钢适用于压力加工成形，而铸铁适用于铸造成形。

（3）钢铆钉一般用低碳钢制成。

（4）在退火状态下，$w_C = 0.77\%$ 的钢比 $w_C = 1.2\%$ 的钢强度高。

（5）在相同条件下，$w_C = 0.1\%$ 的钢切削后，其表面粗糙度的值不如 $w_C = 0.45\%$ 的钢低。

第五章　钢的热处理

热处理是将固态金属或合金在一定介质中加热、保温和冷却，以改变材料整体或表面组织，从而获得所需性能的工艺。钢的热处理工艺包括加热、保温和冷却三个阶段。温度和时间是决定热处理工艺的主要因素，因此热处理工艺可以用温度-时间曲线来表示，如图 5-1 所示，该曲线称为钢的热处理工艺曲线。

热处理可大幅度地改善金属材料的工艺性能和使用性能。如 T10 钢经球化处理后，切削加工性能大大改善；而经淬火处理后，其硬度可从处理前的 20HRC 提高到 62 ~ 65HRC。据统计，在机床制造中有 60% ~ 70% 的零部件要经过热处理；在汽车、拖拉机制造中有 70% ~ 90% 的零部件要经过热处理；各种工具和滚动轴承等则 100% 要进行热处理。

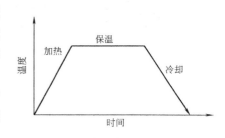

图 5-1　热处理工艺曲线

热处理工艺区别于其他加工工艺（如：铸造、锻造、焊接等）的特征是不改变工件的形状，只改变材料的组织结构和性能。热处理工艺只适用于固态下能发生组织转变的材料，无固态相变的材料则不能用热处理来强化。

第一节　钢在加热时的组织转变

一、奥氏体的形成

1. 钢在加热和冷却时的转变温度

相图反映的是平衡冷却时的成分-温度关系，也就是在无限缓慢冷却条件下的相转变。在实际生产过程中，加热或冷却的速度不可能无限缓慢，也就是在不完全平衡的条件下进行的，所以相应的临界温度会有所变化。一般说来，加热时相变温度偏向高温，冷却时则偏向低温，且加热冷却的速度愈大，偏差就愈大。为表明钢的实际临界点，在加热时附以符号"c"，如 Ac_1、Ac_3、Ac_{cm}，冷却时附以符号"r"，如：Ar_1、Ar_3 等，如图 5-2 所示。

2. 奥氏体的形成过程

大多数热处理工艺（如：淬火、正火、退火等）都要将钢加热到临界温度以上，获得全部或部分奥氏体组织，即进行奥氏

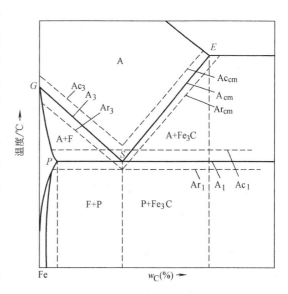

图 5-2　钢在实际加热和冷却时的相变点

体化。加热时形成奥氏体的质量（成分均匀性及晶粒大小等），对冷却转变过程及组织、性能都有极大地影响。

以共析钢为例，它的室温平衡组织为珠光体，当加热到 Ac_1 以上时，珠光体将转变为奥氏体。这包括奥氏体晶核的形成、奥氏体晶核的长大、剩余 Fe_3C 的溶解及奥氏体成分的均匀化四个步骤，如图 5-3 所示。

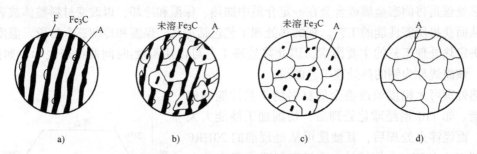

图 5-3　共析钢中奥氏体的形成过程示意图

a）奥氏体的形核　b）奥氏体的长大　c）残留渗碳体的溶解　d）奥氏体成分的均匀化

（1）奥氏体晶核的形成　奥氏体晶核优先在铁素体和渗碳体的两相界面上形成，这是因为相界面处成分不均匀，原子排列不规则，晶格畸变大，能为产生奥氏体晶核提供成分和结构两方面的有利条件。

（2）奥氏体晶核的长大　奥氏体晶核形成后，依靠铁素体的晶格改组和渗碳体的不断溶解，奥氏体晶核不断向铁素体和渗碳体两个方向长大。与此同时，新的奥氏体晶核也不断形成并随之长大，直至铁素体全部转变为奥氏体为止。

（3）残留渗碳体的溶解　在奥氏体的形成过程中，当铁素体全部转变为奥氏体后，仍有部分渗碳体尚未溶解（称为残留渗碳体），随着保温时间的延长，残留渗碳体将不断溶入奥氏体中，直至完全消失。

（4）奥氏体成分均匀化　当残留渗碳体溶解后，奥氏体中的碳成分仍是不均匀的，在原渗碳体处的碳浓度比原铁素体处的要高。只有经过一定时间的保温，通过碳原子的扩散，才能使奥氏体中的碳成分均匀一致。

亚共析钢（如45钢）和过共析钢（如T10钢）的奥氏体形成过程与共析钢基本相同，但其完全奥氏体化的过程有所不同。亚共析钢加热到 Ac_1 以上时还存在有 F，这部分 F 只有继续加热到 Ac_3 以上时才能完全转变为奥氏体；过共析钢则只有在加热温度高于 Ac_{cm} 时，才获得单一的奥氏体组织。

二、奥氏体晶粒长大及其控制

钢的奥氏体晶粒大小直接影响冷却所得组织和性能。钢在加热时获得的奥氏体晶粒大小，直接影响到冷却后转变产物的晶粒大小（如图 5-4 所示）和力学性能。钢加热时获得的奥氏体晶粒细小，退火后所得组织也细，则钢的强度、塑性、韧性较

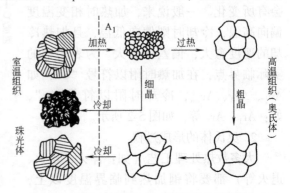

图 5-4　钢在加热和冷却时晶粒大小的变化

好，淬火后得到的马氏体也细小；反之，粗大的奥氏体冷却后转变产物也粗大，其强度、韧性较差，特别是冲击韧度显著降低。

1. 奥氏体的晶粒度

生产中一般采用标准晶粒度等级图（见图 5-5），由比较的方法来测定钢的奥氏体晶粒大小。晶粒度通常分 8 级，1~4 级为粗晶粒度，5~8 级为细晶粒度。

某一具体热处理或热加工条件下的奥氏体的晶粒度称为实际晶粒度，它决定钢的性能。

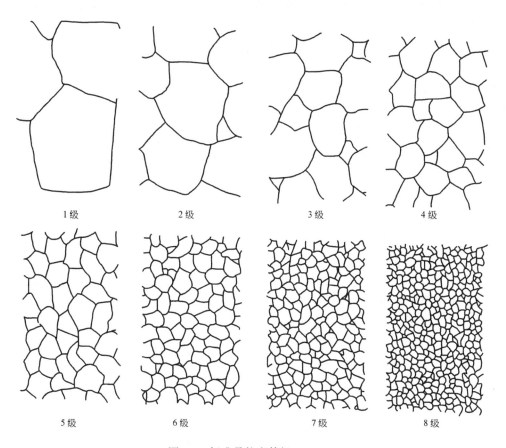

图 5-5　标准晶粒度等级（100 ×）

钢在加热时 A 晶粒长大的倾向用本质晶粒度来表示。钢加热到 930℃ ± 10℃，保温 8h、冷却后测得的晶粒度称为本质晶粒度。如果测得的晶粒细小，则该钢称为本质细晶粒钢。本质细晶粒钢在 930℃ 以下加热时晶粒长大的倾向小，适于进行热处理。本质粗晶钢进行热处理时，需严格控制加热温度。

2. 影响奥氏体晶粒度的因素

（1）加热温度和保温时间　奥氏体形成时晶粒是细小的，但随着温度升高，晶粒将逐渐长大，温度愈高，晶粒长大就愈明显。在一定温度下，保温时间愈长，奥氏体晶粒也愈粗大。

（2）钢的成分　奥氏体中的碳的质量分数增高时，晶粒长大的倾向增多。若碳以未溶碳化物的形式存在，则它有阻碍晶粒长大的作用。

钢中加入能形成稳定碳化物的元素（如：钛、钒、铌、锆等）和能生成氧化物和氮化物的元素（如：适量铝等），有利于得到本质细晶粒钢，因为碳化物、氧化物和氮化物弥散分布在晶界上，能阻碍晶粒长大。磷和锰是促进晶粒长大的元素。

第二节　钢在冷却时的组织转变

热处理工艺中，钢在奥氏体化后，接着是进行冷却。冷却的方式通常有两种：

1）等温处理：即将钢迅速冷却到临界点以下的给定温度，进行保温，使其在该温度下恒温转变，如图5-6曲线1所示。

2）连续冷却：将钢以某种速度连续冷却，使其在临界点以下变温连续转变，如图5-6曲线2所示。

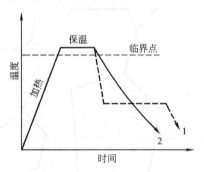

图 5-6　热处理工艺曲线示意图
1—等温处理　2—连续冷却

一、过冷奥氏体的等温转变

从铁-碳相图可知，当温度在 A_1 以上时，奥氏体是稳定的，能长期存在。当温度降到 A_1 以下后，奥氏体即处于过冷状态，这种奥氏体称为过冷奥氏体。过冷奥氏体是不稳定的，它会转变为其他的组织。钢在冷却时的转变，实质上是过冷奥氏体的转变。

1. 等温转变图（C曲线）

共析钢过冷奥氏体的等温转变过程和转变产物可用其等温转变图（TTT曲线）来分析（图5-7）。图中横坐标为转变时间，纵坐标为温度。根据曲线的形状，此曲线俗称为 C 曲线。C曲线的左边一条为过冷奥氏体转变的开始线，右边一条是过冷奥氏体转变终了线。M_s 线是过冷奥氏体转变为马氏体（M）的开始温度，M_f线是终了温度。奥氏体从过冷到转变开始这段时间称为孕育期，孕育期的长度反映了过冷奥氏体的稳定性大小。在 C 曲线的"鼻尖"处（约550℃）孕育期最短，过冷奥氏体的稳定性最小。

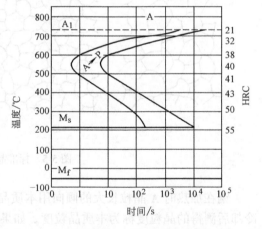

图 5-7　共析钢过冷 A 的等温转变曲线图

与共析钢相比，亚共析钢和过共析钢的 C 曲线上部，还各多一条先共析相的析出线（图5-8）。因为在过冷奥氏体转变为珠光体之前，在亚共析钢中要先析出铁素体F，过共析钢中要先析出二次渗碳体 Fe_3C_{II}。如：45钢在650~600℃等温转变后，产物为铁素体和索氏体（F+S），T10钢在 A_1~650℃等温转变后，产物为 $P+Fe_3C_{II}$。

2. 影响 C 曲线的因素

影响 C 曲线的因素主要是奥氏体的成分和奥氏体化条件。

（1）碳的质量分数　正常加热条件下，随碳的质量分数增加，亚共析钢的 C 曲线右移，

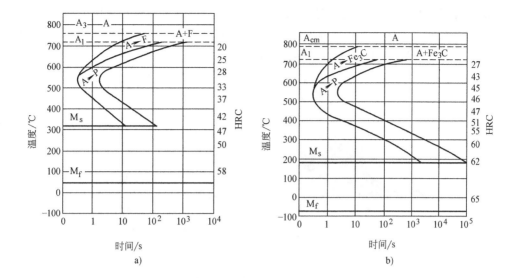

图 5-8　亚共析钢（图 a）和过共析钢（图 b）的等温转变曲线

同时 M_s、M_f 线下移；过共析钢的 C 曲线左移，同时 M_s、M_f 线下移。

（2）合金元素　除 Al、Co 外，所有溶于奥氏体的合金元素，都增加奥氏体的稳定性，使 C 曲线右移。但若合金元素未溶入奥氏体，而以碳化物形式存在时，它们将降低过冷奥氏体的稳定性，使 C 曲线左移。

（3）加热温度和保温时间　加热至 Ac_1 以上时，随着奥氏体化温度升高和保温时间的延长，奥氏体的成分更加均匀，未溶碳化物减少，晶界的面积也减小，过冷奥氏体形核率下降（冷却转变分解的），从而增加了奥氏体的稳定性，C 曲线右移。

3. 共析钢的过冷奥氏体等温转变

（1）高温转变（珠光体转变）　在 $A_1 \sim 550℃$ 之间，过冷奥氏体的转变产物为珠光体型组织，此温度区域称珠光体转变区。珠光体 P 是 F 和 Fe_3C 的机械混合物，Fe_3C 呈片状分布在 F 基体上。转变温度愈低，层间距愈小（图 5-9）。按层间距大小，珠光体组织习惯上分为珠光体（P）、索氏体（S）和托氏体（T）。它们并无本质区别，也没有严格界限，只是形态上不同。但其性能随之有所改变，由 P 到 T，强度、硬度增加，塑性、韧性略有改善。

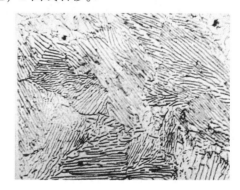

图 5-9　珠光体（500×）

奥氏体向珠光体的转变是一种扩散型的形核、长大过程，是通过碳、铁原子的扩散和晶体结构的重构来实现的。

（2）中温转变（贝氏体转变）　在 $550℃ \sim M_s$ 之间，过冷奥氏体的转变产物为贝氏体（B）型组织，此温度区域称贝氏体转变区。

贝氏体是碳化物（Fe_3C）分布在碳过饱和的 F 基体上的两相混合物。奥氏体向贝氏体的转变属于半扩散型转变，铁原子不扩散而碳原子有一定扩散能力。转变温度不同，形成的贝氏体形态也不同。

过冷奥氏体在 $550 \sim 350℃$ 之间转变形成的产物称上贝氏体（$B_上$）。上贝氏体呈羽毛状

（图5-10），小片状的 Fe_3C 分布在成排的 F 之间。过冷奥氏体在 350℃ ～ M_s 之间的转变产物称为下贝氏体（$B_下$）。在光学显微镜下，$B_下$ 为黑色针状，在电镜下可看到在 F 体针内沿一定方向分布着细小的碳化物（Fe_2C）颗粒，如图5-11所示。

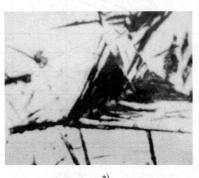 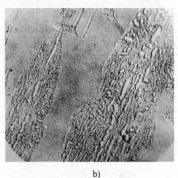

a)　　　　　　　　　　　b)

图5-10　上贝氏体组织
a) 光学显微组织　b) 电子显微组织

 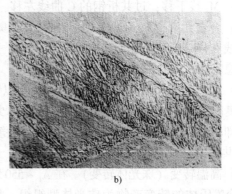

a)　　　　　　　　　　　b)

图5-11　下贝氏体组织
a) 光学显微组织（500×）　b) 电子显微组织（8500×）

　　贝氏体的力学性能与其形态有关。上贝氏体的铁素体条较宽，渗碳体分布在铁素体间，其强度低，塑性、韧性差；而下贝氏体的片状铁素体内渗碳体呈高度弥散分布，所以强度高，塑性、韧性好。

　　过冷奥氏体冷却到 M_s 点以下后发生马氏体转变，是一个连续转变过程，将在后面讨论。

二、过冷奥氏体的连续冷却转变

　　在实际生产中较多的情况是采用连续冷却，所以研究钢的过冷奥氏体的连续冷却转变过程更有实际意义。

　　1. 连续冷却转变图（CCT曲线）

　　如图5-12所示为共析钢的连续冷却转变图，简称为 CCT 曲线。P_s 为过冷奥氏体转变为珠光体型组织的开始线，P_f 为转变终了线。K 线为过冷奥氏体转变终止线，当冷却到达此线时，过冷奥氏体中止转变。由图可知，

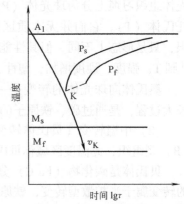

图5-12　共析钢的连续冷却转变曲线

共析钢以大于 v_k 的速度冷却时，由于遇不到 P_s 或 P_f 线，得到的组织是马氏体。这个速度称为临界冷却速度。v_k 愈小，钢愈容易得到马氏体。共析钢的 CCT 曲线没有过冷奥氏体转变为贝氏体的部分，在连续冷却转变时得不到贝氏体组织。与共析钢的 C 曲线相比，CCT 曲线稍靠右靠下一点（图5-13），表明连续冷却时，奥氏体完成珠光体转变的温度要低些，时间要长些。

如图 5-14 所示，与共析钢不同，亚共析钢过冷奥氏体在高温时有一部分转变为铁素体 F，亚共析钢过冷奥氏体在中温转变区会有少量贝氏体（$B_{上}$）生成。如油冷的产物为 F + T + $B_{上}$ + M，但 F 和 $B_{上}$ 量少，有时可忽略。

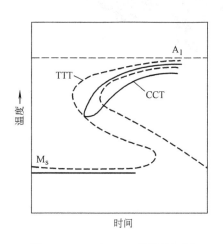

图 5-13　TTT 与 CCT 曲线叠加图

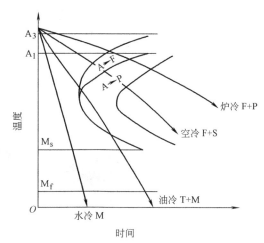

图 5-14　亚共析钢过冷奥氏体的连续冷却转变曲线

如图 5-15 所示，过共析钢过冷奥氏体在高温区将首先析出 Fe_3C_{II}，然后转变为其他组织组成物。由于奥氏体中碳的质量分数高，所以油冷、水冷后的组织中应包括残留奥氏体（$A_残$）。与共析钢一样，其冷却过程中无贝氏体转变。

2. 转变过程及产物

如图 5-16 所示，在缓慢冷却（v_1 炉冷）时，过冷奥氏体将转变成珠光体，其转变温度较高，珠光体呈粗片状，硬度为 170 ~ 220HBW。以稍快速度（v_2 空冷）时，过冷奥氏体转变为索氏体，为细片状组织，硬度 25 ~ 35HRC。采用油冷时（v_4），过冷奥氏体先有一部分转变为托氏体，剩余的奥氏体在冷却到 M_s 以下后转变为马氏体（无贝氏体转变），冷却到室温时，还会有少量的未转变奥氏体留下来，称为残留奥氏体（$A_残$）。因此转变后得到的组织是 T + M + $A_残$，硬度为 45 ~ 55HRC。当用很快的冷却速度时（水冷，v_5），奥氏体将过冷到 Ms 点以下，发生马氏

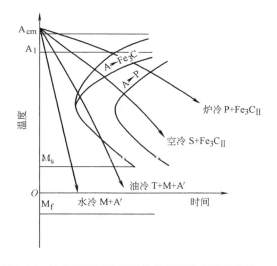

图 5-15　过共析钢过冷奥氏体的连续冷却转变曲线

体转变，冷却到室温也会保留部分残留奥氏体，转变后的组织为 M + A残。

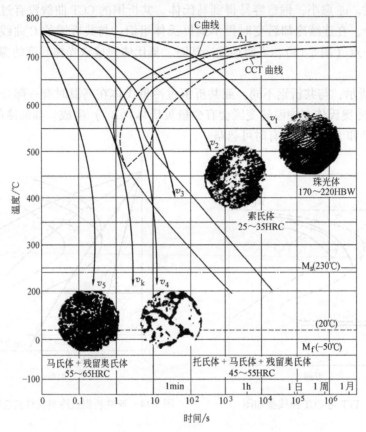

图 5-16 共析钢的等温转变曲线和连续冷却转变曲线的比较及转变组织

过冷奥氏体转变为马氏体是低温转变过程，转变温度在 M_s 到 M_f 之间，该温区称为马氏体转变区。

三、马氏体转变

1. 马氏体的形态与特点

马氏体是碳在 α-Fe 中的过饱和固溶体，为体心正方晶格，如图 5-17 所示。其晶格常数 $a=b\neq c$，c/a 称为马氏体的正方度。正方度愈大，晶格畸变就愈大。

马氏体的形态有板条状和片状两种。其形态决定于奥氏体中碳的质量分数。碳的质量分数在 0.25% 以下时，基本上是板条状（又称低碳马氏体），在显微镜下，板条马氏体为一束束平行排列的细板条（图 5-18）。在高倍透射电镜下可看到板条马氏体内有大量位错缠结的亚结构，所以低碳马氏体又称位错马氏体。

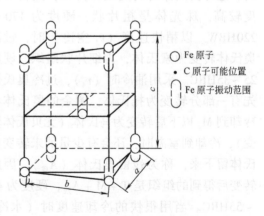

图 5-17 马氏体的晶格示意图

当碳的质量分数大于 1.0% 时，则大多是片状马氏体。在光学显微镜下，片状马氏体呈竹叶状或凸透镜状，在空间形同铁饼。马氏体针之间形成一定角度（60°或 120°）。高倍透射电镜分析表明，片状马氏体内有大量李晶，因此片状马氏体又称李晶马氏体（图 5-19）。碳的质量分数在 0.25% ~ 1.0% 之间时，为板条马氏体和片状马氏体的混合组织。

图 5-18　板条马氏体的显微组织

图 5-19　片状马氏体的显微组织

高硬度是马氏体的主要性能特点，其碳的质量分数愈高，马氏体的硬度就愈高（图 5-20）。

马氏体的塑性和韧性与其碳的质量分数密切相关。高碳马氏体由于正方度大，内应力高和存在李晶结构，所以硬而脆，塑性、韧性极差。而低碳马氏体由于正方度小，内应力低和存在位错亚结构，则不仅强度高，而且塑性、韧性也较好。

马氏体的比容比奥氏体大，当奥氏体转变为马氏体时，体积会膨胀。马氏体是一种铁磁相，在磁场中呈现磁性，而奥氏体是一种顺磁相，在磁场中无磁性。马氏体的晶格有很大的畸变，因此它的电阻率高。

2. 马氏体转变的特点

1）过冷奥氏体转变为马氏体是一种非扩散型转变，因转变温度很低，铁和碳原子都不能进行扩散。铁原子沿奥氏体一定晶面，集体地

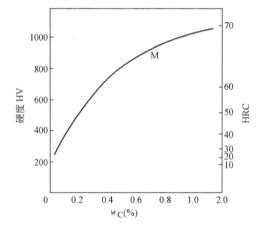

图 5-20　碳的质量分数对马氏体硬度的影响

作一定距离的移动（不超过一个原子间距），使面心立方晶格改组为体心正方晶格（图 5-17），碳原子原地不动，过饱和地留在新组成的晶胞中；增大了其正方度 c/a。因此马氏体就是碳在 α-Fe 中的过饱和固溶体。过饱和碳使 α-Fe 的晶格发生很大畸变，产生很强的固溶强化。

2）马氏体的形成速度很快，瞬间形核并长大。奥氏体冷却到 M_s 点以下后，无孕育期，瞬时转变为马氏体。随着温度下降，过冷奥氏体不断转变为马氏体，在不断降温的条件下形成，是一个连续冷却的转变过程。

3）马氏体转变是不彻底的，即使冷到 M_f 点也不可能获得100%的 M，总会有残留奥氏体存在。产生 $A_{残}$ 的原因是因为 M 的比容大于 A，所以 A 转变为 M 时体积会膨胀，最终总会有一些奥氏体受压不能转变而被迫留下来。残留奥氏体的质量分数与 M_s、M_f 的高低有关。奥氏体中的含碳量愈高，M_s、M_f 就愈低，$A_{残}$ 量就愈多。通常在碳的质量分数高于0.6%时，在转变产物中应标上 $A_{残}$，少于0.6%时，$A_{残}$ 可忽略。

4）马氏体形成时体积膨胀，在钢中造成很大的内应力，严重时将使被淬火零件开裂。

第三节　钢的退火与正火

一、退火

将组织偏离平衡状态的钢加热到适当温度，保温一定时间，然后缓慢冷却（随炉冷），以获得接近平衡状态组织的热处理工艺称为退火。

根据处理的目的和要求不同，退火可分为完全退火、等温退火、球化退火、均匀化退火、去应力退火、再结晶退火等。各种退火工艺加热规范见图5-21。

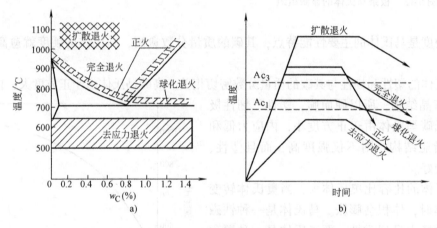

图 5-21　各种退火和正火的工艺规范示意图
a）加热温度范围　b）工艺曲线

1. 完全退火

完全退火是把钢加热到 Ac_3 以上 20~30℃，保温一定时间后缓慢冷却（随炉冷或埋入石灰和砂中冷却），以获得接近平衡组织的热处理工艺。

完全退火的目的在于：①通过完全重结晶，使热加工造成的粗大、不均匀的组织均匀化和细化，以提高性能。②使中碳以上的碳钢或合金钢得到接近平衡状态的组织，以降低硬度，改善切削加工性能。③冷速缓慢，可消除内应力。

完全退火主要用于亚共析钢，过共析钢不宜采用，因为加热到 Ac_{cm} 以上慢冷时，Fe_3C_{II} 会以网状形式沿 A 晶界析出，使钢的韧性大大下降，并可能在以后热处理中引起裂纹。

2. 等温退火

等温退火是将钢件或毛坯加热到高于 Ac_3 或 Ac_1 的温度，保温适当时间后，较快地冷却到珠光体(P)区的某一温度，并等温保持，使得 A 转变为 P 组织，然后缓慢冷却的热处理工艺。

等温退火的目的与完全退火相同，但转变较易控制，能获得均匀的预期组织；等温一定时间后，使奥氏体在等温中转变为珠光体型组织，常常可以大大缩短退火时间，提高生产率。

3. 球化退火

球化退火为使钢中碳化物球状化的热处理工艺。

球化退火主要用于过共析钢，如工具钢等，目的是使 Fe_3C_{II} 及 P 中的 Fe_3C 球状化（退火前先正火将网状 Fe_3C_{II} 破碎），以降低硬度，改善切削加工性能，并为淬火作组织准备。图 5-22 表示刀具切削片状珠光体，若碰到硬而脆的渗碳体层时刀具容易磨损；而球化体的硬度较低，便于切削加工。

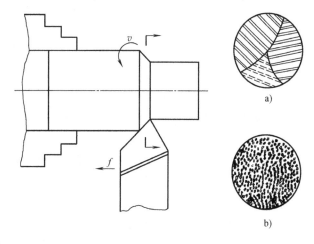

图 5-22　切削加工性能比较示意图
a）片状珠光体　b）球化体（球状珠光体）

球化退火的组织为：在 F 基体上分布着细小而均匀的球状 Fe_3C。图 5-23 是 T10 钢球化退火后的显微组织示意图。

球化退火一般采用随炉加热，温度略高于 Ac_1，以便保留较多的未溶碳化物或较大的奥氏体中的碳浓度分布的不均匀性，促进球状碳化物的形成。若加热温度过高，Fe_3C_{II} 易在慢冷时呈网状析出。球化退火需要较长时间的保温来保证 Fe_3C_{II} 球化。保温后随炉冷。

4. 均匀化退火

为减少钢锭、铸件或锻坯的化学成分和组织不均匀性，将其加热到略低于固相线的温度，长时间保温并进行缓慢冷却的热处理工艺，称为均匀化退火或扩散退火。

均匀化退火的加热温度一般选定在钢的熔点以下 100~200℃，保温时间一般为 10~15h。加热温度提高时，扩散时间可以缩短。

均匀化退火后的晶粒很粗大，因此一般需再进行完全退火或正火处理。

5. 去应力退火

为消除铸造、锻造、焊接和机加工、冷变形等冷加工在工件中造成的残留内应力而进行的低温退火，称为去应力退火。

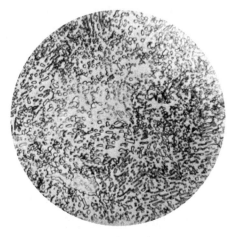

图 5-23　T10 钢球化退火后的显微组织（500×）

去应力退火是将钢件加热至低于 Ac_1 的某一温度（一般为 500~650℃），保温，然后随炉冷却，这种处理可以消除约 50%~80% 的内应力，而不引起组织变化。

6. 再结晶退火

将钢件加热到再结晶温度以上 150~250℃，即 650~750℃ 范围，保温后炉冷，通过再结晶使钢材的塑性恢复到冷塑性变形以前的状况。这种热处理工艺称为再结晶退火。

再结晶退火主要用于处理消除冷塑性变形加工产品的加工硬化，提高其塑性；也常作为冷塑性变形过程中的中间退火，恢复金属材料的塑性，以便继续加工。

二、正火

钢材或钢件加热到 Ac_3（亚共析钢）和 Acm（过共析钢）以上 $30\sim50℃$，保温适当时间后，在自由流动的空气中均匀冷却的热处理工艺称为正火。正火后的组织：亚共析钢为 $F+S$，共析钢为 S，过共析钢为 $S+Fe_3C_{II}$。

正火与完全退火的主要差别是冷却速度快些，目的是使钢的组织正常化。一般用于以下几个方面：

（1）最终热处理　正火可以细化晶粒，使组织均匀化，减少亚共析钢中 F 含量，使得 P 含量增多并细化，从而提高钢的强度、硬度和韧性。对于普通结构钢零件，当力学性能要求不高时，可以将正火作为最终热处理。

（2）预备热处理　截面较大的合金结构钢件，在淬火或调质处理（淬火＋高温回火）前常进行正火，以获得细小而均匀的组织。对于过共析钢可减少 Fe_3C_{II} 的量，并使其不形成连续网状，为球化退火作组织准备。

（3）改善切削加工性能　低碳钢或低碳合金钢退火后硬度太低，不便于切削加工。正火可以提高其硬度，改善其切削加工性能。

三、退火和正火的选择

退火与正火同属于钢的预备热处理，其工艺及作用有许多相似之处，因此，在实际生产中有时两者可以相互替代，选用时主要从如下三个方面考虑。

1. 从切削加工性考虑

一般地说，钢的硬度在 $170\sim260HBW$ 范围内时，切削加工性能较好。各种碳钢退火和正火后的硬度范围（图中阴影部分为切削加工性能较好的硬度范围）如图 5-24 所示。由图可见，碳的质量分数小于 0.5% 的结构钢选用正火为宜；碳的质量分数大于 0.5% 的结构钢选用完全退火为宜；而高碳工具钢则应选用球化退火作为预备热处理。

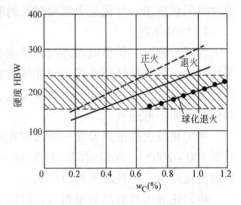

图 5-24　碳钢退火和正火后的硬度范围

2. 从零件的结构形状考虑

对于形状复杂的零件或尺寸较大的大型钢件，若采用正火，零件的外层和尖角处冷却速度太快，而内部则冷却较慢，最终可能产生较大的内应力，导致变形和裂纹，因此以采用退火为宜。

3. 从经济性考虑

因正火比退火的生产周期短，成本低，操作简单，故在可能条件下应尽量采用正火，以降低生产成本。

第四节　钢的淬火

将钢加热到相变温度以上，保温一定时间，然后快速冷却以获得马氏体组织的热处理工艺称为淬火。淬火是钢的最重要的强化方法。

一、钢的淬火工艺

1. 淬火加热温度

在一般情况下，亚共析钢的淬火温度为 Ac_3 以上 $30 \sim 50℃$（图5-25）；共析钢和过共析钢的淬火加热温度为 Ac_1 以上 $30 \sim 50℃$。

亚共析钢加热到 Ac_3 以下时，淬火组织中会保留自由铁素体，使钢的硬度降低。过共析钢加热到 Ac_1 以上两相区时，组织中会保留少量 Fe_3C_{II}，而有利于钢的硬度和耐磨性，并且，由于降低了奥氏体中碳的质量分数，可以改变马氏体的形态，从而降低马氏体的脆性。此外，还可减少淬火后残留奥氏体的量。若淬火温度太高，会形成粗大的马氏体，使力学性能恶化；同时也增大淬火应力，使变形和开裂倾向增大。

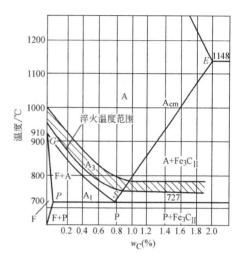

图 5-25 淬火加热温度的选择示意图

2. 淬火冷却介质

淬火时想要得到马氏体，淬火冷却速度必须大于临界冷却速度。但根据碳钢的奥氏体等温转变图可知，要获得马氏体，并不需要在整个冷却过程中都进行快速冷却，关键是在过冷奥氏体最不稳定的 C 曲线鼻尖附近，即 $550℃$ 左右要尽快冷却，其他温度范围并不需要快速冷却。马氏体转变的温度是 $300 \sim 200℃$，此时若快速冷却，会使工件在内外温差引起的热应力及相变应力共同作用下，产生变形和裂纹。因此，理想的淬火冷却速度应如图5-26所示。

常用的冷却介质是水、油和盐水等。水在 $650 \sim 550℃$ 范围内冷却能力较大，在 $300 \sim 200℃$ 范围冷却能力也较大，因此容易造成零件的变形和开裂，这是水的最大缺点。水在生产上主要用于形状简单、截面较大的碳钢零件的淬火。

淬火用油为各种矿物油（全损耗系统用油、变压器油、柴油等），其优点是在 $200 \sim 300℃$ 范围冷却能力低，有利于减少工件的变形；缺点是在 $650 \sim 550℃$ 范围冷却能力也低，不利于淬硬，所以油一般用于合金钢的淬火介质。

为了减少零件淬火时的变形，可用盐浴作淬火介质，如：$55\% KNO_3 + 45\% NaNO_2$（硝盐），等。这些介质主要

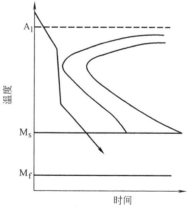

图 5-26 理想淬火冷却

用于分级淬火和等温淬火。其特点是沸点高，冷却能力介于水和油之间。常用于处理形状复杂、尺寸较小、变形要求严格的工具等。

二、淬火方法

如图5-27所示，常用的淬火方法有以下几种。

1. 单液淬火

将奥氏体化后的工件放入一种淬火介质中连续冷却到室温的淬火方法（图5-27a），称为

58

单液淬火。例如碳钢在水中淬火。这种方法采用一种冷却介质冷却，操作简单，易实现机械化，应用较广；缺点是水淬火变形开裂倾向大，油淬冷却速度小，淬透直径小，大件淬不硬。因此适合形状简单的工件。

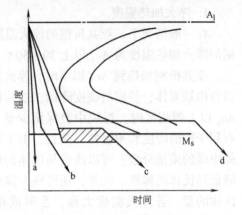

图 5-27　各种淬火方法示意图
a—单液淬火　b—双液淬火
c—分级淬火　d—等温淬火

2. 双液淬火

将奥氏体化后的工件先放入一种冷却能力较强的介质中，当工件冷却到 300℃ 左右时，再放到另外一种冷却能力较弱的介质中冷却，这种方法称为双液淬火。如先水冷后油冷、先水冷后空冷等（见图 5-27b）。这种方法的马氏体相变是在冷却能力较低的介质中进行，所以能有效地减少热应力和相变应力，降低工件变形和开裂的倾向，但在第一种冷却介质中的停留时间不易掌握，对操作者技术要求较高。此方法适用于形状复杂和截面不均匀的工件的淬火。

3. 分级淬火

把奥氏体化的工件放入温度为 150~260℃ 的冷却介质（如盐浴）中，停留 2~5min，使工件内外的温度达到均匀后取出空冷，以获得马氏体组织的淬火方法，称为分级淬火（图5-27c）。淬火时停留时间太久会发生贝氏体转变，硬度不足；时间太短则不能充分减小内应力。但因熔融的硝盐（碱）浴有较大的冷却能力，只要控制在低温奥氏体稳定区按理想冷却曲线冷却，便可大大减小热应力和组织应力，明显减小变形和开裂倾向。这种方法仅适用于截面尺寸比较小（直径或厚度小于 10mm）的工件。

4. 等温淬火

将奥氏体化的工件放入温度稍高于 M_s 点（260~400℃）的盐浴中，等温一定的时间，使过冷奥氏体转变为强度高、韧性好的下贝氏体，然后在空气中冷却，以获得下贝氏体组织的淬火方法，称为等温淬火（图 5-27d）。这种方法可大大降低钢件的内应力，减少变形，只应用于尺寸要求精确、形状复杂，且要求有较高的强韧性的小型工件及工模具，如弹簧、小齿轮及丝锥等，也可用于较大截面高合金钢零件的淬火。其缺点是生产周期长，生产效率低。

分级淬火和等温淬火法常用的碱浴和盐浴参数如表 5-1 所示。

表 5-1　热处理常用盐浴的成分、熔点及使用温度

熔　盐	成分（质量分数）	熔点/℃	使用温度/℃
碱浴	80%KOH+20%NaOH+6%H_2O（外加）	130	140~250
硝盐	55%KNO_3+45%$NaNO_2$	137	150~500
中性盐	30%KCl+20%NaCl+50%$BaCl_2$	560	580~800

5. 局部淬火法

有些工件按其工作条件，如果只是局部要求高硬度，可对工件整体加热后将需要淬硬的部分置于淬火介质中冷却，如图 5-28 所示卡规的局部淬火（直径在 60mm 以上的较大卡规）。

为了避免工件其他部分产生变形和开裂，也可将工件需要淬火部分加热，然后把该部分放在淬火介质中冷却。

6. 冷处理

零件进行常规淬火处理冷却到室温后，继续在一般制冷设备或低温介质（如 −70 ~ −80℃的干冰等）中冷却的工艺称为冷处理。冷处理可以减少钢中残留奥氏体的数量，得到尽量多的马氏体，有利于提高钢的硬度和耐磨性，并使尺寸稳定，多用于精密量具及滚动轴承等零件的处理。

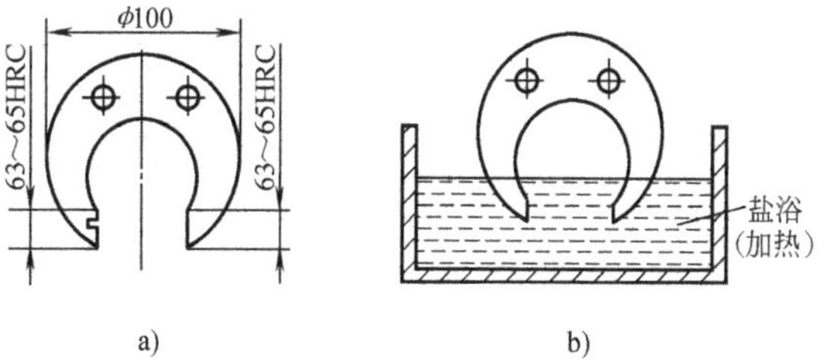

图 5-28　大卡规及其局部淬火法示意图
a）卡规　b）卡规局部淬火

三、钢的淬透性与淬硬性

1. 淬透性的概念

钢件淬火时，其截面上各处的冷却速度是不同的。表面的冷却速度最大，愈到中心，冷却速度愈小，如图 5-29a 所示。如果钢件中心部分的冷却速度低于临界冷却速度，则心部将获得非马氏体组织，即钢件没有被淬透，如图 5-29b 所示。

钢接受淬火时形成马氏体的能力称为淬透性，通常以钢在规定条件下淬火时获得淬硬层深度的能力来衡量。所谓淬硬层深度，一般规定，由工件表面到半马氏体区（即 M 和 P 型组织各占 50% 的区域）的深度作为淬硬层深度。

2. 淬透性的测定

为了便于比较各种钢的淬透性，必须在统一标准的冷却条件下进行测定。测定淬透性的方法有很多，最常用的方法有两种。

（1）临界直径法　临界直径法是将钢材在某种介质中淬火后，心部得到全部为马氏体或 50% 马

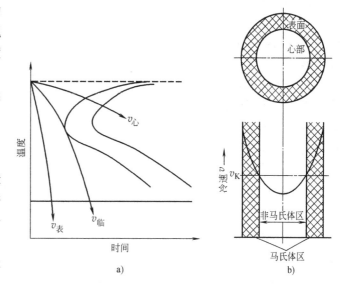

图 5-29　钢件淬硬深度、硬度分布与冷却速度的关系

氏体的最大直径，以 D_c 表示。钢的临界直径愈大，表示钢的淬透性愈高。但由于淬火冷却介质不同，钢的临界直径也不同，同一成分的钢在水中淬火时的临界直径大于在油中淬火时的临界直径，如图 5-30 所示。

（2）末端淬火法　是将一个标准尺寸的试棒加热到完全奥氏体化后放在支架上，从它的一端进行喷水冷却，然后在试棒表面上从端面起依次测定硬度，便可得到硬度与距端面距离之间的变化曲线，如图 5-31 所示。

各种常用钢的淬透性曲线均可以在手册中查到，比较钢的淬透性曲线可以比较出不同钢的淬透性。从图 5-31b 中可见，40Cr 钢的淬透性大于 45 钢。

3. 影响淬透性的因素

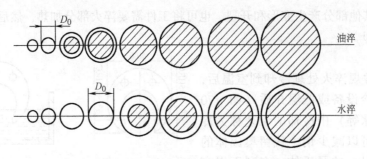

图5-30 不同直径的45钢在油中及水中淬火时的淬硬层深度

钢的淬透性与其临界冷却速度直接相关。v_K越小，则C曲线愈靠右，即奥氏体愈稳定，则钢的淬透性愈好。因此，凡是影响奥氏体稳定性的因素，均影响钢的淬透性。

（1）碳的质量分数 对亚共析钢，碳的质量分数愈高，其淬透性愈好；过共析钢则相反。

（2）合金元素 除了钴之外，所有合金元素溶于奥氏体后，都会提高钢的淬透性。

（3）奥氏体化温度 提高奥氏体将使奥氏体晶粒长大、成分均匀，可减少珠光体的形核率，降低钢的v_K，增加其淬透性。

（4）未溶第二相 钢中未溶入

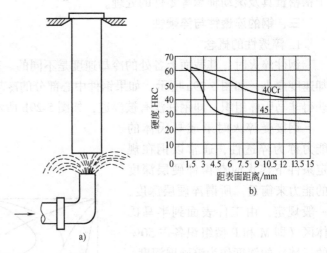

图5-31 末端淬火法及淬透性曲线
a) 末端淬火法 b) 淬透性曲线

奥氏体中的碳化物、氮化物及其他非金属夹杂物，可成为奥氏体分解的非自发核心，使得v_K增大，降低淬透性。

钢的淬透性与实际工件的淬硬层深度并不相同。淬透性是钢在规定条件下的一种工艺性能，而淬硬层深度是指实际工件在具体条件下淬火得到的表面马氏体到半马氏体处的距离，它与钢的淬透性、工件的截面尺寸和淬火介质的冷却能力等有关。淬透性愈好，工件截面愈小，淬火介质冷却能力愈强，则淬硬层深度愈大。

4. 钢的淬硬性

钢淬火后硬度会大幅度提高，在理想条件下钢淬火能够达到的最高硬度称为钢的淬硬性。钢的淬硬性主要取决于钢在淬火加热时固溶于奥氏体中的碳的质量分数，也就是马氏体的碳的质量分数，马氏体中碳的质量分数愈高，则其淬硬性愈好。淬硬性与淬透性是两个意义不同的概念，淬硬性好的钢，其淬透性并不一定好，反之亦然。

第五节 钢 的 回 火

钢件淬火后，为了消除内应力并获得所要求的组织和性能，将其加热到Ac_1以下某一温度，保温一定时间，然后冷却到室温的热处理工艺称为回火。

一、回火的目的

淬火钢一般不直接使用，必须进行回火，这是因为：淬火后得到的马氏体组织性能很脆，并存在有内应力，容易产生变形和开裂；淬火马氏体和残留奥氏体都是不稳定组织，在工作中会分解，导致零件尺寸的变化，这对精密零件是不允许的；为了获得要求的强度、硬度、塑性和韧性，必须要进行回火，以满足零件的使用要求。

二、淬火钢在回火时的组织转变

1. 马氏体的分解

在100℃以上回火时，马氏体就开始分解，从马氏体内部析出 η 碳化物（Fe_2C）薄片，马氏体的过饱和度减少，其正方度（c/a）减小。这种由极细的 $\eta - Fe_2C$ 和低过饱和度的 α 组成的组织称为回火马氏体，因易腐蚀，在显微镜下，颜色较暗，高碳 $M_回$ 为黑片状，低碳 $M_回$ 为暗板条状，中碳 $M_回$ 为两者的混合物。

2. 残留奥氏体的分解

此阶段主要发生在200～300℃，转变产物与过冷奥氏体在该温度范围内的转变产物相同，即转变为下贝氏体。下贝氏体与回火马氏体相似，这一转变仍为回火马氏体，该组织中由于 η 碳化物析出使晶格畸变程度降低，淬火内应力也有所降低。

3. 碳化物的转变

$\eta - Fe_2C$ 在250～400℃转变为 Fe_3C。

4. 渗碳体的聚集长大和 α 相再结晶

渗碳体在400℃以上逐渐聚集长大，形成较大的粒状渗碳体，到600℃以上时，渗碳体迅速粗化。同时，在450℃以上 α 相开始再结晶，失去针状形态，而成为多边形铁素体。

淬火钢回火时的组织变化是在不同温度范围内发生且又交叉重叠进行的，这些变化的综合结果使钢在回火后表现出来的性能是随着回火温度的升高，硬度、强度下降，而塑性、韧性提高，如图5-32所示。

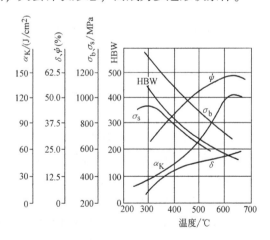

图 5-32　40 钢的力学性能与回火温度的关系

三、回火的种类与应用

根据回火温度的高低，一般将回火分为三种。

1. 低温回火

回火温度为 150～250℃。回火后组织是：$M_回 + A_残$。低温回火的目的是降低淬火应力，提高工件的韧性，保证淬火后的高硬度（一般为 58～64HRC）和高耐磨性。主要用于处理各种高碳钢工具、模具、滚动轴承以及渗碳和表面淬火的零件。

2. 中温回火

回火温度为 350～500℃，得到铁素体基体与大量弥散分布的细粒状渗碳体的混合组织，称为回火托氏体（$T_回$）。铁素体仍保留马氏体的形态，Fe_3C 比 $M_回$ 中的碳化物粗。

回火托氏体具有高的弹性极限和屈服强度，同时也具有一定的韧性，硬度一般为 35～

45HRC。主要用于处理各类弹簧。

3. 高温回火

回火温度为 500～650℃。得到细粒状 Fe_3C 和铁素体基体的混合组织，称为回火索氏体（$S_回$）。

$S_回$ 的综合力学性能最好，即强度、塑性和韧性都比较好，硬度一般为 25～35HRC。通常把淬火＋高温回火称为调质处理，它广泛应用于各种重要的机器结构件，特别是受交变载荷的零件，如：连杆、轴、齿轮等；也可作为某些精密零件如量具、模具等的预备热处理。

钢调质处理后的力学性能和正火相比，不仅强度高，而且塑性和韧性也较好（表5-2）。这和其组织形态有关，调质得到的是 $S_回$，其渗碳体为粒状；正火得到的是 S，其渗碳体为片状，粒状渗碳体对阻止断裂过程的发展比片状渗碳体有利。随着回火温度的升高，碳钢的硬度、强度降低，塑性提高。但回火温度太高，则塑性会有所下降。

表5-2　45钢（$\phi20～40mm$）**调质和正火后力学性能的比较**

工艺	力学性能				组织
	σ_b/MPa	δ	$\alpha_K/(kJ \cdot m^{-2})$	HBW	
正火	700～800	12%～20%	500～800	163～220	细片状珠光体＋铁素体
调质	750～850	20%～25%	800～1200	210～250	回火索氏体

四、回火脆性

淬火钢的韧性并不总是随回火温度的升高而提高的，在某些温度范围内回火时，出现冲击韧度显著下降的现象，称为回火脆性。回火脆性有低温回火脆性（250～350℃）和高温回火脆性（500～650℃）两种。

1. 不可逆回火脆性（低温回火脆性）

在 250～350℃回火时出现，也称为第一类回火脆性。这与在这一温度范围沿马氏体的晶界析出碳化物薄片有关。一般应避免该温度范围。

2. 可逆回火脆性（高温回火脆性）

在 400～550℃范围出现，又称第二类回火脆性。主要发生在含 Cr、Ni、Si、Mn 等合金钢，在 400～550℃长时间保温或缓慢冷却时，便发生明显脆化现象，但回火后快冷，便使脆化现象消失或受到抑制，所以这类回火脆性称为可逆回火脆性。

高温回火脆性产生的原因，一般认为与 Sb、Sn、P 等杂质元素在原奥氏体晶界上偏聚有关。Cr、Ni、Si、Mn 增加这种倾向。

除了回火后快冷外，在钢中加入 W（质量分数约1%）、Mo（质量分数约0.5%）等合金元素也可有效抑制这类回火脆性。

第六节　钢的表面淬火

有些零件的工作表面，如齿轮、曲轴、凸轮轴等，承受着弯曲、扭转、冲击等动载荷，同时又承受强烈摩擦，一般要求表面具有高的强度、硬度、耐磨性和疲劳极限，而心部则应具有足够的塑性和韧性。为了满足这种表硬心韧的性能要求，可以采取多种表面强化技术，表面淬火就是其中之一。

　　钢的表面淬火是在不改变钢件的化学成分和心部组织的情况下，采用快速加热将表面层奥氏体化后进行淬火，以达到强化工件表面的热处理方法。

　　按照加热方式的不同，钢的表面淬火可分为：感应加热表面淬火、火焰加热表面淬火和激光加热表面淬火等。

一、感应加热表面淬火的基本原理

　　图 5-33 为感应加热淬火的装置，主要由电源、感应器及淬火用喷水器组成。当在感应线圈中通以交流电时，在其内部和周围产生一交变磁场。若将工件置于磁场中，则在工件内部产生感应电流，并由于电阻的作用而被迅速加热，几秒钟内温度可升至 800 ~ 1000℃。由于交流电的集肤效应，感应电流在工件截面上的分布是不均匀的，靠近表面的电流密度大，而中心几乎为零。电流透入工件表层的深度，主要与电流频率有关。电流频率愈高，电流透入深度愈小，加热层也愈薄。故通过频率的选定，可以得到不同的淬硬层深度。如：要求淬硬层深度为 2 ~ 5mm 时，适宜的频率为 2500 ~ 8000Hz，可采用中频发电机或晶闸管变频器。

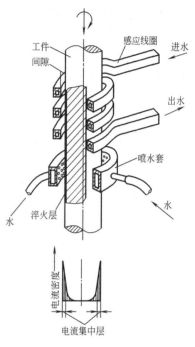

图 5-33　感应加热表面淬火装置

二、感应加热表面淬火用钢及其应用

　　表面淬火一般用于中碳钢和中碳低合金钢，如：45、40Cr、40MnB 等。这类钢经过预备热处理（正火或调质）后表面淬火，心部保持较高的综合力学性能，而表面具有较高的硬度（> 50HRC）和耐磨性。碳的质量分数过高，虽可提高表面硬度和耐磨性，但会降低心部韧性和塑性；反之，若碳的质量分数过低，会使表面硬度和耐磨性不足。不过有些情况下，高碳钢也可以表面淬火，主要用于受较小冲击载荷和交变载荷的工具、量具等。

　　根据所用电流频率的不同，感应加热可分为高频感应加热、中频感应加热和工频感应加热三种。高频感应加热的常用频率为 200 ~ 300kHz，淬硬层深度为 0.5 ~ 2.0mm，适用于中、小模数的齿轮及中、小尺寸轴类零件的表面淬火；中频感应加热的常用频率为 2500 ~ 8000Hz，淬硬层深度为 10 ~ 20mm，适用于较大尺寸的轴类零件和大模数齿轮的表面淬火；工频感应加热的电流频率为 50Hz，淬硬层深度为 10 ~ 20mm，适用于较大直径机械零件的表面淬火，如轧辊、火车车轮等。

三、感应加热表面淬火的特点

　　与普通淬火相比较，感应加热表面淬火有如下特点：

　　1）加热速度极快，保温时间极短，过热度大，奥氏体晶粒细小，又不易长大，因此淬火后表层可获得细小的隐晶马氏体，硬度比普通淬火高 2 ~ 3HRC，且脆性较低。

　　2）由于马氏体转变产生体积膨胀，使工件表面存在残余压应力，因而具有较高的疲劳强度。

　　3）由于加热速度快，基本无保温时间，因此，工件一般不产生氧化脱碳，表面质量好。

同时由于内部未被加热，淬火变形小。

4）生产效率高，易实现机械化与自动化，淬硬层深度也易于控制。

上述特点使感应加热表面淬火在工业生产中获得了广泛的应用。其缺点是设备较昂贵，维修调整技术要求高，形状复杂的感应器制造比较困难。

第七节　钢的化学热处理

化学热处理是将工件置于一定温度的活性介质中保温，使一种或几种元素渗入其表层，以改变化学成分、组织和性能的热处理工艺。

化学热处理的方法很多，包括渗碳、渗氮、碳氮共渗以及渗金属等。但无论哪种方法都是通过以下三个基本过程来完成的：

（1）分解　化学介质在一定的温度下发生分解，产生能够渗入工件表面的活性原子。

（2）吸收　吸收是活性原子进入工件表面溶于铁形成固溶体或形成化合物。

（3）扩散　渗入的活性原子由表面向中心扩散，形成一定厚度的扩散层。

上述基本过程都和温度有关，温度愈高，各过程进行的速度愈快，其扩散层愈厚。但温度过高会引起奥氏体晶粒的粗大化，而使工件的脆性增加。

一、渗碳

渗碳是为了增加钢件表层的碳的质量分数和一定的碳浓度梯度，将钢件在渗碳介质中加热并保温使碳原子渗入表层的化学热处理工艺。渗碳的目的是提高工件表面的硬度、耐磨性及疲劳强度，并使其心部保持良好的塑性和韧性。

1. 渗碳用钢

为保证工件渗碳后表层具有高的硬度和耐磨性，而心部具有良好的韧性，渗碳用钢碳的质量分数一般为 0.1% ~ 0.25% 的低碳钢和低碳合金钢。

2. 渗碳方法

根据采用的渗碳剂不同，渗碳方法可分为固体渗碳、液体渗碳和气体渗碳三种。其中气体渗碳的生产效率高，渗碳过程易控制，在生产中应用最为广泛。

气体渗碳是工件在气体渗碳介质中进行渗碳的工艺。如图5-34所示，将装挂好的工件放在渗碳炉内，滴入煤油、丙酮或甲醇等渗碳剂并加热到 900 ~ 950℃，渗碳剂在高温下分解，产生的活性炭原子渗入工件表面，并向内部扩散形成渗碳层，从而达到渗碳目的。渗碳层深度主要取决于渗碳时间，一般按每小时 0.10 ~ 0.15mm 估算，或用试样实测确定。

与气体渗碳法相比，固体渗碳法的渗碳速度慢，劳动条件差，生产率低，质量不易控制，

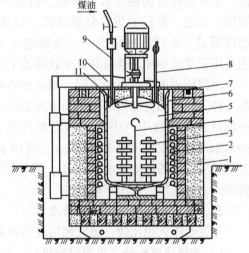

图 5-34　气体渗碳示意图

1—炉体　2—电阻丝　3—工件　4—工件架　5—渗碳气氛　6—耐热罐　7—砂封　8—废气火焰　9—煤油滴入管　10—炉盖起动装置　11—风扇

现已很少采用。

3. 渗碳后的组织

工件经渗碳后，碳的质量分数从表面到心部逐步减少，表面碳的质量分数可达 0.8% ～ 1.05%，而心部仍为原来的低碳成分。若低碳钢工件渗碳后缓慢冷却，则其表面组织为珠光体和二次渗碳体（过共析组织），心部为原始亚共析组织（P＋F），中间为过渡组织，如图 5-35 所示。一般规定，从表面到过渡层的一半处为渗碳层厚度。渗碳层的厚度取决于零件的尺寸和工作条件，一般为 0.5～2.5mm。渗碳层太薄，易造成工件表面的疲劳脱落；渗碳层太厚，则经不起冲击载荷的作用。

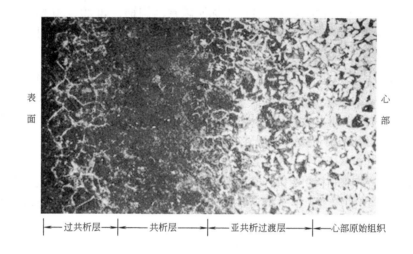

图 5-35　低碳钢渗碳缓冷后的组织（100×）

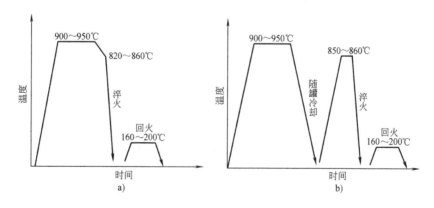

图 5-36　渗碳工件的热处理

a）渗碳后直接淬火　b）渗碳后一次淬火

4. 渗碳后的热处理

工件渗碳后的热处理工艺通常为淬火及低温回火。根据工件材料和性能要求的不同，渗碳后的淬火可采用直接淬火或一次淬火，如图 5-36 所示工件经渗碳淬火及低温回火后，表层组织为回火马氏体和细粒状碳化物，表面硬度可高达 58～64HRC；心部组织取决于钢的淬透性，常为低碳马氏体或珠光体 + 铁素体组织，硬度较低，体积膨胀较小，在表面产生压应力，有利于提高工件的疲劳强度。因此，工件经渗碳淬火及低温回火后表面具有高的硬度和耐磨性，而心部具有良好的韧性。

二、渗氮

渗氮也称氮化，是在一定温度下（一般在 Ac_1 温度以下）将活性氮原子渗入工件表面，以形成富氮硬化层的化学热处理工艺。其目的在于更大地提高钢件表面的硬度和耐磨性，提高疲劳强度和抗蚀性。

1. 渗氮用钢

对于以提高耐蚀性为主的渗氮，可选用优质碳素结构钢，如 20、30 钢等；对于以提高疲劳强度为主的渗氮，可选用一般合金结构钢，如 40Cr、42CrMo 等；而对于提高耐磨性为主的渗氮，一般选用专用渗氮钢 38CrMoAl。

碳钢渗氮时形成的氮化物不稳定，加热时易分解并聚集粗化，使硬度很快下降。为此，常在渗氮钢中加入 Al、Cr、Mo、W、V 等合金元素，它们的氮化物 AlN、CrN、MoN 等都很稳定，并在钢中均匀分布，使钢的硬度提高，在 600～650℃ 也不降低。常用的渗氮钢有 38CrMoAl、35CrAl、38CrWVAlA、H13（4Cr5MoSiV1）等。

2. 渗氮方法

常用的渗氮方法有气体渗氮和离子渗氮等，其中在工业中广泛应用的是气体渗氮。

气体渗氮在专门的渗氮炉中进行，是利用氨在 500～600℃ 的温度下分解，产生活性氮原子。分解反应如下：

$$2NH_3 \xrightarrow{\text{500～600℃}} 3H_2 + 2[N]$$

活性氮原子被钢吸收并溶入表面，在保温过程中向内扩散，形成一定深度的渗氮层。当达到要求的渗氮层深度后，工件随炉降温到 200℃ 停止供氨，即可出炉空冷。

3. 渗氮的特点

气体渗氮和气体渗碳相比，渗氮温度低，一般为 500～600℃。零件在渗氮前要进行调质处理，所以氮化温度不能高于调质处理的回火温度。但是渗氮时间较长，一般为 20～50h，渗氮层厚度为 0.3～0.5mm。时间长是渗氮的主要缺点。另外，氮化前零件须经调质处理，目的是改善机加工性能和获得均匀的回火索氏体 $S_回$ 组织，保证较高的强度和韧性。

4. 渗氮件的性能及应用

钢件渗氮后具有很高的硬度（1000～1100HV），且在 600～650℃ 下保持不下降，所以具有很高的耐磨性和热硬性；钢渗氮后，渗层体积增大，造成表面压应力，使疲劳强度大大提高；渗氮温度低，零件变形小；化学稳定性好。

由于渗氮工艺复杂，时间长，成本高，所以只用于耐磨性和精度都要求较高的零件，或要求抗热、抗蚀的耐磨件，如：发动机气缸、排气阀、镗床主轴等。

5. 离子渗氮

离子渗氮是近年来发展起来的渗氮新工艺。它是将氨气或氮、氢混合气通入高真空的真空容器内，在电场作用下发生气体电离，产生氮正离子并在电场中高速冲向工件表面，并在一定温度下渗入工件表面并向内扩散形成渗氮层。

离子渗氮处理时间短，但成本较高，主要用于精度要求高的单件或小批量精密模具等。

三、钢的碳氮共渗

碳氮共渗就是在一定温度下，同时向零件表面渗入碳和氮的化学热处理工艺。碳氮共渗是以渗碳为主的化学热处理工艺。碳氮共渗有液体碳氮共渗和气体碳氮共渗两种。液体碳氮共渗有剧毒，污染环境，劳动条件差，已很少应用。目前常用的是气体碳氮共渗。气体碳氮共渗又分为中温和低温两种。低温碳氮共渗以渗氮为主，故称氮碳共渗，也称软氮化。

1. 中温气体碳氮共渗法

中温气体渗氮与渗碳一样，是将工件放入密封炉内，加热到共渗温度后向炉内滴入煤油，同时通以氨气，经保温后工件表面获得一定深度的共渗层。高温碳氮共渗主要是渗碳，但氮的渗入使碳浓度很快提高，从而使共渗温度降低和时间缩短。碳氮共渗温度为 830 ~ 850℃，保温 1 ~ 2h 后，共渗层可达 0.2 ~ 0.5mm。

中温碳氮共渗后，应进行淬火，再低温回火。

2. 气体氮碳共渗法

气体氮碳共渗是以渗氮为主，使用尿素或甲酰胺等作渗剂。共渗温度为 500 ~ 600℃，共渗时间为 1 ~ 3h，深层厚度为 0.1 ~ 0.4mm。

3. 碳氮共渗后的力学性能

钢件经碳氮共渗及淬火后，得到的是含氮的马氏体组织，耐磨性比渗碳更好；碳氮共渗层比渗碳层具有较高的压应力，因而具有更高的疲劳强度，耐蚀性也较好。

共渗工艺和渗碳相比，具有时间短、生产效率高、表面硬度高、变形小等优点，但共渗层较薄，主要用于形状复杂，要求变形小的小型耐磨零件。

第八节 表面气相沉积

气相沉积技术是近年来发展迅速、应用广泛的表面镀覆新技术，是指从气相物质中析出固相并沉积在基材表面的一种新型表面镀膜技术。根据气相沉积过程进行的方法不同及使反应过程进行所提供能量方式的不同，可将气相沉积技术分为物理气相沉积（PVD 法）、化学气相沉积（CVD 法）和等离子体增强化学气相沉积（PCVD 法）等三种类型。

一、表面气相沉积的方法

1. 化学气相沉积（CVD）

CVD 是利用气态化合物（或化合物的混合物）在基体受热表面发生化学反应，并在该基体表面生成固态沉积物的过程。例如，气相的 $TiCl_4$ 与 N_2 和 H_2 在受热的钢表面形成 TiN，而沉积在钢的表面得到耐磨抗蚀沉积层。

CVD 一般包括三个过程：产生挥发性运载化合物，把该化合物运到受沉积表面，发生化学反应生成固态产物。CVD 的反应物在反应条件下是气相，生成物之一是固相。

CVD 的特点如下：

1）可沉积金属膜、非金属膜及复合膜，并能在较大范围内控制膜的组成与晶型。

2）沉积速度快，每分钟沉积厚度可达几微米甚至几百微米。

3）镀膜的绕射性能好，因此形状复杂的工件，细孔甚至深孔部位均能镀上均匀的膜层。

4）因施镀是在高温环境中，膜层残余应力小、膜层厚，故与基体的结合强度高。

5）高温会造成基材组织结构的变化，从而其应用范围受到一定限制。

图 5-37 为 CVD 设备示意图。CVD 设备一般由反应室、气体控制系统、加热体、排气处理系统等组成。

用 CVD 法在不锈钢表壳上可获得金黄色 TiN 涂层，不但美观，而且耐磨。在钻头、车刀等刀具表面沉积 TiN、TiC，可提高刀具的耐磨性。

2. 物理气相沉积（PVD）

在真空环境中，以物理方法产生的原子或分子沉积在基材上，形成薄膜或涂层的方法称为物理气体沉积。

PVD 有各种各样的工艺方法，如：真空蒸镀、离子镀、阴极溅射等。

（1）真空蒸镀 将工件与沉积材料同放于真空室中，然后采用电阻式或电子束加热沉积材料，使材料迅速熔化蒸发而产

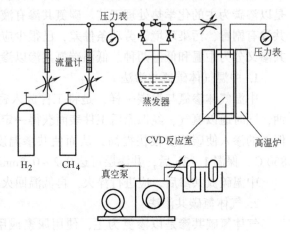

图 5-37 CVD 设备示意图

生原子或分子，飞向工件表面，当蒸发粒子与冷工件表面接触后便在工件表面凝结形成一定厚度的沉积层。

（2）离子镀 在真空蒸镀的工艺中，在成膜材料与工件之间加上一个电场，使工件带有 1~5kV 的负压，同时向真空室内通入工作气体（如氩气）。在电场作用下，工作气体产生辉光放电，在工件周围形成一个等离子区。当成膜材料的蒸发粒子在飞向工件时，首先被部分电离，结果变成离子而加速向工件表面轰击并产生沉积，离子镀因基材表面收到轰击而净化，既提高了沉积层与基材的结合力，又缩短了沉积时间。

（3）阴极溅射 利用高速运动的离子源轰击由成膜材料制成的极靶（阴极），使极靶表面上的原子以一定能量逸出，随之沉积在工件表面上。不同的成膜材料可在工件表面上得到不同金属或化合物沉积层。

PVD 方法可获得金属涂层和化合物涂层。如在黄铜表面涂敷金属膜，用于装饰；在塑料带上涂敷铁钴镍，用以制作磁带；在高速钢表面涂敷 TiN、TiC 薄膜，以提高刀具的耐磨性等。

3. 等离子体增强化学气相沉积（PCVD）

通常的 CVD 的方法是使气态物质在高温发生化学反应，制造涂层。如果用直流电场或微波电场使低压气体放电得到等离子体，则可促进气相化学反应，在基材上沉积化合物涂层。这种技术叫等离子增强化学气相沉积（PCVD）。该法与 CVD 法相比，处理温度要低些，后处理工艺也可以简化。

PCVD 与 CVD 的用途基本相同，可用于制取耐磨、耐蚀涂层，也可用来制备装饰涂层。

二、表面气相沉积的应用

表面气相沉积技术因能够在基材表面生成硬质耐磨层、软质减摩层、防蚀层及其他功能性镀层而十分引人注目。这些镀层已经成功地应用在刀具、模具、轴承及精密齿轮的表面强化，取得明显的效果，可应用于电子、信息、声学、光学、航天、能源、机械制造等各个领

域。如高速钢刀具和模具采用 PVD 方法进行表面改性处理，在刀具表面得到高硬度的 TiC、TiN 等的单涂层或多涂层，厚度可达 30μm，硬度可达 2000HV，提高了耐磨性，使刀具具有抗粘着性，使用寿命可提高几倍。

思考题与练习题

1. 奥氏体晶粒大小与哪些因素有关？为什么说奥氏体晶粒大小直接影响冷却后钢的组织和性能？

2. 过冷奥氏体在不同的温度等温转变时，可得到哪些转变产物？试列表比较它们的组织和性能？

3. 判断下列说法是否正确，为什么？

(1) 钢在奥氏体化冷却，所形成的组织主要取决于钢的加热速度。

(2) 低碳钢和高碳钢零件为了切削方便，可预先进行球化退火处理。

(3) 过冷奥氏体的冷却速度愈快，钢件冷却后的硬度愈高。

(4) 钢经淬火后处于脆硬状态。

(5) 马氏体中的碳的质量分数等于钢中的碳的质量分数。

4. 何谓钢的马氏体临界冷却速度？它和钢的淬透性有何关系？

5. 马氏体转变有什么特点？

6. 某钢的等温转变图如图 5-38 所示，试说明该钢在 300℃ 经不同时间等温后，按 a、b、c 线冷却后得到的组织。

7. 正火与退火相比有什么异同点？在什么条件下正火可以代替退火？

8. 为什么过共析钢锻件采用球化退火而不用完全退火？

9. 将两个同样尺寸的 T12 钢试样，分别加热到 780℃ 和 860℃，并保温相同时间，然后以大于 v_K 的相同速度冷却至室温，试问：

(1) 哪个试样中马氏体的碳的质量分数更高？

(2) 哪个试样中残留奥氏体量较多？

(3) 哪个试样中未溶碳化物较多？

(4) 哪个淬火加热温度较合适？为什么？

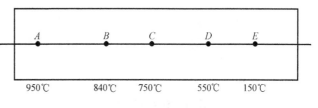

图 5-38

10. 有 20 钢和 40 钢制造的齿轮各一个，为了提高轮齿齿面的硬度和耐磨性，宜采用何种热处理工艺？热处理后的组织和性能有何不同？

11. 一根直径为 6mm 的 45 钢棒料，经 860℃ 淬火、160℃ 低温回火后，硬度为 55HRC，然后从一端加热，使钢棒上各点达到图 5-39 所示的温度。试问：

(1) 此时各点的组织是什么？

(2) 从图示温度缓冷至室温后各点的组织是什么？

(3) 将钢棒加热到图示温度后，立即投入水中，则各点的组织如何？定性比较各点晶粒的粗细。

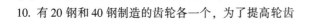
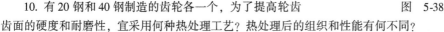
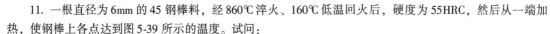

图 5-39　钢棒各点加热温度

12. 回火的目的是什么？为什么淬火工件要及时回火？

13. 为什么钢经渗碳后还需进行淬火 + 低温回火处理？

14. 经调质处理后，45 钢的硬度为 240HBW，若再进行 200℃ 的回火，能否使其硬度升高？为什么？经淬火、低温回火后，45 钢的硬度为 57HRC，若再进行 560℃ 的回火，能否使其硬度降低？为什么？

第六章　常用钢材及选用

在工程材料中，当今以钢铁材料使用仍为最广泛。根据统计，在汽车制造业中，钢铁占72%，铝合金占5.3%，塑料占8.5%。

钢按化学成分可分为碳素钢（简称碳钢）和合金钢。单就钢的生产来说，世界各国生产碳钢约占80%，合金钢约占20%。碳钢除以铁、碳为主要成分外，还含有少量锰、硅、硫、磷等常存杂质元素。由于碳钢容易冶炼，价格便宜，具有较好的力学性能和工艺性能，可以满足一般工程机械、普通机械零件，工具的使用要求，因此，在工业生产中得到广泛的应用。合金钢是在碳钢的基础上加入某些合金元素而得到的钢种。与碳钢相比，合金钢的性能有显著提高，能提供多种性能、多种用途，因而合金钢的用量比率正在逐年增长。

第一节　钢的分类与编号

为了便于生产、使用和管理，对品种繁多的钢必须进行分类与编号。钢的分类方法很多，根据国家标准 GB/T 3304—1991 钢分类，同时又考虑常用钢产品分类和编号方法，可以从不同角度把它们分成若干类别。

一、钢的分类

1. 按化学成分分类

（1）碳素钢（新国标称为非合金钢）　按碳的质量分数又可分为低碳钢（$w_C < 0.25\%$、中碳钢（$w_C = 0.25\% \sim 0.6\%$）、高碳钢（$w_C > 0.6\%$）。

（2）合金钢　按合金元素总的质量分数又可分为低合金钢（$w_{Me} < 5\%$）、中合金钢（$w_{Me} = 5\% \sim 10\%$）、高合金钢（$w_{Me} > 10\%$）。按钢中主要合金元素种类不同，又可分为锰钢、铬钢、硼钢、铬镍钢、铬锰钢等。

2. 按钢的冶金质量和钢中有害杂质元素硫、磷的质量分数分类

（1）普通质量钢（$w_S = 0.35\%$，$w_P = 0.035\% \sim 0.045\%$）。

（2）优质钢（w_S、w_P 均 $\leqslant 0.035\%$）。

（3）高级优质钢（$w_S = 0.020\% \sim 0.030\%$，$w_P = 0.025\% \sim 0.030\%$）。

（4）特级优质钢（$w_S \leqslant 0.015\%$，$w_P \leqslant 0.025\%$）。

3. 按用途分类

（1）结构钢

1）工程结构用钢。包括桥梁工程、船舶工程、车辆工程、建筑工程用钢。属于这类的有碳素结构钢、低合金高强度结构钢。

2）机器零件用钢。包括渗碳钢、调质钢、弹簧钢、滚动轴承钢等。

（2）工具钢　根据用途不同，可分为刃具钢、模具钢和量具钢。

（3）特殊性能钢　指具有某种特殊的物理或化学性能的钢种。用于有特殊要求的零件或结构，如不锈钢、耐热钢、耐磨钢等。

二、钢的编号

1. 碳钢的编号方法

（1）碳素结构钢　碳素结构钢表示方法由代表屈服点屈字汉语拼音字母（Q）、屈服点数值、质量等级符号（A、B、C、D）及脱氧方法符号（F、b、Z、TZ）四个部分按顺序组成。例如 Q235-A·F，即表示屈服点为 235MPa、A 等级质量的沸腾钢。F、b、Z、TZ 依次表示沸腾钢、半镇静钢、镇静钢、特殊镇静钢，一般情况下符号 Z 与 TZ 在牌号表示中可省略。

（2）优质碳素结构钢　其牌号用两位数字表示，两位数字表示钢中平均碳的质量分数的万倍。例如 45 钢，表示平均 $w_C = 0.45\%$；08 钢表示平均 $w_C = 0.08\%$。优质碳素结构钢按锰的质量分数不同，分为普通含锰量（$w_{Mn} = 0.25\% \sim 0.80\%$）与较高含锰量（$w_{Mn} = 0.70 \sim 1.20\%$）两组，较高含锰量的优质碳素钢牌号数字后加"Mn"，如 45Mn。

（3）碳素工具钢　其牌号冠以"T"（"T"为碳字汉语拼音首位字母），后面的数字表示平均碳的质量分数的千倍。碳素工具钢分优质和高级优质两类。若为高级优质钢，则在数字后面加"A"。例如 T8A 钢，表示 $w_C = 0.8\%$ 的高级优质碳素工具钢。对含较高锰（$w_{Mn} = 0.40\% \sim 0.60\%$）的碳素工具钢，则在数字后面加"Mn"，如 T8Mn、T8MnA 等。

（4）铸造碳钢　其牌号用"ZG"代表铸钢二字汉语拼音首位字母，后面第一组数字为屈服点数值（单位 MPa），第二组数字为抗拉强度（单位 MPa）。例如 ZG200—400，表示屈服点 σ_s（或 $\sigma_{0.2}$）≥ 200MPa、抗拉强度 $\sigma_b \geq 400$ MPa 的铸造碳钢件。

2. 合金钢的编号方法

（1）低合金高强度结构钢　其牌号由代表屈服点的汉语拼音字母（Q）、屈服点数值、质量等级符号（A、B、C、D、E）三个部分按顺序排列。例如 Q390A，表示屈服点 $\sigma_s = 390$MPa、质量等级为 A 的低合金高强度结构钢。

（2）合金结构钢　其牌号由"两位数字＋元素符号＋数字"三部分组成。前面两位数字代表钢中平均碳的质量分数的万倍，元素的平均质量分数 $w_{Me} < 1.5\%$ 时，一般只标明元素符号而不标数值；平均质量分数 $\geq 1.5\%$、$\geq 2.5\%$、$\geq 3.5\%$…时，则在合金元素后面相应地标出 2、3、4…例如 40Cr，表示平均碳的质量分数 $w_C = 0.40\%$，平均铬的质量分数 $w_{Cr} < 1.5\%$。如果是高级优质钢，则在牌号的末端尾加"A"。例如 30CrMoA 钢，则属于高级优质合金结构钢。

弹簧钢的牌号表示方法同合金结构钢。例如 60Si2Mn，其平均碳的质量分数 $w_C = 0.60\%$，平均硅的质量分数 $w_{Si} = 2\%$，平均锰的质量分数 $w_{Mn} < 1.5\%$。若为优质钢，也在牌号末端加"A"。

（3）滚动轴承钢　在牌号前面加"G"（"滚"字汉语拼音的首位字母），后面数字表示铬的质量分数的千倍，其碳的质量分数不标出。例如 GCr15 钢，就是平均铬的质量分数 $w_{Cr} = 1.5\%$ 的滚动轴承钢。铬轴承钢中若含有除铬外的其他合金元素时，这些元素的表示方法同一般的合金结构钢。滚动轴承钢都是高级优质钢，但在牌号后不加"A"。

（4）合金工具钢　这类钢编号的方法与合金结构钢的区别仅在于：当 $w_C < 1\%$ 时，用一位数字表示碳的质量分数的千倍；当碳的质量分数 $\geq 1\%$ 时，则不予标出。例如 Cr12MoV 钢，其平均碳的质量分数为 $w_C = 1.45\% \sim 1.70\%$，所以不标出；Cr 的平均质量分数为 12%，Mo 和 V 的质量分数都小于 1.5%。又如 9SiCr 钢，其平均 $w_C = 0.9\%$，平均 w_{Si} 均 $< 1.5\%$。不过高速工具钢例外，其平均碳的质量分数无论多少均不标出。因为合金工具钢及高速钢都是高

级优质钢，所以它的牌号后面不必再标"A"。

（5）不锈钢与耐热钢　这类钢牌号前面数字表示碳的质量分数的千倍。例如 3Cr13 钢，表示平均 $w_C = 0.3\%$，平均 $w_{Cr} = 13\%$。当碳的质量分数 $w_C \le 0.03\%$ 及 $w_C \le 0.08\%$ 时，则在牌号前面分别冠以"00"及"0"表示。例如 00Cr17Ni14Mo2、0Cr19Ni9 钢等。

第二节　钢中常存杂质元素的影响

钢中常存杂质元素主要是硅、锰、硫和磷（还有非金属杂质等）。这些常存杂质元素对钢的性能有一定影响。

一、硅的影响

硅来自生铁和钢在冶炼过程中作为脱氧剂而加入的。硅与钢液中的 FeO 能结成密度较小的硅酸盐以炉渣的形式被除去。脱氧后的钢不可避免地残留着少量的硅，这些残留下来的硅能溶于铁素体，使铁素体强化，从而提高钢的强度。硅作为杂质元素时，其硅的质量分数一般不超过 0.5%。

二、锰的影响

锰也来自生铁中以及在炼钢时用锰铁作脱氧剂而残留在钢中。锰从 FeO 中夺取氧形成 MnO 进入炉渣。锰还能与硫化合成 MnS，因而减少硫对钢的有害影响，改善钢的热加工性能。在室温下，锰大都溶于铁素体，对钢有一定的强化作用。锰在钢中作为杂质元素时，$w_{Mn} < 1\%$，是一种有益元素。

三、硫的影响

硫是由生铁和燃料带入的杂质，炼钢时难以除尽。硫在钢中是有害杂质。在固态下硫不溶于铁，而以 FeS 的形式存在，FeS 与 Fe 能形成低熔点的共晶体（Fe + FeS），熔点仅为 985℃，且分布在奥氏体晶界上。当钢在 1000 ~ 1200℃进行压力加工时，由于低熔点共晶体熔化，显著减弱晶粒之间的联系，使钢材在压力加工时沿晶界开裂，这种现象称为热脆。

硫虽然产生热脆，但对改善钢材的切削加工性能却有利。如硫的质量分数较高的钢（$w_S = 0.08\% \sim 0.45\%$）中适当提高锰的质量分数（$w_{Mn} = 0.70\% \sim 1.55\%$），可形成较多的 MnS，在切削加工中 MnS 能起断屑作用，可改善钢的切削加工性，这种钢称为易切削钢，广泛应用于标准件等的生产。

四、磷的影响

磷是由生铁带入钢中的杂质。磷能全部溶于铁素体，提高了铁素体的强度、硬度；但在室温下钢的塑性、韧性急剧下降、变脆，这种现象称为冷脆。所以，磷是一种有害杂质元素，要严格控制磷在钢中的质量分数。

磷的有害作用在一定条件也可以转化，例如易切削钢，把磷的质量分数提高到 $w_P = 0.05\% \sim 0.15\%$，使铁素体脆化，从而改善钢的切削加工性能。在炮弹钢（$w_C = 0.60\% \sim 0.90\%$，$w_{Mn} = 0.60\% \sim 1.0\%$）中加入较多磷，可使钢的脆性增大，炮弹爆炸时碎片增多，增加杀伤力。

第三节　合金元素在钢中的作用

为了改善钢的力学性能或获得某些特殊性能，有目的地在冶炼钢的过程中加入一些元素，这些元素称为合金元素。常用的合金元素有锰（$w_{Mn} > 1\%$）、硅（$w_{Si} > 0.5\%$）、铬、镍、钼、钨、钒、钛、锆、钴、铝、硼、稀土等。

合金元素对钢的相变、组织和性能的影响，一般取决于合金元素与钢中的铁、碳两个基本组元的作用。通过合金化，可以提高和改善钢的性能。

一、合金元素在钢中的存在形式

1. 形成合金铁素体

绝大多数合金元素都可或多或少地溶于铁素体中，形成合金铁素体。其中原子半径很小的合金元素（如氮、硼）与铁形成间隙固溶体，原子半径较大的合金元素（如锰、镍、钴等）与铁形成置换固溶体。

合金元素溶于铁素体后，合金元素的原子半径与铁的原子半径相差愈大，晶格类型越不相同，则愈能引起铁素体晶格畸变，产生固溶强化，使铁素体的强度、硬度提高，但塑性、韧性都有下降趋势。图 6-1 和图 6-2 为溶于铁素体的合金元素的质量分数对铁素体硬度和韧性的影响。

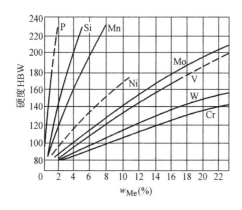

图 6-1 合金元素对铁素体硬度的影响

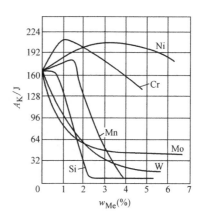

图 6-2 合金元素对铁素体韧性的影响

由图可见，硅、锰能显著提高铁素体强度、硬度，但当 $w_{Si} > 0.6\%$ ，$w_{Mn} > 1.5\%$ 时，将降低降韧性。而铬、镍这两个元素，在适用范围内（$w_{Cr} \leqslant 2\%$ ，$w_{Ni} \leqslant 5\%$ ），不但可提高铁素体的硬度，而且能提高其韧性。为此，在合金结构钢中，为了获得良好强化效果，对铬、镍、硅和锰等合金元素要控制在一定质量分数范围内。

2. 形成合金碳化物

钢中形成的合金碳化物的类型主要有：

（1）合金渗碳体 锰一般溶于钢中渗碳体形成合金渗碳体（Fe、Mn）$_3$C；铬、钼、钨在钢中的质量分数不大（$w_{Me} = 0.5\% \sim 3\%$）时，形成合金渗碳体，如（Fe、Cr）$_3$C、（Fe、Mo）$_3$C 等。

合金渗碳体较渗碳体略为稳定，硬度也较高，是一般低合金钢中碳化物的主要存在形式。

（2）特殊碳化物 特殊碳化物是与渗碳体晶格完全不同的合金碳化物，通常是由中强或强碳化物形成元素所构成的碳化物。

强碳化物形成元素，即使质量分数较少，但只要钢中有足够的碳，就倾向于形成特殊碳化物即具有简单晶格的间隙相碳化物，如 WC、Mo_2C、VC、TiC 等。中强碳化物形成元素，只有当其质量分数较高（>5%）时，才倾向于形成特殊碳化物，即具有复杂晶格的碳化物，如 $Cr_{23}C_6$、Cr_7C_3、Fe_3W_3C 等。

特殊碳化物特别是间隙相碳化物，比合金渗碳体具有更高的熔点、硬度与耐磨性，并且更为稳定，不易分解。

二、合金元素对铁碳合金相图的影响

钢中加入合金元素后，对铁碳合金相图的相区、相变温度、共析成分等都有影响。

1. 改变了奥氏体区的范围

（1）扩大奥氏体相区　这类合金元素使 A_3、A_1 温度下降，GS 线向左下方移动。这类元素大都具有面心立方晶格，如铜、锰、镍等。随着锰、镍质量分数的增大，会使相图中奥氏体区一直延展到室温下。因此，这种钢在室温下的平衡组织是稳定的单相奥氏体。这种钢称奥氏体钢，如图 6-3a 所示。

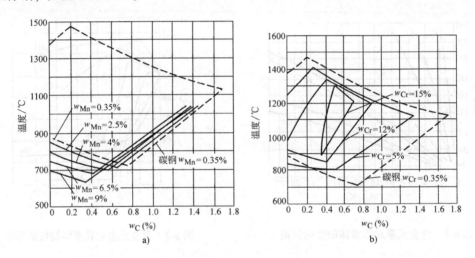

图 6-3　合金元素对 Fe-Fe_3C 相图中奥氏体区的影响

a) Fe-C-Mn 系　b) Fe-C-Cr 系

（2）缩小奥氏体相区　这类合金元素与前者相反，使 A_3 和 A_1 温度升高，GS 线向左上方移动，如图 6-3b 所示。这类元素有铝、铬、钨、钼、钒、硅、钛等。随着钢中这类元素质量分数的增大，可使相图中奥氏体区消失，此时，钢在室温下的平衡组织是单相的铁素体。这种钢称为铁素体钢。

2. 改变 S、E 点在铁碳合金相图中的位置

大多数合金元素均能使 S 点、E 点左移，如图 6-4、图 6-5 所示。此时共析钢中碳的质量分数将不是 $w_C = 0.77\%$，而是 $w_C < 0.77\%$；出现共晶组织的最低碳的质量分数不再是 $w_C = 2.11\%$，而是 $w_C < 2.11\%$。

试验证明，$w_C = 0.4\%$ 的碳钢原属亚共析钢，当加入 $w_{Cr} = 12\%$ 后就成了共析钢。又如 $w_C = 0.7\% \sim 0.8\%$ 的高速钢，由于大量合金元素的加入，在铸态组织中却出现合金莱氏体，这种钢称为莱氏体钢。

三、合金元素对钢的热处理的影响

1. 合金元素对奥氏体形成的影响

（1）对奥氏体形成速度的影响　合金钢加热时，奥氏体形成过程基本上与碳钢相同，但合金元素会影响奥氏体的形成速度，其主要原因是合金元素的加入改变了碳在钢中的扩散速度所致。

大多数合金元素（除钴、镍外），由于它们与碳有较强的亲和力，显著减慢了碳向奥氏体中的溶入与扩散速度，故大大减慢奥氏体的形成速度。

由于合金元素的扩散很缓慢，因此对于合金钢应采取较高的加热温度和较长的保温时间，以保证合金元素溶入奥氏体并使之均匀化，从而充分发挥合金元素的作用。

（2）合金元素（除锰外）阻止奥氏体晶粒长大　碳化物形成元素（如钒、铌、锆、钛等强碳化物形成元素）容易形成稳定的碳化物，这些特殊碳化物在高温下比较稳定，不易溶于奥氏体，并以细小质点的形式弥散地分布在奥氏体晶界上，机械地阻碍奥氏体晶粒长大。因此，除锰钢外，合金钢在加热时不易过热，使得钢在高温下较长时间地加热仍能保持细晶粒组织，这是合金钢的一个重要特点。

2. 合金元素对钢冷却转变的影响

（1）合金元素对过冷奥氏体等温转变的影响　除钴外，大多数合金元素溶入奥氏体后降低原子扩散速度，使奥氏体稳定性增加，从而使 C 曲线右移，这些合金元素均是非碳化物形成元素及弱碳化物形成元素。含有这类元素的低合金钢，其 C 曲线形状与碳钢相似，只有一个鼻尖，如图 6-6a 所示。当碳化物形成元素溶入奥氏体后，由于它们对推迟珠光体转变与贝氏体转变的作用不同，使 C 曲线出现两个鼻尖，曲线分解成珠光体和贝氏体两个转变区，而两区之间，过冷奥氏体有很大的稳定性，如图 6-6b 所示。

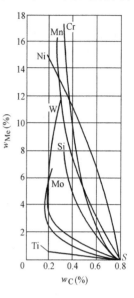

图 6-4　合金元素对铁碳合金相图中共析点 S 的影响

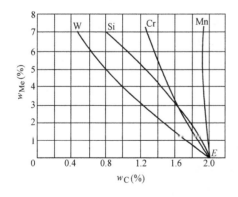

图 6-5　合金元素对铁碳合金相图中 E 点的影响

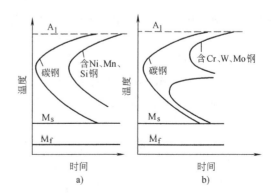

图 6-6　合金元素对 C 曲线的影响

a）非碳化物形成元素　b）碳化物形成元素

由于合金元素使 C 曲线右移，故降低了钢的马氏体临界冷却速度，增大了钢的淬透性。其中尤以碳化物形成元素的影响较为显著，特别是钢中几种合金元素同时加入时，要比单独加入一种合金元素对增大钢的淬透性更有效。

（2）合金元素对过冷奥氏体向马氏体转变的影响 除钴、锰外，大多数合金元素溶入奥氏体后，使马氏体转变温度 M_s 和 M_f 降低，其中铬、镍、锰作用较强。图 6-7 为合金元素对 M_s 的影响。

试验证明，M_s 愈低，则淬火后钢中残留奥氏体的数量就愈多。因此，凡使 M_s 降低的合金元素，均使残留奥氏体数量增加。图 6-8 为不同合金元素对 $w_C = 1.0\%$ 的钢，在 1150℃淬火后的残留奥氏体数量的影响。一般合金钢淬火后残留奥氏体量较碳钢多。

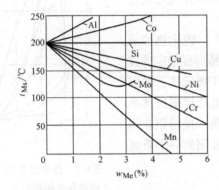

图 6-7 合金元素对 M_s 的影响

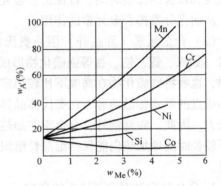

图 6-8 合金元素对残留奥氏体（A′）量的影响

3. 合金元素对淬火钢回火转变的影响

（1）提高淬火钢耐回火性（回火稳定性） 淬火钢在回火时，抵抗软化的能力称为耐回火性。不同的钢在相同温度回火后，强度、硬度下降的程度各不同，下降少的耐回火性较高。

由于合金元素在回火过程中阻碍马氏体分解及碳化物的析出，从而提高了钢的耐回火性。由于合金钢的耐回火性比碳钢高，若得到相同的回火硬度时，则合金钢的回火温度就比同样碳质量分数的碳钢高，回火时间也长。当回火温度相同时，合金钢的强度、硬度都比碳钢高。图 6-9 所示为 Mo 元素对钢回火硬度的影响。

（2）回火时产生二次硬化 含有钨、钼、钒的合金钢，经高温奥氏体充分均匀化并淬火后，在 500～600℃回火时硬度有回升的现象，称为二次硬化，如图 6-9 所示。这是因为含有上述合金元素较多的合金钢，在该温度范围内回火时会从马氏体中析出特殊碳化物，如 Mo_2C、W_2C、VC 等，析出的碳化物高度弥散分布在马氏体基体

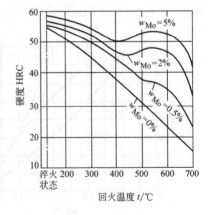

图 6-9 Mo 对钢回火硬度的影响

上，并与马氏体保持共格关系，阻碍位错运动，使钢的硬度反而有所提高，这就形成了二次硬化。另外，由于特殊碳化物的析出，使残留奥氏体中碳及合金元素浓度降低，提高了 M_s

温度，故在随后冷却时部分残留奥氏体转变为马氏体，使钢在回火时出现硬度提高的现象。

二次硬化现象对需要较高热硬性的工具钢（如高速钢）具有重要意义。

（3）回火时产生第二类回火脆性　含有铬、锰、镍等元素的合金钢淬火后，在脆化温度（450~650℃）区回火时出现回火脆性，称为第二类回火脆性（可逆回火脆性）。

产生这类回火脆性的原因，认为是在脆化温度范围内回火后缓冷时，才出现脆性。采取快冷法可减轻或消除第二类回火脆性。

第四节　结　构　钢

结构钢按用途可分为工程结构用钢和机器零件用钢两大类：工程结构用钢主要是用于各种工程结构，它们大都是碳素结构钢和低合金高强度结构钢，冶炼容易，成本低，使用时一般不进行热处理；机器零件用钢大多是优质结构钢，一般都经过热处理后使用，包括优质碳素结构钢、合金结构钢以及合金弹簧钢、滚动轴承钢等。

一、工程结构用结构钢

1. 碳素结构钢

这类钢应确保力学性能符合标准规定，化学成分也应符合一定要求，一般在供应状态下使用，但也可根据需要在使用前对其进行热加工或热处理，表6-1、表6-2为碳素结构钢的牌号、化学成分、力学性能及应用。

表6-1　碳素结构钢的牌号和化学成分

牌号	质量等级	化学成分 w_i（%）					脱氧方法	相当旧牌号
		C	Mn	Si	S	P		
				不大于				
Q195	—	0.06~0.12	0.25~0.50	0.30	0.050	0.045	F、B、Z	B1 A1
Q215	A	0.09~0.15	0.25~0.55	0.30	0.050	0.045	F、B、Z	A2
	B				0.045			C2
Q235	A	0.14~0.22	0.30~0.65①	0.30	0.050	0.045	F、B、Z	A3
	B	0.12~0.20	0.30~0.70①		0.045			C3
	C	≤0.18	0.35~0.80		0.040	0.040	Z	—
	D	≤0.17			0.030	0.035	TZ	—
Q255	A	0.18~0.28	0.40~0.70	0.30	0.050	0.045	Z	A4
	B				0.045			C4
Q275	—	0.28~0.38	0.50~0.80	0.35	0.050	0.045	Z	C5

①　Q235A、B级沸腾钢中锰的质量分数上限为0.60%。

碳素结构钢中硫、磷的质量分数较多，但由于冶炼容易，工艺性好，价格便宜，在力学性能上一般能满足普通机械零件及工程结构件的要求，因此用量很大，约占钢材总量的80%。

表6-2　碳素结构钢的力学性能和应用举例

牌号	质量等级	σ_s/MPa				σ_b/MPa	δ_5（%）				应用举例
		钢材厚度（直径）/mm					钢材厚度（直径）/mm				
		≤16	>16~40	>40~60	>60~100		≤16	>16~40	>40~60	>60~100	
		不小于					不小于				
Q195	—	(195)	(185)	—	—	315~390	33	32	—	—	塑性好，有一定的强度，用于制造受力不大的零件，如：螺钉、螺母、垫圈等，焊接件及冲压件及桥梁建筑等金属结构件
Q215	A B	215	205	195	185	335~410	31	30	29	28	
Q235	A B C D	235	225	215	205	375~460	26	25	24	23	
Q255	A B	255	245	235	225	410~510	24	23	22	21	强度较高，用于制造承受中等载荷的零件，如：小轴、销子、连杆、农机零件等
Q275	—	275	265	255	245	490~610	20	19	18	17	

注：表内数据自国家标准（GB/T 700—1988）。

碳素结构钢一般以热轧空冷状态供应，其中牌号 Q195 与 Q275 碳素结构钢是不分质量等级的，出厂时既要保证力学性能，又要保证化学成分。Q215、Q235、Q255 牌号的碳素结构钢，当质量等级为"A"、"B"级时，只保证力学性能，化学成分可根据需方要求作适当调整；而 Q235 的"C"、"D"级，则力学性能和化学成分都应保证。

Q195 钢中碳的质量分数很低，塑性好，常用来制作铁钉、铁丝及各种薄板，如黑铁皮、白铁皮（镀锌薄钢板）、马口铁（镀锡薄钢板）等，也可以代替优质碳素结构钢 08 或 10 钢，制造冲压件、焊接结构件。

Q275 钢属于中碳钢，强度较高，可代替 30 钢、40 钢用于制造较重要的某些零件，以降低原材料成本。

其余三个牌号中 A 级钢，一般用于不经锻压、热处理的工程结构件或受力不大的铆钉、螺钉、螺母等。B 级钢常用以制造较为重要的机械零件和作船用钢板。

2. 低合金高强度结构钢

低合金高强度结构钢是在碳素结构钢的基础上加入少量合金元素（Mn 为主加元素）而制成的。产品同时保证力学性能与化学成分。

（1）性能特点　在确保良好的塑性、韧性条件下具有高的强度，特别是把屈服点提高到 295~460MPa。这样，用它来制作金属构件，可以缩减截面积、减轻重量、节约钢材。此外，它还具有良好的焊接性能，较好的耐大气腐蚀性能，良好的加工工艺性能，还具有比碳素结构钢更低的韧脆转变温度（一般为 -30℃左右），这对北方高寒地区使用的构件及运输工具，具有十分重要意义。

（2）成分特点　为了满足上述性能要求，低合金高强度结构钢在化学成分上有如下特点：

1）低碳。为保证有良好塑性与韧性、良好的焊接性能和冷成形性能，低合金高强度结构钢中碳的质量分数一般均较低，大多数为 $w_C = 0.16\% \sim 0.20\%$。

2）锰为主加元素，并辅加钒、钛、铌、硅、铝、铬、镍等。这些元素的主要作用是：

加入锰、硅、铬、镍元素为强化铁素体；加入钒、铌、钛、铝等元素为细化铁素体晶粒；合金元素使 S 点左移，增加珠光体数量。加入碳化物形成元素（钒、铌、钛）及氮化物形成元素（铝），使细小化合物从固溶体中析出，产生弥散强化作用。

3）钢种及牌号。低合金高强度结构钢可按屈服点分为 295MPa、345MPa、390MPa、420MPa、430MPa 五个强度等级，其中 295～390MPa 级的应用最广。它们的牌号、化学成分、力学性能及用途见表 6-3、表 6-4。

表 6-3　低合金高强度结构钢的牌号和化学成分（GB/T 1591—1994）

牌号	质量等级	化学成分 w_i（%）											相当旧牌号（GB1591—1988）
		C ≤	Mn	Si ≤	P ≤	S ≤	V	Nb	Ti	Al ≥	Cr ≤	Ni ≤	
Q295	A	0.16	0.80～1.50	0.55	0.045	0.045	0.02～0.15	0.015～0.060	0.02～0.20	—			09MnV、09MnNb、09Mn2、12Mn
	B	0.16	0.80～1.50	0.55	0.040	0.040	0.02～0.15	0.015～0.060	0.02～0.20	—			
Q345	A	0.20	1.00～1.60	0.55	0.045	0.045	0.02～0.15	0.015～0.060	0.02～0.20	—			12MnV、14MnNb、16Mn、16MnRE、18Nb
	B	0.20	1.00～1.60	0.55	0.040	0.040	0.02～0.15	0.015～0.060	0.02～0.20	—			
	C	0.20	1.00～1.60	0.55	0.035	0.035	0.02～0.15	0.015～0.060	0.02～0.20	0.015			
	D	0.18	1.00～1.60	0.55	0.030	0.030	0.02～0.15	0.015～0.060	0.02～0.20	0.015			
	E	0.18	1.00～1.60	0.55	0.025	0.025	0.02～0.15	0.015～0.060	0.02～0.20	0.015			
Q390	A	0.20	1.00～1.60	0.55	0.045	0.045	0.02～0.20	0.015～0.060	0.02～0.20	—	0.30	0.70	15MnV、15MnTi、16MnNb
	B	0.20	1.00～1.60	0.55	0.040	0.040	0.02～0.20	0.015～0.060	0.02～0.20	—	0.30	0.70	
	C	0.20	1.00～1.60	0.55	0.035	0.035	0.02～0.20	0.015～0.060	0.02～0.20	0.015	0.30	0.70	
	D	0.20	1.00～1.60	0.55	0.030	0.030	0.02～0.20	0.015～0.060	0.02～0.20	0.015	0.30	0.70	
	E	0.20	1.00～1.60	0.55	0.025	0.025	0.02～0.20	0.015～0.060	0.02～0.20	0.015	0.30	0.70	
Q420	A	0.20	1.00～1.70	0.55	0.045	0.045	0.02～0.20	0.015～0.060	0.02～0.20	—	0.40	0.70	15MnVN、14MnVTiRE
	B	0.20	1.00～1.70	0.55	0.040	0.040	0.02～0.20	0.015～0.060	0.02～0.20	—	0.40	0.70	
	C	0.20	1.00～1.70	0.55	0.035	0.035	0.02～0.20	0.015～0.060	0.02～0.20	0.015	0.40	0.70	
	D	0.20	1.00～1.70	0.55	0.030	0.030	0.02～0.20	0.015～0.060	0.02～0.20	0.015	0.40	0.70	
	E	0.20	1.00～1.70	0.55	0.025	0.025	0.02～0.20	0.015～0.060	0.02～0.20	0.015	0.40	0.70	
Q460	C	0.20	1.00～1.70	0.55	0.035	0.035	0.02～0.20	0.015～0.060	0.02～0.20	0.015	0.70	0.70	
	D	0.20	1.00～1.70	0.55	0.030	0.030	0.02～0.20	0.015～0.060	0.02～0.20	0.015	0.70	0.70	
	E	0.20	1.00～1.70	0.55	0.025	0.025	0.02～0.20	0.015～0.060	0.02～0.20	0.015	0.70	0.70	

表 6-4　低合金高强度结构钢力学性能和应用举例

牌号	质量等级	σ_s/MPa 厚度（直径、边长）/mm				σ_b/MPa	δ_5（%）	A_K/J				应用举例
		≤16	>16～35	>35～50	>50～100			+20℃	0℃	−20℃	−40℃	
		不小于						不小于				
Q295	A	295	275	255	235	390～570	23					低压锅炉、容器、油罐、桥梁、车辆等
	B	295	275	255	235	390～570	23	34				
Q345	A	345	325	295	275	470～630	21					船舶、桥梁、车辆大型容器、大型钢结构
	B	345	325	295	275	470～630	21	34				
	C	345	325	295	275	470～630	22		34			
	D	345	325	295	275	470～630	22			34		
	E	345	325	295	275	470～630	22				27	

(续)

牌号	质量等级	σs/MPa 厚度（直径，边长）/mm ≤16	>16~35	>35~50	>50~100	σb/MPa	δ5 (%)	AK/J +20℃	0℃	-20℃	-40℃	应用举例
		不小于						不小于				
Q390	A	390	370	350	330	490~650	19					建筑结构、船舶、化工容器、电站设备等
	B	390	370	350	330	490~650	19	34				
	C	390	370	350	330	490~650	20		34			
	D	390	370	350	330	490~650	20			34		
	E	390	370	350	330	490~650	20				27	
Q420	A	420	400	380	360	520~680	18					桥梁、高压电器、电站设备、大型船舶等
	B	420	400	380	360	520~680	18	34				
	C	420	400	380	360	520~680	19		34			
	D	420	400	380	360	520~680	19			34		
	E	420	400	380	360	520~680	19				27	
Q460	C	460	440	420	400	550~720	17		34			
	D	460	440	420	400	550~720	17			34		
	E	460	440	420	400	550~720	17				27	

低合金高强度结构钢大多数是在热轧、正火或正火加回火状态下使用，其组织为铁素体+少量珠光体。对 Q420、Q460 的 C、D、E 级钢也可先淬火成低碳马氏体，然后进行高温回火以获得低碳回火索氏体组织，从而获得良好的力学性能。其中 Q345 钢的应用最广泛。我国的南京长江大桥、内燃机车车体、万吨轮及压力容器、载重汽车大梁都采用 Q345 钢制造。

二、机器零件用结构钢

1. 优质碳素结构钢

优质碳素结构钢供应时，既保证化学成分，又保证力学性能，而且比碳素结构钢规定严格，其中 w_S、w_P 均≤0.035%，一般都是热处理后使用。

优质碳素结构钢的牌号、化学成分及性能见表 6-5。

这类钢随钢号数字增加，其碳的质量分数增加，组织中的珠光体量增加，铁素体量减少，因此钢的强度也随之增加，而塑性指标越来越低。

08F、10F 钢中碳的质量分数低，塑性好，焊接性能好，主要用于制造冲压件和焊接件。

15、20、25 钢属于渗碳钢，这类钢强度较低，但塑性和韧性较高，焊接性及冷冲压性都好，可以制造各种受力不大，但要求高韧性的零件；此外还可用作冷冲压件和焊接件。渗碳钢经渗碳、淬火+低温回火后，表面硬度可达 60HRC 以上，耐磨性好，而心部具有一定强度和韧性，可用作表面耐磨并承受冲击载荷的零件。

30、35、40、45、50、55 钢属于调质钢，经淬火+高温回火后，具有良好的综合力学性能，主要用于要求强度、塑性和韧性都较高的机械零件，如轴类零件。这类钢在机械制造中应用最广泛，其中以 45 钢最为突出。

60、65、70 钢属于弹簧钢，经淬火+中温回火后可获得高的规定非比例伸长应力 σ_p，主要用于制造弹簧等弹性零件及耐磨零件。

优质碳素结构钢中较高锰的一组牌号（15Mn~70Mn），其性能和用途与普通锰的一组对应牌号相同，但其淬透性略高。

2. 合金结构钢

合金结构钢通常是在优质碳素结构钢的基础上加入一些合金元素而形成的钢种。合金元素加入量不大（大多数 $w_{Me}<5\%$），所以，合金结构钢属低、中合金钢。

按用途不同，这类钢可分为合金渗碳钢、合金调质钢等。

（1）合金渗碳钢

1）用途。合金渗碳钢主要用来制造性能要求较高或截面尺寸较大，且在承受较强烈的冲击作用和磨损条件下工作的渗碳零件。例如，制作承受动载荷和重载荷的汽车变速箱齿轮和汽车后桥齿轮等。凡是要求表面具有高的硬度和耐磨性，心部具有较高的强度和足够韧性的零件，都可采用合金渗碳钢。

2）性能特点。合金渗碳钢的渗碳层具有优异的耐磨性、抗疲劳性及适当的塑性和韧性，未渗碳的心部具有足够的强度及优良的韧性。如心部强度不足时，则对表面硬、脆的渗碳层缺乏足够的支撑，渗碳层易破坏、剥落。心部韧性不足时，在冲击载荷或较大过载作用下容易断裂。合金渗碳钢具有良好的热处理工艺性能，在渗碳温度（900~950℃）下奥氏体晶粒不易明显长大。此外，还有良好的淬透性。

3）成分特点。合金渗碳钢中碳的质量分数一般在 $w_C=0.10\%~0.25\%$ 之间，这是为了保证渗碳零件心部具有良好的韧性。碳素渗碳钢的淬透性低，热处理对心部的性能改变不大，加入合金元素可提高淬透性，改善心部性能。常用的合金元素有铬、镍、锰和硼等，其中以镍的作用为最好。为了细化晶粒，还可加入少量阻止奥氏体晶粒长大的强碳化物形成元素，如钛、钒、钼等，它们形成的碳化物在高温渗碳时不溶解，能有效地抑制渗碳时的过热现象。

4）热处理。为了保证渗碳零件表面得到高硬度和高耐磨性，一般在渗碳后进行淬火＋低温回火处理（180~200℃）。大多数合金渗碳钢采用渗碳后直接淬火再低温回火。

渗碳后钢表面碳的质量分数为 0.85%~1.05%。经淬火和低温回火后，表面组织由碳化物、回火马氏体及少量残留奥氏体组成，硬度可达 58~64HRC。而心部的组织与钢的淬透性及零件截面有关：当全部淬透时是低碳马氏体，硬度可达 40~48HRC；在多数未淬透的情况下是托氏体、少量低碳马氏体及少量铁素体的混合组织，硬度约为 25~40HRC，冲击吸收功 $A_K \geq 47J$。

5）钢种及牌号。合金渗碳钢可按淬透性分为低淬透性钢、中淬透性钢及高淬透性钢三类，其主要牌号、成分、热处理、力学性能和用途见表6-6。

①低淬透性合金渗碳钢，如 20Cr、20Mn2 等，这类钢由于淬透性不高，心部性能很好，只适用于承受载荷不大的小型耐磨零件，如活塞销、凸轮轴、滑块等。

②中淬透性合金渗碳钢，如 20CrMnTi、20MnVB 等，这类钢合金元素含量较高，其淬透性和力学性能均较高，可用来制造承受中等载荷的受磨零件，如汽车变速齿轮、花键轴、凸轮轴等。

③高淬透性合金渗碳钢，如 20Cr2Ni4、18Cr2Ni4WA 等，这类钢含有较多的铬、镍等元素，其淬透性高，甚至空冷也能淬成马氏体，渗碳层和心部的性能都非常优异，主要用来制造承受重载荷及强烈磨损的重要大型零件，如飞机、坦克的发动机齿轮。

（2）合金调质钢

1）用途。合金调质钢主要用来制造一些重要零件，如机床的主轴、汽车底盘的半轴、柴油机连杆螺栓等，零件均在多种载荷下工作，承受载荷情况复杂，因此，既要求零件具有良好的综合力学性能，又要求具有较高的韧性。

2）成分特点。合金调质钢的碳质量分数一般在 $w_C=0.25\%~0.50\%$ 之间。碳的质量分数如果过低，则不易淬硬，回火后达不到所需要的强度；如果碳的质量分数过高，则零件韧性较差。

表6-5 优质碳素结构钢牌号

牌号	化学成分 w_i（%）							
	C	Si	Mn	P	S	Ni	Cr	Cu
				不大于				
08F	0.05~0.11	≤0.03	0.25~0.50	0.035	0.035	0.30	0.10	0.25
10F	0.07~0.14	≤0.07	0.25~0.50	0.035	0.035	0.30	0.15	0.25
15F	0.12~0.19	≤0.07	0.25~0.50	0.035	0.035	0.30	0.25	0.25
08	0.05~0.12	0.17~0.37	0.35~0.65	0.035	0.035	0.30	0.10	0.25
10	0.07~0.14	0.17~0.37	0.35~0.65	0.035	0.035	0.30	0.15	0.25
15	0.12~0.19	0.17~0.37	0.35~0.65	0.035	0.035	0.30	0.25	0.25
20	0.17~0.24	0.17~0.37	0.35~0.65	0.035	0.035	0.30	0.25	0.25
25	0.22~0.30	0.17~0.37	0.50~0.80	0.035	0.035	0.30	0.25	0.25
30	0.27~0.35	0.17~0.37	0.50~0.80	0.035	0.035	0.30	0.25	0.25
35	0.32~0.40	0.17~0.37	0.50~0.80	0.035	0.035	0.30	0.25	0.25
40	0.37~0.45	0.17~0.37	0.50~0.80	0.035	0.035	0.30	0.25	0.25
45	0.42~0.50	0.17~0.37	0.50~0.80	0.035	0.035	0.30	0.25	0.25
50	0.47~0.55	0.17~0.37	0.50~0.80	0.035	0.035	0.30	0.25	0.25
55	0.52~0.60	0.17~0.37	0.50~0.80	0.035	0.035	0.30	0.25	0.25
60	0.57~0.65	0.17~0.37	0.50~0.80	0.035	0.035	0.30	0.25	0.25
65	0.62~0.70	0.17~0.37	0.50~0.80	0.035	0.035	0.30	0.25	0.25
70	0.67~0.75	0.17~0.37	0.50~0.80	0.035	0.035	0.30	0.25	0.25
75	0.72~0.80	0.17~0.37	0.50~0.80	0.035	0.035	0.30	0.25	0.25
80	0.77~0.85	0.17~0.37	0.50~0.80	0.035	0.035	0.30	0.25	0.25
85	0.82~0.90	0.17~0.37	0.50~0.80	0.035	0.035	0.30	0.25	0.25
15Mn	0.12~0.19	0.17~0.37	0.70~1.00	0.035	0.035	0.30	0.25	0.25
20Mn	0.17~0.24	0.17~0.37	0.70~1.00	0.035	0.035	0.30	0.25	0.25
25Mn	0.22~0.30	0.17~0.37	0.70~1.00	0.035	0.035	0.30	0.25	0.25
30Mn	0.27~0.35	0.17~0.37	0.70~1.00	0.035	0.035	0.30	0.25	0.25
35Mn	0.32~0.40	0.17~0.37	0.70~1.00	0.035	0.035	0.30	0.25	0.25
40Mn	0.37~0.45	0.17~0.37	0.70~1.00	0.035	0.035	0.30	0.25	0.25
45Mn	0.42~0.50	0.17~0.37	0.70~1.00	0.035	0.035	0.30	0.25	0.25
50Mn	0.47~0.55	0.17~0.37	0.70~1.00	0.035	0.035	0.30	0.25	0.25
60Mn	0.57~0.65	0.17~0.37	0.70~1.00	0.035	0.035	0.30	0.25	0.25
65Mn	0.62~0.70	0.17~0.37	0.90~1.20	0.035	0.035	0.30	0.25	0.25
70Mn	0.67~0.75	0.17~0.37	0.90~1.20	0.035	0.035	0.30	0.25	0.25

成分及性能（GB/T 699—1999）

试样毛坯尺寸/mm	推荐热处理温度/℃			力学性能					钢材交货状态硬度 HBW	
	正火	淬火	回火	σ_b/MPa	σ_s/MPa	δ_5（%）	ψ（%）	A_{KU}/J	不大于	
									未热处理	退火钢
25	930			295	175	35	60		131	
25	930			315	185	33	55		137	
25	920			355	205	29	55		143	
25	930			325	195	33	60		131	
25	930			335	205	31	55		137	
25	920			375	225	27	55		143	
25	910			410	245	25	55		156	
25	900	870	600	450	275	23	50	71	170	
25	880	860	600	490	295	21	50	63	179	
25	870	850	600	530	315	20	45	55	197	
25	860	840	600	570	335	19	45	47	217	187
25	850	840	600	600	355	16	40	39	229	197
25	830	830	600	630	375	14	40	31	241	207
25	820	820	600	645	380	13	35		255	217
25	810			675	400	12	35		255	229
25	810			695	410	10	30		255	229
25	790			715	420	9	30		269	229
试样		820	480	1080	880	7	30		285	241
试样		820	480	1080	930	6	30		285	241
试样		820	480	1130	980	6	30		302	255
25	920			410	245	26	55		163	
25	910			450	275	24	50		197	
25	900	870	600	490	295	22	50	71	207	
25	880	860	600	540	315	20	45	63	217	187
25	870	850	600	560	335	19	45	55	229	197
25	860	840	600	590	355	17	45	47	229	207
25	850	840	600	620	375	15	40	39	241	217
25	830	830	600	645	390	13	40	31	255	217
25	810			695	410	11	35		269	229
25	810			735	430	9	30		285	229
25	790			785	450	8	30		285	229

表6-6 常用渗碳用钢的牌号、成分、热处理、力学性能

种类	钢号	化学成分 w_i（%）									试样毛坯尺寸/mm
		C	Mn	Si	Cr	Ni	Mo	V	Ti	其他	
碳钢	15	0.12 ~ 0.19	0.35 ~ 0.65	0.17 ~ 0.37	—	—	—	—	—	P、S ≤0.035	25
	20	0.17 ~ 0.24	0.35 ~ 0.65	0.17 ~ 0.37	—	—	—	—	—	P、S ≤0.035	25
低淬透性合金渗碳钢	20Mn2	0.17 ~ 0.24	1.40 ~ 1.80	0.17 ~ 0.37	—	—	—	—	—	—	15
	15Gr	0.12 ~ 0.18	0.40 ~ 0.70	0.17 ~ 0.37	0.70 ~ 1.00	—	—	—	—	—	15
	20Cr	0.18 ~ 0.24	0.50 ~ 0.80	0.17 ~ 0.37	0.70 ~ 1.00	—	—	—	—	—	15
	20MnV	0.17 ~ 0.24	1.30 ~ 1.60	0.17 ~ 0.37	—	—	—	0.07 ~ 0.12	—	—	15
中淬透性合金渗碳钢	20CrMnTi	0.17 ~ 0.23	0.80 ~ 1.10	0.17 ~ 0.37	1.00 ~ 1.30	—	—	—	0.04 ~ 0.10	—	15
	20MnMoB	0.17 ~ 0.24	1.50 ~ 1.80	0.17 ~ 0.37	—	—	—	—	—	B0.0005 ~ 0.0035	15
	12CrNi3	0.10 ~ 0.17	0.30 ~ 0.60	0.17 ~ 0.37	0.60 ~ 0.90	2.75 ~ 3.15	—	—	—	—	15
	20CrMnMo	0.17 ~ 0.23	0.90 ~ 1.20	0.17 ~ 0.37	1.10 ~ 1.40	—	0.20 ~ 0.30	—	—	—	15
	20MnVB	0.17 ~ 0.23	1.20 ~ 1.60	0.17 ~ 0.37	—	—	—	0.07 ~ 0.12	—	B0.0005 ~ 0.0035	15
高淬透性合金渗碳钢	12Cr2Ni4	0.10 ~ 0.16	0.30 ~ 0.60	0.17 ~ 0.37	1.25 ~ 1.65	3.25 ~ 3.65	—	—	—	—	15
	20Cr2Ni4	0.17 ~ 0.23	0.30 ~ 0.60	0.17 ~ 0.37	1.25 ~ 1.75	3.25 ~ 3.65	—	—	—	—	15
	18Cr2 Ni4WA	0.13 ~ 0.19	0.30 ~ 0.60	0.17 ~ 0.37	1.35 ~ 1.65	4.00 ~ 4.50	—	—	—	W0.80 ~ 1.20	15

① 力学性能试验用试样尺寸：碳钢直径25mm，合金钢直径15mm。

（摘自 GB/T 699—1999、GB/T 3077—1999）**及用途**

热处理工艺			力学性能（不小于)[①]					用途举例
渗碳	第一次淬火温度/℃	第二次淬火温度/℃	回火温度/℃	σ_s /MPa	σ_b /MPa	δ_5 （%）	ψ （%）	A_{KU}/J	
900 ~ 950℃	~920 空气	—		225	375	27	55	—	形状简单、受力小的小型渗碳件
	~900 空气	—		245	410	25	55	—	形状简单、受力小的小型渗碳件
	850 水/油	—	200 水/空气	590	785	10	40	47	代替 20Cr
	880 水/油	780 水 ~ 820 油	200 水/空气	490	735	11	45	55	船舶主机螺钉、活塞销、凸轮、机车小零件及心部韧性高的渗碳零件
	880 水/油	780 水 ~820 油	200 水/空气	540	835	10	40	47	机床齿轮、齿轮轴、蜗杆、活塞销及气门顶杆等
	880 水/油	—	200 水/空气	590	735	10	40	55	代替 20Cr
	880 油	870 油	200 水/空气	853	1080	10	45	55	工艺性优良，作汽车、拖拉机的齿轮、凸轮，是 CrNi 钢代用品
	880 油	—	200 油/空气	885	1080	10	50	55	代替 20Cr、20CrMnTi
	860 油	780 油	200 水/空气	685	930	11	50	71	大齿轮、轴
	850 油	—	200 水/空气	885	1175	10	45	55	代替含镍较高的渗碳钢作大型拖拉机齿轮、活塞销等大截面渗碳件
	860 油	—	200 水/空气	885	1080	10	45	55	代替 20CrMnTi、20CrNi
	860 油	780 油	200 水/空气	835	1080	10	50	71	大齿轮、轴
	880 油	780 油	200 水/空气	1080	1175	10	45	63	大型渗碳齿轮、轴及飞机发动机齿轮
	950 空气	850 空气	200 水/空气	835	1175	10	45	78	同 12Cr2Ni4，作高级渗碳零件

表 6-7　常用调质用钢的牌号、成分、热处理、力学性能

种类	牌　号	化学成分 w_i（%）								
		C	Si	Mn	Cr	Ni	W	V	Mo	其他
碳钢	40	0.37~0.45	0.17~0.37	0.50~0.80	—	—	—	—	—	—
	45	0.42~0.50	0.17~0.37	0.50~0.80	—	—	—	—	—	—
	40Mn	0.37~0.45	0.17~0.37	0.70~1.00	—	—	—	—	—	—
低淬透性合金调质钢	45Mn2	0.42~0.49	0.17~0.37	1.40~1.80	—	—	—	—	—	—
	40Cr	0.37~0.44	0.17~0.37	0.50~0.80	0.80~1.10	—	—	—	—	—
	35SiMn	0.32~0.40	1.10~1.40	1.10~1.40	—	—	—	—	—	—
	42SiMn	0.39~0.45	1.10~1.40	1.10~1.40	—	—	—	—	—	—
	40MnB	0.37~0.44	0.17~0.37	1.10~1.40	—	—	—	—	—	B0.0005~0.0035
	40CrV	0.37~0.44	0.17~0.37	0.50~0.80	0.80~1.10	—	—	0.10~0.20	—	—
中淬透性合金调质钢	40CrMn	0.37~0.45	0.17~0.37	0.90~1.20	0.90~1.20	—	—	—	—	—
	40CrNi	0.37~0.44	0.17~0.37	0.50~0.80	0.45~0.75	1.0~1.40	—	—	—	—
	42CrMo	0.38~0.45	0.17~0.37	0.50~0.80	0.90~1.20	—	—	—	0.15~0.25	—
	30CrMnSi	0.27~0.34	0.90~1.20	0.80~1.10	0.80~1.10	—	—	—	—	—
	35CrMo	0.32~0.40	0.17~0.37	0.40~0.70	0.80~1.20	—	—	—	0.15~0.25	—
	38CrMoAl	0.35~0.42	0.20~0.45	0.30~0.60	1.35~1.65	—	—	—	0.15~0.25	Al0.70~1.10
高淬透性合金调质钢	37CrNi3	0.34~0.41	0.17~0.37	0.30~0.60	1.20~1.60	3.00~3.50	—	—	—	—
	40CrNiMoA	0.37~0.44	0.17~0.37	0.50~0.80	0.60~0.90	1.25~1.65	—	—	0.15~0.25	—
	25Cr2Ni4WA	0.21~0.28	0.17~0.37	0.30~0.60	1.35~1.65	4.00~4.50	0.80~1.20	—	—	—
	40CrMnMo	0.37~0.45	0.17~0.37	0.90~1.20	0.90~1.20	—	—	—	0.20~0.30	—

①　力学性能试验采用试样毛坯直径尺寸；除38CrMoAl（30mm）以外，其余牌号均为25mm。

（摘自 GB/T 699—1999、GB/T 3077—1999）**及用途**

热处理		力学性能（不大于）[①]					用途举例
淬火温度 /℃	回火温度 /℃	σ_s /MPa	σ_b /MPa	δ （%）	ψ （%）	A_{KU} /J	
840 水	600 水/油	335	570	19	45	47	同 45 钢
840 水	600 水/油	335	600	16	40	39	机床中形状较简单、中等强度、韧性的零件，如轴、齿轮、曲轴、连杆、螺栓、螺母
840 水	600 水/油	335	590	15	—	47	比 45 钢强度要求稍高的调质件，如轴、万向接头轴、曲轴、连杆、螺栓、螺母
840 油	550 水/油	735	685	10	45	47	直径 60mm 以下时，性能与 40Cr 相当，制万向接头轴、蜗杆、齿轮、连杆、摩擦盘
850 油	520 水/油	785	980	9	45	47	重要调质零件，如齿轮、轴、曲轴、连杆螺栓
900 水	570 水/油	735	885	15	45	47	除要求低温（－20℃以下）韧性很高的情况外，可全面代替 40Cr 作调质零件
880 水	590 水/油	735	885	15	40	47	与 35SiMn 同，并可作表面淬火零件
850 油	500 水/油	785	980	10	45	47	代替 40Cr
880 油	650 水/油	735	885	10	50	71	机车连杆、强力双头螺栓、高压锅炉给水泵轴
840 油	550 水/油	835	980	9	45	47	代替 40CrNi、42CrMo 作高速高载荷而冲击载荷不大的零件
820 油	500 水/油	785	980	10	45	55	汽车、拖拉机、机床、柴油机的轴、齿轮、连接机件螺栓、电动机轴
850 油	560 水/油	930	1080	12	45	63	代替含 Ni 较高的调质钢，也作重要大锻件用钢，机车牵引大齿轮
880 油	520 水/油	885	1080	10	45	39	高强度钢，高速载荷砂轮轴、齿轮、轴、联轴器、离合器等重要调质件
850 油	550 水/油	835	980	12	45	63	代替 40CrNi，制造大断面齿轮与轴、汽轮发电机转子、480℃以下工件的紧固件
840 水/油	640 水/油	835	980	14	50	71	高级渗氮钢，制造 >900HV 渗氮件，如镗床镗杆、蜗杆、高压阀门
820 油	500 水/油	980	1130	10	50	47	高强度、韧性的重要零件，如活塞销、凸轮轴、齿轮、重要螺栓、拉杆
850 油	600 水/油	835	980	12	55	78	受冲击载荷的高强度零件，如锻压机床的传动偏心轴、压力机曲轴等大断面重要零件
850 油	550 水/油	930	1080	11	45	71	断面 200mm 以下，完全淬透的重要零件，也与 12Cr2Ni4WA3 相同，可作高级渗面零件
850 油	600 水/油	785	980	10	45	63	代替 40CrNiMoA

合金调质钢的主加元素有铬、镍、锰、硅、硼等，以增加淬透性。锰、铬、镍、硅等在钢中还能强化铁素体，起固溶强化作用。辅加元素有钼、钨、钒、铝、钛等。钼、钨的主要作用是防止或减轻第二类回火脆性，并增加耐回火性；钒、钛的作用是细化晶粒；加铝能加速渗氮过程。

3）性能特点。合金调质钢的基本性能是具有良好的综合力学性能。但在生产实际中，由于零件承受载荷的情况不同，具体的性能要求也有差异。对截面承受载荷均匀的零件（连杆、联接螺栓等），要求整个截面都有较高强度和韧性。对截面承受载荷不均匀的零件（弯曲或扭转的轴），只要求承受载荷较大的零件表面层有较好强度和韧性，其余地方要求不高。因此，选材时还要考虑合金调质钢的淬透性要求。

4）热处理。

①预备热处理。调质零件锻造毛坯应进行预备热处理，对珠光体类钢可在 Ac_3 以上进行正火或退火。马氏体钢则先在 Ac_3 以上进行一次空冷淬火，然后再在 Ac_1 以下进行高温回火，获得回火索氏体组织。

②最终热处理。一般采用淬火后进行 500 ~ 650℃ 的高温回火，以获得回火索氏体，使钢件具有高的综合力学性能。

通常采用调质钢制造零件，除了要求较高的强度、韧性和塑性配合外，还在其某些部位（如轴类零件的轴颈或花键部分、齿轮的轮齿表面）要求良好的耐磨性时，则可再进行表面淬火和低温回火。对耐磨性有更高要求，而所受冲击载荷不大，热处理后尺寸要求精确的某些精密零件（如镗床镗杆、磨床主轴等），还可采用 38CrMoAlA 钢在整体调质后进行渗氮处理。

5）钢种和牌号。由于合金元素能强化铁素体，特别是能提高淬透性，所以其综合力学性能高于碳素调质钢。合金调质钢按淬透性大小分为三大类，其主要牌号、成分、热处理、力学性能和用途见表6-7。

①低淬透性合金调质钢。这类钢油淬临界直径为 20 ~ 40mm，调质后强度比碳钢高，常用作中等截面，要求力学性能比碳钢高的工件。属于这类钢的有锰系、硅-锰系、铬系和含硼合金调质钢，如 40Cr、40MnB、40MnV 等。在机床中应用最广的是 40Cr 钢。

②中淬透性合金调质钢。这类钢油淬临界直径为 40 ~ 60mm，调质后强度很高，韧性也较好，可用来制作截面积大、承受较重载荷的工件。属于这类钢的有铬-钼系、铬-锰系、铬-镍系合金调节器质钢，如 42CrMo、40CrMn、30CrMnSi、38CrMoAl 等钢种。

③高淬透性合金调质钢。这类钢油淬临界直径为 60 ~ 100mm，调质后强度最高，韧性也很好，可用作大截面、承受更大载荷的重要调质件。常用的有 40CrNiMoA、40CrMnMo、25Cr2Ni4WA 钢等。

3. 合金弹簧钢

（1）用途　合金弹簧钢主要用于制造弹性元件，如在汽车、拖拉机、坦克、机车车辆上制作减振板簧和螺旋弹簧、大炮的缓冲弹簧、钟表的发条等。

（2）化学成分　合金弹簧钢中碳的质量分数一般为 $w_C = 0.5\% ~ 0.7\%$。碳的质量分数过高，则韧性和塑性差，疲劳强度下降。常加入以硅、锰为主的提高淬透性的元素。硅、锰合金元素溶入铁素体中，使铁素体得到强化，使屈强比接近1。但硅有使钢脱碳、锰有使钢热处理时容易过热的不良作用。辅加元素钨、钒、铬的作用是减少脱碳与过热倾向，同时进一步提高规定非比例伸长应力 σ_p、屈强比和耐热性。钒能细化晶粒，提高韧性。这些合金元素均能增强奥氏体的稳定性。

（3）热处理 根据弹簧尺寸的不同，成形与热处理方法也有不同。

1）热成形弹簧钢。弹簧丝直径或弹簧钢板厚度大于 10 ~ 15mm 的螺旋弹簧或板弹簧，通常在热态下成形，成形后利用余热进行淬火，然后进行中温回火（350 ~ 500℃）处理，得到回火托氏体，具有高的规定非比例伸长应力 σ_p 与疲劳强度，硬度一般为 42 ~ 48HRC。

弹簧经热处理后，一般还要进行喷丸处理，使表面强化，并在表面产生残余压应力，以提高疲劳强度。

2）冷成形弹簧钢。对于钢丝直径小于 8 ~ 10mm 的弹簧，常用冷拔弹簧钢丝冷绕而成。冷拔弹簧钢丝在钢厂经索氏体化处理。钢丝在冷拔过程中，首先将盘条坯料加热至奥氏体组织后（Ac_3 以上 80 ~ 100℃），在 500 ~ 550℃ 的铅浴或盐浴中等温转变获得索氏体组织，然后经多次冷拔，得到均匀的所需直径和具有冷变形强化效果的钢丝。用这种钢丝冷卷成弹簧，只需要在 200 ~ 250℃ 的油槽中进行一次去应力退火，就可获得成品弹簧。

（4）钢种及牌号 常合金弹簧钢的牌号、成分、热处理、力学性能和用途见表6-8。

表6-8 常用弹簧钢的牌号、成分、热处理、力学性能

（摘自 GB/T1222—1984） 及用途

种类	牌号	化学成分 w_i（%）						热处理		力学性能（不小于）				用途举例
		C	Si	Mn	Cr	V	其他	淬火温度/℃	回火温度/℃	σ_s/MPa	σ_b/MPa	σ（%）	ψ（%）	
碳素弹簧钢	65	0.62 ~ 0.70	0.17 ~ 0.37	0.50 ~ 0.80	—	—	—	840 油	500	800	1000	9	35	小于 φ12mm 的一般机器上的弹簧，或拉成钢丝作小型机械弹簧
	85	0.82 ~ 0.90	0.17 ~ 0.37	0.50 ~ 0.80	—	—	—	820 油	480	1000	1150	6	30	小于 φ12mm 的汽车、拖拉机和机车等机械上承受振动的螺旋弹簧
	65Mn	0.62 ~ 0.70	0.17 ~ 0.37	0.90 ~ 1.20	—	—	—	830 油	540	800	1000	8	30	制动弹簧等
合金弹簧钢	55Si2MnB	0.52 ~ 0.60	1.50 ~ 2.00	0.60 ~ 0.90	—	—	B0.0005 ~ 0.004	870 油	480	1200	1300	6	30	用于 φ12 ~ 30mm 减振弹簧与螺旋弹簧，工作温度低于230℃
	60Si2Mn	0.56 ~ 0.64	1.50 ~ 2.00	0.60 ~ 0.90	—	—	—	870 油	480	1200	1300	5	25	同 55Si2MnB 钢
	50CrVA	0.46 ~ 0.54	0.17 ~ 0.37	0.90 ~ 1.20	0.80 ~ 1.10	0.10 ~ 0.20	—	850 油	500	1150	1300	10 (δ_5)	40	用于 φ30 ~ 50mm 承受大应力的各种重要的螺旋弹簧，也可用于大截面的及工作温度低于400℃的气阀弹簧、喷油嘴弹簧等
合金弹簧钢	60Si2CrVA	0.56 ~ 0.64	1.40 ~ 1.80	0.40 ~ 0.70	0.90 ~ 1.20	0.10 ~ 0.20	—	850 油	410	1700	1900	6 (δ_5)	20	用于线径与板厚<50mm 弹簧，工作温度低于250℃的极重要的和重载荷下工作的板簧与螺旋弹簧
	30W4Cr2VA	0.26 ~ 0.34	0.17 ~ 0.37	≤0.40	2.00 ~ 2.50	0.50 ~ 0.80	W4 ~ 4.5	1050 ~ 1100 油	600	1350	1500	7 (δ_5)	40	用于高温下（500℃以下）的弹簧，如锅炉安全阀用弹簧等

在弹簧钢牌号中，65、70、85、65Mn 为碳素弹簧钢；其余为合金弹簧钢。

4. 滚动轴承钢

（1）用途　滚动轴承钢主要用来制造各种滚动轴承元件，如轴承内外圈、滚动体（滚珠、滚柱、滚针）的专用钢（但保持架通常为 08 钢或 10 钢板冲制而成），也可作其他用途，如形状复杂的工具、冷冲模具、精密量具以及要求硬度高、耐磨性高的结构零件。

（2）化学成分　一般轴承用钢是高碳铬钢，其碳的质量分数为 $w_C = 0.95\% \sim 1.15\%$，属于过共析钢，目的是保证轴承具有高的强度、硬度和足够的碳化物，以提高耐磨性。

铬的质量分数为 $w_{Cr} = 0.4\% \sim 1.65\%$，其作用主要是提高淬透性，使组织均匀，并增加耐回火稳定性。铬与碳作用形成的 $(Fe、Cr)_3C$ 合金渗碳体，能阻碍奥氏体晶粒长大，减少钢的过热敏感性，使淬火后获得细针马氏体或隐针马氏体组织，从而增加钢的韧性。但铬的质量分数 $w_{Cr} > 1.65\%$ 时，淬火后残留奥氏体量会增加，使零件的硬度和尺寸稳定性降低，增加碳化物的不均匀性，降低韧性和疲劳强度。因此，铬的质量分数应控制在 $0.4\% \sim 1.65\%$。

用于大型轴承的轴承钢，还需加入硅、锰等元素，以便进一步提高钢的淬透性，提高钢的强度和规定非比例伸长应力 σ_p。

滚动轴承钢的纯度要求极高，硫、磷的质量分数限制极严格（$w_S < 0.020\%$，$w_P < 0.027\%$），这是因为硫、磷能形成非金属夹杂物，降低钢的接触疲劳抗力。滚动轴承钢是一种高级优质钢（但在牌号后不加"A"字）。

（3）热处理　滚动轴承钢的热处理包括预备热处理（球化处理）和最终热处理（淬火与低温回火）。

球化退火目的是获得球化体组织，以降低锻造后钢的硬度（207 ~ 229HBW），从而有利于切削加工，并为淬火作好组织上的准备。退火工艺一般是将钢加热到 780 ~ 810℃，在 710 ~ 720℃保温 3 ~ 4h，以使碳化物全部球化。

淬火与低温回火是决定轴承钢最终性能的重要热处理工序。图 6-10 为 GCr15 钢的性能与淬火温度的关系。温度过高，晶粒粗大，就出现过热组织，则疲劳强度和韧性下降，且容易淬裂和变形；如温度过低，会使硬度不足。淬火温度应严格控制在（840 ± 10）℃的范围，回火温度一般为 150 ~ 160℃。

轴承钢淬火、回火后组织为极细回火马氏体和分布均匀的细小碳化物以及少量的残留奥氏体，回火后硬度为 61 ~ 65HRC。

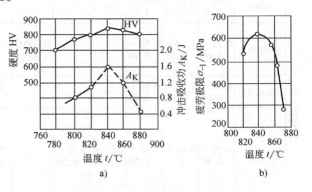

图 6-10　GCr15 钢的性能与淬火温度的关系
a）淬火温度与硬度、韧性的关系
b）淬火温度与疲劳极限的关系

对于精密轴承，为了稳定尺寸，可在淬火后进行冷处理（-60 ~ -80℃），以减少残留奥氏体量，然后再进行低温回火和磨削加工，最后再进行一次稳定尺寸的稳定化处理（在 120 ~ 130℃保温 10 ~ 20h）。

（4）钢种及牌号　常用滚动轴承钢的牌号、成分、热处理和主要用途见表6-9。

我国轴承钢分为两类：

1）主加合金元素为铬的轴承钢。最常用的是 GCr15 钢，它是一种高强度、高耐磨性且具有稳定的力学性能的轴承钢的典型代表。这里还应该指出，从化学成分看来，滚动轴承钢属于工具钢，所以也用来制造各种精密量具、丝杠、冷轧辊和高精度轴类等耐磨零件。

表 6-9　常用滚动轴承钢牌号、成分、热处理及用途

牌号	化学成分 w_i（%）				热处理		回火后硬度 HRC	用途举例
	C	Cr	Si	Mn	淬火温度/℃	回火温度/℃		
GCr9	1.00 ~ 1.10	0.90 ~ 1.20	0.15 ~ 0.35	0.25 ~ 0.45	810 ~ 830 水、油	150 ~ 170	62 ~ 64	直径 <20mm 的滚珠、滚柱及滚针
GCr9SiMn	1.00 ~ 1.10	0.90 ~ 1.20	0.45 ~ 0.75	0.95 ~ 1.25	810 ~ 830 水、油	150 ~ 160	62 ~ 64	壁厚 <12mm、外径 <250mm 的套圈；直径 25 ~ 50mm 的钢球，直径 < 22mm 的滚子
GCr15	0.95 ~ 1.05	1.40 ~ 1.60	0.15 ~ 0.35	0.25 ~ 0.45	820 ~ 846 水、油	150 ~ 160	62 ~ 64	与 GCr9SiMn 同
GCr15SiMn	0.95 ~ 1.05	1.40 ~ 1.60	0.45 ~ 0.75	0.95 ~ 1.25	820 ~ 846 水、油	150 ~ 170	62 ~ 64	壁厚 >12mm、外径 >250mm 的套圈；直径 >50mm 的钢球，直径 > 22mm 的滚子

2）添加锰、硅的轴承钢。为了提高淬透性，在上述铬轴承钢的基础上适当提高硅、锰的质量分数，如 GCr15SiMn 钢等，用来制造较大型的滚动轴承。

三、其他结构钢

1. 易切削结构钢

在碳钢中加入某一种或几种能改善切削加工性能的元素，使其成为切削加工性良好的钢，这类钢称为易切削结构钢。目前易切削结构钢的主要添加元素有硫、铅、磷及微量的钙等。

硫是最广泛应用的易削添加元素。当钢中含足够量锰时，硫主要以 MnS 夹杂物微粒的形式分布在钢中，并在热加工时压延方向排列，它能中断基体的连续性，促使形成卷曲半径短的切屑，减少切屑与刀具的接触面积；它还能降低切削力和切削热，减少刀具磨损（因 MnS 本身硬度低，仅 190HV，有润滑作用），降低表面粗糙度值并提高刀具寿命；改善排屑性能。但钢中硫的质量分数增加过多时，会导致加工性能进一步变坏，如形成流线组织，呈现各向异性，产生低熔点共晶，引起热脆。因此，一般易切削结构钢中硫的质量分数限定在 $w_S = 0.08\%$ ~ 0.33% 范围内，同时适当提高锰的质量分数（ $w_{Mn} = 0.60\%$ ~ 1.55% ）与之配合。

铅在钢中孤立地呈细小颗粒状（1 ~ 3μm）均匀分布，铅颗粒可中断钢基体的连续性，同时有润滑作用，减少摩擦和切削力，利于切削加工。但铅易产生密度偏析或大颗粒存在，造成钢则不能使用。因此，铅的质量分数一般为 0.15% ~ 0.35%，最佳量为 $w_{Pb} = 0.20\%$。

少量磷（w_P < 0.15% ）溶于铁素体中，可提高其强度、硬度，降低塑性和韧性，使切屑易断并易排除，并使零件有较低的表面粗糙度值，但其作用较弱，很少单独使用，一般都复合地加入含硫或含铅的易切削钢中，以进一步提高切削加工性能。

加入微量钙（w_{Ca} = 0.001% ~ 0.006%）能改善钢在高速切削下的切削加工性，这是因为钙在钢中能形成高熔点（约 1300 ~ 1600℃）的钙锰硅酸盐夹杂物，在高速切削情况下能防止刀具的磨损，并生成具有润滑作用的某种保护膜，使刀具寿命显著延长。

常用易切削结构钢的牌号、成分、力学性能及用途见表 6-10。

表 6-10　常用易切削结构钢的牌号、化学成分、

力学性能及用途（摘自 GB/T 8731—1988）

牌号	化学成分 w_i（%）						力学性能				用途举例
	C	Mn	Si	S	P	其他	σ_b /MPa	δ_5 （%）	ψ （%）	HBW ≤	
Y12	0.08 ~ 0.16	0.70 ~ 1.00	0.15 ~ 0.35	0.10 ~ 0.20	0.08 ~ 0.15	—	390 ~ 540	22	36	170	在自动机床上加工的一般标准坚固件，如螺栓、螺母、销等
Y12Pb	0.08 ~ 0.16	0.70 ~ 1.00	≤0.15	0.15 ~ 0.25	0.05 ~ 0.10	Pb 0.15 ~ 0.35	390 ~ 540	22	36	170	可制作表面粗糙度要求更小的一般机械零件，如轴、销、仪表精密小件
Y15	0.10 ~ 0.18	0.80 ~ 1.20	≤0.15	0.23 ~ 0.33	0.05 ~ 0.10	—	390 ~ 540	22	36	170	同 Y12，但切削性更好
Y15Pb	0.10 ~ 0.18	0.80 ~ 1.20	≤0.15	0.23 ~ 0.33	0.05 ~ 0.10	Pb 0.15 ~ 0.35	390 ~ 540	22	36	170	同 Y12Pb
Y20	0.17 ~ 0.25	0.70 ~ 1.00	0.15 ~ 0.35	0.08 ~ 0.15	≤0.06	—	450 ~ 600	20	30	175	强度要求稍高，形状复杂不易加工的零件，如纺织机、计算机上的零件，及各种坚固标准件
Y30	0.27 ~ 0.35	0.70 ~ 1.00	0.15 ~ 0.35	0.08 ~ 0.15	≤0.06	—	510 ~ 655	15	25	187	
Y35	0.32 ~ 0.40	0.70 ~ 1.00	0.15 ~ 0.35	0.08 ~ 0.15	≤0.06	—	510 ~ 655	14	22	187	同 Y30
Y40Mn	0.37 ~ 0.45	1.20 ~ 1.55	0.15 ~ 0.35	0.20 ~ 0.30	≤0.05	—	590 ~ 735	14	20	207	受稍高应力，要求表面粗糙值小的机床丝杠、螺栓及自行车、缝纫机零件
Y45CA	0.42 ~ 0.50	0.60 ~ 0.90	0.20 ~ 0.40	0.04 ~ 0.08	≤0.04	Ca0.002 ~ 0.006	600 ~ 745	12	26	241	经热处理的齿轮、轴

易切削结构钢牌号以字母"Y"为首，后面数字为平均碳的质量分数的万倍，对锰的质量分数较高的，其后标出"Mn"；对添加易削元素 Pb、Ca 等，应在其后标出相应的元素符号。

易切削结构钢可进行最终热处理，但一般不进行预备热处理，以免损害其切削加工性。

2. 冷冲压钢

用来制造各种冷态下成形的冲压零件用钢，称为冷冲压钢。

（1）化学成分　冷冲压钢的 w_C = 0.2% ~ 0.3%，对冲压变形量大，轮廓形状复杂的零件，则多采用 w_C = 0.05% ~ 0.08% 的钢。锰的作用与碳相似，故其质量分数也不宜过高；硫和磷可损害钢的成形性，要求其质量分数小于 0.035%；硅使钢的塑性降低，故其质量分数越低越好。通常深冲压钢板不使用硅铁脱氧，而常用硅的质量分数极低的沸腾钢。

（2）钢板组织　目前生产中以冷轧深冲薄板应用最广，其金相组织主要是铁素体基体上分布有极少量的非金属夹杂物等。它要求具有细而均匀的铁素体晶粒。晶粒过粗时，冲压过程中在变形量较大的部位易发生裂纹，而且零件表面也极为粗糙，呈橘皮状；晶粒过细时，因钢板强度提高了，使冲压性能恶化。

对有珠光体存在的冲压钢，以球状珠光体（球化体）的冲压性为最好。此外，呈连续条状分布的夹杂物及沿铁素体晶界析出的三次渗碳体，都会破坏金属基体的连续性，使冲压性能恶化。

冷冲压用薄钢板在热轧时如果终轧温度控制适当，可以得到均匀细小的组织，此时不需进行热处理，否则需在920℃以上进行正火。钢板冷轧以后进行再结晶退火，温度为680~700℃，然后再经精压供货。钢板材料是低碳的优质碳素结构钢，用量最大的是08F和08Al冷轧薄钢板。对于形状简单，外观要求不高的冲压件，可选价廉的08F钢；而对于冲压性能要求高，特别是制作极深冲零件、外观要求严的零件，宜选用加铝的镇静钢（08Al为专用钢种，$w_{Al}=0.02\% \sim 0.07\%$）；对变形不大的一般冲压件，可用10、15、20钢等。

3. 铸造碳钢

有些机械零件，例如水压机横梁、轧钢机机架、重载大齿轮等，因形状复杂，难以用锻压方法成形，用铸铁又无法满足性能要求，此时可采用铸钢件。

铸造碳钢中碳的质量分数一般为$w_C = 0.15\% \sim 0.60\%$。碳的质量分数过高则塑性差，易产生裂纹。一般工程用铸造碳钢件的牌号、成分和力学性能见表6-11。

表6-11　一般工程用铸造碳钢件的牌号、成分和力学性能（GB/T 11352—1989）

牌号	主要化学成分w_i（%）					室温力学性能≥				
	C	Si	Mn	P	S	σ_s或$\sigma_{0.2}$/MPa	σ_b/MPa	δ（%）	ψ（%）	A_{KV}/J
ZG200—400	0.20	0.50	0.80	0.04		200	400	25	40	47
ZG230—450	0.30	0.50	0.90	0.04		230	450	22	32	35
ZG270—500	0.40	0.50	0.90	0.04		270	500	18	25	27
ZG310—570	0.50	0.60	0.90	0.04		310	570	15	21	24
ZG340—640	0.60	0.60	0.90	0.04		340	640	10	18	16

铸造碳钢的特性及用途举例如下。

（1）ZG200—400　有良好的塑性、韧性和焊接性能。用于制作承受载荷不大，要求韧性的各种机械零件，如机座、变速器壳等。

（2）ZG230—450　有一定强度和较好的塑性、韧性，焊接性能良好，切削加工性尚可，用于制作承受载荷不大，要求韧性的各种机械零件，如砧座、外壳、轴承盖、底板、阀门、犁柱等。

（3）ZG270—500　有较高的强度和较好的塑性，铸造性能良好，焊接性能尚好，切削加工性佳，用途广泛，用于制作轧钢机机架、轴承座、连杆、箱体、曲轴、缸体等。

（4）ZG310—570　强度和切削加工性良好，塑性和韧性较好，用于制作承受载荷较高的各种机械零件，如大齿轮、缸体、制动轮、辊子等。

（5）ZG340—640　有高的强度、硬度和耐磨性，切削加工性中等，焊接性能较差，流动性好，裂纹敏感性较大，可用于制作齿轮、棘轮等。

第五节 工 具 钢

工具钢按化学成分分为碳素工具钢、合金工具钢、高速工具钢等；按用途分为刃具钢、模具钢、量具钢。下面按用途分类进行叙述。

一、刃具钢

1. 性能要求

刃具钢是用来制造各种切削刀具的，如车刀、铣刀、铰刀等。按刃具钢的工作条件，提出如下的性能要求：

（1）高的硬度 要切削金属材料、刃具的硬度就必须大于被切削材料的硬度，一般要求硬度大于 60HRC。由于钢淬火后的硬度主要取决于钢中碳的质量分数，因此刃具钢中碳的质量分数都较高，一般为 $w_C = 0.60\% \sim 1.5\%$，甚至更高。

（2）高的耐磨性 耐磨性直接影响刃具的使用寿命和生产效率。耐磨性与硬度有关，通常硬度越高，耐磨性就越好。但同时耐磨性也取决于碳化物的性质、大小、数量、分布。要求在高碳回火马氏体的基体上分布细小、适量的碳化物颗粒，以提高钢的耐磨性。

（3）高的热硬性 热硬性是指刃具在高温下保持高硬度的能力。刃具在切削金属时产生"切削热"，在刃部有时达 600℃ 左右或更高的温度，因此要求刃具在高温下仍能保持足够的硬度。

（4）一定的韧性和塑性 刃具在切削过程中受到弯曲、扭转、冲击、振动等，因此要求具有一定的塑性和韧性，以承受冲击等复杂应力的作用，避免脆性断裂和崩刃。

2. 刃具钢的种类

制造刃具的刃具钢有碳素工具钢、合金工具钢和高速工具钢。

（1）碳素工具钢

1）成分与钢种。这类钢的碳质量分数为 $w_C = 0.65\% \sim 1.35\%$，分优质碳素工具钢与高级优质碳素工具钢两类。牌号后加"A"的属高级优质碳素工具钢（$w_S \leqslant 0.020\%$，$w_P \leqslant 0.030\%$；对平炉冶炼的钢 $w_S \leqslant 0.025\%$）。

这类钢的牌号、成分及用途见表 6-12。

表 6-12 碳素工具钢的牌号、成分（GB/T 1298—1986）及用途

牌号	主要化学成分 w_i（%）			退火状态 HBW 不大于	试样淬火[①] HRC 不小于	用 途 举 例
	C	Si	Mn			
T7 T7A	0.65 ~ 0.74	≤0.35	≤0.40	187	800 ~ 820℃水 62	承受冲击，韧性较好，硬度适当的工具，如扁铲、手钳、大锤、旋具、木工工具
T8 T8A	0.75 ~ 0.84	≤0.35	≤0.40	187	780 ~ 800℃水 62	承受冲击，要求较高硬度的工具，如冲头、压缩空气工具、木工工具
T8Mn T8MnA	0.80 ~ 0.90	≤0.35	0.40 ~ 0.60	187	780 ~ 800℃水 62	同 T8，但淬透性较高，可制断面较大的工具
T9 T9A	0.85 ~ 0.94	≤0.35	≤0.40	192	760 ~ 780℃水 62	韧性中等，硬度高的工具，如冲头、木工工具、凿岩工具

（续）

| 牌号 | 主要化学成分 w_i （%） | | | 退火状态 HBW 不大于 | 试样淬火[1] HRC 不小于 | 用 途 举 例 |
	C	Si	Mn			
T10 T10A	0.95 ~ 1.04	≤0.35	≤0.40	197	760 ~780℃水 62	不受剧烈冲击，高硬度耐磨的工具，如车刀、刨刀、冲头、丝锥、钻头、手锯条、小型冷冲模
T11 T11A	1.05 ~ 1.14	≤0.35	≤0.40	207	760 ~780℃水 62	不受剧烈冲击，高硬度耐磨的工具，如车刀、刨刀、冲头、丝锥、钻头、手锯条
T12 T12A	1.15 ~ 1.24	≤0.35	≤0.40	207	760 ~780℃水 62	不受冲击，要求高硬度耐磨的工具，如锉刀、刮刀、精车刀、丝锥、量具
T13 T13A	1.25 ~ 1.35	≤0.35	≤0.40	217	760 ~780℃水 62	同 T12，要求更耐磨的工具，如刮刀、剃刀

① 淬火后硬度不是指用途举例中各种工具的硬度，而是指碳素工具钢材料在淬火后的最低硬度。

2）热处理。这类钢在机械加工前一般进行球化退火，组织为铁素体基体 + 细小均匀分布的粒状渗碳体，硬度≤217HBW。作为刃具，最终热处理为淬火（一般为 760 ~780℃） + 低温回火（180℃），组织为回火马氏体 + 粒状渗碳体 + 少量残留奥氏体。其硬度可达 60 ~ 65HRC，耐磨性和加工性都较好，价格又便宜，故生产上得到广泛应用。

碳素工具钢的缺点是热硬性差，当刃部温度高于 250℃时，其硬度和耐磨性会显著降低。此外，钢的淬透性也低，水中淬透临界直径约为 20mm，并容易产生淬火变形和开裂。因此，碳素工具钢大多用于制造刃部受热程度较低的手用工具和低速、小进给量的机用工具，亦可制作尺寸较小的模具和量具。

（2）合金工具钢

1）成分与钢种。这类钢的碳质量分数为 $w_C = 0.75\% ~1.45\%$，以保证钢淬火后具有高硬度（>62HRC），并可与合金元素形成适当数量的合金碳化物，以增加耐磨性。加入的合金元素主要有铬、硅、锰、钨等。其中硅、铬、锰可提高钢的淬透性，硅、铬还可以提高钢的耐回火性，使其一般在 300℃以下回火后硬度仍保持在 60HRC 以上，从而保证一定的热硬性。钨在钢中可形成较稳定的特殊碳化物，基本上不溶于奥氏体，能使钢中奥氏体晶粒保持细小，增加淬火后的硬度，同时还可提高钢的耐磨性及热硬性。

常用合金刃具钢的牌号、成分、热处理及用途见表 6-13。

表 6-13　常用合金刃具钢的牌号、成分、热处理及用途（摘自（GB/T 1299—2000）

| 牌 号 | 化学成分 w_i （%） | | | | | 试样淬火 | | 退火状态 | 用 途 举 例 |
	C	Si	Mn	Cr	其他	淬火温度/℃	HRC 不小于	HBW 不小于	
Cr06	1.30 ~ 1.45	≤0.40	≤0.40	0.50 ~ 0.70	—	780 ~810 水	64	241 ~187	锉刀、刮刀、刻刀、刀片、剃刀、外科医疗刀具
Cr2	0.95 ~ 1.10	≤0.40	≤0.40	1.30 ~ 1.65	—	830 ~860 油	62	229 ~179	车刀、插刀、铰刀、冷轧辊等
9SiCr	0.85 ~ 0.95	1.20 ~ 1.60	0.30 ~ 0.60	0.95 ~ 1.25	—	830 ~860 油	62	241 ~197	丝锥、板牙、钻头、铰刀、齿轮铣刀、小型拉刀、冷冲模等

（续）

牌号	化学成分 w_i（%）					试样淬火		退火状态	用途举例
	C	Si	Mn	Cr	其他	淬火温度 /℃	HRC 不小于	HBW 不小于	
8MnSi	0.75 ~ 0.85	0.30 ~ 0.60	0.80 ~ 1.10	—	—	800 ~ 820 油	60	≤229	多用作木工凿子、锯条或其他工具
9Cr2	0.85 ~ 0.95	≤0.40	≤0.40	1.30 ~ 1.70	—	820 ~ 850 油	62	217 ~ 179	尺寸较大的铰刀、车刀等刃具、冷轧辊、冷冲模及冲头、木工工具等
W	1.05 ~ 1.25	≤0.40	≤0.40	0.10 ~ 0.30	W 0.80 ~ 1.20	800 ~ 830 水	62	229 ~ 187	低速切削硬金属刃具，如麻花钻、车刀和特殊切削工具

2）热处理。合金刃具钢的热处理与碳素工具钢相同。刃具毛坯锻造后的预备热处理采用球化退火，机械加工后的最终热处理采用淬火（油淬、马氏体分级淬火或贝氏体等温淬火）、低温回火，组织为回火马氏体 + 粒状合金碳化物 + 少量残留奥氏体，硬度一般为 60 ~ 65HRC，使用温度一般低于 300℃。

（3）高速工具钢。高速工具钢又名锋钢（因切削时长期保持刃口锋利），也称为风钢（因淬火时空冷能淬硬），还称为白钢（因出厂时磨得光亮洁白）。它的热硬性高达 600℃，有高的强度、硬度、耐磨性及淬透性。

1）化学成分。一般碳的质量分数为 $w_C = 0.70\% ~ 1.60\%$，合金元素总量 $w_{Me} > 10\%$，加入的合金元素有钨、钼、铬、钒、钴、铝等。

碳的质量分数高的原因在于通过碳与合金元素作用形成足够数量的合金碳化物，同时还能保证有一定数量的碳溶于高温奥氏体中，以使淬火后获得高碳马氏体，保证高硬度和高耐磨性，以及良好的热硬性。一般钒的质量分数每增加 1%，碳的质量分数约需增加 0.15% ~ 0.20%，以保证碳化物的形成。但碳的质量分数过高，会造成钢的工艺性、韧性降低。

钨、钼在高速钢退火状态下主要以各种特殊碳化物的形式存在。在淬火加热时，一部分碳化物溶入奥氏体，淬火后形成含有大量钨、钼的马氏体组织。这种合金马氏体组织具有很高耐回火性，在 560℃ 左右回火，会析出弥散的特殊碳化物 W_2C、Mo_2C，造成二次硬化，这种碳化物在 500 ~ 600℃ 温度范围内非常稳定，使高速钢具有高的热硬性。另外，W_2C、Mo_2C 还可以提高钢的耐磨性，未溶的碳化物则能阻止加热时奥氏体晶粒长大，使淬火后得到的马氏体晶粒非常细小（隐针马氏体）。此外，$w_W = 2\%$ 的作用，相当于 $w_{Mo} = 1\%$ 的作用。

铬在高速工具钢中质量分数为 $w_{Cr} \approx 4\%$，在淬火加热时，铬的碳化物几乎全部溶入奥氏体中，增加奥氏体的稳定性，从而明显提高钢的淬透性，使高速工具钢在空冷条件下也能形成马氏体组织。但铬的质量分数过高，会使 M_s 点下降，使残留奥氏体量增加，降低钢的硬度并增加回火次数。

钒是强碳化物形成元素，在淬火加热时部分碳化物溶于奥氏体，并在淬火后存在于马氏体中，从而增加了马氏体稳定性，回火时以 VC 形式析出，并且弥散分布在马氏体基体上，产生二次硬化，提高了钢的热硬性和耐磨性。未溶的 VC 能显著阻止奥氏体晶粒长大。

钴是碳化物形成元素，在高速钢中其绝大部分溶于基体中，使回火时合金碳化物以更细小弥散的状态析出，加强二次硬化效果，提高热硬性。同时，含钴高速钢在淬火时还允许加热至更高温度而不致过热，可使更多的碳化物溶于基体中，充分发挥碳及合金元素的有益作用。同时，含钴高速钢具有高的切削加工性，但 $w_{Co} \geq 1\%$ 后，会使高速工具钢强度和韧性明显降低。

铝也是非碳化物形成元素，在高速钢中大部分存在于基体中，少量存在于碳化物相中或形成氮化铝等化合物。高速工具钢中加入少量铝（$w_{Al} \approx 1\%$），能改善钢的切削性能，而对二次硬化和耐回火性的影响并不明显。

2）锻造及热处理特点。由于高速工具钢含有大量合金元素，使碳在 γ-Fe 中最大溶解度减少（E 点左移），故铸态组织出现莱氏体，属于莱氏体钢。在铸造高速工具钢的莱氏体中，共晶碳化物呈鱼骨状，如图 6-11 所示。造成强度和韧性下降。这种碳化物不能用热处理来消除，只有通过高温轧制及反复锻造将其打碎，并使均匀分布在基体上，因此高速钢锻造的目的不仅仅在于成形，更重要的是打碎莱氏体中粗大的碳化物。

因高速工具钢的奥氏体稳定性很好，锻造后虽然缓冷，但硬度仍很高，并产生残余内应力，为了改善其切削加工性能，消除残余内应力，并为最终热处理作组织准备，必

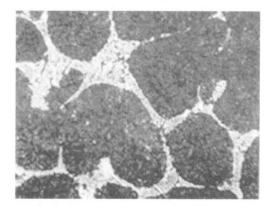

图 6-11　高速工具钢铸态组织（300×）

须进行球化退火。在生产中，常采用等温球化退火（即在 830~880℃ 范围内保温后，较快地冷却到 720~760℃ 范围内等温），退火后组织为索氏体及粒状碳化物，硬度为 207~255HBW。高速钢的优越性只有在进行正确的淬火与回火处理后才能发挥出来。

由于高速工具钢含有大量合金元素，导热性差，淬火加热时为了避免变形与开裂，必须进行预热，一次预热为 800~840℃，待工件在截面上里外温度一致性后，再进行高温加热。对截面大形状复杂的刀具，可采用 500~600℃ 与 800~850℃ 二次预热。

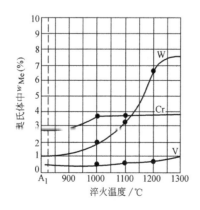

图 6-12　淬火温度对 W18Cr4V
钢奥氏体成分的影响

图 6-13　W18Cr4V 钢淬火后的显微组织

高速工具钢淬火加热温度高，其原因是为了提高热硬性。这是由于高速钢的热硬性主要决定于马氏体中合金元素的质量分数，即加热时溶入奥氏体中的合金元素量。由图6-12可知，对于W18Cr4V钢，随着加热温度升高，溶入奥氏体合金元素量增加，约1280℃最合适。但加热温度过高时，合金碳化物溶解过多，阻碍晶粒长大因素减少，因此奥氏体晶粒粗大，剩余碳化物聚集，使钢性能变坏，故高速工具钢的淬火加热温度一般不超过1300℃。高速工具钢的淬火方法常用油淬空冷的双介质淬火法或马氏体分级淬火法。淬火后组织是由隐针马氏体，粒状碳化物及20%~25%的残留奥氏体组成，如图6-13所示。

为了消除淬火应力，减少残留奥氏体量，稳定组织，达到所要求的性能，淬火后必须及时回火。随着回火温度升高，回火后硬度发生变化，如图6-14所示。由图可知，在550~570℃回火时硬度最高，达到64~66HRC。在560℃左右回火过程中，由马氏体中析出高度弥散的钨、钒的碳化物，使钢的硬度明显提高，同时残留奥氏体中也析出碳化物，使其碳和合金元素质量分数降低，M_s点上升，从而在回火冷却过程中残留奥氏体部分转变成马氏体，这些正是高速工具钢淬火后在550~570℃回火出现二次硬化的原因。

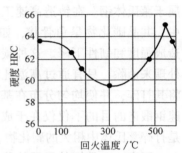

图6-14 W18Cr4V钢硬度
与回火温度的关系

进行三次回火的原因是：W18Cr4V钢在淬火状态约有20%~25%的残留奥氏体，一次回火难以全部消除，经三次回火后即可使残留奥氏体减至最低量（第一次回火1h降到10%左右，第二次回火降到3%~5%，第三次回火后降到最低量1%~2%）。

高速钢正常淬火、回火后组织为极细小的回火马氏体+较多的粒状碳化物及少量残留奥氏体，如图6-15所示。其硬度为63~66HRC。

W18Cr4V钢淬火、回火工艺曲线如图6-16所示。

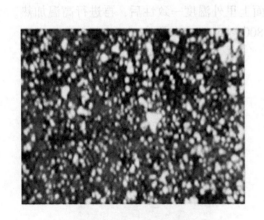

图6-15 W18Cr4V钢淬火、
回火后显微组织（200×）

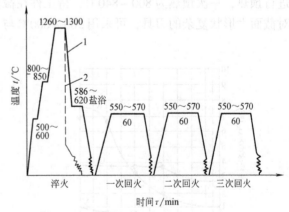

图6-16 W18Cr4V钢淬火、回火工艺曲线
1—马氏体分级淬火 2—油淬+空冷

3）常用高速工具钢。我国常用的高速工具钢有三类，见表6-14。

表 6-14　常用高速工具钢的牌号、成分（GB/T 9943—1988）、热处理、硬度及热硬性

种类	牌　　号	化学成分 w_i（%）						热处理			硬度		热硬性[1]
		C	Cr	W	Mo	V	其他	预热温度/℃	淬火温度/℃	回火温度/℃	退火HBW	淬火+回火HRC≥	HRC
钨系	W18Cr4V	0.70 ~ 0.80	3.80 ~ 4.40	17.50 ~ 19.00	≤0.30	1.00 ~ 1.40	—	820 ~ 870	1270 ~ 1285	550 ~ 570	≤255	63	61.5 ~ 62
钨钼系	CW6Mo5Cr4V2	0.95 ~ 1.05	3.80 ~ 4.40	5.50 ~ 6.75	4.50 ~ 5.50	1.75 ~ 2.20	—	730 ~ 840	1190 ~ 1210	540 ~ 560	≤255	65	—
	W6Mo5Cr4V2	0.80 ~ 0.90	3.80 ~ 4.40	5.50 ~ 6.75	4.50 ~ 5.50	1.75 ~ 2.20	—	730 ~ 840	1210 ~ 1230	540 ~ 560	≤255	64	60 ~ 61
	W6Mo5Cr4V3	1.00 ~ 1.10	3.75 ~ 4.50	5.00 ~ 6.75	4.75 ~ 5.50	2.80 ~ 3.30	—	730 ~ 840	1200 ~ 1240	540 ~ 560	≤255	64	64
	W9Mo3Cr4V	0.77 ~ 0.87	3.80 ~ 4.40	8.50 ~ 9.50	2.70 ~ 3.30	1.30 ~ 1.70	—	820 ~ 870	1210 ~ 1230	540 ~ 560	≤255	64	—
超硬系	W18Cr4V2Co8	0.75 ~ 0.85	3.75 ~ 5.00	17.50 ~ 19.00	0.50 ~ 1.25	1.80 ~ 2.40	Co：7.00 ~ 9.50	820 ~ 870	1270 ~ 1290	540 ~ 560	≤285	65	64
	W6Mo5Cr4V2Al	1.05 ~ 1.20	3.80 ~ 4.40	5.50 ~ 6.75	4.50 ~ 5.50	1.75 ~ 2.20	Al：0.80 ~ 1.20	820 ~ 870	1230 ~ 1240	540 ~ 560	≤269	65	65

[1]　热硬性是将淬火回火试样在 600℃ 加热四次，在每次保温 1h 的条件下测定的。

①钨系高速工具钢。最常用的牌号是 W18Cr4V。在我国它是发展最早、使用最广的高速工具钢。其热硬性较高，过热敏感性较小，磨削性好，但碳化物较粗大，热塑性差，热加工废品率高。W18Cr4V 钢适用于制造一般的高速切削刃具，但不适合作薄的刃具。

②钨钼系高速工具钢。最常用的牌号是 W6Mo5Cr4V2。这种钢用钼代替一部分钨，它的碳化物比钨系高速工具钢更均匀细小，使钢在 950 ~ 1100℃ 仍有良好的热塑性，便于压力加工。这种钢的碳、钒含量较高，故提高了耐磨性。适合制造耐磨性与韧性较好配合的刃具，如齿轮铣刀、插齿刀等；对于扭制、轧制等热加工成形的薄刃刃具，如麻花钻等更适宜。但钼的碳化物不如钨碳化物稳定，因而含钼高速钢在加热时，易脱碳与过热，热硬性稍差。

钨钼系高速工具钢中的 W9Mo3Cr4V2，是我国 20 世纪 80 年代发展起来的通用型高速工具钢，由于它具有 W18Cr4V 及 W6Mo5Cr4V2 的共同优点，但比 W18Cr4V 有良好的热塑性，又比 W6Mo5Cr4V2 少一半的钼含量，符合国内资源条件，又克服了 W6Mo5Cr4V2 钢脱碳倾向大的特点，故得到了越来越多的应用。

③超硬系高速工具钢。是在钨系或钨钼系高速工具钢基础上加入 w_{Co} = 5% ~ 10% 的钴，形成含钴高速工具钢。典型牌号是 W18Cr4V2Co8，硬度可高达 68 ~ 70HRC，热硬性达 670℃，但脆性大，价格贵，一般制作非标准刃具，用于导热性差的奥氏体钢、耐热合金、高强度钢、钛合金等需要刃具高热硬性条件下的加工。我国发展的含铝超硬高速工具钢（w_{Al} = 1%）W6Mo5Cr4V2Al，具有与钴高速工具钢相似的性能，但价格便宜，适合我国资源，热处理后硬度可达 68 ~ 69HRC。含铝高速工具钢刃具主要用于加工难加工的合金和高强度、高硬度的合金钢。

各种高速工具钢由于具有比其他刃具钢高得多的热硬性、耐磨性及较高的强度与韧性，不仅可制作切削速度较高的刃具，也可制造载荷大、形状复杂、贵重的切削刃具（如拉刀、齿轮铣刀等）。此外，高速工具钢还可以制造冷冲模、冷挤压及耐磨性高的零件。

二、模具钢

根据工作条件的不同，模具钢又可分为冷作模具钢、热作模具钢和塑料模具钢等。

1. 冷作模具钢

冷作模具钢用于制造在冷态下使金属变形的模具，如冲裁模、弯曲模、拉深模、冷挤压模等。

（1）对冷作模具钢的性能要求

1）高的硬度和耐磨性。冷作模具在工作时，被加工的金属在模具中产生很大的塑性变形，模具工作表面遭受严重磨损，因此冷作模具必须具有高的硬度（见表6-15）、高耐磨性，以保证模具的几何尺寸和使用寿命。

表 6-15　冷作模具的硬度要求

冲模种类		单式或复式硅钢片冲裁模	级进式硅钢片冲裁模	薄钢板冲裁模	厚钢板冲裁模	拉深模	拉丝模	剪刀	φ5mm 以下的小冲头	冷挤压模	
										挤铜、铝	挤钢
硬度 HRC	凸模	60 ~ 62	58 ~ 60	58 ~ 60	56 ~ 58	58 ~ 62	—	54 ~ 58	56 ~ 58	60 ~ 64	60 ~ 64
	凹模	60 ~ 62	60 ~ 62	58 ~ 60	56 ~ 58	62 ~ 64	>64	—	—	60 ~ 64	58 ~ 60

2）较高强度和足够韧性。冷作模具在工作时承受很大冲击载荷，因此要求其工作部分有较高强度和足够韧性，以保证尺寸精度并防止脆断和提高对疲劳的抗力。

3）良好的工艺性。淬透性高，热处理变形小等。

（2）常用冷作模具钢

1）碳素工具钢。常用来制作冷用模具的碳素工具钢有：T8A、T10A、T12A 等。这类钢的主要优点是价格便宜，切削加工性好，但突出缺点是淬透性低，耐磨性差，淬火变形大，使用寿命低，因此只适用制造一些尺寸不大，形状简单，工作载荷不大的模具。

2）低合金工具钢。常用来制作冷作模具的合金工具钢中有一部分为低合金工具钢，如 CrWMn、9CrWMn、9Mn2V 以及表6-13（常用合金工具钢）中所列的 9SiCr、Cr2、9Cr2 等。对尺寸较大，工作载荷较重的冷作模具应采用淬透性比较高的低合金工具钢制造。对于尺寸不大但形状复杂的冷冲模，为了减少变形也应使用此类钢制造。如 CrWMn 钢由于铬、钨、锰等元素的同时加入，使钢具有淬透性高、耐磨性好的优点。锰能降低 M_s 点，淬火后有较多残留奥氏体，使淬火变形小，适于制造尺寸较大、形状复杂、易变形、精度高的模具。9Mn2V 钢不含铬，符合我国资源情况，故价格较低，而且具有较高的淬透性。由于钒的加入，可以克服锰钢易过热的缺点，并使碳化物分布均匀，故常可以代替碳素工具钢制造小型冷作模具，可以提高模具性能，显著增加使用寿命。另外，还可以制造胶木模，冲 4mm 以下薄板的冷冲模。

3）高碳高铬模具钢。在冷作模具钢中列出的高碳高铬钢典型牌号有 Cr12、Cr12MoV、Cr12Mo1V1。这类钢含有高的碳（$w_C = 1.40\% \sim 2.30\%$）和大量的铬（$w_{Cr} = 11\% \sim 13\%$），还有少量的钼和钒。Cr12 型钢中主要碳化物是（Cr、Fe）$_7C_3$，这些碳化物在高温加热淬火时大量地溶入奥氏体，增加钢的淬透性。对含有钼钒的高碳高铬钢，在 500℃ 回火后产生二次硬化并增加回火稳定性。因此高碳高铬钢具有高的硬度和耐磨性。

由于较高的淬火温度，马氏体的 M_s 点大大下降，使淬火组织中存在大量残留奥氏体，从而可以保证微小的体积变形，但这类钢的碳化物不均匀性比较严重，尤其是碳的质量分数较高的 Cr12 钢。因此，在 Cr12 钢基础上加入钼、钒后，除了可以进一步提高钢的回火稳定性，增加淬透性外，还能细化晶粒，改善韧性。

高碳高铬钢与高速钢相似，也属于莱氏体钢，铸态下有网状共晶碳化物，必须通过轧制或锻造，破碎共晶碳化物，以减少碳化物的不均匀分布。锻造后应缓冷，再进行等温球化退火。退火后硬度为 207~267HBW。

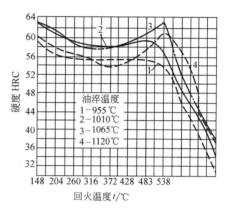

图 6-17　Cr12MoV 钢淬火回火
温度与硬度关系

高碳高铬钢经不同温度淬火后，在不同温度下回火，其硬度变化如图 6-17 所示。由图可见，要提高高碳高铬钢硬度，有以下两种方法：

①一次硬化处理。这种方式是采用较低的淬火温度和进行低温回火。选用较低淬火温度时，晶粒较细，钢的强度和韧性好。通常 Cr12 钢的淬火温度选用 950~980℃，如果要求得到较高的硬度，淬火温度可取上限；Cr12MoV 钢选用 980~1030℃淬火，这样处理后，钢中的残留奥氏体量为 20% 左右。回火温度一般为 200℃左右。回火温度升高时硬度降低，但强度与韧性提高。一次硬化处理使钢具有高硬度（61~63HRC）和高耐磨性，较小热处理变形，大多数 Cr12 类型钢制作冷作模具均采用此法。

②二次硬化处理。这种方法是采用较高的淬火温度，然后进行多次高温回火，以达到二次硬化的目的。为了得到二次硬化，Cr12MoV 钢采用 1050~1080℃的淬火温度，淬火后钢中大量残留奥氏体，硬度比较低（40~50HRC），但经多次 500~520℃回火，硬度可以提高到 60~62HRC，这种处理可以获得较高的热硬性。它适合制作在 400~500℃条件下工作的模具或还需进行低温气体碳氮共渗的模具。

4）高碳中铬模具钢。高碳中铬模具钢 Cr5Mo1V、Cr4W2MoV 钢，它们属于过共析钢，在铸态下也存在莱氏体共晶组织。这类钢中的碳化物是 Cr_7C_3 型，其碳化物分布均匀。Cr5Mo1V 为钢中合金空冷硬化冷模具钢，它的淬透性优于或相当于 Cr12MoV 钢。这是因为钢中钼质量分数较多，而钼对提高钢的淬透性非常有效，其截面直径在 100mm 以下时，完全可以空冷淬硬；但对大截面模具，应当采用吹风冷却或热油马氏体分级淬火。Cr5Mo1V 钢常采用的热处理工艺是：790℃预热，930~980℃加热保温后空冷，180~200℃回火，硬度 600HRC 以上。Cr5Mo1V 钢可广泛地用于制造载荷大、生产批量大、形状复杂、变形要求小的模具，如制造剪切刀、凸模、落料和切边模、成形模和压印模等。

Cr4W2MoV 钢是为代替 Cr12 类型钢而研制一种高碳中铬钢，铬的加入是为了使钢具有较高的淬透性，其碳化物有利于提高耐磨性。加入钨、钼、钒有利于提高热稳定性和产生二次硬化。这种钢的淬透性好，尺寸为 φ150mm×150mm 棒料经 1025℃油淬火后，表面至心部的硬度均在 60HRC 以上。与 Cr12MoV 钢相似，这种钢也有两种热处理方法：①一次硬化热处理，即 960~980℃淬火，260~320℃回火两次；②二次硬化热处理，即 1020~1040℃淬火，500~540℃回火三次（淬火方式可采用马氏体分级淬火或空冷）。这种钢回火稳定性比较高，力学性能和耐磨性都较好。用 Cr4W2MoV 钢可代替 Cr12、Cr12MoV 钢制作电机、电器硅钢片冲裁模。可冲裁厚度为 1.5 ~ 6.0mm 的钢板；此外，还可用于冷镦模、冷挤模、拉拔模、搓丝板等。

5）基体钢。基体钢系指含有高速工具钢淬火组织中除过剩碳化物外的基体化学成分的钢种。这种钢既有高速工具钢的高强度、高硬度，又具有一定的韧性和疲劳强度。凡在高速工具钢基体成分添加或调整合金元素，并适当增减碳的质量分数以改善钢的性能、适应某种用途的钢种，均称为基体钢。我国合金工具钢列入冷作模具钢钢组的 6Cr4W3Mo2VNb 及列入热作模具钢钢组的 5Cr4Mo3VAl（为冷热兼用模具钢）就是典型的基体钢。

6Cr4W3Mo2V 钢是在 W6Mo5Cr4V2 钢淬火基体成分的基础上，适当增加碳的数量并用少量铌（w_{Nb} = 0.2% ~ 0.35%）合金化的新钢种。钢中含 Cr、W、Mo、V 的作用和高速钢相似，少量仍能起到细化晶粒、提高韧性和改善性能的作用。这种钢冶金质量和工艺性能良好，强韧性高，调整热处理工艺可以得到不同的强度和韧性的配合。其淬火加热温度一般为 1080 ~ 1180℃，淬火冷却方式可参照高速钢，回火温度为 540 ~ 600℃，二次回火，硬度 60HRC。6Cr4W3Mo2VN6 适于制作形状复杂、受冲击载荷较大或尺寸较大的冷作模具，特别对于难变形的材料，大型和复杂的模具，更能显示其优越性。

此外，我国研制的低碳高速钢 6W6Mo5Cr4V 是一种高强韧型重承载能力冷作模具新钢种，其适宜淬火温度为 1180 ~ 1200℃，回火温度为 560 ~ 580℃，三次回火。

冷作模具用合金工具钢的牌号、成分及性能见表 6-16。

表 6-16 几种常用冷作模具钢牌号、成分及性能 （摘自 GB/T 1299—2000）

类别	牌号	化学成分 w_i（%）						退火状态	试样淬火	
		C	Si	Mn	Cr	Mo	其他	HBW	淬火温度/℃	HRC 不小于
低合金	CrWMn	0.90 ~ 1.05	≤0.40	0.80 ~ 1.10	0.90 ~ 1.20	—	W1.20 ~ 1.60	207 ~ 255	800 ~ 830 油	62
低合金	9Mn2V	0.85 ~ 0.95	≤0.40	1.70 ~ 2.00	—	—	V0.10 ~ 0.25	≤229	780 ~ 810 油	62
高碳高铬	Cr12	2.00 ~ 2.30	≤0.40	≤0.40	11.50 ~ 13.00	—	—	217 ~ 269	950 ~ 1000 油	60
高碳高铬	Cr12MoV	1.45 ~ 1.70	≤0.40	≤0.40	11.00 ~ 12.50	0.40 ~ 0.60	V0.15 ~ 0.30	207 ~ 255	950 ~ 1000 油	58
高碳中铬	Cr4W2MoV	1.12 ~ 1.25	0.40 ~ 0.70	≤0.40	3.50 ~ 4.00	0.80 ~ 1.20	W1.90 ~ 2.60 V0.80 ~ 1.10	≤269	960 ~ 980 油 1020 ~ 1040	60
高碳中铬	Cr5Mo1V	0.95 ~ 1.05	≤0.50	≤1.00	4.75 ~ 5.50	0.90 ~ 1.40	V0.15 ~ 0.50	≤255	940 油	60

在选用冷作模具钢时，根据模具的种类不同以及工作的载荷的大小，是否承受冲击、生产批量、对热处理变形的要求和经济性等方面综合考虑，从而选择较合适的模具钢。

2. 热作模具钢

热作模具钢是用来制作加热的固态金属或液态金属在压力下成形的模具。前者称为热锻模或热挤压模，后者称为压铸模。它们是在反复受热和冷却的条件下进行工作的，因此与冷作模具相比，对性能要求有很大不同。

（1）性能要求

1）综合力学性能好。由于模具承受载荷很大，要求强度高，模具在工作时往往还承受很大冲击，所以要求韧性也好，即要求综合力学性能好。

2）淬透性好。对尺寸大的热作模具，要求淬透性好，以保证模具整体的力学性能好。

3）抗热疲劳性好。模具工作时模腔温度可达 400~600℃，甚至更高，而且反复受到炽热金属的加热和冷却介质（水、油、空气）冷却的交替作用，引起体积变化，极易产生热疲劳龟裂纹，故要求还应有良好的抗热疲劳性。

（2）常用钢种　常用热作模具钢牌号、成分及用途见表 6-17。

表 6-17　常用热作模具钢的牌号、成分（GB/T 1299—2000）及用途

牌　号	化学成分 w_i（%）								用途举例
	C	Mn	Si	Cr	W	V	Mo	Ni	
CrMnMo	0.50~0.60	1.20~1.60	0.25~0.60	0.60~0.90	—	—	0.15~0.30	—	中小型锻模
Cr5W2VSi	0.32~0.42	≤0.40	0.80~1.20	4.50~5.50	1.60~2.40	0.60~1.00	—	—	热挤压模（挤压铝、镁）高速锤锻模
5CrNiMo	0.50~0.60	0.50~0.80	≤0.40	0.50~0.80	—	—	0.15~0.30	1.40~1.80	形状复杂、重载荷的大型锻模
4Cr5MoSiV	0.33~0.43	0.20~0.50	0.80~1.20	4.75~5.50	—	0.30~0.60	1.10~1.60	—	同 4Cr5W2VSi
3Cr2W8V	0.30~0.40	≤0.40	≤0.40	2.20~2.70	7.50~9.00	0.20~0.50	—	—	热挤压模（挤压铜、钢）压铸模

1）热锻模具钢。包括锤锻模用钢以及热挤压、热镦模及精锻模用钢。这类模具钢的化学成分与合金调质钢相似，一般碳的质量分数为 w_C = 0.4%~0.6%，以保证淬火及中、高温回火后具有足够的强度与韧性。

这类钢中常加入铬、镍、锰、硅、钼、钒等合金元素，既可以提高强度，又能提高钢的抗热疲劳能力（铬、硅）。钼的作用是防止第二类回火脆性。钼、钒都能细化晶粒，减少过热倾向，提高回火稳定性及耐磨性。

热锻模经锻造后需进行退火，以消除锻造内应力，均匀组织，降低硬度至 197~241HBW，改善切削加工性能。加工后通过淬火、中温回火或高温回火，得到主要是回火托氏体的组织，硬度一般为 40~50HRC，以满足使用要求。

常用的热锻模具钢牌号是 5CrNiMo 钢，具有良好韧性、强度与耐磨性，经 850℃淬火后在 500~600℃回火，其力学性能几乎不降低。它具有十分良好的淬透性，尺寸为 300mm×300mm×400mm 的大型锻模，也可以在油中淬透。回火后其截面各处的硬度相当均匀。5CrNiMo 钢是世界通用的大型锤锻模用钢，适于制造形状复杂、受冲击载荷重的大型及特大型的锻模（最小边长≥400mm），经 830~860℃油淬、450~500℃回火后硬度为 43~45HRC。5CrMnMo 钢以锰代镍，符合我国资源情况，其强度与 5CrNiMo 钢相似，但在常温及较高温度下的塑性和韧性有所降低，淬透性较低，过热敏感性稍大，耐热疲劳性也不如 5CrNiMo 钢。因此，5CrMnMo 钢适于制造中型锻模（最小边长≤300~400mm）。

2）压铸模钢。压铸模工作时与炽热金属接触时间较长，要求有较高的耐热疲劳性、较高的导热性、良好的耐磨性和必要的高温力学性能。此外，还需要具有抗高温金属液的腐蚀和金属液的冲刷能力。

常用压铸模钢是 3Cr2W8V 钢，碳的质量分数为 0.3%~0.4%，已属过共析钢。由于 w_W = 7.5%~9.0%，回火抗力大大提高，有二次硬化现象，保证了高的热硬性。合金元素铬、钨、钒等使 Ac_1 提高到 820~830℃，因而有较高的抗热疲劳性。这种钢在 600~650℃ 下强度可达 $\sigma_b = 1000~1200MPa$，淬透性也较好，在截面直径 100mm 以下可在油中淬透。为了减少变形，采用 400~500℃ 及 800~850℃ 两次预热，在 1050~1125℃ 淬火，可油冷、空冷或马氏体分级淬火。淬火后在 560~620℃ 回火 2~3 次，组织为回火马氏体和粒状碳化物，硬度可达 40~50HRC。

近年来，铝镁合金压铸模用钢还可用铬系热模具钢 4Cr5MoSiV 及 4Cr5MoSiV1，其中用 4Cr5MoSiV1 钢制作的铝合金压铸模具，寿命要高于 3Cr2W8V 钢。

3. 塑料模具钢

塑料模具包括塑料模和胶木模等。它们都是用来在不超过 200℃ 的低温加热状态下，将细粉或颗粒状塑料压制成形。塑料模在工作时，持续受热、受压，并受到一定程度的摩擦和有害气体的腐蚀，因此，塑料模具钢主要要求在 200℃ 时具有足够的强度和韧性，并具有较高的耐磨性和耐蚀性。

目前常用的塑料模具钢主要为 3Cr2Mo，这是我国自行研制的专用塑料模具钢。$w_C = 0.3\%$ 可保证热处理后获得良好的强、韧配合及较好的硬度、耐磨性；加入铬可提高钢的淬透性，并能与碳形成合金碳化物，提高模具的耐磨性；少量的钼可细化晶粒，减少变形，防止第二类回火脆性。因此，可广泛应用于中型模具。除此以外，可用作塑料模具的钢主要还有：

（1）碳素工具钢 T7~T12、T7A~T12A 价廉，具有一定的耐磨性，但淬火易变形，故适用于尺寸较小、形状简单的塑料模。

（2）碳素结构钢及合金结构钢 45 钢、40Cr 可加工性好、价廉，热处理后具有较高的强度和韧性，但淬透性较差，适用于生产小型、复杂的塑料模具。

（3）合金工具钢 9Mn2V、CrWMn、Cr2 等合金工具钢由于合金元素的加入使钢的淬透性提高，并形成碳化物，提高了钢的耐磨性，故常用于制造中、大型塑料模具。Cr12、Cr12MoV 等钢由于含有较多的合金元素，大大提高了钢的淬透性、耐磨性，并降低了模具的变形和开裂现象，故适于制造尺寸较大、形状复杂的模具。

三、量具钢

量具钢是用于制造游标卡尺、千分尺、量块、塞规等测量工件尺寸的工具用钢。

1. 性能要求

量具在使用过程中经常与被加工工件接触受到磨损与碰撞，因此要求工作部分应有高硬度（58~64HRC）和高耐磨性、高的尺寸稳定性及足够的韧性。

2. 常用量具钢

常见的量具钢材料与热处理见表 6-18。

表 6-18 量具钢材料与热处理

量具名称	材　料	热　处　理
平样板与卡板	15，20	渗碳，淬火 + 低温回火
	50，55	调质，表面淬火 + 低温回火
一般量规、量块	T10A，T12A	淬火 + 低温回火
高精度量规、块规	9Mn2V，CrWMn，GCr15	淬火 + 低温回火

碳素工具钢 T10A、T12A 价格低廉，经淬火和低温回火能获得高硬度和耐磨性，但经长时间使用和存放会引起尺寸改变，故不能用以制造精密量具。

合金工具钢 9Mn2V、CrWMn 以及 GCr15 钢由于淬透性好，用油淬火造成的内应力比用水淬火的碳钢小，低温回火后残余内应力也较小，同时合金元素使马氏体分解温度提高，因而使组织稳定性提高，故在使用过程中尺寸变化倾向比碳素工具钢小。因此要求高精度和形状复杂的量具，常用合金工具钢制造。

量具的最终热处理主要是淬火、低温回火，以获得高硬度和高耐磨性。对于高精度的量具为保证尺寸稳定，在淬火与回火之间进行一次深冷处理（-70 ~ -80℃），以消除淬火后组织中的大部分残留奥氏体。对精度要求高的量具在淬火、回火后还需进行时效处理，时效温度一般为 120 ~ 130℃，时效时间 24 ~ 36h，以进一步稳定组织，消除内应力。量具在精磨后还要进行 8h 左右的时效处理，以消除精磨中产生的内应力。

第六节　特殊性能钢

特殊性能钢是指具有特殊的物理、化学性能的钢。这类钢不论在成分上、组织上和热处理上都与一般钢有明显的不同。属于这类钢的主要有不锈钢、耐热钢和耐磨钢。

一、不锈钢

在腐蚀性介质中具有抗腐蚀性能的钢，一般称为不锈钢。

1. 金属腐蚀

（1）腐蚀概念　金属表面受到外部介质作用逐渐破坏的现象称为腐蚀或锈蚀。腐蚀通常可分为化学腐蚀和电化学腐蚀两种类型。金属在电解质溶液中的腐蚀，称为电化学腐蚀。金属在非电解质中的腐蚀，称为化学腐蚀。

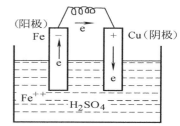

图 6-18　Fe-Cu 电池示意图

大部分金属的腐蚀都属于电化学腐蚀。电化学腐蚀实际是电池作用，图 6-18 是 Fe-Cu 电池示意图。铁和铜在电解质 H_2SO_4 溶液中形成了一个电池。由于铁的电极电位低，为阳极，铜的电极电位高，为阴极，所以铁就被溶解，而在阴极上放出氢气。

在同一合金中，由于组成合金的相或组织不同，也会形成微电池，造成电化学腐蚀。例如钢中的珠光体，它由铁素体和渗碳体两相组成的，在电解质溶液中就会形成微电池。由于铁素体的电极电位低，为阳极而被腐蚀，而渗碳体电极电位高，为阴极而不被腐蚀，如图 6-19 所示。

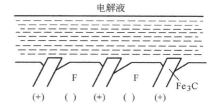

图 6-19　珠光体腐蚀示意图

（2）提高钢的耐蚀性途径　由电化学腐蚀的基本原理得出：电化学作用是金属被腐蚀的主要原因。为了提高钢的抗电化学腐蚀能力，主要采取以下措施：

1）提高电极电位。在钢中加入合金元素，使钢中基本相的电极电位显著提高，致使从阳极变为阴极，从而提高抗电化学腐蚀的能力。常加入的合金元素有铬、镍、硅等。例如当

$w_{Cr} > 11.7\%$ 时，使绝大多铬都溶于固溶体中，可使电极电位由 $-0.56V$ 跃增为 $+0.20V$，如图 6-20 所示。

2）使钢在室温下呈单相组织。合金元素（如铬或铬、镍）大量加入钢中，使钢形成单相铁素体或单相奥氏体组织，以阻止形成微电池，从而显著提高耐蚀性。

3）形成氧化膜（又称钝化膜）。在钢中加入大量合金元素（常用铬），使金属表面形成一层致密的氧化膜（如 Cr_2O_3 等），使钢与周围介质隔绝，提高抗腐蚀能力。

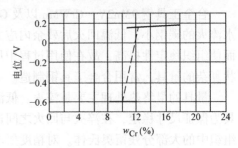

图 6-20 铁铬合金电极电位与铬的质量分数的关系

2. 常用不锈钢

目前常用的不锈钢，按其组织状态主要分为马氏体型不锈钢、铁素体型不锈钢和奥氏体型不锈钢三大类，其牌号、成分、热处理、力学性能及用途见表 6-19。

表 6-19　常用不锈钢的牌号、成分、热处理、力学性能及用途（摘自 GB/T 1220—1992）

类别	牌号	化学成分 w_i（%）			热处理		力学性能			硬度 HBW	用途举例
		C	Cr	其他	淬火温度/℃	回火温度/℃	$\sigma_{0.2}$ /MPa	σ_b /MPa	δ (%)		
马氏体型	1Cr13	≤0.15	11.50 ~ 13.50	—	950 ~ 1000 油	700 ~ 750 快冷	≥345	≥540	≥25	≥159	汽轮机叶片、水压机阀、螺栓、螺母等抗弱腐蚀介质并承受冲击的零件
	2Cr13	0.16 ~ 0.25	12.00 ~ 14.00	—	920 ~ 980 油	600 ~ 750 快冷	≥440	≥635	≥20	≥192	汽轮机叶片、水压机阀、螺栓、螺母等抗弱腐蚀介质并承受冲击的零件
	3Cr13	0.26 ~ 0.40	12.00 ~ 14.00	—	920 ~ 980 油	600 ~ 750 快冷	≥540	≥735	≥12	≥217	制作耐磨的零件，如热油泵轴、阀门、刃具
	7Cr17	0.60 ~ 0.75	16.00 ~ 18.00	—	1010 ~ 1070 油	100 ~ 180 快冷	—	—	—	≥54HRC	做轴承、刃具、阀门、量具等
铁素体型	0Cr13Al	≤0.08	11.50 ~ 14.50	Al0.10 ~ 0.30	780 ~ 830 空冷或缓冷	—	≥177	≥410	≥20	≤183	汽轮机材料，复合钢材，淬火用部件
	1Cr17	≤0.12	16.00 ~ 18.00	—	780 ~ 850 空冷或缓冷	—	≥205	≥450	≥22	≤183	通用钢种，建筑内装饰用，家庭用具等
	00Cr30Mo2	≤0.010	28.50 ~ 32.00	Mo1.50 ~ 2.50	900 ~ 1050 快冷	—	≥295	≥450	≥20	≤228	C、N 含量极低，耐蚀性很好。制造苛性碱设备及有机酸设备
奥氏体型	Y1Cr18Ni9	≤0.15	17.00 ~ 19.00	P≤0.20 S≤0.15 Ni8.00 ~ 10.00	固溶处理 1010 ~ 1150 快冷	—	≥205	≥520	≥40	≤187	提高切削性、最适用于自动车床。作螺栓、螺母等

类别	牌号	化学成分 w_i（%）			热处理		力学性能			硬度 HBW	用途举例
		C	Cr	其他	淬火温度/℃	回火温度/℃	$\sigma_{0.2}$ /MPa	σ_b /MPa	δ （%）		
奥氏体型	0Cr18Ni9	≤0.07	17.00 ~ 19.00	Ni8.00 ~ 10.5	固溶处理 1010 ~ 1150 快冷	—	≥205	≥520	≥40	≤187	作为不锈耐热钢使用最广泛。食用品设备，化工设备，原子能工业用
	0Cr19Ni9N	≤0.08	18.00 ~ 20.00	Ni7.00 ~ 10.50 N0.10 ~ 0.25	固溶处理 1010 ~ 1150 快冷	—	≥275	≥550	≥35	≤217	在0Cr19Ni9中加N，强度提高，塑性不降低。作结构用强度部件
	0Cr18Ni10Ti	≤0.08	17.00 ~ 19.00	Ni9.00 ~ 12.00 Ti≥ 5×w_C	固溶处理 920 ~ 1150 快冷	—	205	520	40	≤187	作焊芯、抗磁仪表、医疗器械、耐酸容器、输送管道
铁素体奥氏体型	0Cr26Ni5Mo2	≤0.08	23.00 ~ 28.00	Ni3.00 ~ 6.00 Mo1.0 ~ 3.00	固溶处理 950 ~ 1100 快冷	—	390	590	18	≤277	耐点蚀性好，高强度，作耐海水腐蚀用件等
	00Cr18Ni5Mo3Si2	≤0.03	18.00 ~ 19.50	Ni4.50 ~ 5.50 Mo2.50 ~ 3.00 Si1.30 ~ 2.00	固溶处理 950 ~ 1150 快冷	—	390	590	20	≤ 30HRC	作石油化工等工业热交换器或冷凝器等
沉淀硬化型	0Cr17Ni7Al	≤0.09	16.00 ~ 18.00	Ni6.50 ~ 7.75 Al0.75 ~ 1.50	固溶处理 1000 ~ 1100 快冷	565 时效	960	1140	5	≥363	作弹簧垫圈、机器部件

（1）马氏体型不锈钢 这类钢中碳的质量分数一般为 $w_C=0.1\% \sim 0.4\%$ ，铬的质量分数为 $w_{Cr}=11.50\% \sim 14.00\%$ ，属铬不锈钢，通常指 Cr13 型不锈钢。淬火后能得到马氏体，故称为马氏体型不锈钢。它随着钢中碳的质量分数的增加，钢的强度、硬度、耐磨性提高，但耐蚀性下降。为了提高耐蚀性，不锈钢中碳的质量分数一般为 $w_C \leq 0.4\%$ 。

碳的质量分数较低的 1Cr13 和 2Cr13 钢，具有良好的抗大气、海水、蒸汽等介质腐蚀的能力，塑性和韧性很好，适用于制造在腐蚀条件下工作、受冲击载荷的结构零件，如汽轮机叶片、各种阀、机泵等。这两种钢常用热处理方法为淬火后高温回火，得到回火索氏体组织。

碳的质量分数较高的 3Cr13、7Cr17 钢，经淬火后进行低温回火，得到回火马氏体和少量碳化物，硬度可达 50HRC 左右，用于制造医疗手术工具、量具、弹簧和轴承等。

（2）铁素体型不锈钢 常用的铁素体型不锈钢中，$w_C \leq 0.12\%$ ，$w_{Cr}=12\% \sim 30\%$ ，也属于铬不锈钢。这类钢是单相铁素体组织，从室温加热到高温（960 ~ 1100℃），其组织始终是单相铁素体。其耐蚀性、塑性、焊接性均优于马氏体型不锈钢。典型牌号有 1Cr17、1Cr17Mo 等。对于高铬铁素体不锈钢，其抗氧化性介质的腐蚀能力较强，随铬的质量分数增加，耐蚀性又进一步提高。但这类钢的强度比马氏体型不锈钢低，主要用于制造耐蚀零件，广泛用于硝酸和氮肥工业中。

（3）奥氏体型不锈钢　这类钢一般铬的质量分数为 $w_{Cr} = 17\% \sim 19\%$，$w_{Ni} = 8\% \sim 11\%$，故简称 18-8 型不锈钢。其典型牌号有 0Cr19Ni9、1Cr18Ni9、0Cr18Ni11Ti、00Cr17Ni14Mo2 钢等。这类钢中碳的质量分数不能过高，否则易在晶间析出碳化物 $(Cr、Fe)_{23}C_6$ 引起晶间腐蚀，严重地削弱钢的抗蚀性，故其碳的质量分数一般控制在 $w_C = 0.10\%$ 左右，有时甚至控制在 0.03% 左右。钢中镍的质量分数高，因镍是典型的扩大奥氏体相的元素，经热处理后呈单一奥氏体组织，所以也称为奥氏体型不锈钢。

这类钢在退火状态下呈现奥氏体和少量碳化物组织。碳化物存在，对钢的耐蚀性有很大损伤，故采用固溶处理方法来消除。固溶处理是把钢加热到 1100℃ 左右，使碳化物溶解在高温下所得到的奥氏体中，然后水淬块冷至室温即获得单相奥氏体组织。固溶处理与一般钢的淬火有所不同。钢的淬火一般是指高温奥氏体在冷却时转变为马氏体，即有晶格类型的变化而在力学性能上有明显的强化现象。而钢的固溶处理，一般是指高温奥氏体在冷却后仍然得到奥氏体，即无晶格类型变化，只是高温时钢中的化合物溶于奥氏体，因而使冷却后得到的奥氏体处于过饱和状态。相比之下，固溶处理后由于钢中化合物强化相的消失，减弱了对位错运动的阻碍作用，不仅没有强化现象，甚至使强度、硬度有所下降。

由于铬镍不锈钢中铬、镍的质量分数高，且为单相组织，故其抗蚀性高。它不仅能抵抗大气、海水和燃气的腐蚀，而且能抗酸的腐蚀，抗氧化温度可达 850℃，具有一定的耐蚀性。铬镍不锈钢没有磁性，故用它制造电器、仪表零件，不受周围磁场及地球磁场的影响。铬镍不锈钢晶格类型为面心立方，又是单相组织，故塑性很好，可以顺利进行冷、热压力加工。

这类钢中的 1Cr18Ni19 是典型的 18-8 型不锈钢，常用来制造低温浸蚀性介质中工作的容器、阀、管道等以及要求耐蚀性非磁性部件，冷变形强化后可以作某些结构材料，且焊接性能较好。

二、耐热钢

高压锅炉、汽轮机、火力电站、航空等部门，有很多零件是在高温下工作，要求具有高的耐热性的钢称为耐热钢。

1. 耐热钢的一般概念

钢的耐热性包括高温抗氧化性和高温强度两方面的综合性能。

（1）高温抗氧化性　它是指在高温下迅速氧化后形成一层致密的氧化膜，覆盖在整个金属表面，使钢不再继续氧化。碳钢在高温下很容易氧化，这主要是由于高温下生成松脆多孔的氧化亚铁（FeO），它与基体结合能力薄弱而易剥落，氧原子通过 FeO 进行扩散，使钢的内部继续氧化，这样零件有效截面减小，直至零件破坏。

在钢中加入铬、硅、铝等合金元素，它们与氧亲和力大，优先被氧化，形成一层致密完整、高熔点的氧化膜（Cr_2O_3、Fe_2SiO_4、Al_2O_3），牢固覆盖于钢的表面，可将金属与外界的高温氧化性气体隔绝，从而避免进一步氧化。

（2）高温强度　金属在高温下强度有两个特点：一是温度升高，金属原子间结合力减弱，强度下降；二是在再结晶温度以上，即使金属承受的应力不超过该温度下的规定非比例伸长应力 σ_p，也会缓慢地发生塑性变形，且变形量随时间的延长而增大，最后导致金属破坏，这种现象称为蠕变。为了提高钢的高温强度，通常采用以下几种措施：

1）提高再结晶温度。在钢中加入铬、钼、锰、铌等元素，可提高作为钢基体的固溶体的原子间结合力，使原子扩散困难，并能延缓再结晶过程进行，能进一步提高热强性。

2）利用析出弥散相而产生强化。在钢中加入钛、铌、钒、钨、钼以及铝、硼、氮等元素，形成稳定而又弥散分布的碳化物（TiC、NbC、VC、WC 等）、氮化物、硼化物等难熔化合物和一些金属间化合物等，它们在较高温度也不易聚集长大，因而能起到阻碍位错移动，提高高温强度的作用。

2. 常用耐热钢

常用耐热钢的牌号、化学成分、热处理及用途见表6-20 所列。耐热钢按正火状态下组织的不同，可以分成铁素体型钢、马氏体型钢、奥氏体型钢等。

表6-20　常用耐热钢的牌号、成分、热处理及用途（摘自 GB/T 1221—1992）

类别	牌　号	化学成分 w_i（%）							热处理	用途举例
		C	Mn	Si	Ni	Cr	Mo	其他		
铁素体型钢	2Cr25N	≤0.20	≤1.50	≤1.00	—	23.00 ~ 27.00	—	N≤0.25	退火 780 ~ 880℃（快冷）	耐高温腐蚀性强，1082℃以下不产生易剥落的氧化皮，用作1050℃以下炉用构件
	0Cr13Al	≤0.08	≤1.00	≤1.00	—	11.50 ~ 14.50	—	Al≤0.10 ~ 0.30	退火 780 ~ 830℃（空冷）	最高使用温度900℃，制作各种承受应力不大的炉用构件，如喷嘴、退火炉罩、吊挂等
奥氏体型钢	0Cr25Ni20	≤0.08	≤2.00	≤1.50	19.00 ~ 22.00	24.00 ~ 26.00	—	—	固溶处理 1030 ~ 1180℃（快冷）	可用作1035℃以下炉用材料
	1Cr16Ni35	≤0.15	≤2.00	≤1.50	33.00 ~ 37.00	14.00 ~ 17.00	—	—	固溶处理 1030 ~ 1180℃（快冷）	抗渗碳、抗渗氮性好，在1035℃以下可反复加热
	3Cr18Mn12Si2N	0.22 ~ 0.30	10.50 ~ 12.50	1.40 ~ 2.20	—	17.00 ~ 19.00	—	N0.22 ~ 0.33	固溶处理 1100 ~ 1150℃（快冷）	最高使用温度1000℃，制作渗碳炉构件、加热炉传送带、料盘等
	0Cr18Ni10Ti	≤0.08	≤2.00	≤1.00	9.00 ~ 12.00	17.00 ~ 19.00	—	Ti≥ 5×C	固溶处理 920 ~ 1150℃（快冷）	作 400 ~ 900℃腐蚀条件下使用部件，高温用焊接结构部件
	4Cr14Ni14W2Mo（14-14-2）	0.40 ~ 0.50	≤0.70	≤0.80	13.00 ~ 15.00	13.00 ~ 15.00	0.25 ~ 0.40	W2.00 ~ 2.75	固溶处理 820 ~ 850℃（快冷）	有效高热强性，用于内燃机重负荷排气阀
马氏体型钢	1Cr13	≤0.15	≤1.00	≤1.00	≤0.60	11.50 ~ 13.50	—	—	950 ~ 1000℃油淬或700 ~ 750℃回火（快冷）	作800℃以下耐氧化用部件
	1Cr13Mo	0.08 ~ 0.18	≤1.00	≤0.60	≤0.60	11.50 ~ 14.00	—	—	970 ~ 1000℃油淬或650 ~ 750℃回火（快冷）	汽轮机叶片、高温高压耐氧化用部件

（续）

类别	牌号	化学成分 w_i（%）							热处理	用途举例
		C	Mn	Si	Ni	Cr	Mo	其他		
马氏体型钢	1Cr11MoV	0.11~0.18	≤0.60	≤0.50	≤0.60	10.00~11.50	0.50~0.70	V0.25~0.40	1050~1100℃空淬或720~740℃回火（空冷）	有较高的热强性、良好减震性及组织稳定性。用于透平叶片及导向叶片
	1Cr12WMoV	0.12~0.18	0.50~0.90	≤0.50	0.40~0.80	11.00~13.00	0.50~0.70	W0.7~1.10 V0.18~0.30	1000~1050℃油淬或680~700℃回火（空冷）	性能同上。用于透平叶片、紧固件、转子及轮盘
	4Cr9Si2	0.35~0.50	≤0.70	2.00~3.00	≤0.60	8.00~10.00	—	—	1020~1040℃油淬或700~780℃回火（油冷）	有较高的热强性。作内燃机气阀、轻负荷发动机的排气件
	4Cr10Si2Mo	0.35~0.45	≤0.70	1.90~2.60	≤0.60	9.00~10.50	0.70~0.90	—	1020~1040℃油淬或720~760℃回火（空冷）	同4Cr9Si2

（1）马氏体型钢　这类钢常用的有两类：一类是 w_{Cr} =12%左右的马氏体型耐热钢，另一类是铬质量分数偏低而另添 Cr、Si 等元素的马氏体型耐热钢。

第一类如 Cr13 型不锈钢在大气、蒸汽中，虽具有耐蚀性和较高强度，但碳化物弥散效果差，稳定性也低，因此向 Cr13 型不锈钢中加入钼、钨、钒等合金元素，发展了 Cr13 型马氏体耐热钢。常用牌号 1Cr13、1Cr13Mo、1Cr11MoV、1Cr12WMoV 钢等，多用于工作温度在 450~620℃范围内，承受载荷较大的零件，如汽轮机叶片、耐热紧固件等。

4Cr9Si2、4Cr10Si2Mo 等铬硅钢是另一类马氏体型耐热钢，加入铬、硅是为了提高抗氧化性，加入钼是为了提高高温强度和避免回火脆性，w_C =0.40%左右主要是为了获得足够的硬度和耐磨性。常用于制作汽车发动机、柴油机的排气阀，工作温度可达 700~750℃。

（2）奥氏体型钢　这类钢含有较高的镍、锰、氮等奥氏体形成元素，高温下有较好的强度和组织稳定性，一般工作温度为 600~700℃范围内，常用牌号如 0Cr19Ni9、0Cr18Ni11Ti 及 4Cr14Ni14W2Mo 钢等。此类钢有高的热强性和抗氧化性，高的塑性和韧性，良好的焊接性，但切削加工性差。

当零件工作温度超过 700℃时，则考虑选用镍基、钼基、铌基或陶瓷等耐热合金。对于 350℃以下的零件，则选用一般的合金结构钢即可。

三、耐磨钢

耐磨钢是指在巨大压力和强烈冲击载荷作用下才能发生硬化的高锰钢。它广泛用来制造球磨机的衬板、破碎机的颚板、控掘机的斗齿、拖拉机和坦克的履带板、铁路道叉、防弹钢板等。

高锰钢主要成分是 w_C =0.9%~1.5%，w_{Mn} =11%~14%。碳的质量分数较高可以提高耐磨性，锰的质量分数很高可以保证热处理后得到单相奥氏体。由于高锰钢极易冷变形强化，使切削加工困难，故基本上是铸造成形后使用。

高锰钢铸件的牌号，前面的"ZG"是代表"铸钢"二字汉语拼音字首，其后是化学元

素符号 "Mn"，随后数字 "13" 表示 $w_{Mn} = 13\%$，最后的一位数字 1、2、3、4 表示品种代号。如 ZGMn13—1，表示 1 号铸造高锰钢，其碳的质量分数最高（$w_C = 1.0\% \sim 1.45\%$），而 4 号铸造高锰钢 ZGMn13—4，碳的质量分数最低（$w_C = 0.75\% \sim 1.30\%$）。高锰钢铸件的牌号、化学成分如表 6-21 所示。

表 6-21　铸造高锰钢牌号、成分及适用范围（摘自 GB/T 5680—1998）

牌　号	化学成分 w_i（%）					适用范围
	C	Mn	Si	S	P	
ZGMn13—1	1.10 ~ 1.45		0.30 ~ 1.00	≤0.040	≤0.090	低冲击件
ZGMn13—2	0.90 ~ 1.35		0.30 ~ 1.00	≤0.040	≤0.070	普通件
ZGMn13—3	0.95 ~ 1.35	11.00 ~ 14.00	0.30 ~ 0.80	≤0.035	≤0.070	复杂件
ZGMn13—4	0.90 ~ 1.30		0.30 ~ 0.80	≤0.040	≤0.070	高冲击件
ZGMn13—5	0.75 ~ 1.30		0.30 ~ 1.00	≤0.040	≤0.070	高冲击件

高锰钢由于铸态组织是奥氏体 + 碳化物，而碳化物的存在要沿奥氏体晶界析出，降低了钢的韧性与耐磨性，所以必须进行水韧处理。所谓水韧处理，是将高锰钢铸件加热到 1000 ~1100℃，使碳化物全部溶解到奥氏体中，然后在水中激冷，防止碳化物析出，获得均匀、单一的过饱和单相奥氏体组织。这时其强度、硬度并不高，而塑性、韧性却很好（$\sigma_b \geqslant 637$ ~735MPa，$\delta_s \geqslant 20\% \sim 35\%$，硬度 ≤229HBW，$A_K \geqslant 118J$）。但是，当工作时受到强烈冲击或较大压力时，则表面因塑性变形会产生强烈的冷变形强化，从而使表面层硬度提高到 500 ~550HBW，因而获得高的耐磨性，而心部仍然保持原来奥氏体所具有的高塑性与韧性，能承受冲击。当表面磨损后，新露出的表面又可在冲击和磨损条件下获得新的硬化层。因此，这种钢具有很高耐磨性和抗冲击能力。但要指出，这种钢只有在强烈冲击和磨损下工作才显示出高的耐磨性，而在一般机器工作条件下高锰钢并不耐磨。

思考题与练习题

1. 什么是合金元素？合金钢中加入合金元素有哪些？按其与碳作用如何分类？

2. 合金元素在钢中以什么形式存在？

3. 合金元素对铁碳合金相图有什么影响？这种影响有什么现实意义？

4. 合金元素对钢的热处理过程有何影响？试从加热、冷却两方面加以说明。

5. 合金渗碳钢的化学成分有何特点？通常渗碳钢采用何种最终热处理？

6. 为什么调质钢的碳质量分数均为中碳？合金调质钢中常含有哪些合金元素？它们在调质钢中起什么作用？

7. 为什么常用的弹簧钢在淬火后一般要进行中温回火？回火后的硬度大致是多少？

8. 滚动轴承钢为什么要用铬钢？为什么这种钢对非金属夹杂物控制特别严？

9. 说明下列错误说法，说明理由并写出正确的结论。

（1）碳素钢中碳的质量分数越高，其强度和塑性也越高。

（2）由于 45 钢的质量优于 Q235 钢，故中碳钢的质量优于低碳钢。

（3）由于 T13 钢中碳的质量分数比 T8 钢高，故前者的强度比后者高。

10. 下列零件与工具，由于管理的差错，造成钢材错用，问使用过程中会出现哪些问题？

（1）把 Q235 钢当作 45 钢制造齿轮。

（2）把30钢当作T13钢制成锉刀。

（3）把20钢当作60钢制成弹簧。

11. 用9SiCr钢制成圆板牙，其工艺流程为：锻造→球化退火→机械加工→淬火→低温回火→磨平面→开槽加工。试分析：

（1）球化退火、淬火及低温回火的目的。

（2）球化退火、淬火及低温回火的大致工艺参数。

12. 高速钢经铸造后为什么要反复锻造？锻造后切削加工前为什么必须退火？淬火温度选择在高温（1280℃）的目的何在？淬火后为什么需要进行三次以上的回火？它在560℃回火是否调质？

13. 一般钳工用锯条（T10A）烧红后置于空气中冷却，即可变软进行加工，而锯料机中用废的锯条（W18Cr4V）烧红（900℃左右）后空冷仍然相当硬？为什么？

14. 冷作模具钢所要求的性能与一般刃具钢有何差异？为什么尺寸较大、重载且要求耐磨和热处理变形小的冷作模具，不宜采用9SiCr、9Mn2V钢制造，而常用Cr12MoV钢制造？其淬火、回火、温火如何选定？

15. 对量具钢有何要求？量具通常采用何种最终热处理工艺？游标卡尺、千分尺、塞规卡规、量块各采用何种材料制造较为合适？

16. 有些量具在保存和使用过程中尺寸为何会发生变化？采取什么措施能使量具的尺寸长期稳定？

17. 1Cr13、2Cr13、3Cr13、1Cr17与Cr12、Cr12MoV钢中铬的质量分数均在12%以上，是否都是不锈钢？为什么？

18. 1Cr13、2Cr13与3Cr13、1Cr17钢在成分上、用途上和热处理工艺上有何不同？

19. 试述18-8型钢的成分、性能和热处理特点，为什么这种钢的切削加工性不好？

20. 奥氏体型不锈钢和耐磨钢的热处理的目的与一般钢的淬火目的有何不同？

21. 耐热钢中常加入哪些合金元素？加入这些合金元素的钢为什么能耐热？

22. 高锰钢ZGMn13为什么耐磨，而且又有很好的韧性？

23. 说明下列牌号的成分并判断属于哪一类钢：

08F、Q390A、40Cr、GCr15、W18Cr4V、1Cr13、20CrMnTi、60Si2Mn、40CrNiMoA、W6Mo5Cr4V2、4Cr10Si2Mo、3Cr2W8V。

24. 解释下列现象：

（1）在相同碳的质量分数情况下，一般说除了含镍和锰的合金钢外，大多数合金钢的热处理加热温度都比碳钢高。

（2）在相同碳的质量分数情况下，含碳化物形成元素的合金钢比碳钢具有较高的回火稳定性。

（3）$w_C \geqslant 0.4\%$、$w_{Cr} = 12\%$ 的铬钢属于过共析钢，$w_C = 1.5\%$，$w_{Cr} = 12\%$ 的铬钢属于莱氏体钢。

第七章 铸 铁

根据 Fe-Fe$_3$C 相图，$w_C > 2.11\%$ 的铁碳合金称为铸铁，它是工业上广泛应用的一种铸造金属材料。它比碳钢含有较多的硫、磷等杂质元素。为了进一步提高铸铁的力学性能或特殊性能，还可以加入铬、钼、钒、铜、铝等合金元素，或提高硅、锰、磷等元素的质量分数，这种铸铁成为合金铸铁。

根据碳在铸铁中存在的形式不同，铸铁可以分为：

（1）白口铸铁 铸铁中的碳除极少量固溶于铁素体外，其余部分皆以渗碳体形式存在，断口呈银白色，这类铸铁组织中都存在着共晶莱氏体，性能硬而脆，很难切削加工，因此很少直接用来作机械零件，主要用作炼钢原料和生产可锻铸铁的毛坯。有时也利用其硬而耐磨的特性铸造成冷硬铸铁件。冷硬铸铁件常用作一些要求耐磨的工件，如犁铧、轧辊、球磨机的磨球等。

（2）麻口铸铁 铸铁中的碳一部分以渗碳体形式存在，另一部分以石墨形式存在，断口呈灰白色相间，这类铸铁也具有较大的硬脆性，故工业上应用很少。

（3）灰铸铁 铸铁中的碳全部或大部分以片状石墨形式存在，断口呈暗灰色。

铸铁具有优良的铸造性能、切削加工性、减摩性与减振性，而且熔炼铸铁工艺与设备简单，成本低。目前，铸铁仍然是工业生产中最重要工程材料之一。在各类机械中，铸铁件约占 40% ~ 70%；在机床和重型机械中，则可达 70% ~ 90%。

根据铸铁中石墨形态，铸铁可分为：

（1）灰铸铁 铸铁中石墨以片状形式存在。

（2）球墨铸铁 铸铁中石墨呈球状存在。

（3）蠕墨铸铁 铸铁中石墨呈蠕虫状存在。

（4）可锻铸铁 铸铁中石墨呈团絮状存在。

第一节 铸铁的石墨化

一、铁碳合金双重相图

碳在铸铁中存在的形式有渗碳体（Fe$_3$C）和游离状的石墨（G）两种。渗碳体的具体结构和性能在第二章已阐明。石墨具有简单六方晶格，如图 7-1 所示。原子呈层状排列，同一层原子间距较小（0.142nm），结合力较强；而层与层之间间距较大（0.3440nm），结合力较弱，易滑移，使晶体形状容易成片状，故石墨的强度、塑性、韧性较低，硬度仅为 3HBW。

熔融状态的铁液在冷却过程中，由于碳、硅的质量分数和冷却条件不同，既可以从液相或奥氏体中直接析出渗碳体，也可以直接析出石墨。实践证明，成分相同的铁液在冷却过程中，冷却速度越慢，析出石墨的可能性越大；冷却速度越快，析出渗碳体的可能性越大。此外，形成的渗碳体若加热至高温，又可分解成铁素体和石墨，即 Fe$_3$C→3Fe + G。因此，石墨是稳定相，而渗碳体是亚稳定相。

前述 Fe-Fe$_3$C 相图说明了亚稳定相 Fe$_3$C 的析出规律。要说明稳定相石墨的析出规律，必须应用 Fe-G 相图。为了便于比较和应用，习惯上把这两个相图合画在一起，称为铁碳合金双重相图，如图 7-2 所示。图中实线表示 Fe-Fe$_3$C 相图；虚线表示 Fe-G 相图；凡虚线和实线重合的线条都用实线表示，说明这些线与渗碳体或石墨的存在状态无关

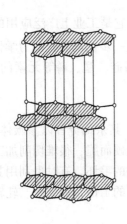

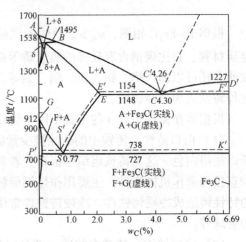

图 7-1 石墨的晶体结构   图 7-2 铁碳合金双重相图

由图可见，虚线均位于实线上方或左上方，也就说明 Fe-G 相图较 Fe-Fe$_3$C 相图更为稳定，同时与渗碳体相比，石墨在奥氏体和铁素体中溶解度更小。

二、石墨化过程及影响因素

1. 石墨化过程

铸铁的石墨化就是铸铁中碳原子析出和形成石墨的过程。

按 Fe-G 相图，可将铸铁结晶时石墨化过程分为三个阶段。

第一阶段（液相阶段）石墨化：包括过共晶液相沿着 CD 冷却析出一次石墨，以及共晶转变时相成共晶石墨。形成共晶石墨的反应式为

$$L \rightarrow L_C + G_1$$

$$L_{C'} \xrightarrow{1154°C} A_{E'} + G_{共晶}$$

第二阶段（共晶—共析阶段）石墨化：过饱和奥氏沿着 E'S' 线冷却时析出的二次石墨。其反应式为

$$A_{E'} \xrightarrow{1154°C} F_{S'} + G_{II}$$

第三阶段（共析阶段）石墨化：在共析转变过程中形成共析石墨，反应式为

$$A_{S'} \rightarrow F_{P'} + G'_{共析}$$

上述成分的铁液若按 Fe-Fe$_3$C 相图进行结晶，然后由渗碳体分解出石墨，则其石墨化过程同样可分为三个阶段：

第一阶段：一次渗碳体和共晶渗碳体在高温下分解而析出石墨。

第二阶段：二次渗碳体分解而析出石墨。

第三阶段：共析出渗碳体分解而析出石墨。

在铸铁的全部冷却过程中，若第一阶段、第二阶段和第三阶段的石墨化过程都充分进行，则获得的组织是铁素体＋石墨；若第一阶段、第二阶段的石墨化过程均能充分进行，而第三阶段石墨化仅部分进行，则获得的组织是铁素体＋珠光体＋石墨；若第一阶段、第二阶段石墨化均能充分进行，而第三阶段石墨化完全不进行，则获得的组织是珠光体＋石墨。

2. 影响石墨化的因素

铸铁的化学成分和结晶过程中的冷却速度是影响石墨化的主要因素。

（1）化学成分　主要元素有碳和硅、锰、硫、磷等。

1）碳和硅。碳和硅是强烈促进石墨化元素，铸铁中碳和硅的质量分数越高，就越容易充分进行石墨化。

为了综合考虑碳和硅的影响，通常把硅的质量分数折合成相当的碳的质量分数，并把碳的质量分数的总量称为碳当量CE，即

$$CE = w_C + \frac{1}{3}w_{Si}$$

由于共晶成分的铸铁具有最佳的铸造性能，因此，将灰铸铁的碳当量均配制到4%左右。

2）锰。锰是阻止石墨化的元素，但锰与硫化合成硫化锰，减弱了硫的有害作用，结果又间接促进石墨化，故锰在铸铁中应适量加入。

3）硫。硫是强烈阻碍石墨化的元素，它不仅强烈地促使白口化，而且还会降低铸铁的流动性和力学性能，所以硫是有害元素，必须严格控制其含量。

4）磷。磷是弱促进石墨化的元素，同时能够提高铁液的流动性，但磷的质量分数过高会增加铸铁的脆性，使铸铁在冷却过程中易开裂，所以也应严格控制其含量。

（2）冷却速度　生产实践证明，在同一成分的铸铁件中，其表面和薄壁部分易出现白口组织，而内部和厚壁处容易进行石墨化。由此可见，冷却速度对石墨化的影响很大，冷却速度越慢，原子扩散时间越充分，也就越有利于石墨化的进行。冷却速度主要决定于浇注温度、铸件壁厚和铸型材料。浇注温度越高，使得铁液凝固前铸型吸收的热量越多，铸件冷却就越慢；铸件壁越厚，冷却速度亦越缓慢；造型材料不同，其导热性是不同的，铸件在金属型中的冷却比砂型中快，在湿砂型中的冷却比在干砂型中快。

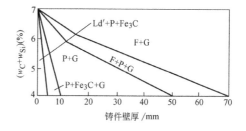

图7-3　铸铁成分（$w_C + w_{Si}$）和冷却速度
（铸件壁厚）对铸件组织影响

根据上述分析可知，要得到所需铸铁组织，必须根据铸件壁厚来选择适当的铸铁化学成分，即主要选择适当的碳和硅的质量分数。图7-3表示在一般砂型铸造条件下,铸铁化学成分(碳、硅总的质量分数)、冷却速度(以铸件壁厚表示)对铸铁组织的影响。生产中就利用这一关系,对于不同壁厚的铸铁件,通过调整其碳和硅的质量分数,以保证得到所需要的铸铁组织。

第二节　灰　铸　铁

灰铸铁占各类铸铁总量80%以上，是应用最广泛的一种铸铁。

一、灰铸铁的化学成分、组织和性能

1. 灰铸铁的化学成分

灰铸铁的化学成分范围是：$w_C = 2.6\% \sim 3.6\%$，$w_{Si} = 1.0\% \sim 2.5\%$，$w_{Mn} = 0.5\% \sim 1.3\%$，$w_S \leq 0.15\%$，$w_P \leq 0.3\%$。

2. 灰铸铁的组织

灰铸铁组织是由钢的基体和片状石墨两部分组成的。在金相显微镜下观察，石墨呈片状；钢的基体分为珠光体、珠光体＋铁素体、铁素体三种，如图7-4所示。

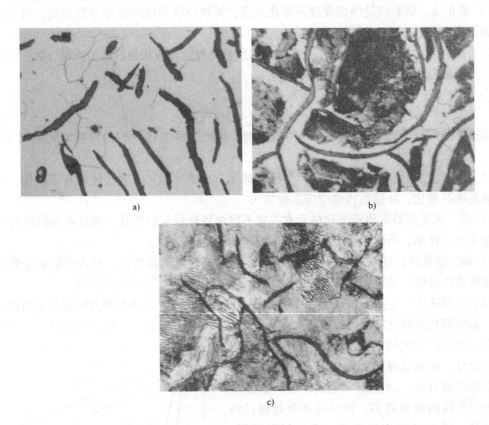

图7-4　灰铸铁的显微组织（200×）

a）铁素体灰铸铁　b）珠光体＋铁素体灰铸铁　c）珠光体灰铸铁

3. 灰铸铁的性能

（1）力学性能　灰铸铁中含有比钢更多的硅、锰等元素，这些元素可溶于铁素体而使基体强化，因此，其基体的强度与硬度不低于相应的钢。但因片状石墨的强度、塑性、韧性几乎为零，存在石墨的地方就相当于存在孔洞、微裂纹，它破坏了基体的连续性，减少了基体受力的有效面积，因此石墨片数量越多，尺寸越粗大，分布越不均匀，则铸铁的抗拉强度和塑性就越低。

由于灰铸铁的抗压强度、硬度与耐磨性主要取决于基体，石墨存在对其影响不大，故灰铸铁的抗压强度很高，一般是抗拉强度的3～4倍。

（2）铸造性能好　由于灰铸铁的碳当量较高，接近共晶成分，故熔点比钢低，铸造流动

性好，收缩率比钢小。因此，灰铸铁能够铸造出形状复杂和壁薄的铸件。

（3）切削加工性良好　这是由于石墨割裂了基体，使铸铁的切屑易脆断，呈粒状切屑。另外，石墨对刀具具有减摩和润滑作用，使用刀具磨损小。

（4）减摩性好　石墨本身是良好的润滑剂，石墨剥落后形成空洞，又可以储存润滑油，故减摩性好。

（5）减振性好　由于石墨比较松软，能够吸收振动，阻隔振动传播，故减振性好。

（6）缺口敏感性较低　石墨本身就相当于很多缺口（孔洞、微裂纹），致使外来缺口（如油孔、键槽、刀痕等）的作用相对减弱，因此，铸铁对缺口敏感性较低。

二、灰铸铁的孕育处理

因片状石墨存在于灰铸铁中，导致力学性能较低。为了提高灰铸铁的力学性能，生产上常采用孕育处理，即在浇注前往铁液中加入少量孕育剂，以改善铁液的结晶条件，从而获得细珠光体基体加上细小均匀分布的片状石墨的组织。经孕育处理后的铸铁称为孕育铸铁。

生产中常用硅的质量分数为 75% 的硅铁作为孕育剂。孕育处理时，这些孕育剂或它们的氧化物如 SiO_2、CaO 在铁液中形成大量的、高弥散的难熔质点，成为非自发结晶核心，结晶过程几乎是在整个铁液中同时进行，使铸铁各个部位截面上组织与性能一致，具有断面缺口敏感性小的特点，如图 7-5 所示。因此，孕育铸铁常用来制造力学性能要求较高，且断面尺寸变化大的大型铸件。

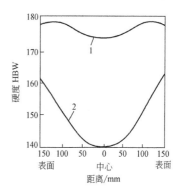

图 7-5　300 × 300mm 铸铁件截面
上硬度分布
1—孕育铸铁　2—普通灰铸铁

三、灰铸铁的牌号和应用

灰铸铁的牌号、力学性能及用途见表 7-1。表中 HT 表示"灰铁"两字的汉语拼音的字首，后面三位数字表示直径 30mm 单铸试棒的最小抗拉强度值。

由表可见，灰铸铁的强度与铸件壁厚大小有关，同一牌号中，随着壁厚的增加，其抗拉强度与硬度要降低。因此，根据零件的性能要求去选择铸铁牌号时，必须考虑铸件壁厚的影响。

表 7-1　灰铸铁的牌号、力学性能及用途（GB/T9439—1988）

牌号	铸铁类别	铸件壁厚/mm	铸件最小抗拉强度/σ_b	适用范围及举例
HT100	铁素体灰铸铁	2.5 ~ 10	130	低载荷和不重要零件，如盖、外罩、手轮、支架、重锤等
		10 ~ 20	100	
		20 ~ 30	90	
		30 ~ 50	80	
HT150	珠光体 + 铁素体灰铸铁	2.5 ~ 10	175	承受中等应力（抗弯应力小于 100MPa）的零件，如支柱、底座、齿轮箱、工作台、刀架、端盖、阀体、管路附件及一般无工作条件要求的零件
		10 ~ 20	145	
		20 ~ 30	130	
		30 ~ 50	120	

（续）

牌号	铸铁类别	铸件壁厚/mm	铸件最小抗拉强度/σ_b	适用范围及举例
HT200	珠光体＋灰铸铁	2.5～10	220	承受较大应力（抗弯应力小于300MPa）和较重要零件，如气缸体、齿轮、机座、飞轮、床身、缸套、活塞、刹车轮、联轴器、齿轮箱、轴承座、液压缸等
		10～20	195	
		20～30	170	
		30～50	160	
HT250		4.0～10	270	
		10～20	240	
		20～30	220	
		30～50	200	
HT300	孕育铸铁		290	承受高弯曲应力（小于500MPa）及抗拉应力的重要零件，如齿轮、凸轮、车床卡盘、剪床和压力的机身、床身、高压液压缸、滑阀壳体等
		20～30	250	
		30～50	230	
HT350		10～20	340	
		20～30	290	
		30～50	260	

四、灰铸铁的热处理

1. 去应力退火

铸件在铸造冷却过程中，由于各部分冷却速度不同，因此容易产生内应力，易导致铸件翘曲和裂纹。为了保证尺寸稳定性，防止变形，对一些形状复杂的铸件，如床身、气缸体、气缸盖等，需要进行消除内应力退火。

去应力退火通常是将铸件缓慢加热到500～560℃，保温一定时间（每10mm厚度保温1h），然后以极慢的速度随炉冷至150～200℃后出炉，此时，铸件的内应力基本上被消除。

2. 消除铸件白口退火

灰铸铁件表层及一些薄截面处，在冷凝过程中冷却速度较快，容易产生白口组织，使铸件的硬度和脆性增加，造成切削加工困难，故需进行退火处理。方法是将铸铁件加热到850～890℃，保温2～5h，使Fe_3C分解，然后随炉缓冷500～400℃，再出炉空冷。

3. 表面淬火

有些铸件，如机床导轨表面，气缸内壁等需要提高表面硬度及耐磨度，常进行表面淬火处理，如高频感应加热表面淬火、接触电阻加热表面淬火等。

第三节　球墨铸铁

球墨铸铁是在浇铸前，向一定成分的铁液中加入适量使石墨球化的球化剂（纯镁或稀土硅铁镁合金）和促进石墨化的孕育剂（硅铁），获得具有球状石墨的铸铁。

一、球墨铸铁的化学成分、组织和性能

1. 球墨铸铁的化学成分

球墨铸铁的化学成分与灰铸铁相比，其特点是碳、硅的质量分数高，而锰的质量分数较低，对硫和磷的限制较严，并含有一定量的稀土镁。

由于作为球化剂的稀土镁能起阻止石墨化的的作用，并使共晶点右移，所以球墨铸铁的碳当量较高，一般 $w_C = 3.6\% \sim 4.0\%$，$w_{Si} = 2.0\% \sim 3.2\%$。锰具有去硫、脱氧的作用，并可稳定和细化珠光体基体。对珠光体基体，$w_{Mn} = 0.6\% \sim 0.8\%$，对铁素体 $w_{Mn} < 0.6\%$。硫、磷都是有害元素，一般 $w_S < 0.07\%$、$w_P < 0.1\%$。

2. 球墨铸铁的组织

球墨铸铁的组织是由钢的基体和球状石墨两部分组成。球墨铸铁在铸态下，其基体是有不同数量铁素体、珠光体、甚至与渗碳体同时存在的混合组织，故生产中需经过不同热处理以获得不同的组织。生产中常有铁素体球墨铸铁、珠光体＋铁素体球墨铸铁、珠光体球墨铸铁和贝氏体球墨铸铁。其显微组织如图7-6所示。

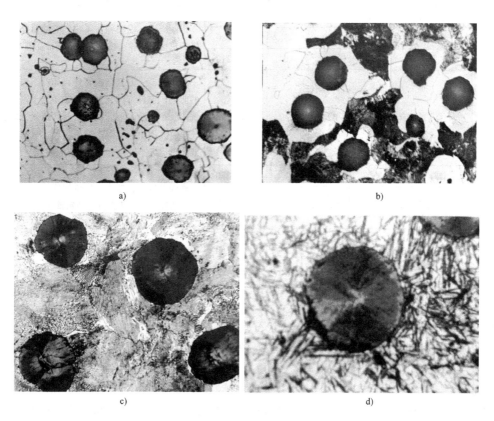

图7-6　球墨铸铁的显微组织（200×）

a）铁素体球墨铸铁　b）铁素体＋珠光体球墨铸铁　c）珠光体球墨铸铁　d）贝氏体球墨铸铁

3. 球墨铸铁的性能

由于球墨铸铁中石墨呈球状对金属基体的割裂作用较小，使得基体比较连续，在拉伸时引起应力集中的现象明显下降，从而使基体强度利用率，从灰铸铁的30%～50%提高到了70%～90%，这就使球墨铸铁的抗拉强度、塑性和韧性、疲劳强度不仅高于其他铸铁，而且可以与相应组织的铸钢相比。

球墨铸铁具有灰铸铁的某些优良性能,如铸造性能、切削加工性、减摩性等。但球墨铸铁的过冷倾向大,易产生白口现象,而铸铁也容易产生缩孔,缩松等缺陷。因而,球墨铸铁的铸造工艺比灰铸铁要求高。

二、球墨铸铁的牌号和应用

表7-2为国家球墨铸铁的牌号、基体组织、力学性能和用途。牌号由 QT 与两组数字组成,其中 QT 表示"球铁"两字汉语拼音的字母,第一组数字代表最低抗拉强度值,第二组数字表示最低伸长率。

表7-2 球墨铸铁的牌号、力学性能和用途(GB/T1348—1988)

牌号	基体组织	力学性能				用途举例
		σ_b/MPa	$\sigma_{0.2}$/MPa	δ(%)	HBW	
		不小于				
QT400—18	铁素体	400	250	18	130～180	机器座架、传动轴、飞轮、电动机架、内燃机的机油泵齿轮、铁路机车车辆轴瓦等
QT400—15	铁素体	400	250	15	130～180	
QT450—10	铁素体	450	310	10	160～210	
QT500—7	铁素体＋珠光体	500	320	7	170～230	载荷大、受力复杂的零件,如汽车,拖拉机的曲轴、连杆、凸轮轴、气缸套、部分磨床、铣床、车床的主轴,机床蜗杆、蜗轮,轧钢机轧辊、大齿轮,小型水轮机主轴,气缸体,桥式起重机大小滚轮等
QT600—3	珠光体＋铁素体	600	370	3	190～270	高强度齿轮,如汽车后桥螺旋锥齿轮、大减速器齿轮,内燃机曲轴,凸轮轴等
QT700—2	珠光体	700	420	2	225～305	
QT800—2	珠光体或回火组织	800	480	2	245～335	
QT900—2	贝氏体或回火马氏体	900	600	2	280～360	

三、球墨铸铁的热处理

由于球墨铸铁基体组织与钢相同,球状石墨又不易引起应力集中,因此球墨铸铁具有较好的热处理工艺性能。凡是钢可以采用的热处理,在理论上对球墨铸铁都适用。根据需要,球墨铸铁主要采用以下几种热处理。

1. 退火

(1)去应力退火 将铸件缓慢加热到 500～600℃ 左右,保温 2～8h,然后随炉缓慢冷却。

(2)低温石墨化退火 当铸态基体组织为珠光体＋铁素体,而无自由渗碳体存在时,为了获得塑性、韧性较高的铁素体球墨铸铁,可进行低温石墨化退火。

低温退火工艺是把铸件加热到共析温度范围附近,即 720～760℃,保温 2～8h,使铸件发生第三阶段石墨化,然后炉冷至 600℃ 出炉空冷,其退火工艺曲线和组织变化如图 7-7 所示。

(3)高温石墨化退火 由于球墨铸铁白口倾向较大,因而铸态组织中往往出现自由渗碳体,为了获得铁素体球墨铸铁,需要进行高温石墨化退火。

高温退火工艺是将铸件加热到900～950℃，保温2～4h，使自由渗碳体石墨化，然后随炉冷却到600℃，再出炉空冷，其工艺曲线与组织变化如图7-8所示。

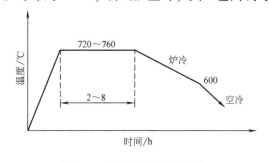

图7-7 球墨铸铁低温石墨化
退火工艺曲线

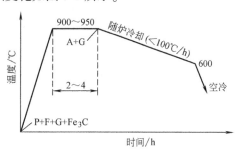

图7-8 球墨铸铁高温石墨化
退火工艺曲线

2. 正火

球墨铸铁正火的目的是为了获得珠光体型的基体组织，以提高其强度，硬度和耐磨性。正火可分为高温正火和低温正火两种。

（1）高温正火 一般将铸件加热到900～950℃，保温1～3h，使基体全部奥氏体化，然后出炉空冷，获得细珠光体的组织，如图7-9所示。

（2）低温正火 一般将铸件加热到820～860℃，保温1～4h，然后出炉空冷，获得珠光体和分散铁素体的球墨铸铁，提高了铸件的塑性和韧性，但强度比高温正火略低，其工艺曲线如图7-10所示。

由于球墨铸铁导热性较差，正火后的铸件内有较大的内应力，通常还需进行一次去应力退火。其工艺一般是将铸件加热到550～600℃，保温3～4h，然后出炉空冷，这样可使内应力基本消除。

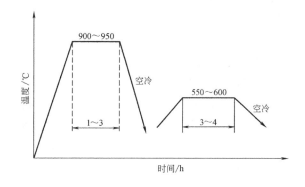

图7-9 球墨铸铁高温正火工艺曲线

3. 调质处理

对于受力复杂、综合力学性能要求较高的重要零件，如柴油机曲轴、连杆等需要进行调质处理。一般将铸件加热到860～920℃，保温后油淬，然后在550～600℃回火2～4h，以获得回火索氏体和球状石墨的组织。

4. 等温淬火

对于一些外形复杂，易变形或开裂的零件，如齿轮、凸轮、凸轮轴等，为了提高综合力学性能，常采用下贝氏体等温淬火。其工艺是将铸件加热到860～920℃，保温后迅速移到300～250℃的盐浴中等温1～1.5h，然后取出空冷，一般不进行回火。最终组织为下贝氏体+少量残留奥氏体+少量马氏体+球状石墨。但由于等温盐浴的冷却能力有限，故适用截面尺寸不大的零件。

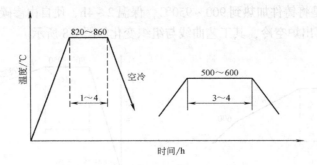

图 7-10　球墨铸铁低温正火工艺曲线

第四节　蠕墨铸铁

蠕墨铸铁是近 20 几年发展起来的一种新型铸铁，它是在一定成分的铁液中加入适量的蠕化剂和孕育剂后而获得的。通常采用的蠕化剂有稀土镁钛合金、稀土镁钙合金、镁钙合金等，其作用主要是促进石墨成蠕虫状。常用的孕育剂是硅的质量分数为 75% 的硅铁。

一、蠕墨铸铁的化学成分、组织和性能

1. 蠕墨铸铁的化学成分

蠕墨铸铁的化学成分要求与球墨铸铁相似，即要求高碳、高硅、低硫和低磷，并含有一定量的稀土镁。一般成分范围如下：$w_C = 3.5\% \sim 3.9\%$，$w_{Si} = 2.1\% \sim 2.8\%$，$w_{Mn} = 0.4\% \sim 0.8\%$，$w_S < 0.1\%$，$w_P < 0.1\%$。

2. 蠕墨铸铁的组织

蠕墨铸铁的组织是由蠕虫状石墨和钢的基体组成。蠕虫状石墨头部较圆（一般长厚比为 2 ~ 10），形态介于球状石墨与片状石墨之间。

蠕墨铸铁基体组织在铸态时铁素体量约占 50% 或更多，如图 7-11 所示。在大多数情况下蠕墨铸铁中钢的基体为铁素体，若加入铜、镍、锡等珠光体稳定元素，可使铸态珠光体量提高到 70% 左右。

3. 蠕墨铸铁的性能

蠕墨铸铁是一种综合性能良好的铸铁，其力学性能介于球墨铸铁与灰铸铁之间。其抗拉强度、屈服点、伸长率、疲劳强度均优于灰铸铁，接近于铁素体球墨铸铁；而导热性、切削加工性均优于球墨铸铁，与灰铸铁相近。

蠕墨铸铁的铸造性能、减振性和耐磨性都优于球墨铸铁。

二、蠕墨铸铁的牌号和应用

蠕墨铸铁的牌号由 RuT 与一组数字表示。其中 RuT 表示"蠕铁"两字汉语拼音的字首，后面三位数字表示其最小抗拉强度值，见表 7-3。

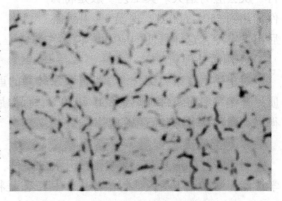

图 7-11　蠕墨铸铁的显微组织（100×）

表 7-3　蠕墨铸铁的牌号、力学性能和用途

牌号	力学性能			HBW	用　途　举　例
	σ_b/MPa	$\sigma_{0.2}$/MPa	δ（%）		
	不小于				
RuT260	260	195	3	121~195	增压器、废气进气壳体、汽车底盘零件等
RuT300	300	240	1.5	140~217	排气管、变速器箱体、气缸盖、液压件、纺织机零件、钢锭模等
RuT340	340	270	1.0	170~249	重型机床件、大型齿轮箱体、盖、座、飞轮、起重机卷筒等
RuT380	380	300	0.75	193~274	活塞环、气缸套，制动盘，钢珠研磨盘，吸淤泵体等
RuT420	420	335	0.75	200~280	

注：牌号、力学性能摘自 JB4403—1987 蠕墨铸铁件。

蠕墨铸铁在生产中已得到广泛应用，主要用于制造气缸盖、气缸套、钢锭模、液压件等零件。

三、蠕墨铸铁的热处理

蠕墨铸铁在铸态时，其基体具有大量铁素体，通过正火可以增加珠光体，以提高强度与耐磨性。为了获得 3/4 以上铁素体基体或消除薄壁处白口组织，可进行退火。

第五节　可 锻 铸 铁

可锻铸铁俗称为马铁或玛钢。它是将白口铸铁通过可锻化退火而获得的具有团絮状石墨的铸铁。与灰铸铁相比，可锻铸铁具有较高的力学性能，尤其是塑性与韧性有明显的提高。但必须指出，可锻铸铁实际上是不能锻造的。

一、可锻铸铁的化学成分和组织

可锻铸铁的生产必须经过两个步骤：第一步获得白口铸件；第二步再经过高温长时间的可锻化退火，使渗碳体分解成团絮状石墨。

1. 化学成分

为了保证在冷却条件下获得白口铸铁，必须使可锻铸铁中含有适当的碳和硅；若碳和硅的质量分数太高，由于碳和硅都是促进石墨化元素，就会有片状石墨形成，而得不到白口组织；若碳和硅的质量分数太低，则在第二步可锻化退火时石墨化困难，退火周期增长。其成分通常为 $w_C = 2.2\% \sim 2.8\%$，$w_{Si} = 1.2\% \sim 2.0\%$，$w_{Mn} = 0.4\% \sim 1.2\%$，$w_S \leq 0.2\%$，$w_P \leq 0.1\%$。

2. 可锻化退火

可锻铸铁根据化学成分、退火工艺、性能及组织不同，分为黑心可锻铸铁（铁素体可锻铸铁）、珠光体可锻铸铁及白心可锻铸铁三类。目前我国以生产铁素体可锻铸铁和珠光体可锻铸铁为主。

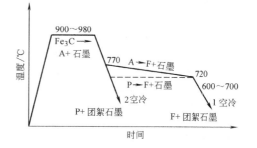

图 7-12　可锻铸铁的石墨化退火工艺
1—铁素体可锻铸铁退火工艺曲线
2—珠光体可锻铸铁退火工艺曲线

可锻铸铁可锻化退火工艺如图 7-12 中曲线所示，是将白口铸铁件密封装箱，在炉中加热至 900～980℃，使铸铁组织转变为奥氏体和渗碳体。在高温长时间保温后，组织中渗碳体发生分解，进行第一阶段的石墨化，组织转变为奥氏体和石墨。由于石墨化过程是在固态下进行的，各个方向上石墨长大的速度相差不多，使石墨呈团絮状。当完成第一阶段石墨化后，温度缓冷，奥氏体成分沿 Fe-G 相图中 E′S′ 线变化，而不断析出二次石墨，进行第二阶段石墨化。二次石墨将附在原先已有石墨上，使石墨继续长大。当冷却到略低于其共析温度范围，作长时间的保温（图中虚线所示），进行第三阶段石墨化，组织为在铁素体基体上分布团絮状石墨，称为铁素体可锻铸铁，其显微组织如图 7-13a 所示。如果完成第一阶段石墨化后，随炉冷却到 820～880℃，然后出炉空冷而不进行第二阶段石墨化，使组织为珠光体其体上分布团絮状石墨，则称为珠光体可锻铸铁，其显微组织如图 7-13b 所示。

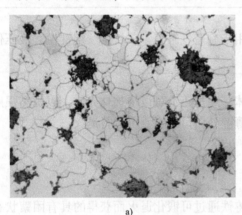 

a)   b)

图 7-13 可锻铸铁显微组织

a) 铁素体可锻铸铁（200×）   b) 珠光体可锻铸铁（100×）

二、可锻铸铁的牌号、性能和应用

表 7-4 为黑心可锻铸铁和珠光体可锻铸铁的牌号及力学性能。牌号"KT"是"可铁"两字汉语拼音的字首，其后面的 H 表示墨心可锻铸铁，Z 表示珠光体可锻铸铁，牌号后面第一组数字表示最小抗拉强度值，第二组数字表示最小伸长率。

表 7-4 黑心可锻铸铁和珠光体可锻铸铁的牌号及力学性能（摘自 GB/T9440—1988）

牌号及分级		式样直径 d/mm	σ_b/MPa	$\sigma_{0.2}$/MPa	$\delta(\%)(l_0 = 5d)$	HBW
A	B		不小于			
KTH300-06	KTH330-08	12 或 15	300	—	6	≤150
			330	—	8	
KTH350-10	KTH370-12		350	200	10	
			370	—	12	
KTZ450-06		12 或 15	450	270	6	150-200
KTZ550-04			550	340	4	180-230
KTZ650-02			650	430	2	210-260
KTZ700-02			700	530	2	240-290

注：1. 试样直径 12mm 只适用于主要壁厚小于 10mm 的铸件。

2. 牌号 KTH300—06 适用于气密性零件。

3. 牌号 B 系列为过渡牌号。

可锻铸铁的力学性能优于灰铸铁，并接近同类基体的球墨铸铁。与球墨铸铁相比，具有铁液处理简单、质量稳定、废品率低等优点。所以，生产中常用可锻铸铁制作截面较薄而形状复杂、工作时受振动而强度、韧性要求较高的零件，因为这些零件若用与灰铸铁制造，则不能满足力学性能要求；若用球墨铸铁制造，易形成白口；若用铸钢铸造，则因其铸造性能差，质量不稳定。

由表 7-4 可见，黑心可锻铸铁强度不算高，但具有良好的塑性与韧性，常用作汽车、拖拉机的后桥外壳、减速器壳、扳手、中低压阀门、管接头及农具等承受冲击、振动和扭转载荷的零件；珠光体可锻铸铁的塑性和韧性不及黑心可锻铸铁，但其强度、硬度和耐磨性高，常用作曲轴、连杆、齿轮、凸轮轴等要求强度和耐磨性较好的零件。

第六节　合　金　铸　铁

常规元素高于规定含量或含有一种或多种合金元素，致使具有某种特殊性能的铸铁，统称为合金铸铁。如具有耐磨、耐热、耐蚀等特殊性能的这种铸铁，又称为耐磨铸铁、耐热铸铁、耐蚀铸铁等。

一、耐磨铸铁

耐磨铸铁可分为减摩铸铁和抗磨铸铁两类。减摩铸铁用于制造在有润滑、受粘着磨损条件下工作的零件，如机床导轨和拖板、发动机的缸套和活塞环、各种滑块和轴承等。抗磨铸铁用于制造在无润滑、受磨料磨损条件下工作的铸件，如轧辊、球磨机磨球、抛丸机叶片、犁铧等。

1. 减摩铸铁

减摩铸铁的组织为在软基体上分布有硬化相，具有珠光体组织的灰铸铁可符合这一要求。软基体为铁素体，硬化相为渗碳体，片状石墨可以起储油和润滑作用。为了改善铸铁耐磨性，通常将珠光体灰铸铁中磷的质量分数提高到 $w_P = 0.4\% \sim 0.7\%$，成为高磷铸铁。其中磷形成磷共晶，并与铁素体或珠光体组成磷共晶。磷共晶硬而耐磨，以断续网状分布在珠光体基体上，形成坚硬骨架，使铸铁耐磨性显著提高。

为了进一步提高珠光体灰铸铁的耐磨性，可加入适量的 Cu、Cr、Mo、P、V、Ti 等合金元素，形成合金减摩铸铁。生产中常用的合金减摩铸铁有高磷铸铁、磷铜钛铸铁、铬钼铜铸铁等。

2. 抗磨铸铁

抗磨铸铁的组织应具有均匀的高硬度。普通白口铸铁硬度高，但太脆，为此常在普通白口铸铁中加入少量的 Cu、Cr、Mo、V、B 等合金元素形成合金碳化物，提高抗磨性。当加入大量铬（$w_{Cr} = 15\%$）后，在铸铁中可形成团块状的碳化物，对铸铁的韧性有较大改善，这种铸铁称为抗磨白口铸铁。

此外，锰的质量分数为 $w_{Mn} = 5.0\% \sim 9.5\%$，硅的质量分数为 $w_{Si} = 3.3\% \sim 5.0\%$ 的中锰球墨铸铁，其铸态组织为马氏体、奥氏体、碳化物和球状石墨，它除具有良好的抗磨性外，还具有较好的韧性与强度，适用于制造犁铧、球磨机磨球等。

二、耐热铸铁

耐热铸铁是指可以在高温下使用的，其抗氧化或抗热生长性能符合使用要求的铸铁。可在铸铁中加入某些合金元素以提高铸铁的耐热性。灰铸铁在高温下除了会发生表面氧化外，还会发生"热生长"。所谓热生长，是指由于氧化性气体沿着石墨片的边界和裂纹，渗入铸铁内部所造成的氧化以及由于渗碳体分解生成石墨而引起的体积膨胀。热生长的结果，会使铸件失去精度和产生显微裂纹。

为了提高耐热性，可向铸铁中加入硅、铝、铬等合金元素，使铸铁在高温下表面形成一层致密的氧化膜，如 SiO_2、Al_2O_3、Cr_2O_3 等，保护内层不被连续氧化。这些元素还能提高铸铁的相变点，保证在工作温度范围内不会发生固态相变，不发生石墨化过程，以减少由此而造成的体积变化与显微裂纹。

耐热铸铁的基体多采用单相组织，使铸铁在高温下不存在渗碳体分解而析出石墨的可能。石墨最好呈球状，因球状石墨一般为独立分布，不致造成氧化性气体渗入的通道，因此铁素体基体球墨铸铁具有较好的耐热性。

耐热铸铁按其成分可分为硅系、铝系、硅铝系等。其中铝系耐热铸铁脆性较大，铬系耐热铸铁价格较贵。目前，主要采用硅系和硅铝系耐热铸铁，主要用来制造加热炉附件，如炉底板、烟道挡板、传递链构件等。

三、耐蚀铸铁

耐蚀铸铁不仅具有一定的力学性能，而且在酸、碱条件下有抗腐蚀能力。提高耐蚀性的途径基本上与不锈钢相同。目前主要采取通过加入硅、铝、铬等合金元素，使其在铸铁表面形成一层连续致密的保护膜，可有效地提高铸铁的耐蚀性；在铸铁中加入铬硅、钼、铜、镍、磷等合金元素，可提高铁素体的电极电位以提高耐蚀性；通过合金化，还可以获得单相组织，以减少铸铁中微电池，从而提高其耐蚀性。

目前，我国应用最广泛的高硅耐蚀铸铁，其成分是 $w_C < 1.4\%$、$w_{Si} = 10\% \sim 18\%$，组织为含硅合金铁素体 + 石墨 + Fe_3Si（或 FeSi）。这种铸铁在含氧酸类（如硝酸、硫酸）中具有良好的耐蚀性，因此广泛应用于化工机械中，如阀门、泵类、容器和管道等。

思考题与练习题

1. 何谓铸铁？它与碳钢相比有何优缺点？

2. 根据碳在铸铁中存在的形态的不同，铸铁可分为哪几种？

3. 试比较一下 Fe-Fe_3C 和 Fe-G 相图的异同点。

4. 铸铁的硬度和抗拉强度的高低各主要取决于什么？用哪些方法可以提高铸铁硬度和抗拉强度？

5. 铸铁中的石墨是怎样形成的？

6. 在铸铁生产中，为什么对铸铁件有三低（碳、硅和锰的质量分数低）、一高（硫的质量分数高）要求之说？为什么同一成分铸件的表层或薄壁处容易形成白口？

7. 同样形状和大小的三块铁碳合金，分别是低碳钢、灰铸铁、白口铸铁，用什么简便方法可以迅速将它们区分开来？

8. 为什么可锻铸铁适宜制造壁厚较薄的零件？而球墨铸铁却不宜制造壁厚较薄的零件？

9. 为什么普通灰铸铁中碳和硅的质量分数愈高时，其抗拉强度和硬度就愈低？

10. HT100、HT200、QT400—18、QT500—7、QT900—02、RuT260、KTH300—06、KTZ550—04、KTZ700—02 铸铁牌号中数字分别表示什么性能？具有什么显微组织？这些性能是铸态性能还是热处理后性能？若是热处理后性能，请指出其热处理方法。

11. 机床的床身、箱体为什么都采用灰铸铁铸造？能否用钢板焊接制造？试将两者的使用性能和经济性作简要比较。

12. 现有铸态下球墨铸铁曲轴一批,按技术要求,其基体应为珠光体组织,轴颈表层硬度为 50 ~ 55HRC,试确定热处理方法。

13. 已知机床床身、机床导轨、内燃机中气缸套、活塞环、凸轮轴等零件采用铸铁制造,试根据零件工件条件及性能要求,提出各零件应采用的铸件类型,大致化学成分及热处理方法。

14. 铸件热处理与钢的热处理相比,有哪些不同之处?

第八章　非铁金属及粉末冶金材料

在工业生产中通常把金属材料分为黑色金属和非铁金属两大类。黑色金属主要指钢和铸铁，其余金属如铝、镁、铜、锡、铅、锌等及其合金统称为非铁金属。

与黑色金属相比，非铁金属具有自己的特性。例如：铝、镁、钛等金属及其合金，具有密度小、比强度高等特点，因此，在许多工业部门，尤其在航空、航海、化工、冶金、原子能及计算机等部门应用广泛。

非铁金属品种繁多，本章仅介绍机械工业中应用广泛的铝及铝合金、铜及铜合金、轴承合金和粉末冶金材料。

第一节　铝及铝合金

铝是自然界中储量最多的一种金属元素，居四大金属元素（铝、铁、镁、钛）之首。我国原铝产量占非铁金属产量之首。

一、工业纯铝

工业上使用的纯铝，其纯度为 99.7% ～99.8%，其熔点为 660℃，具有面心立方晶格，无同素异构转变，具有以下的性能特点：

1）密度小，密度仅为 2.7g/cm³，大约为铁的 1/3。

2）导电和导热性好，仅次于银、铜、金。铝的导电能力为铜的 62%。

3）抗大气腐蚀性能好，因为在空气中，铝的表面可生成致密完整的一层 Al_2O_3 氧化膜，隔绝了空气对铝的进一步氧化，故在大气中具有良好的耐蚀性。但铝不能耐酸、碱、盐的腐蚀。

4）强度低（$\sigma_b = 80 ～100MPa$），但塑性好（$\delta \geqslant 40\%$，$\psi = 80\%$），一般不适宜作结构材料使用，可通过压力加工制造各种型材。

5）无磁性、无火花，而且反射性能好，既可反射可见光，也能反射紫外线。

根据上述特点，纯铝的主要用途是：代替贵重的铜合金制作导线，配制各种铝合金以及制作要求质轻、导热或耐大气腐蚀但强度要求不高的容器和器具。

工业纯铝分未压力加工产品（铝锭）和压力加工产品（铝材）两种。按 GB/T 1196—1988 规定，铝锭的牌号有 Al99.7、Al99.6、Al99.5、Al99、Al98 五种。按 GB/T 16474—1996 规定，铝材的牌号有 1070、1060、1050…等（即相对应旧牌号 L1、L2、L3、L4、L5、L6 六种）。牌号中，数字愈大，表示杂质的质量分数愈多，故其导电性、耐蚀性及塑性愈低。

二、铝合金的分类

纯铝的强度低，若加入 Si、Cu、Mn、Mg、Zn 等合金元素制成铝合金，则可以使强度提高，还可以通过形变、热处理方法使强度进一步得到强化，所以铝合金还可以制造各种机械结构零件，而且这些铝合金仍具有密度小、比强度高（即抗拉强度与密度的比值）及良好的导热性等性能。

铝合金根据成分和工艺性能的不同，可划分为变形铝合金和铸造铝合金两大类，图 8-1 为铝合金相图的一般类型。

1. 变形铝合金

由图 8-1 可见，变形铝合金是指成分为 D 点以左的合金，当加热到 FD 线以上时可以得到单相固溶体。这类合金塑性较好，适宜进行压力加工，故称变形铝合金。变形铝合金又可以分为两类：

（1）不能用热处理强化的铝合金　成分在 F 点左边的铝合金在固态范围内加热、冷却均无相变，又无溶解度变化，所以它们不能用热处理方法来强化。其常用的强化方法是冷加工变形，如冷轧、压延等工艺。

（2）能用热处理强化的铝合金　当铝合金的成分在 F 点与 D 点之间时，其 α 固溶体的成分随温度而变化，能用热处理强化，故属于能用热处理强化的铝合金。

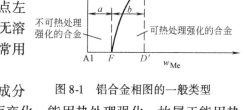

图 8-1　铝合金相图的一般类型

2. 铸造铝合金

成分在 D 点右边的铝合金，由于有共晶组织存在，熔点低、流动性好，故适宜铸造，制造形状复杂的零件，故称为铸造铝合金。

三、铝合金的热处理

碳的质量分数较高的钢，在淬火后其强度、硬度立即提高，而塑性急剧降低，而能用热处理强化的铝合金则不同，将其加热到 α 相区，保温后在水中冷却，其强度、硬度并没有明显升高，而塑性却得到改善，这种热处理称为固溶处理。固溶处理后的铝合金，如在室温下停留相当长的时间，它的强度、硬度才显著提高，同时塑性下降。例如，Cu 的质量分数为 4% 并含有少量 Mg、Mn 元素的铝合金，在退火状态下，$\sigma_b = 180 \sim 220MPa$，$\delta = 18\%$，经固溶处理后，其 $\sigma_b = 240 \sim 250MPa$，$\delta = 20\% \sim 22\%$，如再经 4 ~ 5d 放置后，则强度显著提高，$\sigma_b$ 可达 420MPa，而 δ 下降到 18%。

固溶处理后，铝合金的强度和硬度随时间而发生显著提高的现象，称为时效强化。在室温下进行的时效称自然时效；在加热条件下进行的时效称为人工时效。图 8-2 为 $w_{Cu} = 4\%$ 的铝合金经过固溶处理后，在室温下强度随时间变化的曲线。由图可知，自然时效在最初一段时间内，对合金强度影响不大，这段时间称为孕育期。在此期间对固溶处理后的铝合金可进行冷加工（如铆接、弯曲、校直等）。随着时间的延长，到 5 ~ 15h 之间强度增大很快，到 4 ~ 5d 以后，强度基本上停止变化。

铝合金时效强化的效果还与加热温度有关。图 8-3 表示不同温度下的人工时效对强度的影响。时效温度升高时效强化过程加快，即合金达到最高强度所需时间缩短。

如果时效温度在室温下，原于扩散不易进行，则时效过程进行很慢。例如，在 –50℃ 以下长期放置固溶处理后的铝合金，其 σ_b 几乎没有变化。所以，在生产中，某些需要进一步加工变形的铝合金（铝合金铆钉等），可在固溶处理后于低温状态下保存，使其在需要加工变形时仍具有良好的塑性。若人工时效的时间过长（或温度过高），反而使合金软化，这种现象称为过时效。

四、变形铝合金

变形铝合金可按其主要性能特点可分为防锈铝、硬铝、超硬铝及锻铝等。它们常由冶金厂加工成各种规格的型材（板、带、线、管等）产品供应市场。

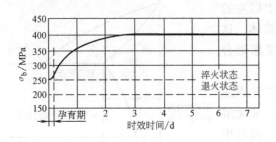

图 8-2 $w_{Cu}=4\%$ 的铝合金在不同温度下的自然时效曲线

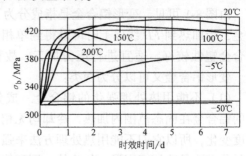

图 8-3 $w_{Cu}=4\%$ 的铝合金在不同温度下的时效曲线

表 8-1 列出常用变形铝合金的牌号、成分、性能及用途。

表 8-1 常用变形铝合金的代号、成分、力学性能及用途（摘自 GB/T 3190—1996）

（GB/T 3880—1997、GB/T 3191—1998）

组别	牌号	化学成分 w_i(%)					试样状态	力学性能		原代号	用途
		Cu	Mg	Mn	Zn	其他		σ_b/MPa	δ_{10}(%)		
防锈铝	5A05	0.10	4.8~5.5	0.30~0.6	0.20	Si0.5,Fe0.5	H112	≥265	≥14	LF5	焊接油箱、油管、焊条、铆钉及中载零件
	3A21	0.20	0.05	1.0~1.6	0.10	Si0.6,Fe0.7 Ti0.15	H112	≥120	≥16	LF21	焊接油箱、油管、铆钉及轻载零件
硬铝	2A01	2.2~3.0	0.20~0.50	0.20	0.10	Si0.5,Fe0.5 Ti0.15	—	—	—	LY1	工作温度不超过100℃，常用作铆钉
	2A11	3.8~4.8	0.40~0.80	0.40~0.8	0.30	Si0.7,Fe0.7 Ti0.15	0	≤235	≥12	LY11	中等强度结构件、如骨架、螺旋桨、叶片、铆钉等
	2A12	3.8~4.9	1.2~1.8	0.30~0.90	0.30	Si0.5,Fe0.5 Ti0.15	0	≤215	≥14	LY12	高强度结构件、航空模锻件及150°C以下工作零件
超硬铝	7A04	1.4~2.0	1.8~2.8	0.20~0.60	5.0~7.0	Si0.5,Fe0.5 Cr0.10~0.25 Ti0.10	0	≤245	≥11	LC4	主要受力构件、如飞机大梁、桁架等
							T6	≥490	≥7	—	
							T62	≥490	≥7	—	
锻铝	6A02	0.20~0.6	0.45~0.90	或Cr0.15~0.35	0.20	Si0.5~1.2 Ti0.15,Fe0.5	T6	≥295	≥8	LD2	形状复杂、中、低强度的锻件
	2A50	1.8~2.6	0.40~0.80	0.40~0.80	0.3	Si0.7~1.2 Ti0.15,Fe0.7	—	—	—	LD5	形状复杂、中等强度的锻件

1. 防锈铝合金

防锈铝主要指 Al-Mn 系、Al-Mg 系合金。这类铝合金不能用热处理强化，只能通过冷变形方法强化。主要合金元素是 Mn、Mg。Mn 的作用是固溶强化和提高耐蚀性，Mg 的作用是固溶强化和降低合金密度。这类铝合金的耐蚀性好，故称防锈铝，并具有适中的强度、优良的塑性和良好的焊接性，常用来制造高耐蚀性薄板容器（如油箱）、防锈蒙皮及受力小、质量轻、耐蚀的制品与结构件（如管道、窗框、灯具等）。常用牌号为 5A05。

2. 硬铝合金

硬铝主要指 Al-Cu-Mg 系合金。这类铝合金能用热处理强化。由于加入 Cu 和 Mg 能与 Al 形成强化相（CuAl2、CuMgAl2），通过固溶处理 + 时效获得相当高的强度，$\sigma_b = 420MPa$，其比强度与高强度钢（一般 $\sigma_b = 1000 \sim 1200MPa$ 的钢）相似，故称硬铝。

硬铝由于耐蚀性比纯铝差，更不耐海水腐蚀，所以硬铝材表面常包有一层纯铝，以增加其耐蚀性。如牌号为 2A01 的硬铝有很好的塑性，大量用于制造铆钉。2A11 既有相当高的硬度，又有足够的塑性，退火状态可进行冷弯、卷边、冲压。时效处理后又可大大提高其强度又有足够的韧性，常用来制造形状复杂、载荷较低的结构零件，在仪器制造中也有广泛应用。

3. 超硬铝合金

超硬铝是指 Al-Cu-Mg-Zn 系合金。这类铝合金用热处理强化。在铝合金中，超硬铝时效强化效果最好，强度最高，σ_b 可达 600MPa，其比强度已相当于超高强度钢（一般指 $\sigma_b >$ 1400MPa 的钢），故名超硬铝。

由于 $MgZn_2$ 相的电极电位低，所以超硬铝的耐蚀性也较差，一般也要包铝层以提高耐蚀性。另外，耐热性也较差，工作温度超过 120℃时就会软化。

目前应用最广的超硬铝合金是 7A04，常用于飞机上受力大的结构零件，如起落架、大梁等。在光学仪器中，用于要求质量轻而受力较大的结构零件。

4. 锻铝合金

它是 Al-Cu-Mg-Si 系、Al-Cu-Mg-Ni-Fe 系合金，其力学性能与硬铝相似，但热塑性及耐蚀性较高，适合锻造成形，故称锻铝，常用牌号 2A50。

由于其热塑性好，所以锻铝主要作航空及仪表工业中各种形状复杂、要求比强度较高的锻件或模锻件，如各种叶轮、框架、支杆等。

由于 Mg_2Si 相只有在人工时效时才能起强化作用，故一般均采用固溶处理 + 人工时效。

五、铸造铝合金

与变形铝合金相比，铸造铝合金力学性能不如变形铝合金，但其铸造性能好，可进行各种成形铸造，生产形状复杂的零件。铸造铝合金的种类很多，主要有 Al-Si 系、Al-Cu 系、Al-Mg 系、Al-Zn 系等四大类，其中以 Al-Si 系应用最广泛。

铸造铝合金的牌号（代号）用"铸""铝"二字的汉语拼音字首字母"Z""L"及三位数字表示。第一位数字表示合金类别（1 为 Al-Si 系、2 为 Al-Cu 系、3 为 Al-Mg 系、4 为 Al-Zn 系）；后二位数字表示顺序号，顺序号不同，化学成分也不同。例如：ZL102 表示 2 号 Al-Si 系铸造铝合金。若为优质合金，则在牌号后面加"A"。

常用铸造铝合金的代号（牌号）、成分、力学性能及用途见表 8-2。

铝硅铸造合金俗称硅铝明，是一种应用广泛的共晶型铸造铝合金。ZL102 是应用最早的典型的硅铝明，$w_{Si} = 11\% \sim 13\%$，一般铸造所得组织几乎全部是粗大的共晶体（$\alpha + Si$），其中 Si 是粗大的针状硅晶体，它使合金的力学性能严重降低。通常采用变质处理，在浇注前往液态合金中加入占合金质量 2% ~ 3% 的变质剂，则可使粗大的针状共晶硅变为细晶状硅，并且使 Al-Si 相图共晶点右移（如图 8-4 所示），得到细小的共晶体（α+Si）加上初生 α 的亚共晶组织（α+Si）+α（见图 8-5 所示），力学性能显著提高，由 $\sigma_b = 140\text{MPa}$，$\delta = 3\%$，提高到 $\sigma_b = 180\text{MPa}$，$\delta = 8\%$。

表 8-2　常用铸造铝合金的代号、成分、性能和用途（摘自 GB/T 1173—1995）

类别	合金代号与牌号	化学成分 w_i（余量为 w_{Al}）（%）						铸造方法与合金状态[1]	力学性能（不低于）			用　途[2]
		Si	Cu	Mg	Mn	Zn	Ti		σ_b/MPa	δ_5(%)	HBW(5/250/30)	
铝硅合金	ZL101 ZAlSi7Mg	6.5 ~ 7.5	—	0.25 ~ 0.45	—	—	—	J,TS,S,T5	205 195	2 2	60 60	形状复杂的砂型、金属型合压力铸造零件，如飞机、仪器的零件，抽水的壳体，工作温度不超过 185°C 的汽化器等
	ZL102 ZAlSi12	10.0 ~ 13.0	—	—	—	—	—	J,F,SB,JB,F SB,JB,T2	155 145 135	2 4 4	50 50 50	形状复杂的砂型、金属型合压力铸造零件，如仪表、抽水机壳体，工作温度在 200°C 以下，要求气密性承受低载荷的零件
	ZL105 ZAlSi5CulMg	4.5 ~ 5.5	1.0 ~ 1.5	0.4 ~ 0.6	—	—	—	J,T5 S,T5 S,T6	235 195 225	0.5 1.0 0.5	70 70 70	砂型、金属型荷压力铸造的形状复杂、在 225°C 以下工作的零件，如风冷发动机的气缸头、机闸、液压泵壳体等
	ZL108 ZAlSi12Cu2Mg1	11.0 ~ 13.0	1.0 ~ 2.0	0.4 ~ 1.0	0.3 ~ 0.9	—	—	J,T1 J,T6	195 255		85 90	砂型、金属型铸造的、要求高温强度及低膨胀系数的内燃机活塞及其他耐热零件
铝铜合金	ZL201 ZAlCu5MnA	—	4.5 ~ 5.3	—	0.6 ~ 1.0	—	0.15 ~ 0.35	S,T4 S,T5	295 335	8 4	70 90	砂型铸造在 175 ~ 300°C 以下工作的零件，如支臂、挂架梁、内燃机气缸头、活塞等
	ZL201 ZAlCu6Mn	—	4.8 ~ 5.3	—	0.6 ~ 1.0	—	0.15 ~ 0.35	S,J,T5	390	8	100	同上
铝镁合金	ZL301 ZAlMg10	—	—	9.5 ~ 11.5	—	—	—	J,S,T4	280	10	60	砂型铸造的在大气或海水中工作的零件，承受大振动载荷，工作温度不超过 150°C 的零件

（续）

类别	合金代号与牌号	化学成分 w_i（余量为 w_{Al}）（%）						铸造方法与合金状态[1]	力学性能（不低于）			用 途[2]
		Si	Cu	Mg	Mn	Zn	Ti		σ_b/MPa	δ_5（%）	HBW（5/250/30）	
铝锌合金	ZL401 ZAlZn11Si7	6.0 ~ 8.0	—	0.1 ~ 0.3	—	9.0 ~ 13.0	—	J,T1 S,T1	245 195	1.5 2	90 80	压力铸造的零件，工作温度不超过 200°C，结构形状复杂的汽车、飞机零件

① 铸造方法与合金状态的符号：J—金属型铸造；S—砂型铸造；B—变质处理；T1—人工时效（铸件快冷后进行，不进行淬火）；T2—退火（290±10°C）；T4—淬火＋自然时效；T5—淬火＋不完全人工时效（时效温度低，或时间短）；T6—淬火＋完全人工时效（约180°C，时间较长）；F—铸态。

② 用途在 GB 标准中未作规定

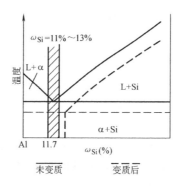

图 8-4 变质剂对 Al-Si 相图影响

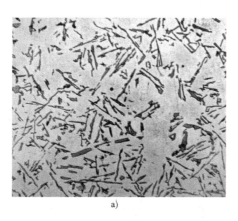 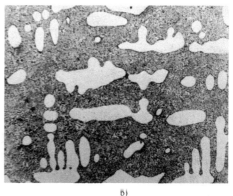

a)   b)

图 8-5 Al-Si 二元合金的铸态组织

a）未变质处理（100×）   b）变质处理（100×）

铸造铝合金一般用来制造质量轻、耐蚀、形状复杂及有一定力学性能的铸件，如发动机气缸体、手提电动或风动工具（手电钻、风镐）以及仪表外壳。

为了进一步提高铝硅合金的强度，可在合金中加入能产生时效强化的 Cu、Mg、Mn 等合金元素，在变质处理后还可以进行固溶处理 + 时效处理，使其具有较好耐热性和耐磨性，是制造内燃机活塞的材料。

第二节 铜及铜合金

铜是人类历史上应用最早的金属。按照化学成分，铜合金可分为黄铜、青铜和白铜三大类。以 Zn 为主要合金元素的合金为黄铜；以 Ni 为主要合金元素的合金为白铜；除了黄铜和白铜之外，其他铜合金习惯上都称为青铜。白铜价格高，具有极高的耐蚀性，并且有耐热耐寒的性能，用来制造特殊条件下工作的零件。

一、工业纯铜

纯铜表面具有玫瑰红色，表面形成氧化亚铜 CuO 膜层后呈紫色，故又称紫铜。其纯度为 99.7% ~ 99.95%。铜具有面心立方晶格，无同素异构转变，其熔点为 1083℃，密度为 8.96g/cm³，其主要特征有：

1）有良好的导电性、导热性，其导电性仅次于银。

2）塑性高（$\delta = 40\% \sim 50\%$），能很好地进行各种冷、热压力加工。

3）有较高的耐蚀性（抗大气及海水腐蚀）。

4）无磁性。

纯铜的强度不高（$\sigma_b = 230 \sim 240 \text{MPa}$），硬度低（40 ~ 50HBW）。冷塑性变形后，可以使铜的强度 σ_b 提高到 400 ~ 500MPa，而伸长率却明显下降（$\delta = 2\% \sim 5\%$）。为了满足制作结构件的要求，必须制成各种铜合金。

因此，纯铜的主要用途是制作各种导电材料、导热材料及配制各种铜合金的材料。

工业纯铜分未加工产品（铜锭）和压力加工产品（铜材）两种。工业纯铜未加工产品牌号有 Cu-1、Cu-2 两种，已加工产品牌号有 T1、T2、T3、T4 四种牌号。牌号中数字愈大，表示杂质含量愈多，则导电性愈差。

二、黄铜

黄铜是以锌为主要合金元素的铜锌合金。黄铜可按化学成分分为普通黄铜和特殊黄铜两类；又可按加工方法分为加工黄铜和铸造黄铜两类。

1. 普通黄铜

普通黄铜是以 Zn 为主要添加元素的铜合金。黄铜的力学性能与 Zn 的质量分数有关。随着 Zn 的质量分数增加，其力学性能变化如图 8-6 所示。当 $w_{Zn} < 39\%$ 时，（实际生产时大多为 $w_{Zn} < 32\%$，Zn 能完全

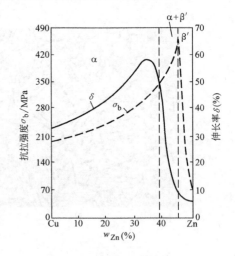

图 8-6 黄铜力学性能随 w_{Zn} 变化的关系

溶解于 Cu 内形成单相 α 固溶体，称为单相黄铜。其显微组织如图 8-7 所示。单相黄铜塑性很好，适宜冷、热压力加工；若 $w_{Zn} > 39\%$，组织中除了 α 固溶体外，还出现以化合物 CuZn

为基的 β′ 固溶体，即黄铜中为 α+β′ 双相组织（双相黄铜），其显微组织如图 8-8 所示。β′ 相在 470℃ 以下塑性很差，但少量的 β′ 对强度影响不大，因此强度仍然升高，因此只适宜热压力加工；若 $w_{Zn} > 45\%$ 以后，铜合金组织全部为 β′ 相，致使强度和塑性急剧下降，此时的合金已无使用价值。

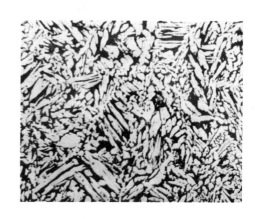

图 8-7　单相黄铜的显微组织　　　　　　　　图 8-8　双相黄铜的显微组织

经冷变形加工后黄铜可获得良好的力学性能。例如 H70 退火后 $\sigma_b = 320\text{MPa}$，$\delta = 3\%$，但由于残余应力存在，在潮湿的大气或海水，尤其在含有氧的环境中易产生腐蚀，导致断裂，称应力腐蚀。故应在 250~300℃ 进行去应力退火。

普通加工黄铜的牌号用"黄"字汉语拼音字首"H"与一组数字表示。数字表示合金中铜的平均质量分数，如 H70 表示 $w_{Cu} = 70\%$，其余为 w_{Zn} 的黄铜。H70 是典型的单相黄铜，H68 是典型的双相黄铜。

铸造黄铜在牌号前加"Z"（铸）字，如 ZCuZn38 铸造黄铜的铸性能较好，其熔点比纯铜低，且结晶温度间隔较小，使黄铜有较好的流动性，较小的偏析倾向，铸件组织致密，适宜制作形状复杂的结构零件。

2. 特殊黄铜

为了改善黄铜的力学性能、耐蚀性能或某些工艺性能，可以在普通黄铜的基础上加入其他合金元素，所组成的多元合金称为特殊黄铜。需加入的合金元素有铅、锡、铝、锰、硅等。相应地可称这些特殊黄铜为铅黄铜、锡黄铜、铝黄铜等。

合金元素加入后，都能不同程度地提高黄铜的性能：其中 Si、Mu、Al 能提高力学性能；Al、Mn、Sn 能提高耐蚀性；Si 和 Pb 共存时能提高耐磨性；Pb 能提高切削性能，Fe 能细化晶粒；Ni 能降低应力腐蚀的倾向。

特殊黄铜的牌号在"H"之后标以主加元素的化学符号，并在其后标以铜及合金元素的质量分数。例如 HPb59-1 表示 $w_{Pb} = 1\%$，余量为 w_{Zn} 的铅黄铜。

常用黄铜的牌号、成分、性能及用途举例见表 8-3。

三、青铜

青铜原先是指人类最早应用的一种 Cu-Sn 合金。但现代工业上，除了黄铜、白铜（Cu-

Ni 合金）以外的其他元素作为主要合金元素的铜合金均称为青铜。例如铅青铜、铝青铜、硅青铜、铍青铜、钛青铜等。

表 8-3　常用黄铜的代号、成分、力学性能及用途（摘自 GB/T 2040—2002、GB/T 5231—2001）

组别	代号或牌号	化学成分 w_i（%）		力学性能[①]			主要用途[②]
		Cu	其他	σ_b/MPa	δ（%）	HBW	
普通黄铜	H90	88.0~91.0	余量 Zn	345/392	35/3	—	双金属片、供水和排水管、证章、艺术品（又称金色黄铜）
	H68	67.0~70.0	余量 Zn	294/392	40/13	—	复杂的冷冲压件、散热器外壳、弹壳、导管、波纹管、轴套
	H62	60.5~63.5	余量 Zn	294/412	40/10	—	销钉、铆钉、螺钉、螺母、垫圈、弹簧、夹线板
	ZCuZn38	60.0~63.0	余量 Zn	295/295	30/30	59/68.5	一般结构件如散热器、螺钉、支架等
特殊黄铜	HSn62-1	61.0~63.0	0.7~1.1Sn 余量 Zn	294/392	35/5	—	与海水和汽油接触的船舶零件（又称海军黄铜）
	HSi80-3	79.0~81.0	2.5~4.5Si 余量 Zn	300/350	15/20	—	船舶零件，在海水、淡水和蒸汽（<265°C）条件下工作的零件
	HMn58-2	57.0~60.0	1.0~2.0Mn 余量 Zn	382/588	30/30	—	海轮制造业和弱电用零件
	HPb59-1	57.0~60.0	0.8~1.9Pb 余量 Zn	343/441	5/25	—	热冲压及切削加工零件，如销钉、螺母、轴套（又称易削黄铜）
	ZCuZn40 Mn3Fe1	53.0~58.0	3.0~4.0Mn 0.5~1.5Fe 余量 Zn	440/490	18/15	98/108	轮廓不复杂的重要零件，海轮上在300°C以下工作的管配件，螺旋桨等大型铸件
	ZCuZn25A16 Fe3Mn3	60.0~66.0	4.5~7Al 2~4Fe 1.5~4.0Mn 余量 Zn	725~745	7/7	166.5/166.5	要求强度耐蚀零件如压紧螺母、重型螺杆、轴承、衬套

[①] 力学性能中分母的数值，对压力加工黄铜来说是指硬化状态（变形度为50%）的数值，对铸造黄铜来说是指金属型铸造时的数值；分子数值，对压力加工黄铜为退火状态（600°C）时的数值，对铸造黄铜为砂型铸造时的数值。

[②] 主要用途在 GB 标准中未作规定。

青铜的牌号为 Q + 主加元素符号及质量分数 + 其他元素符号及质量分数。铸造青铜则在牌号前面加"Z"。

1. 锡青铜

锡青铜是由 Cu 与 Sn 为主加元素组成的铜合金，其组织和力学性能随锡的质量分数变化而变化，如图 8-9 所示。当 w_{Sn} <6%~7%时，Sn 完全溶入 Cu 中形成面心立方 α 单相固溶体组织，塑性好；当 w_{Sn} >6%~7%后，由于组织中出现了硬而脆的以化合物 $Cu_{31}Sn_8$ 为基的 δ 相，使强度继续升高，塑性急剧下降。当 w_{Sn} >20%时，组织中 δ 相过多，合金强度、塑性均显著下降，故工业上使用的锡青铜为 w_{Sn} = 3%~14%。当 w_{Sn} <6%时，适用于冷变形加

工；$w_{Sn} = 6\% \sim 8\%$ 时，适应用热变形加工；$w_{Sn} > 10\%$ 时，锡青铜由于塑性差只适用于铸造。

锡青铜铸造时流动性较差，成分偏析倾向较大，并易产生分散缩孔等缺陷，但冷却凝固时体积将缩小，不会形成集中缩孔，故适用于铸造外形尺寸要求较严格的铸件。

锡青铜的耐蚀性高于纯铜和黄铜，特别是在大气、海水等环境中，但在酸类及氨水中其耐蚀性较差。此外，锡青铜还具有良好的减摩性、抗磁性及低温韧性，透宜制造机床中滑动轴承、蜗轮、齿轮等。

2. 铝青铜

铝青铜是由 Cu 与 Al 为主加元素组成的铜合金。其强度、耐磨性、耐蚀性及耐热性比黄铜、锡青铜都好，且价格低，还可热处理（淬火、回火）强化。铝青铜的力学性能受铝的质量分数影响很大，如图 8-10 所示，当 $w_{Al} < 7\%$ 时，塑性好；而 $w_{Al} = 7\% \sim 10\%$ 时，强度继续升高，而塑性则开始下降。因此，实际应用的铝青铜中，$w_{Al} = 5\% \sim 7\%$ 的铝青铜适宜冷变形加工，而 $w_{Al} = 10\% \sim 12\%$ 的铝青铜则适宜铸造。铸造铝青铜常用来制造强度及耐磨性较高的摩擦零件，如齿轮、轴套、蜗轮等。

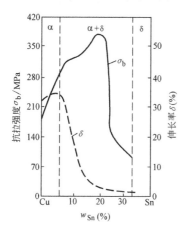

图 8-9 锡青铜力学性能与锡的
质量分数的关系

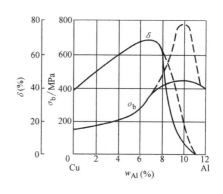

图 8-10 铝青铜力学性能与铝
的质量分数的关系

常用青铜的代号、成分、力学性能及用途见表 8-4。

表 8-4 **常用青铜的代号、成分、力学性能及用途**(摘自 GB/T 2040—2002，GB/T 1176—1987，
GB/T 2040—2002，GB/T 5231—2001，GB/T 13808—1992)

类别	代号或牌号	化学成分 w_i(%)		力学性能[1]			主要用途[2]
		第一主加元素	其他	σ_b/MPa	δ(%)	HBW	
加工锡青铜	QSn4-3	Sn 3.5~4.5	Zn2.7~3.3 余量 Cu	$\dfrac{294}{490 \sim 687}$	$\dfrac{40}{3}$	—	弹性元件、管配件、化工机械中耐磨零件及抗磁零件
	QSn6.5-0.1	Sn 6.0~7.0	P0.1~0.25 余时 Cu	$\dfrac{294}{490 \sim 687}$	$\dfrac{40}{5}$	—	弹簧、接触片、振动片、精密仪器中的耐磨零件
铸造锡青铜	ZCuSn10P1	Sn 9.0~11.5	P0.5~1.0 余量 Cu	$\dfrac{220}{310}$	$\dfrac{3}{2}$	$\dfrac{78}{88}$	重要的减摩零件，如轴承、轴套、蜗轮、摩擦轮、机床丝杆螺母

（续）

类别	代号或牌号	化学成分 w_i（%）		力学性能[①]			主要用途[②]
		第一主加元素	其他	σ_b/MPa	δ(%)	HBW	
铸造锡青铜	ZCuSn5Pb5Zn5	Sn 4.0~6.0	Zn4.0~6.0 Pb4.0~6.0 余量 Cu	200/200	13/13	59/59	低速、中载荷的轴承、轴套及蜗轮等耐磨零件
铜	QAl7	Al 6.0~8.0	—	—/637	—/5	—	重要用途的弹簧和弹性元件
铸造铝青铜	ZCuAl10Fe3	Al 8.5~11.0	Fe2.0~4.0 余量 Cu	490/540	13/15	98/108	耐磨零件（压下螺母、轴承、蜗轮、齿圈）及在蒸汽、海水中工作的高强度耐蚀件
铸造铅青铜	ZCuPb30	Pb 27.0~33.0	余量 Cu	—	—	—/24.5	大功率航空发动机,柴油机曲轴及连杆的轴承、齿轮、轴套
加工铍青铜	QBe2	Be 1.8~2.1	Ni0.2~0.5 余量 Cu	—	—	—	重要的弹簧与弹性元件,耐磨零件以及在高速、高压和高温下工作的轴承

① 力学性能数值表示意义同表8-3。

② 主要用途在 GB 的标准中未作规定。

3. 铍青铜

铍青铜是由 Cu 与 Be 为主加元素组成的铜合金。其 w_{Be} 均为 1.7%~2.5%，经适当时效强化后，其强度 σ_b 最高可达 1400MPa，$\delta = 2\%~4\%$。

铍青铜不仅强度高，疲劳抗力高，且耐热、耐蚀、耐磨等性能均优于其他铜合金，导电性和导热性优良，且有抗磁、受冲击无火花等一系列优点。主要用于制造各种精密仪器、仪表中的重要弹簧和其他弹性元件，如钟表手轮、电焊机电极、防爆工具、航海罗盘等。常用铍青铜代号、成分、力学性能及用途见表8-4。

第三节　轴承合金

一、对轴承合金性能的要求

用来制造滑动轴承的轴瓦及其内衬的合金称为轴承合金。轴瓦是包围在轴承外面的套圈，它直接与轴颈接触。当轴旋转时，轴瓦除了承受轴颈传递给它的静载荷以外，还要承受交变载荷和冲击，并与轴颈发生强烈的摩擦。因为轴的价格较贵，更换困难，为了减少轴承对轴的摩擦，确保机器的正常运转，轴承合金应具备下列性能：

1）具有足够的抗压强度与疲劳强度，以承受轴颈所施加较高的周期性交变载荷。

2）有足够的塑性和韧性，以抵抗冲击和振动，并保证轴承与轴颈自动磨合，使载荷能均匀分布。

3）摩擦系数小，并能保留着润滑油，减少对轴颈的摩损。

4）良好的导热性、耐蚀性和低的膨胀系数，以防止轴瓦与轴颈因强烈摩擦升温而发生咬合。

二、轴承合金的组织特征

为了满足上述性能要求，轴承合金理想的组织应软硬兼备，目前轴承合金有两类组织。

1. 在软基体上均匀分布着硬质点

当轴工作时，轴承合金的软基体很快被磨凹下去，使硬质点因耐磨而凸出。凸出来的硬质点起到支承轴的作用，而凹下去的基体处能储存润滑油，从而形成近乎理想的摩擦条件，减少了轴的磨损。另外，软基体还有抗冲击能力和磨合能力，同时，偶然进入的外来硬物也被压入软基体内，不致划伤轴颈表面。属于这类组织的有锡基和铅基轴承合金，如图8-11所示。

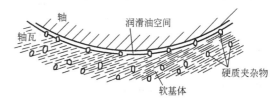

图8-11 轴承合金组织示意图

2. 在硬基体上均匀分有着软质点

若在硬基体上分布着软质点也能构成轴承合金的理想组织。如常用的铅青铜ZCuPb30，因Pb不溶于Cu，其室温组织是铅的颗粒分布在铜的基体上，铅颗粒为软质点，铜是硬基体。这类轴承合金的磨合性能较差，但承载能力较强。铅青铜常作为铸造轴承合金广泛用于制作航空发动机和高速柴油机的轴承。

三、常用轴承合金

1. 锡基轴承合金（锡基巴氏合金）

锡基轴承合金是以Sn为基础，加入Sb、Cu等元素组成的合金。例如：ZSuSb11Cu6表示$w_{Sb}=11\%$、$w_{Cu}=6\%$的锡基轴承合金。其显微组织由三部分组成，其中软基体是Sb溶于Sn中的α固溶体，硬质点是β相，即以化合物SnSb为基的固溶体。呈星状或放射状的是Cu与Sn形成高溶点的Cu_3Sn化合物，也是硬质点。见图8-12所示。为了提高锡基轴承合金的强度和使用寿命，常采用离心浇铸法将其镶铸在铜制瓦背上，形成薄而均匀的一层内衬。称为"挂衬"。

这种合金有低的摩擦系数，较好的塑性和韧性，良好的导热性和耐蚀性，但疲劳强度较低，且Sn是稀缺昂贵的金属。常用于制造重要的轴承，如汽轮机、发动机、压缩机等的高速轴承。

2. 铅基轴承合金（铅基巴氏合金）

铅基轴承合金也是在软基体上分布着硬质点的组织，它是以Pb、Sb为基，加入Sn、Cu等元素组成的合金。其软基体为（α+β）共晶体，α相是Sb溶于Pb中形成的固溶体，β相是以SnSb化合物为基的含Pb固溶体。硬质点是方块状初生β相和针状Cu_2Sb化合物。

图8-12 锡基轴承合金的显微组织

铅基软轴承合金的硬度、强度、韧性比锡基轴承合金低，摩擦系数大，但耐压强度较高，铸造性能好，常作为低速、低负荷的轴承使用，工作温度不超过120℃。例如汽车、拖拉机的曲轴轴承、电动机轴承等。同样铅基轴承也须采用"挂衬"工艺进行挂衬。

常用锡基、铅基轴承合金的牌号、成分、性能及用途如表 8-5 所示。

表 8-5　铸造轴承合金牌号、成分、用途（摘自 GB/T 1174—1992）

| 类别 | 牌号 | 化学成分 w_i（%） | | | | | 硬度 HBW（不小于） | 用途举例[①] |
		Sb	Cu	Pb	Sn	杂质		
锡基轴承合金	ZSnSb12Pb10Cu4	11.0 ~ 13.0	2.5 ~ 5.0	9.0 ~ 11.0	余量	0.55	29	一般发动机的主轴承，但不适于高温工作
	ZSnSb11Cu6	10.0 ~ 12.0	5.5 ~ 6.5	0.35	余量	0.55	27	1500kW 以上蒸汽机、370kW 涡轮压缩机，涡轮泵及高速内燃机轴承
	ZSnSb8Cu4	7.0 ~ 8.0	3.0 ~ 4.0	0.35	余量	0.55	34	一般大机器轴承及高载荷汽车发动机的双金属轴承衬
	ZSnSb4Cu4	4.0 ~ 5.0	4.0 ~ 5.0	0.35	余量	0.50	20	涡轮内燃机的高速轴承及轴承衬
铅基轴承合金	ZPbSb16Sn16Cu2	15.0 ~ 17.0	1.5 ~ 2.0	余量	15.0 ~ 17.0	0.60	30	110 ~ 880kW 蒸汽涡轮机，150 ~ 750kW 电动机和小于 1500kW 起重机及重载荷推力轴承
	ZPbSb15Sn10	14.0 ~ 16.0	0.7	余量	9.0 ~ 11.0	0.45	24	中等压力的机械，也适用于高温轴承
	ZPbSb15Sn5	14.0 ~ 15.5	0.5 ~ 1.0	余量	4.0 ~ 5.5	0.75	20	低速、轻压力机械轴承
	ZPbSb10Sn6	9.0 ~ 11.0	0.7	余量	5.0 ~ 7.0	0.70	18	重载荷、耐蚀、耐磨轴承

① 用途在 GB 标准中未作规定。

3. 铜基轴承合金

铜基轴承合金有铅青铜、锡青铅和铝青铜（如 ZCuPb30、ZCuSn10Pb1、ZCuAl10Fe₃）见表 8-4。

以铅青铜为例，铝青铜轴承合金 ZCuPb30 的组织是由硬基体上分布的软质点 Pb 组成。与锡基轴承合金相比，具有疲劳强度高、承载能力强、耐磨性优良以及导热性高，摩擦系数小的优点，因而能在较高温度（250℃）下工作，可以制造承受高载荷、高速度的重要轴承，如航空发动机、高速柴油机等的轴承。铅青铜的强度较低，因此也要在钢瓦上掛衬。

4. 铝基轴承合金

铝基轴承合金是一种新型减摩材料，具有密度小、导热性好、疲劳强度高和耐蚀性好等优点，并且原料丰富，价格低，其缺点是膨胀系数大，运转时易于轴颈咬合。常用的铝基轴承合金是 ZAlSn6Cu1Ni1。

第四节　粉末冶金材料

将金属粉末或金属与非金属粉末（或纤维）混合，压制成形后经烧结等过程制成零件材料的工艺方法称为"粉末冶金"。它既是一种不熔炼的特殊冶金工艺，又是一种精密的无切屑或少切屑的加工方法。

一、粉末冶金工艺简介

粉末冶金工艺过程一般包括：制粉、筛分与混合、压制成形、烧结及后处理等几个工序。

1. 制粉

粉末的制备可采用：机械破碎法，如用球磨机粉碎金属原料；熔融金属的气流粉碎法，如用压缩空气流、蒸汽流或其他气流将熔融金属粉碎；氧化还原法，如用固体或气体还原剂把金属氧化物还原成粉末；电解法，在金属盐的水溶剂中电解沉积金属粉末。

2. 筛分与混合

目的是使粉料中的各组元均匀化。在各组元密度相差较大而均匀程度又要求较高的情况下，常用湿混，即在粉料中加入液体，常用于硬质合金的生产。为了改善粉末的成形和可塑性，常在粉料中加入汽油橡胶液或石蜡等增塑剂。

3. 压制成形

成形的目的是将松散的粉末通过压制或其他方法制成一定形状与尺寸的压坯。常用的成形方法为模压成形，它是将混合均匀的粉末装入压模中，然后在压力机上压制成形。

4. 烧结

压坯只有通过烧结，使孔隙减少或消除，增大密度，才能成为"晶体结合体"，从而具有一定的物理性能和力学性能。烧结是在保护性气氛（煤气、氢气）的高温炉或真空炉中进行的。

5. 后处理

烧结后的大部分制品即可直接使用。当要求密度、精度高时，可进行精压处理；有的需经浸渍，如多孔轴承；有的需要热处理和切削加工等。

二、粉末冶金材料的应用

1. 烧结减摩材料

（1）多孔轴承　机械行业广泛使用的多孔轴承有铁基的（98％铁粉＋2％石墨粉）和铜基的（99％锡青铜粉＋1％石墨粉）两种。前者可以取代部分铜合金，价格便宜；后者的减摩性好。

多孔轴承具有较高的减摩性。这种材料制成轴承后再浸入润滑油中，因组分中含有石墨，它本身具有一定的孔隙度，在毛细现象作用下可吸附大量润滑油，故称为多孔轴承。多孔轴承在工作时由于轴承发热，使金属粉末膨胀，孔隙容积减少；再加上轴旋转时带动轴承间隙中的空气层，降低了摩擦表面的静压力，粉末孔隙内外形成压力差，迫使润滑油被抽到工作表面；停止工作时。润滑油又渗入孔隙中。故多孔轴承有自动润滑作用。

多孔轴承一般用作中速、轻载荷的轴承，特别适宜不经常加油的轴承。另外，多孔轴承使用时还能消除因润滑油的漏落而造成产品的脏污。

（2）金属塑料减摩材料　用烧结好的多孔铜合金作骨架，在真空下浸渍聚四氟乙烯乳液，使聚四氟乙烯浸入其孔隙中，就能获得金属与塑料成为一体的金属塑料减摩材料。

聚四氟乙烯具有一定的减摩性、耐蚀性及较宽的工作范围（-26～+250℃）。铜合金作骨架具有较高的强度和较好的导热性。

用金属塑料减摩材料制成的轴承、轴瓦及其减摩零件，适用于以下工作条件：

1）不能用油润滑或不便加油的高速、高载荷的工作条件，如纺织机械、食品机械、印刷机械中的减摩零件。

2）灰尘多、有易燃或腐蚀介质的工作条件，如化工机械、农药机械、工程机械中的减摩零件。

3）低温和高温的工作条件，如制造氧气压缩机上的导向环，因用润滑油有爆炸危险，过去曾用聚四氟乙烯制造，由于强度低、寿命仅为48h，而采用金属材料后，使寿命已达到5000h，比原来提高100多倍。

2. 烧结铁基结构材料

烧结铁基结构零件的材料，即所谓烧结钢。用粉末冶金方法生产结构零件的最大特点是发挥了冶金工艺无切削或少切削加工，使零件精度高及表面光洁（径向精度2～4级，表面粗糙度 $R_a1.60 \sim R_a0.20\mu m$），零件还可通过热处理强化来提高耐磨性。

用碳钢粉末烧结的合金，其碳的质量分数较低的，可制造承受载荷小的零件、渗碳件及焊接件；其碳的质量分数较高的，淬火后可制造要求一定强度或耐磨性的零件。用合金钢粉末烧制的合金，其中常有铜、镍、钼、硼、铬、硅、磷等合金元素，它们可强化基体，提高淬透性，加入铜还可提高耐蚀性。合金钢粉末冶金淬火后 σ_b 可达 500～800MPa，硬度为 40～45HRC，可用来制造承受载荷较大的烧结结构件，如油泵齿轮、汽车差速齿轮等。

3. 硬质合金

硬质合金是以一种或几种难熔碳化物（如 WC、TiC 等）粉末为主要成分，并加入金属Co 作为粘结剂，经粉末冶金法制成的材料。

（1）硬质合金的性能特点：

1）硬度高、热硬性高。在高温下强度可达 1000～1200HV（相当于 69～81HRC），热硬性可达 900～1000℃。故硬质合金刀具在使用时，其切削速度、耐磨性与寿命都比高速钢有显著提高。这是硬质合金最突出的优点。

2）抗压强度高，可达 6000MPa；900℃时抗弯强度可达 1000MPa 左右。

3）良好的耐蚀性（抗大气、酸、碱等）与抗氧化性。

由于硬质合金的硬度高、性脆，不能进行机械加工，故常将其制成一定形状、规格的刀片，镶焊在刀体上使用。

（2）常用硬质合金 常用硬质合金按成分与性能的特点可分为三类，其类别、牌号、主要成分及性能特点见表8-6所示。

表 8-6 常用硬质合金的牌号、化学成分和性能（摘自 GB/T 2075—1987）

类　别	牌　号	化学成分 w_i（%）				力学性能		$\rho/$（g·cm⁻³）
		WC	TiC	TaC	Co	HRA	σ_{bb}/MPa	
钨钴类合金	YG3	97			3	91	1100	14.9～15.3
	YG6	94			6	89.5	1400	14.6～15.0
	YG8	92			8	89	1500	14.6～15.0
	YG15	85			15	87	1900	13.9～14.1
	YG20	80			20	85	2600	13.4～13.5
钨钴钛类合金	YT30	66	30		4	92.5	900	9.4～9.8
	YT15	79	15		6	91	1150	11.0～11.7
	YT14	78	14		8	90.5	1200	11.2～11.7
通用合金	YW1	84	6	4	6	92	1250	12.6～13.0
	YW2	82	6	4	8	91	1500	12.4～12.9

1）钨钴类硬质合金。它的化学成分为碳化钨（WC）及钴（Co）。其牌号用"硬"、"钴"两字的汉语拼音的字首"YG"＋数字＋符号（A、N、X、C）表示。数字表示钴的质量分数。例如 YG6A，表示其 $w_{Co}=6\%$，含有少量碳化钽，余量为 WC 的钨钴类硬质合金。

2）钨钴钛类硬质合金。它的主要成分为 WC、TiC 和 Co。其牌号用"硬"、"钛"两字的汉语拼音的字首"YT"＋数字表示。数字表示 TiC 的质量分数。例如 YT5，表示其 $w_{TiC}=5\%$，余量为 w_C 的钨钴钛类硬质合金。

硬质合金中，碳化物的质量分数愈多，钴的质量分数愈少，则合金的硬度、热硬性和耐磨性愈高，但强度和韧性愈低。在钴的含量相同情况下，YT 类硬质合金由于碳化钛的加入，具有较高的硬度和耐磨性。同时，由于这类合金表面会形成一层氧化钛薄膜，切削时不会粘刀，故有较高的热硬性，但强度和韧性比 YG 类硬质合金低。因此，YG 类硬质合金适宜加工脆性材料（如铸铁等），而 YT 类硬质合金适宜加工塑性材料（如钢等）。同一类硬质合金中，钴的质量分数较高的适宜于制造粗加工的刀具；反之，则适宜于制造精加工的刀具。

3）通用硬质合金。它是以 TaC 或 NbC 取代 YT 类硬质合金中的一部分 TiC。在硬度不变的条件下，取代的数量愈多，硬质合金的抗弯强度愈高。通用硬质合金适宜于切削各种钢材，特别对不锈钢、耐热钢、高锰钢等难以加工的钢材，切削效果更好。它也可代替 YG 类硬质合金加工铸铁等脆性材料，但韧性较差，效果并不比 YG 硬质合金好。通用硬质合金又称"万能硬质合金"，其牌号用"硬""万"两字的汉语拼音的字首"YW"＋顺序号表示。例如 YW1 称为 1 号通用硬质合金。

近年来，用粉末冶金法又生产了一种新型硬质合金——钢结硬质合金。它属于工具材料，其性能介于硬质合金与合金工具钢之间。这种硬质合金以 TiC、WC、VC 粉末等为硬质相，以碳钢或合金钢（高速钢或铬钼钢）粉末为粘结剂，用一般粉末冶金法制造。它具有钢材的加工性，经退火后可进行切削加工，也可锻造和焊接，经淬火与回火后，硬度可达 70HRC，具有高耐磨性、抗氧化性、耐蚀性等优点，适用于制造各种形状复杂的刀具，如麻花钻、铣刀等，也可以用作在较高温度下工作的模具和耐磨零件等。

钢结硬质合金的牌号、成分与性能见表8-7。

表8-7 钢结硬质合金牌号、化学成分及性能

牌号	钢基体类型	化学成分 w_i（%）						性　能			
		TiC	WC	C	Cr	Mo	Fe	$\rho/(g\cdot cm^{-3})$	HRC	σ_{bb}/MPa	A_K/J
GT35	铬钼合金钢	35		0.5	2.0	2.0	余量	6.4~6.6	68~72	1400~1800	4.80
GW50	高碳低铬钼合金钢		50	<0.6	0.55	0.15	余量	11.20~11.40	69~70	1700~2300	9.60
GJW50	中碳低铬钼合金钢		50	0.25	0.55	0.25	余量	11.20~11.30	65~66	1520~2200	5.68

思考题与练习题

1. 铝合金是如何进行分类的？
2. 试从组织与性能变化上比较铝合金固溶处理＋时效处理与钢的淬火＋回火处理；铝合金的变质处理与灰铸铁的变质处理的异同之处。
3. 简述细晶强化、固溶强化、时效强化产生的原因及它们之间的区别。
4. 试述下列零件进行时效处理的意义与作用：
（1）形状复杂的大型铸铁在 500~600℃进行稳定化处理。

（2）铝合金固溶处理后于 140℃进行时效处理。

（3）T10A 钢制造高精度丝杠于 150℃进行稳定化处理。

5. 为什么 H62 黄铜的强度高，而塑性较低？而 H68 黄铜的塑性比 H62 黄铜好？

6. 滑动轴承应具备什么样的特性和组织？

7. 锡锑合金和铅青铜为什么适宜做轴承材料？

8. 多孔轴承为什么具有较高耐磨性？多孔轴承常用在哪些场合？

9. 简述常用碳素工具钢、合金刃具钢、高速工具钢、硬质合金做刀具的性能、特点及应用场合。

10. 为什么在砂轮上磨削已淬火的 W18Cr4V、T12A 等钢制造工具时需经常水冷，而磨削 YT30 等硬质合金制成刃具时却不能水冷却？

第九章 非金属材料及成形

长期以来，机械工程材料一直以金属材料为主，这是因为金属材料具有许多优良的性能，如强度高、热稳定性好、导电导热性佳等。但金属材料也存在一定的缺点，如密度大、耐蚀性差、电绝缘性不好等。非金属材料和复合材料有着金属材料所不及的某些性能，如高分子材料的耐腐蚀、电绝缘性、减振、质轻、价廉等，陶瓷材料的高硬度、耐高温、耐腐蚀及特殊的物理性能等。故非金属材料在生产中的应用得到了迅速发展，正越来越多地应用在各个领域中，在某些生产领域中已成为一类独立使用的材料，有时甚至是一种不可取代的材料。

第一节 高分子材料

一、基本概念

高分子化合物是相对分子质量特别大的化合物的总称，所以又称为高聚物或聚合物。一般相对分子质量小于 500 的称为低分子材料；相对分子质量大于 500 的称为高分子材料。高分子材料分无机高分子材料和有机高分子材料两类；若按来源，又有天然高分子材料和人工合成高分子材料之分。天然有机高分子材料如松香、淀粉、纤维素、蛋白质、天然橡胶等。

人工合成制得的有机高分子材料在工程上应用较广，主要有塑料、合成橡胶、合成纤维等。无机高分子材料是在它们的分子组成中没有碳元素，如硅酸盐材料、玻璃、水泥以及陶瓷等。有机高分子材料，主要是由含碳、氢、氧、氮、硅等非金属原子的低分子化合物在一定条件下聚合而成，如聚乙烯塑料就是由乙烯聚合制成的：

$$n \left(CH_2 =\!=\!= CH_2 \right) \xrightarrow{\text{聚合反应}} \{ CH_2 - CH_2 \}_n$$

化学上把一些低分子化合物聚合起来形成高分子化合物的过程称为聚合反应。在反应中，能够聚合成大分子链的低分子化合物称为单体。聚乙烯的单体是乙烯（$CH_2 - CH_2$）；聚氯乙烯的单体是氯乙烯（$CH_2 - CHCl$）；大分子链还可以由两种或两种以上单体共同聚合而成，例如，尼龙 66 就是由己二胺 $\left[\begin{matrix} H \\ H \end{matrix} \!\!> N - (CH_2) - N \!\!< \begin{matrix} H \\ H \end{matrix} \right]$ 和己二酸 $\left(\begin{matrix} HO - C - (CH_2)_6 - C - OH \\ \parallel \qquad\qquad\quad \parallel \\ O \qquad\qquad\quad O \end{matrix} \right)$ 两种单体共聚而成的。所以，单体是人工合成高分子材料的原料。大分子链中的重复结构单元称为链节。如聚乙烯的大分子链中的重复结构单元是 $\{ CH_2 - CH_2 \}$，它即为聚乙烯分子链的链节。

一个大分子链的链节重复次数称为聚合度。显然，聚合度愈大，大分子链中重复排列的链节数愈多，分子链愈大，高分子材料的相对分子质量就愈大。上述反应式中的 n 即为聚合度。因此，高分子材料的相对分子质量大小与聚合度有直接关系，即

$$M = nm$$

式中　M——一个大分子链的相对分子质量；

　　　n——大分子的聚合度；

　　　m——一个链节的相对分子质量。

常用高分子材料的单体和链节见表 9-1。

表 9-1　几种常用高分子化合物的单体和链节

材料名称	原料（单体）	重复结构单元（链节）	材料名称	原料（单体）	重复结构单元（链节）
聚乙烯	乙烯 $CH_2{=}CH_2$	$\{CH_2{-}CH_2\}$	聚苯乙烯	苯乙烯 $CH_2{-}CH$	$\{CH_2{-}CH\}$
聚氯乙烯	氯乙烯 $CH_2{=}CHCl$	$\{CH_2{-}CHCl\}$			
聚丙烯	丙烯 $CH_2{=}CH$ $\quad CH_3$	$\{CH_2{=}CH\}$ $\quad CH_3$	聚四氟乙烯	四氟乙烯 $CF_2{=}CF_2$	$\{CF_2{-}CF_2\}$
			腈纶（聚丙烯腈）	丙烯腈 $CH_2{-}CH$ $\quad CN$	$\{CH_2{-}CH\}$ + $\quad CN$

二、高分子化合物的合成

高分子化合物的合成方法很多，按最基本的化学反应分类，可分为加聚反应和缩聚反应。

1. 加聚反应

加聚反应是指一种或多种单体相互加成而连接成大分子链的过程，或在化学引发剂等的作用下把双键打开，通过新键把单体一个一个地连接起来，成为大分子链。

例如，氯乙烯单体在化学引发剂作用下，打开双键逐个地连接起来，成为聚氯乙烯高分子化合物。

加聚反应有以下特点：

1）反应一旦开始，就进行得较快，直到形成最后产物为止，中间不能停留在某一阶段上，也得不到中间产物。

2）产物中链节的化学结构与单体的化学结构相同。

3）反应中没有小分子副产物生成。

目前产量较大的高分子化合物品种，如聚乙烯、聚丙烯、聚苯乙烯和合成橡胶等，都是加聚反应的产品。所以，加聚反应是当前高分子合成工业的基础，大约由 80% 的高分子化合物是利用加聚反应生产的。

参加加聚反应的单体可以是一种，也可以是两种或多种。凡同种单体聚合，称为均聚反应，所得产物称为均聚物（如聚氯乙烯）。两种或两种以上单体聚合，称为共聚反应，所得产物称为共聚物（如 ABS 塑料）。

2. 缩聚反应

缩聚反应是由具有活泼官能团（如 —COOH、—OH、—NH₂ 等）的相同或不同的低分子物质相聚合，在生成聚合物的同时有小分子物质（如 H_2O、HCl、NH_3）放出的反应，简称缩聚。所得的聚合物称为缩聚物。

缩聚物与参加反应的单体组成不同。例如二元酸与二元醇的酯化得到聚酯的缩合反应为

$$n \ \text{HO}-\text{R}-\text{OH} + n \ \text{HO}-\overset{\overset{\text{O}}{\|}}{\text{C}}-\text{R}-\overset{\overset{\text{O}}{\|}}{\text{C}}-\text{OH} \Longrightarrow$$

$$\text{HO}\left[\text{R}-\text{O}-\overset{\overset{\text{O}}{\|}}{\text{C}}-\text{R}-\overset{\overset{\text{O}}{\|}}{\text{C}}-\text{O}\right]_n + (2n-1)\text{H}_2\text{O}$$

式中，R 为氯原子或简单的有机分子。

缩聚反应有以下特点：

1）缩聚反应由若干步聚合反应构成，因此它是逐步进行的，可以停留在某个阶段上得到中间产物。

2）缩聚产物的链节化学结构与单体的化学结构不完全相同。

3）在缩聚过程中总有小分子副产物析出。

缩聚反应有很大实用价值，如涤纶、尼龙、酚醛树脂、环氧树脂、聚酯、有机硅树脂等重要的高分子化合物都是由缩聚反应合成的。

三、高分子材料的分类与命名

1. 高分子材料的分类

高分子材料品种繁多，性质各异，为了研究高分子材料的结构与性质，必然要按一定原则对其进行分类。由于着眼点不同、原则不同，分类方法也不同。常见的分类方法见表9-2。

表 9-2　高分子材料常见的分类方法

分类原则	类　　型	特征或举例
按高分子材料来源	天然高分子材料	如天然橡胶、纤维素等
	人造及合成高分子材料	如聚乙烯、聚酰胺等
按高分子材料的工艺性质	塑料	有固定形状和一定的热稳定性零件与机械强度
	橡胶	具有高弹性，可作弹性零件及密封材料
	纤维	单丝强度高，多用于纺织材料
	涂料	涂布于物体表面，可以形成坚固的防护膜
	胶粘剂	能将两种物质粘结在一起，形成很牢固的物质
按聚合反应类型不同	加聚高分子材料	如聚烯烃
	缩聚高分子材料	如酚醛、环氧树脂等
按高分子的几何结构	线型高分子材料	高分子为线型或支链型结构
	体型高分子材料	高分子为网状或体型结构
按高分子的热行为	热塑性高分子材料	线型（或支链）分子结构，可熔、可溶
	热固性高分子材料	体型（或网状）分子结构，可熔、可溶
按高分子材料的化学组成	碳链高分子材料	—C—C—C—
	杂链高分子材料	—C—C—O—C—，—C—C—N—
	元素有机高分子材料	—O—Si—O—Si—O—

2. 高分子材料的命名

高分子材料的命名有各种各样的方法，目前多采用习惯上命名有以下几种：

1）天然高分子材料通常各有专用名称（按其来源及性质决定），如纤维素、淀粉、蛋白质、虫胶等。

2）加聚类高分子材料通常在原料低分子物质前加一个"聚"字即可，如乙烯加聚生成聚乙烯，氯乙烯加聚生成聚氯乙烯等。

3）缩聚类以及共聚类高分子材料是在原料低分子化合物后加"树脂"两字即可。如酚类和醛类的聚合物称为酚醛树脂。有时还可以在缩聚物的链节结构名称前加"聚"字，如聚己二酰、聚己二胺等。

4）有些结构复杂的高分子材料可直称其商品名称。如聚对苯二甲酸乙二醇酯可直称为涤纶树脂；聚己内酰胺又可直称为锦纶；聚二酰己二胺又直称为尼龙。

此外，有些高分子材料是根据制品的特征命名的，如有机玻璃、电木等。还有不少高分子材料常用英文名称的第一个字母表示，如 PS 代表聚苯乙烯，PVC 代表聚氯乙烯等。

四、工程塑料

高分子材料品种繁多、性质各异，本节主要介绍工程塑料。

1. 塑料的组成

塑料是以有机合成树脂为主要成分，并掺入为改善某些性能的多种添加剂的高分子材料。

（1）合成树脂　它是将各种单体通过聚合反应而合成的高分子化合物。树脂在一定的温度、压力下可软化并塑造成形，它决定了塑料的基本属性，并起粘结作用。

（2）填料　在塑料中加入填料，可以改善塑料的性能并扩大其使用范围。例如加铝粉可提高塑料对光反射的能力并能防止老化；加二硫化钼可提高润滑性；加云母粉可改善导电性；酚醛树脂中加入木屑后就成为通常所说的电木，具有较高的机械强度。

（3）增塑剂　为了提高树脂的可塑性和柔软性，常加入低熔点固体或液体有机物作为增塑剂，主要有甲酸酯类、磷酸酯类、氯化石蜡等。

（4）稳定剂　为了防止某些塑料在光、热或其他因素作用下过早老化，以延长制品的使用寿命所加入的少量物质称为稳定剂。如在聚氯乙烯中加入硬酯酸盐，可防止热成形时热分解；在塑料中加入炭黑作紫外线吸收剂，可提高其耐光辐射的能力。

（5）润滑剂　作用是防止塑料在成形过程中产生粘模，便于脱模，并使塑料制品表面光洁美观。

（6）固化剂　固化剂的作用是通过交联使树脂具有体型网状结构，成为较坚硬和稳定的塑料制品。常用固化剂有胺类和酸类及过氧化物等化合物，如环氧树脂中加入乙二胺。

（7）着色剂　用于装饰的塑料制品常加入着色剂。一般用有机染料或无机颜料作着色剂。一般要求着色剂性质稳定、着色力强、耐温和耐光性好，并与树脂有很好的相溶性。

2. 塑料的性能

（1）物理性能　塑料的密度小，不加任何填料或增强材料的塑料，其密度为 $0.85 \sim 2.20 \text{g/cm}^3$，只有钢的 $1/8 \sim 1/4$；泡沫塑料更轻，密度为 $0.02 \sim 0.20 \text{g/cm}^3$。电绝缘性好，介质损耗小，在电器、电机、无线电、电子工业方面应用广泛。

（2）化学性能　塑料一般能耐酸、碱、油、水及大气等的侵蚀，其中聚四氟乙烯甚至能耐强氧化剂"王水"的侵蚀。因此，塑料广泛用于制造在腐蚀条件下的零部件和化工设备。

（3）力学性能 塑料的强度和弹性模量都很低。例如，热塑性塑料的强度一般为 50 ~ 100MPa；热固性塑料一般为 30 ~ 60 MPa，玻璃纤维增强尼龙，其强度也只有 200 MPa，相当于灰铸铁的强度。减摩性好，塑料硬度虽低于金属，但摩擦系数小，如聚四氟乙烯自摩擦系数只有 0.04；尼龙、聚甲醛、聚碳酸酯等也都有较小的摩擦系数，因此有很好的减摩性。另外，塑料还由于自润滑性能好，所以适合于制造轴承、凸轮、密封圈等要求减摩性好的零件，特别对在无润滑和少润滑的摩擦条件下工作的零件尤为适合。

金属材料在较高温度时才有明显的蠕变现象，而塑料却不然，在室温承受载荷后就会出现蠕变。如架空的聚氯乙烯电线套管，在电线和自重的作用下会发生缓慢的挠曲变形。

3. 常用工程塑料

根据树脂的热性能，塑料可分为热塑性塑料和热固性塑料两大类。

（1）热塑性塑料 热塑性塑料受热时软化冷却后固化，再受热时又软化，具有可塑性和重复性。这类塑料主要有聚酰胺、ABS、聚甲醛、聚碳酸酯、聚苯乙烯、聚砜、聚四氟乙烯、有机玻璃等。

1）聚酰胺（PA）。聚酰胺通常称为尼龙或锦纶，由氨基酸脱水制成内酰胺再聚合而成，或者由二元胺与二元酸缩合而成。

聚酰胺根据胺和酸中碳原子数或氨基酸中的碳原子数，分别命名为尼龙 6、尼龙 66、尼龙 610、尼龙 1010 等多种品种。尼龙 6 是由含 6 个碳原子的己内酰胺自身聚合而成；尼龙 610 是由含 6 个碳原子的己二胺与含 10 个碳原子的葵二酸缩合而成的高聚体。

尼龙具有突出的耐磨性和自润滑性能；良好的韧性；耐油、摩擦系数小、抗霉、抗菌、无毒；良好的成形性能等。其缺点是耐热性不高，工作温度不超过 100°C；蠕变值也较大；导热性差，约为金属的 1%；吸水性较大、尺寸稳定性低。

尼龙在机械工业中多用于制造小型零件，它们常用来代替青铜使用，以节约较贵重的铜，如制造齿轮、凸轮、导板、螺钉和螺母等。由于尼龙减摩性、自润滑性能好，作为轴承材料也优于其他一般的工程材料。

2）ABS 塑料。ABS 塑料是丙烯腈（A）、丁二烯（B）、苯乙烯（S）的三元共聚物。它具有三种组元的特性。丙烯腈使 ABS 塑料具有良好的耐热、耐蚀性和一定的表面硬度，丁二烯能提高 ABS 塑料的弹性和韧性；苯乙烯赋予 ABS 塑料较高的刚性、良好的加工工艺性和着色性。因此，ABS 塑料具有较高的综合性能。

ABS 塑料的用途极广，在机械工业中制造轴承、齿轮、叶片、叶轮、管道、容器、把手等，在电气工业中制造仪器、仪表的各种零件等。近年来在交通运输的车辆、飞机零件上的应用发展很快，如车身、转向盘、内衬材料等。

3）聚甲醛（POM）。聚甲醛是以精制三聚甲醛为原料，以三氟化硼乙醚络合物为催化剂，在石油醚中聚合，经过端基封闭得到的热塑性型高聚物。

聚甲醛具有优异的综合性能，抗拉强度约为 700MPa，并有较高的冲击韧度、耐疲劳性和刚性，还具有良好的减摩性和自润滑性，摩擦系数低而稳定，在干摩擦条件下尤为突出。使用温度范围在 –50 ~ 110°C，吸水性很小，尺寸稳定。但是，聚甲醛成形时收缩较大、热稳定性较差。

聚甲醛已广泛用来制造齿轮、轴承、凸轮、制动闸瓦、阀门、仪表外壳、化工容器、叶片等。

4）聚碳酸酯（PC）。聚碳酸酯的透明度为 86%~92%，故有"透明金属"之称。它的大分子链中既有刚性的苯环，又有柔软的醚键，因此，具有优良的综合性能，其抗拉强度为 66~77 MPa，耐冲击性能突出，比尼龙和聚甲醛高 10 倍左右，是刚而韧的工程塑料。聚碳酸酯抗蠕变性能好，尺寸稳定，使用温度范围宽，可在 -60~130℃ 间使用。此外，聚碳酸酯还具有良好的耐候性和电性能，在 10~130℃ 之间介电常数和介质损耗几乎不变。但自润滑性差，减摩性不如尼龙和聚甲醛；疲劳抗力较低，有应力开裂倾向。

聚碳酸酯常用于各种机械、电器、仪表中的零件，如齿轮、蜗轮、轴承、凸轮等。又由于其透明度高、耐冲击性好，可用作防盗、防弹窗玻璃等。

5）聚苯乙烯（PS）。聚苯乙烯密度小，常温下较透明，透明度达 88%~92%，着色性好，吸水性极微，有良好的耐蚀性和绝缘性，高频绝缘性尤佳；但冲击韧度低、耐热性差、易燃、易脆裂。它常用来制造车辆上的灯罩、仪表指示灯罩、设备外壳等。

6）聚砜（PSF）。聚砜是透明微黄色的线型非晶态聚合物，它的强度高，弹性模量大，特别是抗蠕变性优良，尺寸稳定性好，有优良的耐热性，可在 -100~+150℃ 下长期使用。它的缺点是：加工性不够理想，要在 330~380℃ 下进行成形加工，且耐溶性差。

聚砜可用于制作高强度、耐热、抗蠕变的结构件、耐腐蚀零件和电气绝缘件等，如精密齿轮、凸轮、真空泵叶片、仪器仪表零件等。另外，还可通过电镀金属制成印刷线路板和印刷线路薄膜。

7）聚四氟乙烯（PTTE 或 F-4）。聚四氟乙烯又称为特氟隆，是结晶性聚合物，熔点为 320℃。它最突出的特点是具有极佳的耐化学腐蚀性，几乎不被所有化学药物腐蚀；对任何浓度的强酸，甚至王水、强碱和强氧化剂等，即使在高温下也不受腐蚀，故有"塑料王"之称。它具有突出的耐高、低温性能，在 -195~+250℃ 范围内长期使用其力学性能几乎不发生变化。它的表面摩擦系数很小，并有自润滑性，在极潮湿的条件下仍能保持良好的绝缘性。

聚四氟乙烯的最大缺点是：加热后粘度大，不能用热塑性塑料成形的一般方法成形，只能采取类似粉末冶金的冷压、烧结成形工艺；特别注意，在高温时它会分解出对人体有害的剧毒气体，给成形和使用增加了困难。由于价格较贵，也限制了它的使用。

聚四氟乙烯主要用于化工管道、泵、电气设备、隔离防护层等方面。

8）有机玻璃（PMMP）。工业用有机玻璃，是由加增塑剂的聚甲基丙烯酸甲酯挤压成形的板、棒或管材半成品塑料。有机玻璃可透过可见光 99%，紫外光 73%，在 -60~95℃ 范围内性能变化不大。它还具有耐蚀、绝缘、易切削等性能。

有机玻璃主要用于制造具有一定透明度和强度要求的零件，如油标、油杯、窥镜、设备标牌、透明管道、飞机座窗等。此外，它还用于仪器、仪表以及电信等工业部门。

（2）热固性塑料 热固性塑料大多是以缩聚树脂为基础，加入多种添加剂而成。这类塑料的特点是：初加热时软化，可注塑成形，但冷却固化后再加热时不再软化，不溶于溶液，也不能再熔融或再成形。这类塑料主要有酚醛树脂、环氧树脂等。

1）酚醛塑料（PF）。由酚类或醛类经缩聚反应而制成的树脂称为酚醛树脂。根据不同性能要求而加入不同填料，便制成各种酚醛塑料。

以木粉为填料制成酚醛压塑粉，俗称胶木粉，是常用的热固性塑料，经常压制成电器开关、插座、灯头等。它不仅绝缘性能好，而且有较好的耐热性、较高的硬度、刚性和一定的强度。

以纸片、棉布、玻璃布等为填料制成的层压酚醛塑料，具有强度高、耐冲击性好以及耐磨性高等特点，常用来制造承受载荷要求较高的机械零件，如齿轮、轴承、汽车制动片等。

2）环氧塑料（EP）。环氧塑料是由环氧树脂加入固化剂（胺类和酸酐类）后形成的热固性塑料。其强度较高，韧性较好，并具有良好的化学稳定性、绝缘性以及耐热、耐寒性，长期使用温度范围为 – 80 ~ + 150℃，成形工艺性好，可制作塑料模具、船体、电子工业零部件。

环氧树脂对各种工程材料都有突出的粘附力，是极其优良的粘结剂，有"万能胶"之称。目前，广泛用于制成各种结构粘结剂和制备各种复合材料，如玻璃钢等。

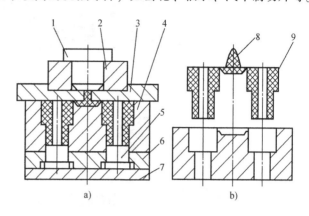

图 9-1　塑料的压注成形
1—柱塞　2—加料腔　3—上模座　4—凹模
5—凸模　6—凸固定板　7—下模座
8—料头　9—制品

4. 塑料成形

塑料加工的成形工艺很多，可在液态或熔融态下喷丝成纤维或浇注成零件，也可在塑性状态下吹塑、注射、模压、挤压成形。现介绍几种主要加工方法。

（1）模压　将配制好的塑料颗粒注入加热至一定温度的模腔内，加压成形后冷却固化。这种工艺主要用于热固性塑料，目前也用于压制热塑性塑料。

（2）挤压　挤压也称压注成形，把塑料放在加料室内加热呈粘流态，在活塞压力下挤入模腔成形（见图9-1）。这种制品尺寸、形状精度较高。

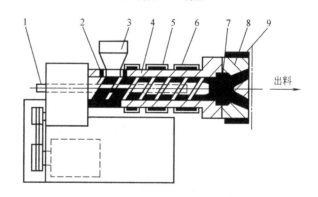

图 9-2　塑料的挤出成形
1—螺杆冷却水入口　2—料斗冷却区　3—料斗
4—机筒　5—机筒加热器　6—螺杆　7—多孔板
8—挤出模　9—机头加热器

（3）挤出　由加料斗进入料筒的塑料加热至粘流态，经螺旋压力输送机从口模连续挤出塑料型材（见图9-2）。

（4）注射　将塑料放入专用注塑机的加料斗内，加热成糊状，再通过加压机构使糊状塑料从料斗末端的喷嘴注入闭合的模腔内，冷却后脱模，取出制品（见图9-3）。注射法生产率高，易自动化，可制造复杂、精密和嵌金属的制品。

（5）吹塑　把熔融状态的塑料坯料置于模具内，用压缩空气将坯料吹胀，使之紧贴模具内腔成形（见图9-4）。这种方法用于制造中空制品和薄膜。

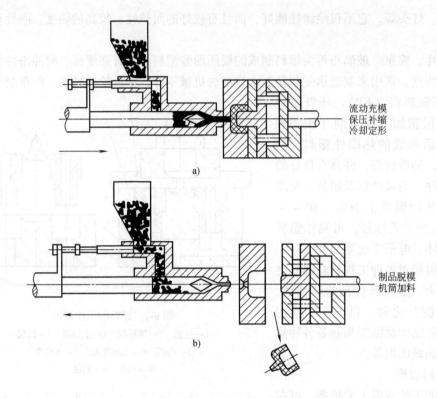

图 9-3　塑料的注射成形

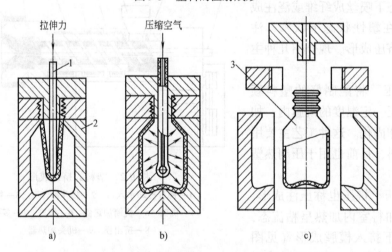

图 9-4　塑料的吹塑成形原理
1—吹管（兼作拉伸芯棒）　2—吹塑模　3—制品

（6）切削加工　塑料也可以进行车、刨、钻、铰、镗、攻螺纹、锯、锉等切削加工，以满足结构和精度要求。塑料导热性差，弹性大，切削用量小，故刀具刃口要锋利，切削速度宜高，进给量宜小。

（7）焊接　用热熔的方法使两塑料件对接面加热熔化，加压冷却后即焊接成一体，或在两对接面涂以适当溶剂，使之溶胀、软化、加压，从而实现连接。

第二节 陶瓷材料

陶瓷是各种无机非金属材料的通称。陶瓷可分为普通陶瓷（传统陶瓷）和特种陶瓷（近代陶瓷）两大类。其生产过程较复杂，但基本工艺是原料的制备、坯料的成形和制品的烧结三大步骤。

一、陶瓷材料的分类

陶瓷材料的分类比较复杂，不尽统一，通常以不同的角度加以分类。

1. 根据陶瓷材料的原料分类

可分为普通陶瓷与特种陶瓷两大类。

1）普通陶瓷是以粘土、长石、石英等天然原料制成，主要用于日用、建筑、化工等领域。

2）特种陶瓷，又称精细陶瓷，是以高纯度的人工化合物，如硅化物、氧化物、硼化物、氮化物、碳化物为原料制成，主要用于机械、电子、能源、冶金和一些新技术领域。

2. 根据性能和用途分类

可分为结构陶瓷与功能陶瓷两大类。

1）结构陶瓷作为结构材料用来制造结构零部件，主要利用其力学性能，如高的强度、韧性、硬度、耐磨性和耐高温性能等。

2）功能陶瓷作为功能材料来制造功能器件，主要利用其物理性能，如电磁性能、热性能、光性能、生物性能等。

3. 根据化学成分分类

可分为氧化物陶瓷、碳化物陶瓷、氮化物陶瓷、硼化物陶瓷四大类。

1）氧化物陶瓷种类繁多，在陶瓷家族中占有非常重要的地位。最常用的氧化物陶瓷是 Al_2O_3、SiO_2、MgO、ZrO_2、CaO 和 Cr_2O_3 陶瓷。

2）碳化物陶瓷一般具有比氧化物陶瓷更高的熔点。最常用的是 SiC、WC、B_4C 和 TiC。

3）氮化物陶瓷中应用最广泛的是 Si_3N_4 陶瓷，它具有优良的综合力学性能和耐高温性能。另外 TiN、BN、AlN 等氮化物陶瓷的应用也日趋广泛。

4）硼化物陶瓷的应用不广泛，主要是作为添加剂或第二相加入其他陶瓷基体中，以达到改善性能的目的。常用的有 TiB_2、ZrB_2 陶瓷。

二、陶瓷材料的性能特点

1. 力学性能

（1）塑性 陶瓷受到载荷作用时，大多数情况只产生少量的弹性变形，几乎不产生塑性变形，因为陶瓷晶体在作相对滑移之前已经破裂。通常在高温下具有一定的塑性，塑性差是陶瓷的主要缺点之一。

（2）强度 陶瓷由于受到工艺制备因素的影响，在表面和内部会形成各种缺陷，如气孔、微裂纹等。陶瓷内含有气孔，起应力集中作用，在拉应力作用下气孔或裂纹会迅速扩展，引起脆断，所以陶瓷的抗拉强度较低；但抗压强度较高。减少杂质和气孔，细化晶粒，则可提高致密度和均匀性，从而提高陶瓷的强度。

（3）硬度 陶瓷的硬度在各类材料中最高，多数陶瓷的硬度在 1500HV 以上；而淬火钢为 500 ~ 800HV；高聚物最硬也不超过 20HV。

2. 化学性能

陶瓷的组织结构非常稳定，很难与介质中的氧发生作用，不但在室温下不会氧化，就是在 1000℃ 以上的高温也不会氧化。另外，陶瓷对酸、碱、盐等腐蚀性很强的介质均有较强的抗蚀能力，与有色金属的银、铜等熔体也不发生作用。

3. 功能特性

在功能材料中，陶瓷占有重要地位。功能材料是指用于工业技术中具有特定物理功能，如具有特定光、磁、电、声、热等特性的各类材料。这些材料是能源、计算技术、电子、通信、激光等现代技术的基础。

(1) 光学性能 在具光学性能的材料中，现代陶瓷占了重要地位，如固体激光器材料、光导纤维材料、光存储材料等。这些材料的研究和应用，对通信、摄影、计算机技术等发展具有重要的实际意义。

氧化铝透明陶瓷的出现是光学材料的重大突破。透明陶瓷大多是由单一晶体组成的多晶体材料，1mm 厚的试片透光率可达 80% 以上。

(2) 磁学性能 以氧化铁为主要成分（如 Fe_3O_4、$CuFe_2O_4$、$MgFe_2O_4$）的磁性氧化物，可作磁性陶瓷材料，在录音磁带、唱片、电子束偏转线圈、变压器铁心等方面有着广泛的应用。

(3) 电学性能 陶瓷的电学性能跨越的范围很广。它具有极高的电阻率，如 Al_2O_3 的电阻率为 $10^{13}\Omega \cdot m$，可作电器工业的绝缘材料。少数陶瓷具有半导体性能，如高温烧结的氧化锡为半导体，可用作整流器。铁电陶瓷（钛酸钡 $BaTiO_3$ 和其他类似的钙钛矿结构）具有极高的介电常数，可用来制作较小的电容器，其电容量比由一般电容器材料制成的要大。利用这一优点，可更有效地改进电路。

(4) 热学性能 陶瓷材料熔点高，大多在 2000℃ 以上，具有比金属材料高得多的耐热性；导热能力远低于金属材料，常作为高温绝热材料。多孔或泡沫陶瓷可用作 -120 ~ -240℃ 的低温隔热材料。陶瓷的线膨胀系数比高聚物低，比金属更低，一般在 10^{-5} ~ 10^{-6}/K。

三、常用陶瓷的种类、性能和应用

1. 普通陶瓷

普通陶瓷是以高岭土（$Al_2O_3 \cdot 2SiO_2 \cdot 2H_2O$）、长石 [钾长石（$K_2O \cdot Al_2O_3 \cdot 6H_2O$）和钠长石（$Na_2O \cdot Al_2O_3 \cdot 6H_2O$）]、硅砂（$SiO_2$）为原料配制而成的。通过改变组成物的配比、熔剂、辅料以及原料的细度和致密度，可以获得不同特征的陶瓷。

普通陶瓷质地坚硬，有良好的抗氧化性、耐蚀性和绝缘性，生产工艺简单，成本低；但强度低，通常使用温度为 1200℃ 左右。普通陶瓷广泛应用于日用、电气、化工、建筑等部门，如装饰瓷、餐具、绝缘子、耐蚀容器、管道等。

2. 特种陶瓷

(1) 氧化铝陶瓷 按氧化铝的含量可分为 75 瓷、95 瓷、99 瓷等。由于氧化铝的熔点（2050℃）高、热强度高、抗氧化，故耐热性好，室温下硬度仅次于金刚石，抗拉强度比普通陶瓷大 5 ~ 6 倍，而且热硬性也很高，可达 1200℃。此外，还具有很高的电阻率和低的热导率。

氧化铝陶瓷广泛用于制造高速切削刀具、量块、拉丝模、高温器皿、坩埚、热电偶套管、内燃机火花塞等。

（2）氮化硅陶瓷　氮化硅陶瓷具有优异的绝缘性，硬度高，摩擦系数小，有自润滑作用，故有优良的耐磨性；另外，其化学稳定性高，可耐各种无机酸和碱溶液的腐蚀，并能抵抗熔融的铝、铅、镍等非铁金属的浸蚀。

氮化硅陶瓷主要用于制作各种泵的耐蚀与耐磨的密封环、高温轴承、热电偶套管、燃汽轮机转子叶片和难切削加工的刀具。

（3）碳化硅陶瓷　碳化硅陶瓷具有较高的高温强度，其抗弯强度在1400°C时仍保持在300～600MPa；而其他陶瓷在1200～1400°C时抗弯强度已显著下降。碳化硅陶瓷还具有很高的热传导能力，热稳定性好，耐磨性、耐蚀性和抗蠕变性能也很好。

碳化硅陶瓷可用于工作温度高于1500°C的零件，如火箭喷嘴、热电偶套筒、高温电炉的零件、各种泵的密封圈等。

第三节　复合材料

由两种或两种以上化学成分不同或组织结构不同的物质，经人工合成而得到的多相材料（基体加增强相）称为复合材料。人工合成的复合材料一般是由高韧性、低强度、低模量的基体和高强度、高模量的增强组分组成。这种材料既保持了各组分材料自身的特点，又使各组分之间取长补短，互相协同，形成优于原有材料的特性。人类在生产和生活中创造了许多人工复合材料，如钢筋混凝土、轮胎、玻璃钢等。

复合材料能充分发挥单一材料的优点，克服其某些弱点，因而其性能比单一材料优异得多。如玻璃纤维脆性较大，而树脂强度不高，但当它们组成复合材料（即玻璃钢）后，却有很高的韧性和强度。

一、复合材料的分类

复合材料常见的分类方法有以下三种：

1. 按基体类型分类

复合材料按基体类型可分为非金属基体和金属基体两类。目前大量研究和使用的多是以高聚物材料为基体的复合材料。

2. 按增强材料性质和形态分类

复合材料按增强材料性质和形态可分为纤维增强复合材料、颗粒复合材料、层叠复合材料。

3. 按材料的用途分类

复合材料按材料的用途可分为结构复合材料和功能复合材料。结构复合材料是利用其力学性能，如强度、硬度韧性等，用以制作各种结构件或机械零件。功能复合材料是利用其物理性能，如光、电、声、热、磁等制作各种结构件。如雷达用玻璃钢天线罩，就是利用具有良好透过电磁波的磁性复合材料制作的；双金属片，就是利用不同膨胀系数的金属复合在一起而成的具有热功能性质的材料。

二、复合材料的性能

1. 比强度和比模量高

在复合材料中，由于一般作为增强相的多数是强度很高的纤维，而复合后材料密度较小，所以，复合材料的比强度、比模量比其他材料高得多。这对宇航、交通运输工具，要求在保证性能的前提下减轻自重具有重大的实际意义。表9-3为各类材料性能比较。

2. 疲劳极限较高

复合材料的疲劳极限都较高。多数金属材料的疲劳极限为抗拉强度的40%~50%，而碳纤维增强复合材料的疲劳极限为抗拉强度的70%~80%。这是因为在纤维增强复合材料中，纤维与基体间的界面能够阻止疲劳裂纹的扩展，当裂纹从基体的薄弱环节处产生并扩展到结合面时，受到一定程度的阻碍，因而使裂纹向载荷方向的扩展停止。所以复合材料有较高的疲劳极限。

表9-3 各类材料的性能比较

材料	密度 $\rho/(\mathrm{g \cdot cm^{-3}})$	抗拉强度 σ_b/MPa	弹性模量 E/MPa	比强度 σ_b/ρ	比模量 E/ρ
硼纤维/铝	2.65	1000	200×10^3	380	75×10^3
钢	7.80	1010	206×10^3	129	26×10^3
铝	2.80	461	74×10^3	165	26×10^3
钛	4.50	942	112×10^3	209	25×10^3
玻璃钢	2.00	1040	39×10^3	520	20×10^3
碳纤维 I/环氧树脂	1.60	1070	240×10^3	670	150×10^3
碳纤维 II/环氧树脂	1.45	1500	137×10^3	1030	21×10^3
有机玻璃 PRD/环氧树脂	1.40	1400	800×10^3	1000	56×10^3
硼纤维/环氧树脂	2.10	1380	210×10^3	660	100×10^3

3. 减振性能好

复合材料中，纤维与基体间的界面具有吸振能力。由对相同形状尺寸的梁进行振动试验可知，轻合金梁需9s才能停止振动，而碳纤维复合材料的梁只需2.5s，就停止振动。

4. 高温性能好

一般铝合金在400℃时，其弹性模量大幅度下降，接近于零，强度也显著下降，但用碳纤维或硼纤维的铝合金复合材料，在上述温度下其弹性模量和强度基本不变。用钨纤维增强钴、镍及其合金时，可把这些合金的使用温度提高到1000℃以上。

5. 工作安全性高

纤维增强复合材料在单位面积上分布着大量的纤维，过载时会使其中部分纤维断裂，但随即迅速进行应力的重新分配，而由未断裂纤维将载荷承受起来，不致造成构件在瞬时完全丧失承载能力而断裂，所以提高了工作的安全性。

三、复合材料的制造方法

制造复合材料的目的是获得最佳的强度、刚度、韧性等力学性能。以制造最常用的纤维增强复合材料为例，应当把握以下5项原则：

1）纤维是材料的主要承载组成，应该具有最高的强度和刚度。

2）基体起粘结纤维的作用，首先它必须对纤维具有润湿性以便与纤维有效结合并保持复合结构；其次它应当具有一定的塑性和韧性，以控制裂纹和置偏；最后是它应当能保护纤维表面。

3）纤维和基体之间应该有高的但适当的结合强度。

4）纤维必须有合理的含量、尺寸和分布。

5）纤维与基体的热膨胀性能应有较好的协调和配合。具体制造方法分纤维制取和复合成形两大步骤：①纤维的制取：用熔体抽丝法、热分解法、气相沉淀法、拨丝法，可分别制出玻璃纤维、碳纤维、硼纤维、金属纤维等。②纤维与树脂复合成形：可用手糊成形、压制成形、缠绕成形或喷射成形。

四、常用复合材料及其应用

1. 纤维增强复合材料

（1）玻璃纤维增强复合材料　玻璃纤维增强复合材料是以玻璃纤维为增强剂，以树脂为粘结剂（基体）而制成的，俗称玻璃钢。

以尼龙、聚烯烃类、聚苯乙烯类等热塑性树脂为粘结剂制成的热塑性玻璃钢，具有较高的力学、介电、耐热和抗老化性能，工艺性能也较好。它与基体材料相比，强度和抗疲劳性能可以提高 2～3 倍以上，冲击韧度提高 1～4 倍，蠕变抗力提高 2～5 倍以上，达到或超过了某些金属的强度，可用来制造轴承、齿轮、仪表盘、壳体等零件。

以环氧树脂、酚醛树脂、聚酯树脂、有机硅树脂等热固性树脂为粘结剂制成的热固性玻璃钢，具有密度小、强度高（表9-4）、介电性和耐蚀性及成形工艺性好的优点，可用来制造车身、船体、直升飞机旋翼等。

表9-4　几种树脂浇注制品的力学性能

性能项目 ＼ 树脂种类	环氧树脂	酚醛树脂	聚酯树脂	有机硅树脂
ρ	1.15	1.30～1.32	1.10～1.46	1.70～1.90
σ_b/MPa	85～105	4.2～63	4.2～70	21～49
σ_{bb}/MPa	108.5	77～119	59.7～119	68.6

（2）碳纤维增强复合材料　有碳纤-树脂复合、碳纤-金属-树脂复合、碳纤-陶瓷-树脂复合。与玻璃钢相比，其强度和弹性模量高，密度小，因此它的比强度、比模量在现有复合材料中名列前茅。它还有较高的冲击韧度和疲劳极限，优良的减摩性、导热性、耐蚀性和耐热性。

碳纤维树脂复合材料广泛用于制造要求比强度、比模量高的飞行器结构，如导弹的鼻锥体、火箭喷嘴、喷气发动机叶片等，还可制造重型机械的轴瓦、齿轮、化工设备的耐蚀零件。

2. 层叠增强复合材料

层叠增强复合材料是由两层或两层以上不同性质的材料结合而成，达到增强的目的。

三层复合材料是由两层薄而强度高的面板（或称为蒙皮）与中间夹一层轻而柔的材料构成。面板一般由强度高、弹性模量大的材料组成，如金属板等；而夹层结构有泡沫塑料和蜂窝格子两大类。这类材料的特点是密度小、刚性和抗压稳定性高、抗弯强度好，常用于航空、船舶、化工等工业，如船舶的隔板及冷却塔等。

3. 颗粒复合材料

颗粒复合材料是由一种或多种颗粒均匀分布在基体材料内而制成的。颗粒起增强作用，一般粒子直径在 $0.01 \sim 0.10 \mu m$ 范围内。粒子直径若偏离这一数值范围，则无法获得最佳增强效果。

常见的颗粒复合材料有两类：

（1）金属颗粒与塑料复合 金属颗粒加入塑料中，可改善导热、导电性能，降低线膨胀系数。将铅粉加入氟塑料中，可作轴承材料。含铅粉多的塑料可作为射线的罩屏及隔音材料。

（2）陶瓷颗粒与金属复合 陶瓷颗粒与金属复合即是金属陶瓷。氧化物（如 Al_2O_3）金属陶瓷，可用作高速切削刀具的材料及高温耐磨材料；钛基碳化钨即硬质合金，可制造切削刀具；镍基碳化钛，可制造火箭上的高温零件。

第四节　纳米材料及功能材料

一、纳米材料

纳米材料（nanometer material）是指组成相或晶粒结构尺寸控制在 100 纳米（nm）以下的材料。

纳米材料分为两个层次，即纳米超微粒子与纳米固体材料。纳米超微粒子指的是粒子尺寸为 $1 \sim 100nm$ 的超微粒子；纳米固体是指由纳米超微粒子制成的固体材料。

目前人们已经能够制备多种纳米结构材料。图 9-5 是不同结构的纳米材料示意图。其中，图 9-5a 是原子簇或由其形成的纳米粒子长径比等于 $1 \rightarrow \infty$，因此其中包括纤维。图 9-5b 是在一个方向上改变成分或厚度的多层膜。图 9-5c 是颗粒膜。图 9-5d 是纳米相材料。

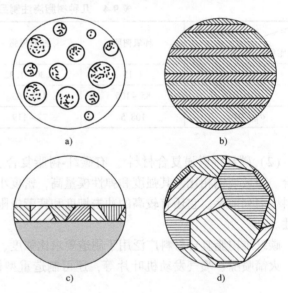

1. 纳米材料的特性

当颗粒尺寸进入纳米数量级时，其本身和由它构成的固体主要有三个方面的效应，并由此派生出传统固体不具备的许多特殊性质。

（1）三个效应　①小尺寸效应。当超微粒子的尺寸小到纳米数量级时，其声、光、电、磁、热力学等特

图 9-5　四种纳米材料的结构示意图

性均会呈现新的尺寸效应。如磁有序转为磁无序，超导相转为正常相，声子谱发生转变等。②表面与界面效应。随纳米微粒尺寸减小，比表面积增大，三维纳米材料中界面占的体积分数增加。如当粒径为 5nm 时，比表面积为 $180m^2/g$，界面体积分数为 50%；而粒径为 2nm

时，则比表面积增加到 $450m^2/g$，体积分数增加到 80%，此时已不能把界面简单地看是一种缺陷，它已成为纳米固体的基本组分之一，并对纳米材料性能起着举足轻重的作用。③量子尺寸效应。随粒子尺寸减小，能级间距增大，从而导致磁、光、声、热、电及超导性与宏观特性显著不同。

（2）物理特性　①低的熔点。如大块铅的熔点为 $327°C$，而 $20nm$ 铅微粒的熔点低于 $15°C$。纳米 Al_2O_3 的烧结温度为 $1200 \sim 1400°C$，而常规 Al_2O_3 烧结温度为 $1700 \sim 1800°C$。②具有顺磁性或高矫顽力。如 $10 \sim 25nm$ 铁磁金属微粒的矫顽力比相同的宏观材料大 1000 倍，而当颗粒尺寸小于 $10nm$ 时矫顽力变为零，表现为超顺磁性。③光学特性。一是宽频吸收，纳米微粒对光的反射率低（如铂的纳米微粒仅为 1%），吸收率高，因此金属纳米微粒几乎都是呈黑色。二是蓝移现象，即发光带或吸收带由长波长移向短波长的现象。随颗粒尺寸减小，其发光颜色依红色→绿色→蓝色变化。④电特性。随粒子尺寸降低到纳米数量级，金属由良导体变为非导体，而陶瓷材料的电阻则大大下降。

（3）化学性能　由于纳米材料比表面积大，处于表面的原子数多，键态严重失配，表面出现非化学平衡，非整数配位的化学价，化学活性高，很容易与其他原子结合。如纳米金属的粒子在空气中会燃烧，陶瓷材料的纳米粒子暴露在大气中会吸附气体并与其反应。

（4）结构特性　纳米微粒的结构受到尺寸的制约和制备方法的影响。如常规 α-Ti 为典型的密排六方结构，而纳米 α-Ti 则为面心立方结构。蒸发法制备 α-Ti 纳米为面心立方结构，而用离子溅射法制备同样尺寸的纳料材料却呈体心立方结构。

（5）力学性能特性　高强度、高硬度、良好的塑性和韧性是纳米材料引人注目的特性。如纳米 Fe 多晶体（粒径 $8nm$）的断裂强度比常规 Fe 高 12 倍，纳米 SiC 的断裂韧性比常规材料提高 100 多倍，纳米技术为陶瓷材料的增韧带来了希望。

2. 纳米材料的制备

自纳米材料出现以来，人们开发了多种纳米材料的制备方法，这些方法虽然有的已经在工业上开始应用，但要完全达到工业化生产的程度，还有许多问题需要解决。

（1）纳米粒子的制备方法　常见的方法有：

化学蒸发凝聚法：是一种通过有机高分子热解来获得纳米陶瓷粉末的方法。

气体凝聚法：是指在低压的氢、氦等惰性气体中加热金属，使其蒸发后形成纳米微粒的方法。

通电加热蒸发法：使接触的碳棒和金属通电，在高温下金属与碳反应并蒸发形成碳化物纳米粒子的方法。

活性氢熔融金属反应法：在含有氢气的等离子体与金属间产生电弧，使金属熔融，电离的 N_2、Ar、H_2 溶入熔融金属，再释放出来，在气体中形成金属纳米粒子的方法。

喷雾法：将溶液通过各种物理手段进行雾化获得超微粒子的方法。

此外还有溅射法、流动液面真空蒸镀法、混合等离子法、激光诱导化学气相沉积法、爆炸丝法、沉淀法、水热法、溶剂挥发分解法、溶胶凝胶法等。

（2）纳米固体（块体、膜）的制备　纳米金属与合金常用的制备方法有：

惰性气体蒸发、原位加压法：是将制成的纳米微粒原位收集压制成块的方法。

高能球磨法：即合金机械化法，用这种方法目前能制出的最小粒径为 $0.5\mu m$。

非晶晶化法：是使非晶体部分或全部晶化，生产纳米级晶粒的方法。

直接淬火法：通过控制淬火速度来获得纳米晶材料的方法。

变形诱导纳米晶：对非晶条带进行变形，再结晶以形成纳米晶的方法。

纳米陶瓷的制备方法有无压烧结法和加压烧结法。

纳米薄膜常用的制备方法有：

溶胶-凝胶法。

电沉积法：通过对非水电解液通电，从而在电极上沉积成膜的方法。

高速超微粒沉积法：是以一定压力的惰性气体作载流子，通过蒸发或溅射等方法在基板上沉积成膜而获得纳米粒子的方法。

直接沉积法：将纳米材料直接沉积在低温基板上的方法。

3. 纳米材料的应用

（1）在陶瓷领域方面的应用 由于传统陶瓷材料质地较脆、韧性、强度较差，因而使其应用受到较大限制。德国萨德兰德（saddrand）大学的研究发现，二氧化钛（TiO_2）和氟化钙（CaF_2）纳米陶瓷材料在 80~180°C 范围内可产生约 100% 的塑性变形，而且烧结温度降低（比大晶粒样品低 600°C）。这些特性使纳米陶瓷材料在常温或次高温下进行冷加工成为可能。氧化铝-碳化硅（Al_2O_3-SiC）纳米复合相陶瓷进行蠕变实验结果表明，其抗蠕变能力也大大提高。

虽然纳米陶瓷还有许多关键技术需要解决，但其优良的室温和高温力学性能、抗弯强度、断裂韧度，使其在切削刀具、轴承、汽车发动机部件等诸多方面都有广泛的应用，并在许多超高温、强腐蚀等苛刻环境下起着其他材料所不可替代的作用，具有广阔的应用前景。

（2）在化工产品中的应用 纳米科技在化工方面的运用主要有催化技术和种类繁多的化工产品。

催化是纳米超微粒子应用的重要领域之一。利用纳米超微粒子大比表面积与高活性可以显著地增进催化效率，国际上已作为第四代催化剂进行研究和开发。它在燃烧化学、催化化学中起着十分重要的作用。

（3）在环保健康方面的应用 抗菌、防腐、除味、净化空气、优化环境将成为人们的追求，纳米技术在这些方面将有广阔的发展空间。

纳米 ZrO、Fe_2O_3、TiO_2 等半导体纳米粒子的光催化作用在环保健康方面有广阔的用途。使用纳米技术可以制备一种耐高温的环境催化剂。

纳米技术制备的纳米级微粒或有机小分子将更有利于人体吸收，提高药物的效能。有些纳米金属粒子是嗜菌体，纳米半导体氧化物是抗菌体，两者在健康卫生领域有广阔应用前景。

（4）在电子工业产品中的应用 ①在电子功能材料中的应用。纳米磁记录介质可制备高密度磁带，且可降低噪声，提高信噪比。纳米敏感材料，可制成气、湿、光敏等多种传感器，极大地减小传感器的体积。作为纳米电磁波、光波吸收材料，在国防中有重要应用。②在微电子加工、生物分子器件和分子电子器件中的应用。纳米级的微电子线路可以使装置更小，是微米级的装置的千分之一。纳米技术电路依靠单个分子改变位置或形状就能用于储存信息。全新的以分子自组装为基础制造出的生物分子电子器件，完全抛弃了以硅半导体为基础的电子元件。例如，加利福尼亚大学的研究人员开发出一种纳米电池，100 个这样的电池放在一起，也不过两个人体细胞大小。

二、超导材料

超导性是在特定温度、特定磁场和特定电流条件下电阻趋于零的材料特性，凡具有超导性的物质称为超导材料或超导体。

1. 超导材料的分类及特点

电性质 $R = 0\Omega$、磁性质 $B = 0T$ 是超导体两个最基本的特性。

超导材料按其化学组成可分为：元素超导体，合金超导体，化合物超导体。由于氧化物超导体具有较高临界温度，人们把临界温度氮温度（77 K）以上的超导材料称为高温超导体，而把元素超导体、合金超导体、化合物超导体统称为低温超导体。

（1）元素超导体 28 种具有超导电性的金属元素中，过渡族元素有 18 种，如 Ti、V、Zr、Nb、Mo、Ta、W、Re 等。非过渡族元素有 10 种，如 Bi、Al、Sn、Cd、Pb 等。按临界温度高低排列，Nb 居首位，临界温度 9.24K；其次是人造元素 Tc，为 7.8K；第三是 Pb，7.197K；第四是 Ld，6.00K。然后是 V，5.4K；Ta，4.47K；Hg，4.15K；以下依次为 Sn、In、Tl、Al。

元素超导体除 V、Nb、Ta 以外均属于第一类超导体，很难实用化。

（2）合金超导体 在目前的合金超导材料中，Nb-Ti 系合金实用线材的使用最为广泛。其原因之一是它与铜很容易复合，复合的目的是防止超导态受到破坏时，超导材料自身被毁。复合后采取冷加工的方法将超导线材坯料拉成细丝，然后，在 300～500°C 进行时效处理。第二相粒子的析出对磁通在超导体内的运动产生了很强的钉扎作用，有利于提高临界电流。Nb-Ti 合金线材虽然不是当前最佳的超导材料，但由于这种线材的制造技术比较成熟，性能也较稳定，生产成本低，所以目前仍是实用线材中的主导。20 世纪 70 年代中期，在 Nb-Zr，Nb-Ti 合金的基础上又发展了一系列具有很高临界电流的三元超导合金材料，如 Nb-40Zr-10Ti，Nb-Ti-Ta 等，它们是制造磁流体发电机大型磁体的理想材料。

（3）化合物超导材料 与合金超导体相比，化合物超导体的临界温度和临界磁场都较高，至 1986 年，Nb_3Ge 的临界温度为 23.2K，在超导材料中最高。一般磁感应强度超过 10T 的超导磁体只能用化合物系超导材料制造。

化合物超导材料按其晶格类型可分为 B1 型（NaCl 型），A15 型，C15 型（拉威斯型），菱面晶型（肖布莱尔型）。其中最受重视的是 A15 型化合物，Nb_3Sn 和 V_3Ga 最先引起人们的注意，其次是 Nb_3Ge、Nb_3Al、Nb_3（Al、Ge）等。A15 型化合物都具有较高的临界温度，如 Nb_3Sn，18K；V_3Si，17K；Nb_3Ge，23.2K……由于加工成线材较困难，实际能够使用的只有 Nb_3Sn 和 V_3Ga 两种。

化合物超导材料的加工方法目前较成熟的是 Nb_3Sn、V_3Ga 的加工技术。一般采用化学蒸镀法和表面扩散法制成 Nb_3Sn 带材；利用表面扩散法制成 V_3Ga 带材。日本利用 Cu-Ga 合金与 V 的复合，巧妙地制成了 V_3Ga 超细多芯线（太刀川法），使硬而脆的金属间化合物线材化成为可能。与此同时，美国也采用复合加工法制成 Nb_3Sn 线材。由于使用了铜合金（青铜）作为基体，这种方法又称为青铜法，见图 9-6。利用青铜法制作超细多芯线材，由于线材中青铜比例高，与表面扩散法带材相比，临界电流密度低，在强磁场中临界电流密度迅速下降。为了改善这一现象，在制造 Nb_3Sn 线材时，在铌芯中加入 Ta、Ti、Zr 等元素；在青铜中加入 Mg、Ga、Ti，或同时加入 Ga 与 Hf 等元素，可将临界磁场的磁感应强度从 21T 提高到 25T。目前能够实用的超导材料，如 Nb-Ti 合金、V_3Ga 所产生的磁场的磁感应强度均不超过

20T。而其他材料，Nb_3Al 和 Nb_3（Al、Ge）等临界温度及上临界磁场的磁感应强度均高于 Nb_3Sn、V_3Ga。

2. 超导材料的应用

采用超导磁体后可以使现有设备的能量消耗降低到原来的 1/10～1%，但已应用于实际的超导器材，还是比较少的。应用技术的发展，有待于更高临界温度的超导材料的发现及加工的基础技术的建立和进步，如线材和薄膜的制造技术、制冷及冷却技术、超低温用结构材料和检测技术等。

在超导的应用上，目前处于领先地位的是制造高磁场的超导磁体。它不但应用于实验室，而且在高能物理、受控核反应、磁流体发电机、输电、磁悬浮列车、舰船推进、储能、医疗各领域得到应用。具体的有以下几个方面。

（1）开发新能源 ①超导受控热核反应堆。受控热核反应的实现，将从根本上解决人类面临的能源危机。如果想建立热核聚变反应堆，利用核聚变能量来发电，首先必须建成大体积、高强度的大型磁场（磁感应强度约为 105 T）。

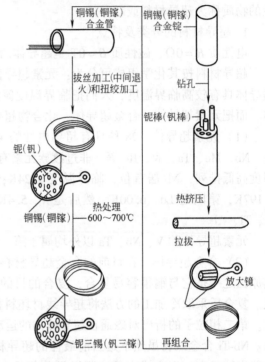

图 9-6 复合法制 Nb_3Sn、V_3Ga 线材

这种磁体储能应达 $4 \times 1010J$，只有超导磁体才能满足要求，若用常规磁体，产生的全部电能只能维持该磁体系统的电力消耗。用于制造核聚变装置中超导磁体的超导材料主要是 Nb_3Sn，Nb-Ti 合金，NbN，Nb_3Al，Nb_3（Al、Ge）等。②超导磁流体发电。磁流体发电是一种靠燃料产生高温等离子气体，使这种气体通过磁场而产生电流的发电方式。磁流体发电视的主体主要由 3 个部分组成：燃烧室、发电通道和电极，其输出功率与发电通道体积及磁场强度的平方成正比。如使用常规磁体，不仅磁场的大小受到限制，而且励磁损耗大，发电机产生的电能将有很大一部分被自身消耗掉，尤其是磁场较强时。而超导磁体可以产生较大磁场，且励磁损耗小，体积、重量也可以大大减小。

目前，采用超导磁体的磁流体发电机已经开始工作，磁流体-蒸汽联合电站正在进行试验。磁流体发电超导磁体产生的磁场达 4.5T，储能 60MJ，发电 500kW。

磁流体发电特别适合用于军事上大功率脉冲电源和舰艇电力推进。

（2）节能方面 ①超导输电。超导体的零电阻特性使超导输电引起人们极大的兴趣。以前实用的超导材料临界温度较低，使它的实际应用受到限制。但是，经过各国科技人员的不懈努力，高温超导体被发现，使超导传输电缆在电力传输系统中得到实际应用。2004 年 7 月 10 日，我国第一组超导电缆系统正式在云南昆明普吉变电站并网运行，成为继美国、丹麦之后世界上第三个将超导电缆投入电网运行的国家。该超导电缆系统应用了国产超导材料，经正式运行后状态良好。②超导发电机和电动机。超导电机的优点是小型、量轻、输出功率高、损耗小。据计算，电机采用超导材料线圈，磁感应强度可提高 5～10 倍。一般常规电机允许的电流密度为 $10^2 \sim 10^3 A/cm^2$，超导电机可达到 $10^4 A/cm^2$ 以上。③超导变压器。用超导材料制造变压器，可使磁损耗大大降低，体积缩小，重量变轻。④超导磁悬浮列车。磁悬浮列车是一种高速列车，它利用路面的超导线圈与列车上超导线圈磁场间的排斥力使列车悬浮起来，消除了普通列车车轮与轨道的摩擦力，使列车速度大大提高。⑤超导储能。由于超导体电阻为零，在其回路中通入电流，电流应永不衰减，即可以将电能存储于超导线圈中。目前，超导储能的应用研究主要集中于两个方面：一方面，计划用口径几百米的巨大线圈储存电力，供电网调峰用；另一方面，是作为脉冲电源，如用作激光武器电源。

此外，超导磁体在研究领域、高能物理方面（同步加速器）、电子显微镜、核磁共振成像技术等方面也得到应用。

三、储氢合金

1. 金属储氢原理

人们发现许多金属（或合金）可固溶氢气形成含氢的固溶体（MH_x），固溶体的溶解度与其平衡氢压 p_{H_2} 的平方根成正比。在一定的温度和压力下，固溶相（MH_x）与氢反应生成金属氢化物，储氢合金正是靠与氢起化学反应生成金属氢化物来储氢的。金属与氢的反应，是一个可逆过程。正向反应，吸氢、放热；逆向反应，释氢、吸热。改变温度与压力条件可使反应按正向、逆向反复进行，实现材料的吸释氢功能。

2. 储氢合金分类

作为实用的储氢材料，应具备如下条件：

①单位质量或单位体积储氢量大。②金属氢化物的生成热要适当，如果生成热太高，生成的金属氢化物过于稳定，释放氢时就需要较高的温度；反之，如果用作热储藏，则希望生成热高。③平衡氢压适当。最好在室温附近只有几个大气压，便于储氢和释放氢气。④吸氢、释氢速度快。⑤传热性能好。⑥对氧、水和二氧化碳等杂质敏感性小，反复吸氢，释氢时，材料性能不致恶化。⑦在储存与运输中性能可靠、安全、无害。⑧化学性质稳定，经久耐用。⑨价格便宜。

能够基本满足上述要求的合金成分主要有以下几类。

（1）镁系储氢合金　这是最早研究的储氢材料。镁与镁基合金储氢量大（MgH_2 约 7.6%（质量分数））、重量轻、资源丰富、价格低廉。其主要缺点是分解温度过高（250℃），吸放氢速度慢，实用性不好。

（2）钛系储氢合金　①钛铁系合金。钛和铁可形成 $TiFe$ 和 $TiFe_2$ 两种稳定的金属间化合物。$TiFe_2$ 基本上不与氢反应，$TiFe$ 可在室温与氢反应生成 $TiFeH_{1.04}$ 和 $TiFeH_{1.95}$ 两种氢化物。$TiFe$ 合金价格便宜，在不到 1MPa 压力的室温下即可释氢。但是它活化困难，抗杂质气体中毒能力差，且在反复吸释氢后性能下降。如果以过渡金属 Co、Cr、Cu、Mn、Mo、Ni、Nb、V 等置换部分铁，形成 $TiFe_{1-x}M_x$ 合金，则可使 $TiFe$ 合金的储氢特性大为改善。②钛锰系合金。钛锰系二元合金中 $TiMn_{1.5}$ 储氢性能最好，在室温下即可活化。这种合金吸氢量较大。若提高 Ti 含量，吸氢量增大，但形成稳定的 Ti 氢化物，使室温释氢能力下降。

（3）稀土系　稀土系储氢合金的典型代表是 $LaNi_5$，其优点是室温即可活化，吸氢放氢容易，平衡压力低，滞后小，抗杂质等；缺点是成本高，大规模应用受到限制。

3. 储氢合金的应用

（1）作为储运氢气的容器　用储氢合金作储氢容器具有重量轻、体积小的优点。其次，用储氢合金储氢，无需高压及储存液氢的极低温设备和绝热措施，节省能量，安全可靠。

（2）氢能汽车　氢燃料电池汽车离我们的生活越来越近，如美国通用汽车公司生产的氢动力一号和我国上海生产的氢动力汽车，已经接近实用化程度。储氢合金作为车辆氢燃料电池的氢储存器，当前的主要问题是储氢材料的重量比汽油箱重量大得多，影响汽车速度。但氢的热效率高于汽油，而且无燃烧污染，使氢能汽车的前景十分看好。

（3）分离、回收氢　为了有效分离和回收工业废气中的氢气，可以使废气流过装有储氢合金的分离床，只要废气中氢分压高于合金-氢系平衡压，氢就被储氢合金吸收，形成金属氢化物杂质排出；加热金属氢化物，即可释放出氢气。例如，生产中采用一种由 $LaNi_5$ 与不吸氢的金属粉及粘结材料混合压制烧结成的多孔颗粒作为吸氢材料，分离出合成氨生产中所需的氢气。

（4）制取高纯度氢气　如含有杂质的氢气与储氢合金接触，氢被吸收，杂质则被吸附于合金表面；除去杂质后，再使氢化物释氢，则得到的是高纯度氢气。利用储氨合金对氢的选择性吸收特性，可制备 99.9999% 以上的高纯氢。在这方面，TiMn1.5 及稀土系储氢合金应用效果较好。

（5）氢气静压机　改变金属氢化物温度时，其氢分解压也随着变化，由此可实现热能与机械能之间的转换。这种通过平衡氢压的变化而产生高压氢气的储氢合金，称为氢气静压机。

实际应用中的氢化物压缩器大多数用于氢化物热泵、空调机、制冷装置、水泵等。这些压缩器只具备增压功能，在 100°C 以下加热条件下只能获得中等压力的氢气。我国开发的一系列氢化物净化压缩器兼有提纯与压缩两种功能。其中 MH HC24/15 型压缩器使用（Mn、Ca）$_{0.95}$Cu$_{0.05}$（Ni、Al），作为净化压缩介质，在温度低于 100°C 的情况下，可获得 14MPa 高压氢，可直接充灌钢瓶。

（6）氧化物电极　由于 $LaNi_5$ 基多元合金在循环寿命方面的突破，用金属氢化物电极代替 Ni-Cd 电池中的负极组成的 Ni/MH 电池开始进入实用化阶段。

除上面介绍的几个方面外，储氢合金在热能的储存与运输、金属氢化物热泵、空调与制冷、均衡电场负荷方面都有广阔的应用前景。

四、形状记忆合金

人们发现：原来弯曲的 Ti-Ni 合金丝被拉直后，当温度升高到一定值时，它又恢复到原来弯曲的形状。我们把这种现象称为形状记忆效应，具有形状记忆效应的金属称为形状记忆合金。

形状记忆合金种类很多，可以分为镍-钛系、铜系、铁系合金三大类。近年发现一些聚合物和陶瓷材料也具有形状记忆功能。目前已实用化的形状记忆材料只有 Ti-Ni 合金和铜系形状记忆合金。

形状记忆材料主要应用在以下几个方面：

（1）工程应用　应用于工程上的形状记忆材料主要做各种结构件，如紧固件、连接件、密封垫等。另外，也一直应用在一些与温度有关的传感器和自动控制件。

作紧固件、连接件时，形状记忆合金较其他材料有许多优势：①夹紧力大，接触密封可靠，避免了由于焊接而产生的冶金缺陷；②适于不易焊接的接头；③金属与塑料等不同材料可以通过这种连接件连成一体；④对安装技术要求不高。

把形状记忆合金制成的弹簧与普通弹簧安装在一起，可以制成自控元件。它对温度比双金属片敏感得多，可代替双金属片用于控制和报警装置中。如图9-7所示，在高温和低温时，形状记区合金弹簧由于发生相变，母相与马氏体强度不同，使元件向左、右不同方向运动。这种构件可以作为暖气阀门、温室门窗自动开启控制，描笔式记录器的驱动，温度的检测、驱动。

（2）医学应用　医学上将 Ti-Ni 形状记忆合金埋入人体作为移植材料，这种材料对生物体有较好的相容性。在生物体内部件固定折断骨架的销，进行内固定接骨的接骨板，由于体内温度使 Ti-Ni 合金发生相变，形状改变，不但能将两段骨固定住，而且能在相变过程中产生压力，迫使断骨很快愈合。另外，假肢的连接、矫正脊柱弯曲的矫正板，都是利用形状记忆合金治疗的实例。

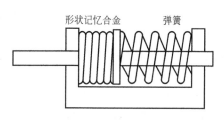

形状记忆合金　　弹簧

图9-7　自控元件原理

关于形状记忆合金的伪弹性，在医疗方面最典型的应用是牙齿矫正线，依靠固定在牙齿托架上金属线（Ti-Ni 合金线）的弹力来矫正排列不整齐的牙齿，这种方法已大量应用于临床。眼镜片固定丝也是伪弹性应用的一个例子。

（3）智能应用　形状记忆合金是一种集感知和驱动双重功能为一体的新型材料，因而可广泛应用于各种自调节和控制装置，如各种智能、仿生机械。形状记忆薄膜和细丝可能成为未来机械手和机器人的理想材料。

五、非晶态合金

如果以极高的速度将熔融状态的合金冷却，凝固后的合金结构呈玻璃态，这样得到的合金称非晶态合金，俗称"金属玻璃"。

非晶态合金与普通金属相比，成分基本相同，但结构不同，使两者在性能上呈现差异。由于非晶态合金具有许多优良的性能：高强度、良好的软磁性及耐腐蚀性能等，使它很快进入应用领域，尤其是作为软磁材料，有着相当广泛的应用前景。下面结合非晶态材料的性能特点，介绍一下其主要应用。

（1）力学性能　非晶态材料具有极高的强度和硬度，其强度远超过晶态的高强度钢，材料的强度利用率也大大高于晶态金属。此外，非晶态材料的疲劳强度亦很高，钴基非晶态合金可达 1200 MPa。非晶态合金的延伸率一般较低，但其韧性很好，压缩变形时，压缩率可达 40%，轧制下可达 50% 以上而不产生裂纹，弯曲时可以弯至很小曲率半径而不折断。非晶态合金变形和断裂的主要特征是不均匀变形，变形集中在局部的滑移带内，使得在拉伸时由于局部变形量过大而断裂，所以延伸率很低。

由于非晶态合金的高强度、高硬度和高韧性，可以用来制作轮胎、传送带、水泥制品及高压管道的增强纤维。用非晶态合金制成的刀具，如保安刀片，已投入市场。另一方面，利用非晶态合金的力学性能随电学量或磁学量的变化，可制作各种元器件，如用铁基或镍基非晶态合金可制作压力传感器的敏感元件。

另外，非晶态合金制备简单，由液相一次成形，避免了普通金属材料生产过程中的铸、锻、压、拉等复杂工序，且原材料本身并不昂贵，生产过程中的边角废料也可全部收回，所以生产成本可望大大降低。但非晶态合金的比强度及弹性模量与其他材料相比还不够理想，使产品形状的局限性也较大。

（2）软磁特性 非晶态合金由于是无序结构，不存在磁晶各向异性，因而易于磁化，而且没有位错、晶界等晶体缺陷，故磁导率、饱和磁感应强度高；矫顽力低、损耗小，是理想的软磁材料。目前比较成熟的非晶态软磁合金主要有铁基、铁-镍基和钴基三大类。主要应用作为变压器材料、磁头材料、磁屏蔽材料、磁致伸缩材料及磁泡材料等。

（3）耐蚀性能 非晶态合金由于生产过程中的快冷，导致扩散来不及进行，所以不存在第二相，组织均匀；其无序结构中不存在晶界、位错等缺陷；非晶态合金本身活性很高，能够在表面迅速形成均匀的钝化膜，阻止内部进一步腐蚀。由于以上原因，非晶态合金的耐蚀性优于不锈钢。

在耐蚀方面应用较多的是铁基、镍基、钴基非晶态合金，其中大都含有铬，如 $Fe_{70}Cr_{10}P_{13}C_7$、$Ni-Cr-P_{13}B_7$ 等。主要用于制造耐腐蚀管道、电池的电极、海底电缆屏蔽、磁分离介质及化工用的催化剂、污水处理系统中的零件等。

（4）高的电阻率 非晶态材料在室温电阻率比一般晶态合金高 2～3 倍，而且电阻率与温度之间的关系也与晶态合金不同，变化比较复杂，多数非晶态合金具有负的电阻温度系数。

（5）超导电性 很早人们就发现非晶态金属及其合金具有超导电性。1975 年以后，用液体急冷法制备了多种具有超导电性的非晶态合金，为超导材料的研究开辟了新的领域。非晶态超导材料因其良好的韧性及加工性能而有足够的发展空间。

非晶态合金还具有良好的催化特性，如用 $Fe_{20}Ni_{60}B_{20}$ 作为 CO 氢化反应的催化剂。

非晶态这种大有前途的新材料也有不如人意之处。其缺点主要表现在两方面，一是由于采用急冷法制备材料，使其厚度受到限制；二是热力学上不稳定，受热有晶化倾向。

思考题与练习题

1. 工程塑料与金属材料相比，在性能与应用上有哪些差异？
2. 为什么 ABS 塑料综合力学性能良好？
3. 试比较 ABS、尼龙、聚甲醛、聚碳酸酯的性能，并指出它们的特点和应用场合。
4. 什么是陶瓷？它的主要类型有哪些？
5. 氮化硅陶瓷和碳化硅陶瓷在应用上有何异同？
6. 一些汽车车棚（顶）过去用钢板制造，现在改用玻璃钢制造，这有什么好处？
7. 完全固化后的酚醛塑料能磨碎重新使用吗？完全固化后的聚苯乙烯能磨碎重新用吗？请解释。
8. 试述纳米科技的应用与前景。
9. 机械合金化技术有哪些应用？其工艺过程是怎样的？
10. 试述超导材料的类型和应用。
11. 储氢合金的类型和应用是怎样的？
12. 形状记忆合金的应用领域是什么？
13. 什么是非晶态合金？非晶态合金的力学性能是怎样的？

第十章 铸造成形工艺

　　将液态金属浇注到与零件形状、大小相适应的铸型内，待冷却凝固后获得所需零件或毛坯的方法，称为铸造，铸造所获得零件或者毛坯称为铸件。

　　铸造的实质是液态成形，因而具有可以制成形状复杂的，特别具有复杂内腔的毛坯，如箱体、内燃机气缸体、气缸盖、机床机身等。铸造适应性强，铸造方法具有特殊的优势，铸件大小可以轻仅几克，重达数百吨；厚度可以从 1mm 到 1000mm；铸造的生产成本低，所需的设备投资较少，原材料价格低，来源广，并可直接利用废料（如报废零件、切屑可回炉使用）。

　　铸造方法在机械制造业中得到广泛应用，在机器设备中铸件所占比例很大，如在机床、内燃机、重型机器中，铸件约占总重量的 70%~90%；在拖拉机、农业机械中占 40% ~ 70%；在汽车中占 20%~30%。

　　但液态成形也给铸造带来某些不足，由于工艺过程

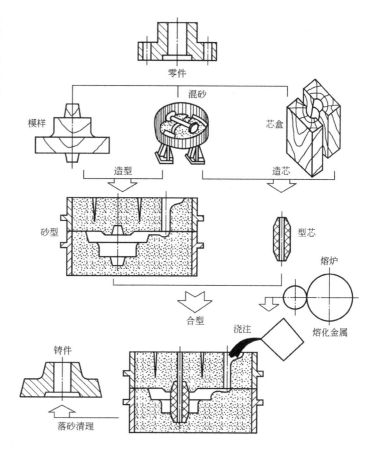

图 10-1　砂型铸造工艺过程

繁杂，铸件由熔融态冷凝而成，其过程难以精确控制，故铸件的化学成分和组织不十分均匀，晶粒粗大，内部易产生缩孔、缩松、气孔、夹渣等缺陷，所以铸件的力学性能，特别是冲击韧度，比同样材料压力加工件的力学性能低。但随着新工艺、新材料的不断发展，铸件质量也在不断提高。

　　铸造方法很多，主要可分为砂型铸造和特种铸造两大类。其中砂型铸造为铸造生产中最基本的方法，其生产工序主要包括型砂和芯砂的配制、模样和芯盒的制作、造型、造芯、金属熔炼、落砂清理和质量检验等，如图 10-1 所示。

第一节 合金的铸造性能

铸造性能是合金在铸造生产中所表现出来的工艺性能，主要有流动性和收缩性等。这些性能对铸件的质量起着很大的影响。

一、合金的流动性

1. 流动性的概念

液态合金充满铸型型腔，获得轮廓清晰、形状完整的优质铸件的能力，称为液态合金的流动性，又称充型能力。熔融金属在充型过程中因散热而产生结晶，同时，还存在着铸型对熔融金属的阻力以及型腔中气体的反压力等。这些都阻碍熔融金属顺利充满型腔。如果金属的充型能力不好，则熔融金属在还没有充满型腔前就停止流动，铸件将产生浇不到和冷隔等缺陷。充型能力好，则易铸出轮廓清晰、壁薄、形状复杂的铸件。

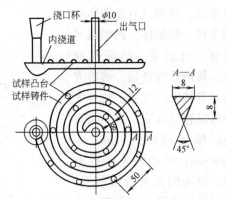

图 10-2　螺旋形流动性试样

合金的流动性的好坏，通常以螺旋形流动性试样的长度来衡量，如图 10-2 所示。由图可见，形腔上设隔 50mm 有一个凸点，数出凸点数目，即得到试样全长。合金的流动性愈好，浇注出试样愈长。表 10-1 列出常用铸造合金流动性比较数据。从表中可以看出，铸铁和硅黄铜流动性最好，铸钢流动性最差。

表 10-1　常用铸造合金的流动性

合金种类		铸型种类	浇注温度/℃	螺旋线长度/mm
铸铁（$w_C + w_{Si}$）	6.2%	砂型	1300	1800
	5.9%			1300
	5.2%			1000
	4.2%			600
铸钢 $w_C = 0.4\%$		砂型	1600	100
			1640	200
硅黄铜		砂型	1100	1000
锡青铜		砂型	1040	420
铝硅合金		金属型 300℃	700	750

2. 影响合金流动性的因素

（1）合金成分的影响　在合金相图上，共晶成分的合金具有最好的流动性。因为在相同浇注温度下，共晶成分的合金熔点最低，保持液态时间长，见图 10-3a，共晶成分的液态合金结晶时，形成等轴状的共晶体；而亚共晶成分的液态合金结晶时，在液固两相区先结晶出树枝状初晶体，这种在液态合金中互相交错的树枝状晶体会增大液体流动阻力。共晶成分的液态合金是在恒温下结晶的，合金由表面向中心逐层凝固，凝固层的内表面比较平滑，液态合金在凝固层中间流动的阻力较小（图10-3c）。而亚共晶成分的液态合金在凝固层里有树枝状初晶，形成参差不齐的凝固层内壁，致使剩余液态合金的阻力较大（图10-3b）。

（2）浇注温度的影响 提高浇注温度，液态合金的粘度下降，流动性提高，同时液态合金的热容量增加，凝固时间延长。因此提高浇注温度，有利于提高合金的流动性，有利于防止铸件浇不到、冷隔等缺陷。但浇注温度过高，易产生粘砂、气孔、缩孔等缺陷，因此，在保证足够的流动性前提下，应尽可能降低浇注温度。但对形状复杂或壁薄的铸件，其浇注温度则略有提高。

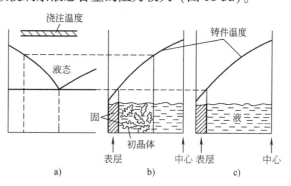

图 10-3 不同成分合金的结晶特征

a）二元合金相图 b）亚共晶合金结晶特征

c）共晶合金结晶特征

（3）铸型的影响 铸型中凡能增加液态金属流动阻力和降低流速的因素，如型腔狭窄、直浇道低、浇口截面太小，铸型透气或排气能力低等，都能相对地降低液态金属的充型能力。因此，为保证不产生冷隔或浇不到的缺陷，铸件壁不能太薄，在铸件设计时要考虑"最小壁厚"。对于铸钢等流动性较差的金属，其最小壁厚应比灰铸铁铸件大。另外，能增加冷却速度的因素，也会降低充型能力，如合金在湿型中充型能力较干型中差，合金在金属型充型能力比砂型中差。

二、合金的收缩性

1. 收缩性概念

液态合金从浇注温度冷却至室温，体积不断变化，最后总体积减小，这种现象称为合金的收缩。合金收缩由液态收缩、凝固收缩、固态收缩三部分组成。

（1）液态收缩 指合金从浇注温度冷却至液相线温度的收缩。

（2）凝固收缩 指合金从液相线温度至固相线温度之间的收缩，即合金在结晶温度范围内的收缩。

（3）固态收缩 指合金从固相线温度冷却至室温时的收缩。铁碳合金的各种收缩情况如图10-4所示。

液态收缩和凝固收缩使合金的体积缩小，通常用体收缩率来表示。这些收缩是铸

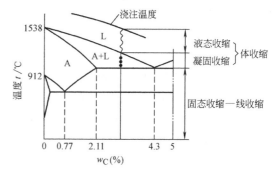

图 10-4 铁碳合金的收缩

件产生缩孔、缩松的根本原因。固态收缩通常表现为铸件尺寸的缩小，常用线收缩率来表示。它是影响铸件尺寸，使铸件产生内应力，变形及裂纹的源泉。

2. 影响收缩性因素

（1）化学成分的影响 灰铸铁在结晶过程中要析出石墨。由于石墨的比容较大，因而石墨的析出会补偿一部分铸铁的收缩。碳和硅是铸铁中促进石墨化的元素，则随着碳和硅的质

量分数的增加，铸铁的收缩率减小。硫是阻碍石墨化元素，所以硫的质量分数愈大，则灰铸铁的收缩率也就愈大。

由于图10-4可知，碳钢随着碳的质量分数增加，其凝固温度范围（即L＋A两相区）也增大，因此，碳钢的体积收缩增大。碳钢的凝固终止温度（即固相线）随着钢中碳的质量分数增加而降低，因而，其线收缩率减小。

（2）浇注温度的影响 浇注温度愈高，合金的液态收缩就愈大，因而体收缩率也愈大。

（3）铸型的影响 铸型型腔和型芯对合金的收缩起阻碍作用。另外，由于铸件的壁厚不均匀，所以各处合金的凝固、冷却的快慢也不可能一样，先凝固、冷却的部分牵制着后凝固、冷却部分的收缩。上述阻碍和牵制作用均可减小合金的线收缩率。

3. 收缩性与铸件质量的关系

合金的收缩会对铸件质量产生一定影响，形成一些铸件缺陷，如缩孔、缩松、变形和开裂等。

（1）缩孔与缩松 铸件在凝固过程中，若其收缩得不到液态合金的补充，则会在铸件最后凝固地方形成孔洞，这种孔洞称为缩孔。图10-5是合金的缩孔形成过程示意图。

液态合金充满铸型后开始降温（图10-5a）。当形成一定厚度的凝固层后，剩余液态合金就会补充液态收缩和凝固收缩，液面上部形成真空压（图10-5b）。随着凝固层的增厚，剩余液态合金的液面进一步下降（图10-5c）。待全部合金凝固后，在铸件内部的上端就形成了倒锥形的缩孔（图10-5d）。

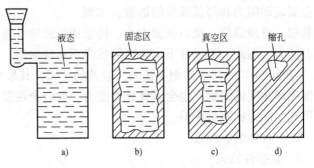

图10-5　缩孔形成过程示意图
a) 液态合金充满铸型　b) 铸件面层凝固
c) 液面下降　d) 缩孔形成

形成缩松的基本原因与缩孔相同，即合金的液态收缩和凝固收缩大于固态收缩，同时在铸件最后凝固的部位得不到液态合金的补缩时形成。但存在形式不同。缩松是分散的小孔洞，结晶温度范围愈宽的合金，愈易形成缩松。图10-6表示了缩松的形成过程。对凝固温度范围较大的合金，在凝固层与液态合金之间，存在着较宽的液固两相区，而且初晶体呈树枝状分布（图10-6a），待完全液相区消失后，铸件轴心线附近尚未凝固的合金几乎是一个个被枝晶分割开的小区域内同时凝固的，所以得不到补缩，于是就形成了许多小孔洞（即缩松）。

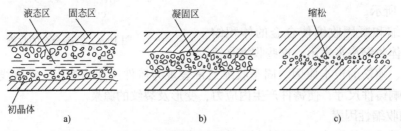

图10-6　缩松形成过程示意图
a) 凝固初期　b) 完全液相区消失　c) 缩松形成

铸件中产生缩孔或缩松，使铸件的力学性能变差。防止缩孔与缩松的主要措施是：合理选用铸造合金，生产中在可能的条件下尽量选择共晶成分合金或结晶温度范围窄的合金。采用顺序凝固原则，用冒口补缩，如图 10-7 所示，保证铸件中各部位按照远离冒口的部位最先凝固，然后朝冒口的方向逐渐顺序进行，使冒口最后凝固，这种凝固方式为顺序凝固。

图 10-8 所示的减压阀零件是一个采用冒口和冷铁相结合的例子。由于在铸件底部不便于安放冒口，因而在造型时安放外冷铁，以便加速该处冷却，使凝固自下而上顺序凝固，中间热节处增加暗冒口，以便对该处进行补缩；最后在铸件的顶部安放明冒口，从而补缩铸件最后凝固的地方，避免铸件产生缩孔。

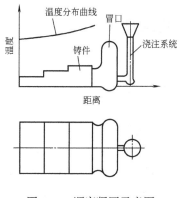

图 10-7　顺序凝固示意图

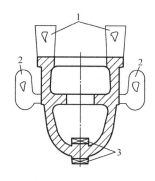

图 10-8　阀体的铸造方案
1—明冒口　2—暗冒口　3—冷铁

（2）铸造内应力、变形和裂纹　随着温度的降低，铸件会产生固态收缩，由于冷却、收缩的不均匀，固态收缩阶段所引起的应力称为铸造内应力。按应力形成的原因可分为机械应力、热应力和相变应力。

热应力是铸件在冷却过程中不同部位由于不均衡收缩而引起的应力。由于铸件壁厚不均和不同部位冷速不同，同一时期内铸件各部分的收缩不一致，但铸件各部位又彼此制约，不能自由收缩，因而造成应力。为减小热应力，可使铸件同时凝固。如图 10-9 所示，图中右端较厚的部位远离浇口，以减小温差，从而减小热应力。但同时凝固易在铸件中产生缩孔和缩松，降低铸件质量，因而当铸件热应力较小时不宜采用同时凝固方式。

机械应力是由于铸件收缩受阻而产生的作用，如图 11-10 所示。可以看出，铸件收缩时

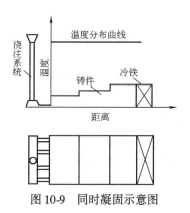

图 10-9　同时凝固示意图

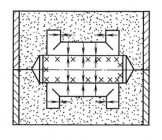

图10-10　机械应力示意图

受到铸型的机械阻力，收缩阻力消失，机械应力也消失。因此，通过改善型砂和型芯的退让性，或提早落砂等措施，可以减少机械应力。

当铸件中铸造内应力较大时，会引起铸件不同程度的变形。为了防止铸件或加工后的零件变形，除采用正确的铸造工艺外，还应合理设计铸件结构，并在铸造后及时地进行热处理，以充分消除铸造内应力。

当铸造内应力过大时，铸造内应力超过合金的强度极限，则易在应力集中部位产生裂纹。裂纹分为热裂和冷裂两种。热裂是在高温下形成的，而冷裂是铸造内应力超过强度极限引起的。

第二节　砂型铸造工艺设计

砂型铸造是应用最广泛的铸造方法。它是采用强度好、透气性好、耐火度高、可塑性好、退让性好的砂型作为铸型材料，工艺多种、操作灵活，故适用各种形状、大小及各种合金铸件的生产。

进行铸造生产的首要步骤就是根据零件结构特点、生产批量及生产条件等因素，设计铸造工艺方案。这个工艺方案包括：造型方法的选择、铸件的浇注位置及分型面的确定，型芯及其固定方法；工艺参数的确定（机械加工余量、起模斜度、收缩率等）、浇注位置、冒口、冷铁的布置及其尺寸等。最后，将这个工艺方案用文字和各色工艺符号在零件图上表示出来，构成铸造工艺图。

铸造工艺图是指导模样（模板、芯盒）设计、生产准备、铸型制造和铸件验收的基本工艺文件，也是绘制铸件图及铸型装配图的依据。

一、造型方法的选择

砂型铸造的造型方法可分为手工造型和机器造型两大类。

1. 手工造型

手工造型方法很多。合理地选择造型方法，对获得合格铸件，减少制模和造型工作量，降低成本和缩短生产周期都是重要的。生产中应根据铸件的尺寸、形状、技术要求、生产批量和生产条件综合考虑后进行选择。表 10-2 列出了常用手工造型方法的特点及应用范围。

表 10-2　常用手工造型方法的特点及应用范围

造型方法	特　　点	应 用 范 围
整模造型	整体模，分型面为平面，铸型型腔全部在一个砂箱内。造型简单，铸件不会产生错型缺陷	铸件最大截面在一端，且为平面
分模造型	模样沿最大截面分为两半，型腔位于上、下两个砂箱内。造型方便，但制造模样较麻烦	最大截面在中部，一般为对称性铸件
挖砂造型	整体模，造型时需挖去阻碍起模的砂型，故分型面是曲面。造型麻烦，生产率低	单件小批量生产模样薄、分模后易损坏或变形的铸件
假箱造型	利用特制的假箱或型板进行造型，自然形成曲面。可免去挖砂操作，造型方便	成批生产需要挖砂的铸件
活块造型	将模样上妨碍起模的部分，做成活动的活块，便于造型起模。造型和制作模样都麻烦	单件小批量生产带有突起部分的铸件

(续)

造型方法	特　点	应 用 范 围
刮板造型	用特制的乱板代替实体模样造型，可显著降低成本。但操作复杂，要求工人技术水平高	单件小批量生产等截面或回转体大、中型铸件
三箱造型	铸件两端截面尺寸比中间部分大，采用两箱造型无法起模时铸型可由三箱组成，关键是选配高度合适的中箱。造型麻烦，容易错型	单件小批量生产具有二个分型面的铸件
地坑造型	在地面以下的砂坑中造型，一般只用上箱，可减少砂箱投资。但造型劳动量大，要求工人技术水平较高	生产批量不大的大、中型铸件，可省去下箱

2. 机器造型

机器造型是将造型的两主要工序：紧实和起模实现了机械化。机器造型生产率高，铸件质量好，不受工人技术水平限制，便于实现机械化、自动化的流水线生产，改善了劳动条件等优点。但机器造型需要专用设备与工装，投资大，只适用于大批量生产。

机器造型多以压缩空气为动力，也有液压的，按照紧砂方法的不同，机器造型分为很多种。表10-3列出了各种机器造型方法的主要特点和使用范围。

表10-3　机器造型方法的主要特点和使用范围

种类	主 要 特 点	使 用 范 围
压实式	用较低的比压①来压实铸型。机器结构简单，噪声较小，生产率较高	用于成批生产小铸件
震实式	靠造型机的震击来紧实铸型。机器结构简单，制造成本低。但噪声大，生产率低，对厂房基础要求高，劳动繁重	用于成批生产中、小铸件
震压式	在震击后加压、紧实铸型。机器的制造成本较低，生产率较高，噪声大。型砂紧实度较均匀，能量消耗少	用于成批生产小铸件
抛砂造型	用抛砂方法填实和紧实铸型。机器的制造成本较高，生产效率较高，能量消耗少，型砂紧实度较均匀	用于成批生产大铸件
微震压实式	在微震的同时加压紧实铸型。生产率较高，机器较易损坏	用于成批生产中、小铸件
高压造型	用较高的比压来压实铸型。生产率高，铸件尺寸准确，易于自动化。但机器结构复杂，制造成本高	用于大批生产中、小铸件
射压式	用射砂填实砂箱，再用高比压压实铸型，生产率高，易于自动化，型砂紧实度高而均匀	用于大批生产中、小铸件

① 比压是铸型的单位面积上所受的压力。

机器造型是采用模板进行两箱造型。模板是将模样、浇注系统沿分型面与模底板联结成一整体的专用工具，造型后模底板形成分型面，模样形成铸型型腔。机器造型不能进行三箱造型，同时模板上应避免活块。因此，在设计大批量生产的铸件及确定其铸造工艺时，应考虑这些要求。

二、浇注位置与分型面的选择

1. 浇注位置的选择

浇注时铸件在铸型中所处的位置称为浇注位置。这个位置选择是否正确，对铸件质量影响很大。选择浇注位置时应考虑下列原则：

（1）铸件的重要加工面或主要工作面应朝下　在浇注过程中，液态合金中密度较小的砂粒、渣子和气体等易浮在液面上，致使铸件的顶面层常出现砂眼、气孔、夹杂物等缺陷。另外，顶面层中容易产生缩孔、缩松等缺陷，所以铸件顶面层的质量较差。而铸件的底部组织比较致密，上述缺陷较小，所以铸件的质量较高。

例如，机床的导轨面都是重要工作面，浇注时，就应将导轨面朝下，如图 10-11 所示。起重机卷扬筒因其周围表面质量要求高，不允许有铸造缺陷，但不宜全部朝下，故常改卧浇为立浇，如图 10-12 所示。

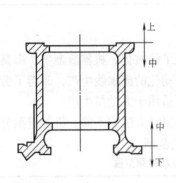

图 10-11　床身的浇注位置

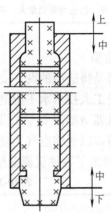

图 10-12　卷扬筒的浇注位置

（2）铸件的大平面应朝下　由于浇注过程中，熔融金属对型腔上表面有强烈的热辐射，有时型腔上表面型砂因急剧地热膨胀而拱起导致开裂，于是金属液进入表层裂缝之中，形成了夹砂缺陷。图 10-13 所示是平板的浇注位置。将平板肋条朝上，这时位于型腔上部已不是整个平面，而是被肋条分割成许多小块表面，当型砂经过高温液态金属烘烤而膨胀时，这些肋条形成的沟槽使型砂有膨胀余地而不致使型砂拱起而开裂，从而减少了夹砂的缺陷。

有些大平面零件也可采用倾斜浇注，这时熔融金属对上砂型的烘烤是局部的，而且很快可充满该部分，而避免了夹砂缺陷。

（3）铸件上大面积的薄壁部分应朝下　图 10-14 所示的薄壁铸件，应将薄而大的平面朝下或侧立、倾斜，以防止出现浇不到或冷隔等缺陷。

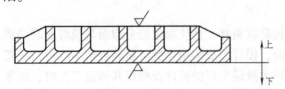

图 10-13　平板的浇注位置

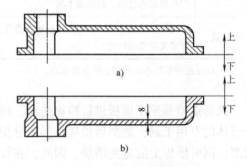

图 10-14　薄壁件的浇注位置
a) 不合理　b) 合理

（4）应便于铸件的补缩　对于壁厚不均匀，易形成缩孔的铸件，浇注时应将壁厚的部分放在上部或分型面附近。这样便于在壁厚处直接安放冒口，便于自下而上顺序凝固，进行补缩。如图 10-12 所示卷扬筒铸件，厚部放在上部是合理的。

（5）应减少型芯的数量，便于型芯的固定和排气　图 10-15 为一床腿铸件，按图 a 方案，中间空腔需要一个很大型芯，增加制模造芯、烘干及合型工作量，铸件成本较高，图 b 方案中间空腔可自带型芯（砂垛）来形成，这样简化造型工艺，型芯固定也较牢固，也有利于型芯中气体排除。

2. 分型面的选择

铸型分型面是指铸型组元间相互接触的表面。分型面选择不当，铸件质量难以保证，并使制模、造型、造芯、合型，以及切削加工等工序复杂化。选择时在保证铸件质量的前提下，应尽量简化工艺，主要考虑下列原则：

（1）应使铸件全部或大部分置于同一个砂箱中　铸件集中在一个砂箱内，可以简化造型操作，减少因错型而产生的铸件缺陷。对于有型芯的铸件，为了方便下芯，应尽量使型芯位于下型中。

图 10-16a 所示的分型面，就不容易错型，下芯、合型较方便。图 11-16b 所示的分型面则易错型。若错型较严重，会使铸件的上下两部分不同轴心而报废。

（2）应尽量减少分型面数目，最好只有一个分型面　因为

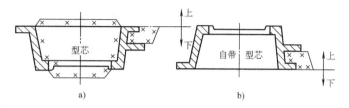

图 10-15　床腿铸件两种浇注位置方案

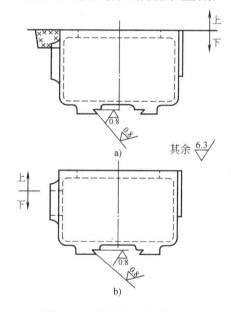

图 10-16　铸件的两种分型面
a) 合理　b) 不合理

多一个分型面，铸件就多一个产生误差的可能性，同时分型面减少，也使造型工艺简化。图 10-17 所示是绳轮的两种分型面方案。图 a 方案用环状型芯，使铸件只有一分型面，而且铸件均在一个砂箱内，造型与合型都比较方便。而图 b 方案则是两个分型面，需要三箱造型。操作过程较复杂，还不易保证铸件的质量。

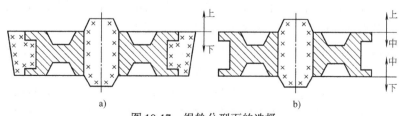

图 10-17　绳轮分型面的选择
a) 两箱造型分型面　b) 三箱造型分型面

（3）重要加工面及其基准面应尽量在一箱内　图10-18所示是管子堵头两种不同分型方案。显然方案 b 是正确的，铸件上面凸出部分机械加工夹紧在夹具里面作外圆表面上车螺纹的基准面。若采用方案 a 则常发生错型，导致铸件有一部分车削加工余量不够的缺陷，而造成铸件报废。

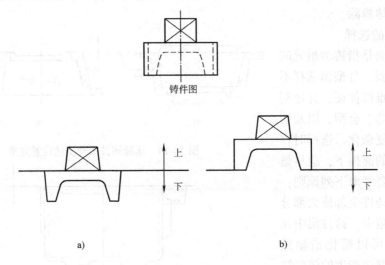

铸件图

图10-18　管子堵头的分型方案
a）不正确　b）正确

（4）应便于下芯、合型及检查型腔尺寸　应尽量使型腔及主要型芯位于下型，以利于在下芯和合型时，调整砂芯位置，检查型腔尺寸，保证铸件壁厚均匀。图10-19所示为减速箱盖的分型方案。方案 a 合型时型芯的位置和壁厚无法检查；方案 b 采用两个分型面，合型时便于检查尺寸。

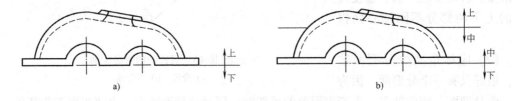

a）　　　　　　　　　　　　　b）

图10-19　减速箱盖的分型方案

（5）尽量使分型面平直　因为平直分型面可以简化造型工艺和模板制造，易保证铸件精度。图10-20是起重臂的两种分型面，图中方案 b 分型面为平面，可采用简单的分模造型。若选用方案 a，分型面为曲面，需采用挖砂造型或假箱造型。

上述几项原则，对具体铸件来说，往往互相矛盾，难以全面符合要求。因此在确定浇注位置和选择分型面时，要作全面分析，抓住主要矛盾。至于次要矛盾，则要从工艺措施上设法解决。如对质量要求高的铸件来说，浇注位置的选择是主要的，分型面的选择处于从属地位；而对质量要求不高的铸件，则应主要从简化造型工艺出发，合理选择分型面，浇注位置的选择则处于次要地位。

三、铸造工艺参数的确定

为了制定铸造工艺图，必须对铸件进行工艺分析，选择浇注位置，确定分型面，并在此基础上确定铸件的主要参数。

1. 机械加工余量

经铸造生产的铸件，还只是零件的毛坯，必须经过机械加工，才能装配成机器。铸件在机械加工过程中被切除的厚度称为机械加工余量。余量过大，会增加金属材料的消耗及切削加工工作量；余量过小，工件会因残留黑皮而报废，或者因铸件表层过硬而加速刀具的磨损。

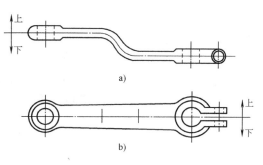

图 10-20　起重臂的两种分型方案
a) 不合理　b) 合理

GB/T 6416—1999 规定，机械加工的余量的代号用字母 MA 表示，由精到粗分为 A、B、C、D、E、F、G、H、J 共 9 个等级；规定尺寸公差的代号用字母 CT 表示，由高到低分为 1、2、3、…，共 16 个等级。当铸件尺寸公差等级和加工余量按表 10-4 中查出的配套等级确定后，就可以根据铸件从表 10-5 中查出铸件的加工余量数值。铸件的基本尺寸是指有加工要求的表面上最大尺寸和该表面距它的加工基准间尺寸二者中较大的尺寸。

表 10-4　大批量生产灰铸铁件的机械加工余量等级

工艺方法	手工造型	机器造型及壳型	金属型	低压铸造	熔模铸造
尺寸公差等级 CT	11 ~ 13	8 ~ 10	7 ~ 9	7 ~ 9	5 ~ 7
加工余量等级 MA	H	G	F	F	D

表 10-5　与尺寸公差配套使用的灰铸件机械加工余量（摘自 GB/T 6416—1999）

尺寸公差等级 CT		8	9	10	11	12	13	14	15
加工余量等级 MA		G	G	G	H	H	H	H	H
基本尺寸		加工余量数值/mm							
大于	至								
—	100	2.5	3.0	3.5	4.5	5.0	6.5	7.5	9.0
		2.0	2.5	2.5	3.5	3.5	4.5	5.0	5.5
100	160	3.0	3.5	4.0	5.5	6.5	8.0	9.0	11
		2.5	3.0	3.0	4.5	5.0	5.5	6.0	7.0
160	250	4.0	4.5	5.0	7.0	8.0	9.5	11	13
		3.5	4.0	4.0	5.5	6.0	7.0	7.5	8.5
250	400	5.0	5.5	6.0	8.5	9.5	11	13	15
		4.5	4.5	5.0	7.0	7.5	8.0	9.0	10
400	630	5.5	6.0	6.5	9.5	11	13	15	17
		5.0	5.0	5.5	8.0	8.5	9.5	11	12
630	1000	6.5	7.0	8.0	11	13	15	17	19
		6.0	6.0	6.5	9.0	10	11	12	13

注：表中每栏有两个加工余量数值，上面是单侧加工时的加工余量值；下面是双侧加工时每侧的加工余量值。

单件小批生产，铸件的不同加工表面，允许采用相同的加工余量值；砂型铸件顶面的加工余量等级比底侧面的等级降一级选用；孔的加工余量等级，可采用与顶面相同的等级。

2. 最小铸出孔及槽

零件上孔、槽、台阶等，是否要铸出，应从工艺、质量及经济效果等方面综合考虑。一般来说，较大的孔、槽等应铸出，可以减少切削加工工时，节省金属材料。若孔、槽较小，则不必铸出，而依靠直接加工反而经济。某孔如有特殊要求，如弯曲孔、异形孔，无法实现机械加工时，则一定要铸出。表10-6列出最小铸出孔的数据，供参考。

表10-6 铸件的最小铸出孔尺寸

生产批量	最小铸出孔尺寸/mm	
	灰铸铁件	铸钢件
大　　量	12 ~ 15	—
成　　批	15 ~ 30	30 ~ 50
单件、小批	30 ~ 50	50

3. 起模斜度

为了便于起模，凡垂直于分型面的立壁、制造模样时必须留一定的斜度，此斜度称为起模斜度。

影响起模斜度的因素：垂直壁的高度、造型方法、模样材料等。一般来说，垂直壁愈高，斜度愈小；机器造型比手工造型的斜度要小些；金属模比木模的起模斜度要小些。

起模斜度的形式有三种，如图10-21所示。对铸铁件来说，当不加工的侧面壁厚 < 8mm 时，可采用增加壁厚法；当壁厚为 8 ~ 12mm 时，可采用减少壁厚法；当铸件侧面需要机械加工时，则必须采用增加壁厚

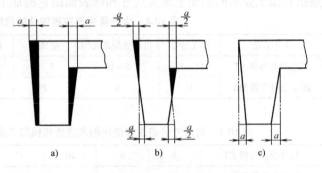

图10-21 起模斜度的三种形式
a) 增加壁厚法　b) 加减壁厚法　c) 减少壁厚法

法。如果铸件的侧壁不需要机械加工，而且已经有足够的厚度，则不必再加起模斜度。起模斜度上需要增减的数值 a，可由表10-7查得。

表10-7 起模斜度上增减数值　　　　　　（单位：mm）

测量面高度	金属模	木　模	测量面高度	金属模	木　模
≥20	0.5 ~ 1.0	0.5 ~ 1.0	>100 ~ 200	1.5 ~ 2.0	2.0 ~ 2.5
>20 ~ 50	0.5 ~ 1.2	1.0 ~ 1.5	>200 ~ 300	2.0 ~ 3.0	2.5 ~ 3.5
>50 ~ 100	1.0 ~ 1.5	1.5 ~ 2.0	>300 ~ 500	2.5 ~ 4.0	3.5 ~ 4.5

起模斜度在铸造工艺图上标注时，也可以采用角度标注法，通常外壁斜度为 0.5° ~ 3°，铸孔内壁的起模斜度比外壁大。通常为 3° ~ 10°。当铸件上孔是用自带型芯的方法形成时，如图10-22所示，起模斜度应适当增大，具体数值可查表10-8。表中没有数值的空格，表示

孔的高度与孔的直径之比（*H/D*）过大，不易起模，不能采用自带型芯法铸孔。

4. 铸造收缩率

铸造收缩率是指铸件从线收缩开始，温度冷却至室温的收缩率。通常以模样与铸件的长度差除以模样长度的百分比表示。合金的线收缩率与合金的种类、铸件的结构形状、复杂程度及尺寸因素有关。通常灰铸铁件的线收缩率为 0.7% ~ 1.0%；铸钢件的线收缩率为 2%；非铁金属件的线收缩率为 1.5%。

5. 铸造圆角

制造模样时，壁的连接和转角处要做成圆弧过渡，称为铸造圆角。在造型和浇注时，铸造圆角可以减少或避免砂型尖角损坏。铸造圆角与铸件大小有关，对于小型铸件，外圆角半径一般取 2 ~ 8mm。内圆角半径一般取 4 ~ 16mm。

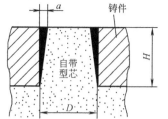

图 10-22　用自带型芯法
形成铸孔的起模斜度

表 10-8　自带型芯铸孔的起模斜度上增减数值 *a*　　　（单位：mm）

铸孔直径 *D*	铸 孔 高 度 *H*					
	≤20	21 ~ 40	41 ~ 60	61 ~ 90	91 ~ 120	121 ~ 150
≤30	3.5	—	—	—	—	—
31 ~ 35	3.5	5.6	—	—	—	—
51 ~ 70	2.8	5.6	7.4	—	—	—
71 ~ 100	2.5	4.9	6.3	9.5	—	—
101 ~ 130	2.1	4.2	5.2	7.8	10.4	—
131 ~ 160	2.1	4.2	5.2	7.1	9.5	10.5
161 ~ 200	1.7	3.5	4.7	7.1	8.4	10.5

四、型芯的设计

型芯的功用是形成铸件的内腔、孔以及铸件外形不易出砂的部位。型芯设计内容主要包括确定型芯的个数和形状、芯头结构、下芯顺序。此外，还应考虑型芯的排气、固定和准确定位。

一个铸件所需型芯数量及每个型芯的形状，主要取决于铸件结构及分型面的位置。由于造芯费工、费时、增加成本，所以应尽量少用型芯。高度短、直径大的孔或内腔可采用吊砂或砂垛来形成。手工造芯的型芯应考虑填砂，安放芯骨及撳实方便，烘干时支承面积大，排气等问题。

在型芯结构中，芯头是重要的组成部分，起着定位和支撑型芯及排除型芯内气体的作用。根据芯头在铸型中的位置，芯头可分为垂直芯头和水平芯头两种。图 10-23 所示为垂直芯头的三种情况。图 a 为上下都有芯头，用得最广；图 b 只有下芯头而无上芯头，适用于截面较大，而高度不大的型芯；图 c 上、下都无芯头，适用于较稳定的大型芯。

水平芯头的一般形式为两个芯头。生产不通孔时，则只有一个水平芯头，其型芯称为悬臂芯。当型芯只有一个水平芯头，或虽有两个水平芯头，但仍然定位不稳固而发生倾斜或转动时，还可以采用其他形式的芯头，如联合芯头，加长或加大芯头以及安放型芯撑支撑型芯，如图 10-24 所示。

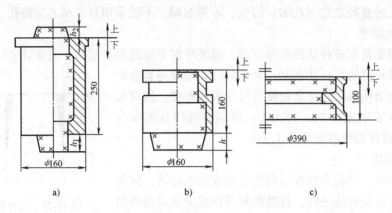

图 10-23　垂直芯头的三种形式

a) 上下都有芯头　b) 只有下芯头　c) 上下都无芯头

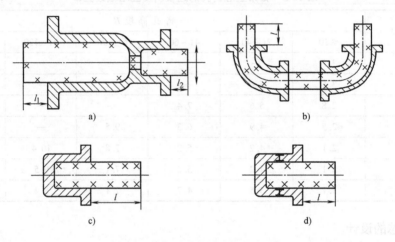

图 10-24　水平芯头几种形式

a) 一般形式　b) 联合芯头　c) 加长芯头　d) 芯头加型芯撑

　　芯头结构包括芯头长度、斜度、间隙等。只要满足芯头的基本要求，芯头不宜太长，否则会增加砂箱尺寸，使之加大填砂量。对水平芯头，砂芯愈大，所受浮力也就愈大，因此芯头长度也应增加。悬臂芯为提高稳定性而加长芯头（图 10-24c）。垂直芯头的高度，根据型芯的总高度和横截面大小而定。一般下芯头的高度大于上芯头，以承受型芯的重量。而上芯头的斜度大于下芯头，以免合型时上芯头和铸型相碰。对水平芯头，如果造芯时芯头和不留斜度就能顺利从芯盒中取出，那么芯头可以不留斜度。

　　为了下芯方便，通常在芯头和铸型的芯头座之间留有间隙。间隙大小取决于型芯大小和精度等。机器造型、造芯的间隙一般较小，而手工造型、造芯间隙较大，一般取 0.5 ~ 4mm。

　　芯头的高度 h_1、h_2、h_3（或长度 L_1、L_2、L）、斜度等尺寸，一般根据生产经验并参考有关表格决定。

　　五、铸造工艺设计举例

　　图 10-25 所示为支承台的零件图。该零件承受中等载荷，起支承作用。所选材料为灰铸

铁，牌号为 HT150，小批量生产。技术要求：A 面为加工基准面，B 面与 A 面有平行度要求。两个面质量要求较高，不允许有气孔、夹渣等缺陷。由于材料为灰铸铁、铸造性能良好，故能满足质量要求。由于小批量生产，宜采用砂型铸造手工造型方法。

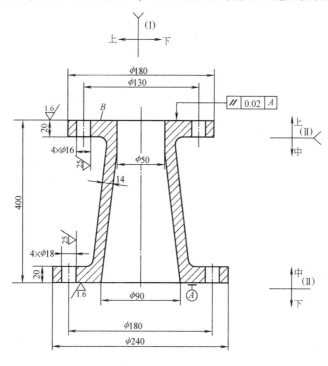

图 10-25　支承台零件图

1. 选择分型面

方案 I：选择通过轴线的纵向剖面为分型面，铸件处于水平浇注位置，采用分模两箱造型方法。中间空腔用一个水平型芯形成。

方案 II：铸件处于垂直浇注位置，A、B 两个面均处于水平位置，A 面在下，B 面在上，采用两个分型面的三箱造型。中间空腔用一个垂直型芯形成。

综合分析：方案 I 使 A、B 两个面处于垂直位置，质量较有保证，分型面处于最大截面处，便于起模和下芯，并有利于型芯的固定、排气和检验。但易受错型影响，支承台可能出现气孔、夹渣缺陷。方案 II 使 A 面处于底面，支承台体处于侧面，A 面及支承台体的质量易于保证，但 B 面的质量差。铸件全部处于中箱、易于保证铸件精度，中间空腔需一高度较大的垂直型芯，下芯较复杂。从经济方面看，方案 II 三箱造型多耗用一个砂箱，型砂消耗也大，造型及下芯工时增加，为了保证 B 面的质量，B 面（顶面）要将加人加工余量，金属消耗多，不如方案 I 划算。

2. 确定浇注位置

水平浇注使两端面侧立，因两端面为加工面，有利于保证铸件质量。

3. 确定工艺参数

(1) 加工余量　图样要求，需留加工余量，φ16 的 4 个孔与 φ18 的 4 个孔不均不铸出。查有关表格，确定支承台两侧加工余量值为 7.5mm。

（2）起模斜度　使用木模、起模斜度选择 $\alpha = 3°$。

（3）收缩率　材料为灰铸铁，由于铸件结构有一定的受阻收缩，故线收缩率选择为 1% 。

（4）型芯头　支承台具有锥形空腔，宜设计整体型芯，芯头尺寸及装配间隙，可查有关手册确定。

浇注系统、冒口设计，本课程不作具体要求。

将上面确定的各项内容，用规定的符号、颜色（一般分型面、加工余量、浇注系统均用红色线表示）。分型面用红色写出"上、下"字样；不铸出的孔、槽用红线打叉；芯头边界用蓝色线表示，芯用蓝色"×"标注。描绘在零件的主要投影图上。铸造工艺图的绘制即可完成，如图 10-26 所示。

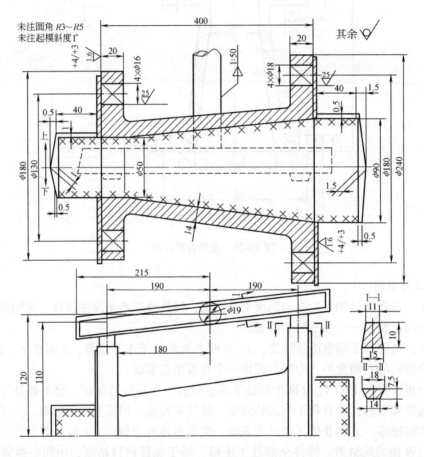

图 10-26　支承台铸造工艺图

第三节　特种铸造

特种铸造是指砂型铸造以外的其他铸造方法，如熔模铸造、金属型铸造、压力铸造、低压铸造、离心铸造等。这些铸造方法在提高铸件精度、降低表面粗糙度，改善合金性能，提高生产率，改善工作环境和降低材料消耗等方面，各有其优势之处。因此，在铸造生产中占有重要地位，是铸造业重点发展方向之一。

一、熔模铸造

熔模铸造是用易熔材料制成的和铸件形状相同的蜡模，在蜡模表面涂挂几层耐火涂料和硅砂，经硬化、干燥后将蜡模熔出，得到一个中空型壳，再经干燥和高温焙烧，浇注铸造合金而获得铸件的工艺方法。常用的制模材料为蜡质材料，故又称为"失蜡铸造"。

1. 熔模铸造的工艺过程

熔模铸造的工艺过程如图10-27所示。

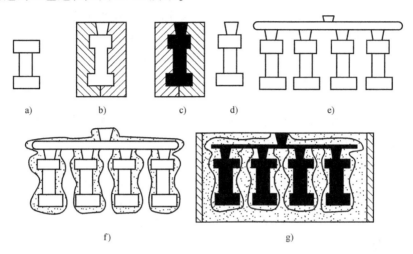

图10-27　熔模铸造的工艺过程

a）母模　b）压型　c）制造熔模　d）单个蜡模　e）组合蜡模　f）结壳、熔去蜡模　g）填砂浇注

（1）母模　如图10-27a所示，它是铸件的基本模样，多用钢或黄铜经机械加工制成，用它来制造压型。

（2）压型　如图10-27b所示，它是用来制造蜡模的铸型。为了保证蜡模质量，压型尺寸精度和表面质量要求高。当大批量生产高精度铸件时，压型常用钢或铝合金经加工而成；当生产批量不大，或铸件的精度要求不高时，常用易熔合金（Sn、Pb、Bi合金等）直接浇注出来；在单件小批生产时，也可用石膏型。随着塑料工业的发展，还有用塑料制作压型。

（3）蜡模　制造蜡模的材料有石蜡、蜂蜡、硬脂酸和松香等。生产中常采用50%石蜡和50%硬脂酸配制成低熔点蜡料。将熔融的蜡料挤入压型，如图10-27c所示，待冷却后取出蜡模，并在空气中继续冷却，再经修整检验得到单个合格蜡模，如图10-27d所示。为了能一次铸出多个铸件，还需将单个蜡模粘焊在预制好的蜡浇口棒上，制成蜡模组，如图10-27e所示。

（4）制壳（包括结壳和脱蜡）　先将蜡模组浸挂一层水玻璃和石英粉配制成的涂料，再向其表面撒一层硅砂，然后将其放入硬化剂（通常为氯化胺溶液）中，如此反复3~7次，直至结成厚度5~10mm硬壳为止。

型壳制好后便可以进行脱蜡。通常是将结壳后型壳放入80~90℃水中，使蜡模熔化而脱出，得到一个中空的壳型，如图10-27f所示。

（5）造型和焙烧　为了提高型壳的强度，防止浇注时型壳变形或破裂，型壳一般置于铁箱中，周围用于砂填紧，如图10-27g所示。

为了进一步排除型壳内的残余挥发物，提高其质量，还需要将装好型壳的铁箱在 900 ~ 950℃下焙烧。

（6）浇注 为了提高液态合金的充型能力，防止浇不到缺陷，常在焙烧后趁热（600 ~ 700℃）进行浇注。

2. 熔模铸造的特点及应用范围

熔模铸造的主要特点如下：

（1）铸件质量好 由于熔模铸造所用的蜡模尺寸精确，表面光洁，型腔内无分型面，所以铸件尺寸精度较高，表面粗糙度较低。一般尺寸公差等级可达 CT7 ~ CT4，表面粗糙度 R_a 6.3 ~ 3.2μm。熔模铸造的零件可实现少切屑和无切屑加工。

（2）能够获得难以用砂型铸造方法制造的形状非常复杂的零件，如汽轮机、燃气轮机、涡轮发动机的叶片。

（3）可生产各类金属材料的铸件，如高熔点的合金钢铸件都可以用熔模铸造获得。

（4）生产批量没有限制，既可生产几十件，也可生产成千上万件。

但这种方法工序繁多，生产周期长（4 ~ 15 天），蜡模不能制得太大（大了易变形），型壳的强度也有限制，不能铸造较大的零件，熔模铸造的零件重量一般不超过 25kg。

在机械制造业中，熔模铸造得到广泛应用。目前，应用最多的是生产碳钢和合金钢铸件，零件可小到几克，最小壁厚为 0.5mm，最小孔径为 0.5mm。

二、金属型铸造

金属型铸造是将液态金属浇入用金属制作的铸型中，以获得铸件的一种方法。

1. 金属型的构造

按照分型面的方位，金属型可分为整体式、垂直分型式、水平分型式和复合分型式几种。其中以垂直分型式应用最多。

金属型一般用铸铁制成，也可以采用铸钢。铸件的内腔可用金属型芯或砂芯来形成。金属型芯用于有色金属。为了从较复杂的内腔中取出金属型芯，型芯可由几块拼合而成，浇注后按先后次序取出。

图 10-28 所示是采用金属铸型和砂芯相结合的金属型。当活动型移开后，将预先制好的砂芯放在底板的芯座上，用压缩空气吹净周围砂粒，合上动型并夹紧，放上盖板和浇口杯就可进行浇注。待铸件凝固后，铸件连同型芯一起取出，清除去型芯，打断浇口即可获得铸件。

图 10-29 所示是铸造铝活塞金属型典型结构简图。该金属型是垂直分型式的结构。铝活塞内腔存在凸台，整体型芯无法抽出，故采用组合型芯。浇注后，先抽出带有斜度的型芯 4，再抽型芯 3 和 5，其中，型芯 6 是形成销孔的型芯。

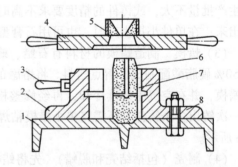

图 10-28 金属铸型和砂芯相结合的金属型铸造
1—底板 2—动型 3—夹紧装置 4—盖板
5—浇口杯 6—砂芯 7—型腔 8—定型

2. 金属型铸造的工艺特点

金属型导热快，没有退让性，因此，铸件易出现浇不到、冷隔、裂纹等缺陷。用金属型浇注灰铸铁还容易产生白口组织。另外，金属型如浇注次数过多，升温太高，也会使铸铁晶粒粗大，力学性能降低。因此，应采用相应工艺措施。

（1）金属型预热　金属型浇注前要预热，目的是防止液态金属冷却过快和冷却不均匀而造成浇不到、冷隔、裂纹等缺陷。金属型合理工作温度为：铸铁件 250 ~ 350℃，有色金属铸件 100 ~ 250℃。

（2）喷刷涂料　金属型型腔和型芯表面必须喷刷涂料，其目的是为了减缓铸件的冷却速度，防止高温液态金属对型壁的直接冲刷，利用涂料有一定的蓄气、排气能力，防止气孔产生。

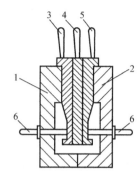

（3）控制开型时间　由于金属型没有退让性，浇注后要尽早从铸型中取出铸件，但过早开型，会因铸件尚未全部凝固而易损坏铸件；过迟开型，因铸件在收缩中受阻而易使铸件产生裂纹，并且不易取出型芯。生产中常凭经验按浇注后停留时间掌握开型时间。

图 10-29　组合型芯示意图

1、2—金属型　3、4、5—组合芯

6—圆柱孔芯

3. 金属型特点和应用范围

与砂型铸造相比，金属型铸造有下列特点：

1）金属型铸造又称永久型铸造，由于它实现了一型多铸，从而大大提高了劳动生产率和造型面积利用率。

2）铸件的精度较高，表面粗糙度值较低，金属型铸件尺寸公差等级可达 CT9 ~ CT6，表面粗糙度值 R_a 为 12.5 ~ 6.3μm。

3）由于铸型冷却速度快，铸件的结晶组织细密，提高了铸件的力学性能。

金属型铸造的缺点是金属型的制造成本高，生产周期长；金属型无退让性和透气性，铸件容易产生裂纹和气孔等缺陷。

金属型铸造主要适用于大批量生产中小型有色金属合金铸件：如铝合金、镁合金、铜合金等，也可用金属型生产形状简单的黑色金属铸件。用金属生产铸件，其最小壁厚分别为：铝合金、镁合金和铜合金均 >3mm；铸铁件 >4mm，铸钢件 >5mm。

三、压力铸造

压力铸造是熔融金属在高压下高速充型，并在压力下凝固的铸造方法，简称压铸。常用压铸比压为几个至几十个兆帕（几十至几百大气压），充填速度 0.5 ~ 50m/s，充填时间为 0.01 ~ 0.2s。

1. 压力铸造的工艺过程

压铸是在压铸机上进行的。压铸机按照压室特点，可分为热压室式和冷压室式两种；若按照加压的方向，又可分立式和卧式两种。现着重介绍目前应用广泛的卧式冷室式压铸机。这种压铸机的压室和液态金属的保温室是分开的，压铸时，将金属液用勺舀取倒入压室内，然后进行压铸。

图 10-30 是卧式冷压室式压铸机的工作过程。金属型合型后，把液态金属自开口处浇入压室压射冲头 7 以高速向前推进，将液态金属经浇道 1 压入型腔 2。金属冷却凝固过程中，一直施加压力，开型后铸件和余料一起被顶杆 6 顶出，完成压铸全过程。

2. 压力铸造的特点和应用范围

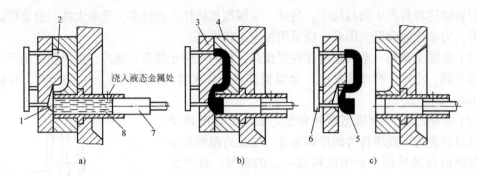

图 10-30 卧式冷压室压铸机工作过程示意图

a) 合型 b) 压铸 c) 开型

1—浇道 2—型腔 3—动型 4—定型 5—铸件及余料 6—顶杆 7—压射冲头 8—压室中液态金属

压力铸造与其他铸造方法比较，有下列特点：

(1) 铸件质量好 压铸件尺寸公差等级可达 CT8 ~ CT4，表面粗糙度为 $R_a 1.6 ~ 3.2 \mu m$。大多数铸件都不需要机械加工或只需少量机械加工即可使用。

(2) 生产率高 冷压室压铸机一般每 8h 可压铸 600 ~ 700 次。如果压铸模采用一模多型腔的结构，则铸件产量会成倍增加。

(3) 成本低 由于压铸实现了少切屑、无切屑加工，因此省工省料，省设备，使零件的成本大大降低。

压铸的主要缺点是：压铸机造价高；压铸型结构复杂，制造费用高，生产周期长；金属液充型速度大，凝固快，补缩困难，铸件中容易产生小气孔和缩孔等缺陷。

压铸是先进的高效率加工方法之一，目前主要用于低熔点有色合金的小型、薄壁、复杂铸件的大批量生产，已经在汽车、拖拉机、仪表、电器、计算机、兵器、纺织机械、农业机械等制造业中得到广泛的应用，如气缸体、气缸盖、变速箱体、发动机罩、化油器、喇叭外壳、仪表和照相机壳体和支架、管接头、齿轮等。

四、低压铸造

低压铸造是液态金属在较低压力（一般为 0.06 ~ 0.15MPa）的作用下，完成充型及凝固过程而获得铸件的一种铸造方法。

1. 低压铸造的工艺过程

图 10-31 为低压铸造的基本原理示意图，向密封的坩埚 3 中，通入干燥压缩空气，液态金属 2 在气体压力作用下，沿升液管 4 上升，通过浇口 5 平稳地进入型腔 8，并保持坩埚内液面上的气体压力，一直到铸件完成凝固为止。然后解除液面上气体压力，升液管中未凝固的液态金属流回坩埚中，再由气缸 12 开型并推出铸件。

2. 低压铸造的特点和适用范围

低压铸造有如下特点：

(1) 液态金属充型比较平稳 由于采用底注充型，其上升速度容易控制，能避免金属液对型壁或型芯的冲刷，因而减少铸件产生夹杂缺陷。同时，型腔内液流与气流方向一致，从而减少了产生气孔的可能性，提高了铸件的合格率。

(2) 铸件成形好 由于铸件是在压力下自上而下地凝固，所以铸件轮廓清晰，表面光洁，这对于大型薄壁铸件的成形更有利。

（3）铸件组织细密，力学性能高　因为铸件结晶凝固是在压力作用下进行的，补缩效果好，从而提高了铸件的力学性能，如抗拉强度与硬度。

（4）提高了金属液利用率　由于不需要冒口，而且浇道结构也较简单，其中未凝固部分回流到坩埚中，利用率可达90%。

低压铸造是20世纪60年代发展起来的新工艺，在国内外均受到普遍重视。目前，我国主要用来铸造质量要求高的铝合金、镁合金铸件，如气缸体、气缸盖、风冷发动机或转子发动机的缸体、缸盖，高速内燃机的铝活塞等形状复杂的薄壁铸件等。

五、离心铸造

离心铸造是将液态金属浇入高速旋转（250～1500r/min）的铸型中，使金属液在离心力作用下充填铸型并结晶的方法。

1. 离心铸造的基本类型

离心铸造必须在离心铸造机上进行。根据铸型旋转轴在空间位置的不同，离心铸造机可分为立式和卧式两大类。

立式离心铸造机的铸型是绕垂直轴旋转的，此种方式的优点是便于铸型的固定和金属液的浇注。生产中空铸件时，金属液并不填满型腔，便于自动形成空腔。而铸件的壁厚取决于浇入的金属液量，其内表面呈抛物

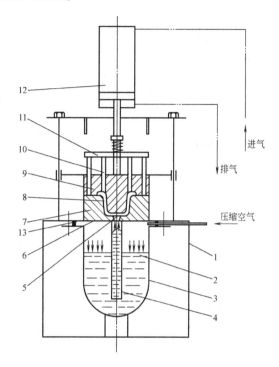

图 10-31　低压铸造工艺过程

1—保温炉　2—液态金属　3—坩埚　4—升液管

5—浇口　6—密封圈　7—下型　8—型腔

9—上型　10—顶杆　11—顶杆板

12—气缸　13—石棉密封垫

线形状，即在重力作用下，铸件上薄下厚，因此主要用来生产高度小于直径的圆环类铸件，如图 10-32a 所示。

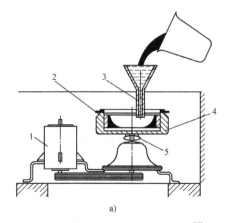
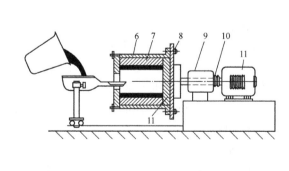

a)　　　　　　　　　　　　　　　　　　b)

图 10-32　离心铸造示意图

a）立式离心铸造　b）卧式离心铸造

1、11—电动机　2—金属型　3—定量浇杯　4—外壳　5、9—轴承　6—前盖　7—金属型衬套　8—后盖　10—联轴节

卧式离心铸造机的铸型是绕水平轴旋转的，由于铸件在各部分的冷却条件相近，中空铸件无论在长度或圆周方向的壁厚都是均匀的，因此，适于生产长度较大的套筒和管类铸件，如图 11-32b 所示。

2. 离心铸造的特点及应用范围

离心铸造有以下特点：

1）在离心力的作用下，铸件呈由外向内的顺序凝固，使金属中的气体、熔渣等夹杂物因密度小而集中在内表面，铸件组织致密，无缩孔、缩松、气孔、夹渣等缺陷，力学性能好。

2）合金的充型能力强，便于流动性差的合金铸件及薄壁件的生产。

3）在不用型芯和浇注系统的情况下，能生产中空铸件，大大简化了生产过程。

4）便于生产双金属铸件，如钢套镶铜轴承，其结合面牢固，可节省许多贵重金属。

但离心铸造也有不足之处：铸件易产生偏析，内表面粗糙，尺寸不够准确，必须进行切削加工。

离心铸造主要用于生产回转体的中空铸件，如铸铁管、气缸套、活塞环、双金属钢背铜套等。

六、实型铸造

实型铸造又称消失模铸造，它是利用泡沫塑料模代替普通模样，造好型后不取出模样，直接浇入金属液，在金属液的作用下，塑料模燃烧、气化、消失，金属液取代原来塑料模所占据的空间位置，冷却凝固后获得所需铸件的铸造方法。其工艺过程如图 10-33 所示。

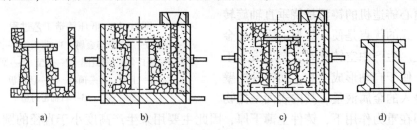

图 10-33　实型铸造工艺过程

a）泡沫塑料模　b）铸型　c）浇注　d）铸件

1. 泡沫塑料模的制作

制模材料常用聚苯乙烯塑料，制模方法有发泡成形和加工成形两种。

发泡成形是通过蒸汽或热空气加热，使置于模具的预发泡聚苯乙烯珠粒进一步膨胀，充填满模型成形，用于成批大量生产。加工成形是用手工或机器加工预制出各部件，再经粘结和组装成形，用于单件、小批量生产。模样表面应涂刷涂料，以提高型腔表面的耐火度和铸件的表面质量。

2. 铸造工艺

在单件、小批量生产中，实型铸造多采用水玻璃砂、水泥砂等自硬砂造型，捣砂时要自上面分层均匀捣实。在大批量生产中，可采用无粘结剂的干硅砂，填砂后用机械将干砂震实即可。

浇注金属液时，要先慢后快，使金属液上升的速度稍低于模样的气化速度，以减少气化模分解物与金属液的作用。同时，浇注场地要有良好的通气、排烟设施，以保护环境。

3. 实型铸造的特点及应用范围

实型铸造的特点如下：

1）由于采用遇液态金属即气化的泡沫塑料模样，无需起模、无分型面、无型芯，也就无飞边毛刺，减少了由型芯组合引起铸件尺寸的误差。铸件的尺寸精度和表面粗糙度接近熔模铸造。

2）各种形状的复杂模样均可采用泡沫塑料模粘合，形成整体，为铸件结构设计提供有利因素。

3）减少了铸件生产工序，缩短了生产周期，简化了铸件工艺设计。

实型铸造适用范围较大，不受铸造合金种类、铸件大小及生产批量的限制，尤其适用形状复杂的铸件。但实型铸造目前尚存在汽化时污染环境、铸钢件表面易增碳等问题。

七、常用铸造方法的比较

各种铸造方法都有其优缺点和各适用于一定的应用范围，选用时必须结合生产的具体情况，如铸件的结构形状、尺寸、重量、合金种类、技术要求、生产批量、车间设备及技术状态等来进行全面分析，综合考虑，才能正确地选择铸造方法。

尽管砂型铸造有许多缺点，但适用性强，所用设备比较简单，因此，它仍然是当前生产中最基本的方法。特种铸造方法仅在一定条件下才能显示其优越性。表 10-9 是几种常用铸造方法比较。

表 10-9 几种常用铸造方法的比较

	砂型铸造	熔模铸造	金属型铸造	压力铸造	低压铸造	离心铸造
适用合金	各种合金	碳钢、合金钢、有色合金	各种合金以有色合金为主	有色合金	有色合金	铸钢、铸铁、铜合金
适用铸件大小	不受限制	几十克至几千克的复杂铸件	中、小铸件	中、小铸件，几克至几十千克	中、小铸件，有时达数百千克	零点几千克至十多吨
铸件最小壁厚/mm	铸铁为 3 ~ 4	0.5 ~ 0.7，孔为 0.5 ~ 2.0	铸铝 >3 铸铁 >5	铝合金 0.5 锌合金 0.3 铜合金 2	2	优于同类铸型的常压铸造
表面粗糙度 $R_a/\mu m$	50 ~ 12.5	12.5 ~ 1.6	12.5 ~ 6.3	3.2 ~ 0.8	12.5 ~ 3.2	决定于铸型材料
铸件尺寸公差等级	CT11 ~ CT7	CT7 ~ CT4	CT9 ~ CT6	CT8 ~ CT4	CT9 ~ CT6	决定于铸型材料
金属收得率（%）	30 ~ 50	60	40 ~ 50	60	85 ~ 90	85 ~ 95
毛坯利用率（%）	70	90	70	95	80	70 ~ 90
投产的最小批量/件	单件	1000	700 ~ 1000	1000	1000	100 ~ 1000
生产率（一般机械化程度）	低、中	低、中	中、高	最高	中	中、高

（续）

	砂型铸造	熔模铸造	金属型铸造	压力铸造	低压铸造	离心铸造
应用举例	机床床身、箱体、支座、轴承盖、曲轴、气缸体、盖、水轮机转子、刹车盘等	刀具、叶片、自行车零件、机床零件、刀杆、风动工具等	铝活塞、水暖器材、水轮机叶片、一般有色合金铸件等	汽车化油器、缸体、仪表和照相机的壳体与支架等	发动机缸体、缸盖、壳体、箱体、船用螺旋桨、纺织机零件等	各种铸铁管、套筒、环叶轮、滑动轴承等

注：金属收得率 $= \dfrac{\text{铸件质量}}{\text{铸件质量} + \text{浇冒口质量}} \times 100\%$ ；毛坯利用率 $= \dfrac{\text{零件质量}}{\text{铸件质量}} \times 100\%$ 。

适用合金种类方面，主要取决于铸型的耐热状况，砂型铸造所用的硅砂的耐火温度达到1700℃，比碳钢的浇注温度还高 100～200℃，因此，砂型铸造可用于铸钢、铸铁、有色金属等材料的铸造生产。熔模铸造的壳型是由耐火度更高的石英粉和硅砂制成的。因此，它可用于熔点更高合金钢铸件。金属型铸造，压力铸造和低压铸造一般都使用金属铸型和金属型芯，即使表面刷上耐火涂料，铸型寿命也不高，一般只适用于有色金属。

在适用铸件尺寸大小方面，主要与铸型尺寸、金属熔化炉、起重设备的吨位等条件有关。砂型铸造限制较小，可以铸造大、中、小型的铸件。对于金属型铸造，压力铸造及低压铸造，由于制造大型金属铸型和金属型芯较困难及设备吨位的限制，一般用于生产中、小型铸件。

在铸件的尺寸精度和表面粗糙度方面，主要和铸型型腔的尺寸精度与表面粗糙度有关。砂型铸造的铸件尺寸精度最差，表面粗糙度值 R_a 最大。熔模铸造的尺寸精度很高，表面粗糙度值 R_a 低。压力铸造的铸件尺寸精度也很高，表面粗糙度值 R_a 低。金属型铸造和低压铸造的金属型不如压铸型精确、光洁，且是在重力或低压下成形，铸件的尺寸精度、表面粗糙度不如压铸件，但优于砂型铸件。

凡采用砂型和砂芯生产铸件，可以铸造成形状复杂的铸件。但是，压力铸造采用结构复杂的压铸型，也能生产复杂形状的铸件，这只有在大量生产时才合算，因为压铸件节省了大量切削加工工时，零件的综合计算成本下降。而离心铸造只适用于管、套等特定形状的铸件。

第四节　铸件结构设计

进行铸件设计时，不仅要保证其使用性能和力学性能，还要考虑铸件生产经济性，并便于保证铸件质量，亦即使铸件具有良好结构工艺性。为此，铸件结构是否合理，与铸造合金的种类、产量、铸造方法及生产条件等密切相关。下面从保证铸件质量、简化铸造工艺等方面来说明对铸件结构的要求。

一、铸件质量对铸件结构的要求

某些铸造缺陷的产生，是由于铸件结构设计不合理而造成的。如果在满足使用要求的情况下，采取合理的铸件结构，常常可以消除或防止许多铸造缺陷。

1. 铸件壁厚应合理

每一种铸造合金，采用某种铸造方法，要求铸件有合适的壁厚范围。为了避免浇不到、冷隔等缺陷，铸件应有一定合理的厚度。表10-10列出了几种常用铸造合金在砂型铸造条件下的最小允许壁厚。

表 10-10　砂型铸造时铸件的最小允许壁厚　　　　　　　　（单位：mm）

铸件尺寸	铸钢	灰铸铁	球墨铸铁	可锻铸铁	铝合金	铜合金	镁合金
200 × 200 以下	6 ~ 8	5 ~ 6	6	4 ~ 5	3	3 ~ 5	
200 × 200 ~ 500 × 500	6 ~ 10	6 ~ 10	12	5 ~ 8	4	6 ~ 8	3
500 × 500 以上	18 ~ 25	15 ~ 20		5 ~ 7			

但设计时，不应把以增加铸件的壁厚作为提高强度的惟一方法。从合金的结晶特点可知，铸件壁厚增加，中心部分晶粒将会粗大。而力学强度并不随着铸件壁厚的增加而成比例增加。因此，在设计铸件时，应选择合理的截面形状，采取较薄的断面或带有加强肋的薄壁铸件，如图10-34所示，这样既保证了强度和减轻了铸件重量，又可以减少产生缩孔、缩松等缺陷。

2. 壁间连接要合理

壁间连接应考虑以下三点：

（1）要有结构圆角　在铸件的转弯处如果是直角连接，则此处就会形成热节，容易产生缩孔，结晶脆弱处产生裂纹，如图10-35所示。

铸件上内外圆角的具体尺寸，与相邻的壁厚有关。壁厚愈大，圆角尺寸也愈大，图10-36a、b中列出了等厚和不等厚壁之间的内、外圆角值的取法。

（2）厚壁薄壁交界处应有合理过渡　铸件各处的壁厚很难做到完全一致，此时应注意避免厚壁与薄壁连接处的突变，应当使其逐渐地自然过渡，表10-11中壁厚的过渡形式可供参考。

（3）壁间连接应避免交叉和锐角　两个以上铸件相连接处往往会形成热节，如果能避免交叉结构和锐角相交，即可防止缩孔缺陷。图10-37所示为几种结构的对比。

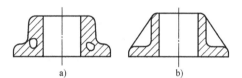

图 10-34　采用加强肋减少铸件壁厚

a）不合理　b）合理

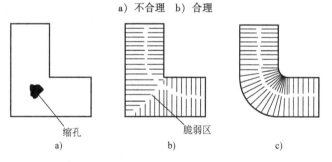

缩孔

a)　　　　　脆弱区

b)　　　　　c)

图 10-35　圆角和尖角对铸件质量的影响

a）尖角处有缩孔　b）尖角处有结晶脆弱区　c）良好

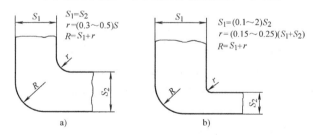

$S_1 = S_2$
$r = (0.3 \sim 0.5)S$
$R = S_1 + r$

$S_1 = (0.1 \sim 2)S_2$
$r = (0.15 \sim 0.25)(S_1 + S_2)$
$R = S_1 + r$

a)　　　　　　　　b)

图 10-36　转角结构形式及圆角半径

a）等厚壁　b）不等厚薄

表 10-11　壁的过渡形式和尺寸关系

壁　厚　比	壁的过渡形式	尺　寸　关　系
$\dfrac{S_1}{S_2} \leqslant 2$		$R = (0.15 \sim 0.25)(S_1 + S_2)$
		$R_1 = (0.15 \sim 0.25)(S_1 + S_2)$ $R_2 = S_1/4$
$\dfrac{S_1}{S_2} > 2$		$h = S_1 - S_2$ $L \geqslant 4h$
		$L \geqslant 3(S_1 - S_2)$

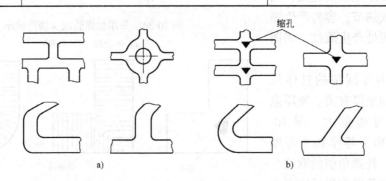

图 10-37　壁间连接结构
a) 合理　b) 不合理

3. 铸件应避免大的水平面

浇注时，铸型内有较大的水平型腔存在，不利于金属液充填，当金属液上升到该位置时，由于断面突然扩大，上升速度减缓，融熔金属较长时间地烘烤顶面，极易形成夹砂、浇不到等缺陷，同时也不利金属夹杂物和气体的排除。因此，应尽量设计成倾斜壁，如图 10-38 所示。

4. 应避免产生变形

某些壁厚均匀的细长铸件、较大面积的平板铸件，往往会因冷却不均匀而产生翘曲或弯曲变形，可采用在平板上增加比板厚尺寸小的加强肋，或者改变不对称结构为对称结构，均能有效地防止铸件变形，如图 10-39 所示。

5. 避免收缩受阻

当铸件收缩受到阻碍、产生的铸造内应力超过合金的抗拉强度时，铸件将产生裂纹。如图 10-40 所示，当轮子的轮辐为直线或偶数时，就很容易在轮辐处产生裂纹。如果将轮辐设计成奇数且呈弯曲状时，由于收缩时的铸造内应力可借助与轮辐的变形而有所减少，从而避免产生裂纹。

二、铸造工艺对铸件结构的要求

铸件的结构应尽可能使制模、造型、造芯、合型和清理等过程简化，避免不必要的人力、物力的耗费，降低成本，保证铸件质量。

一般情况下，应考虑以下几项原则：

1. 简化铸件结构，减少分型面

分型面少，可以减少砂箱使用量和造型工时，也可减少错型、偏芯而引起铸造缺陷。如图 10-41a 所示，铸件因有二个分型面，必须采用三箱造型。如果该零件是大批量生产或采用机器造型时，分型面只能一个，即采用两箱造型方法生产，此时，可在原基础上增加一个环形型芯就可以满足两箱造型条件。但这样一来又增加造芯费用和下芯、合型工时。如果将铸件的结构改为图 10-41b 所示，则该铸件只需一个分型面，也不用增加一个环形型芯，很容易实现两箱造型方案。

2. 分型面尽量平直

平直的分型面可避免造型时必须采用挖砂造型或假箱造型。同时，铸件的飞边少，减轻清理工作量。

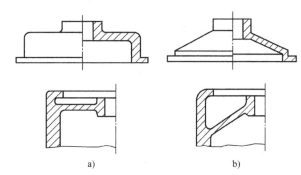

图 10-38 避免大水平面铸件结构
a）不合理 b）合理

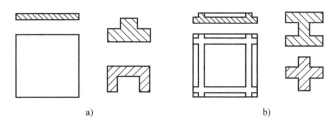

图 10-39 防止变形的铸件结构
a）不合理 b）合理

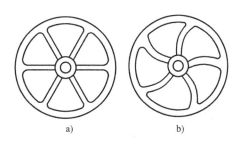

图 10-40 轮辐的设计
a）不合理 b）合理

图 10-42a 所示的托架中，原设计忽略了分型面平直要求，在分型面上加了外圆角，结果只得采用挖砂造型。按图 10-42b 改进后，便可采用简化的整模造型。

图 10-43 所示的支臂铸件，其最大截面在中间，而带长孔的支臂厚度较小，由于木模的强度限制，单件、小批生产时，不能采用较为简便的分模造型，必须采用挖砂造型。图 10-43b 改进设计，则可采用整模造型。

3. 尽量避免造型时取活块

铸件侧壁上如果有凸台，可采用活块造型，但活块造型法的工作量较大，且操作难度也较大。如果把离分型面不远的凸台延伸到便于起模的地方，即可省去或减少起活块的操作，如图 10-44 所示。

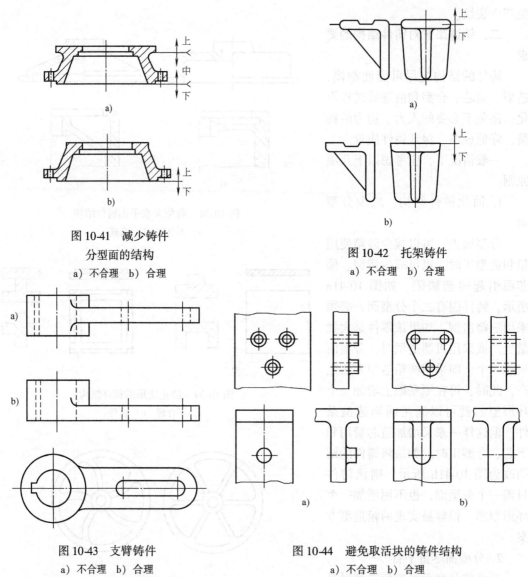

图 10-41　减少铸件
分型面的结构
a）不合理　b）合理

图 10-42　托架铸件
a）不合理　b）合理

图 10-43　支臂铸件
a）不合理　b）合理

图 10-44　避免取活块的铸件结构
a）不合理　b）合理

4. 尽量少用或不用型芯

减少型芯或不用型芯，可节省造芯材料和烘干型芯的费用，也可以减少造芯、下芯等操作过程。图 10-45 为一悬臂支架铸件，图 a 采用中空结构，必须以悬臂芯来形成。这种型芯必须用型芯撑来加固。若改为图 b 所示，采用开式结构后，即可省去型芯，降低了成本。

铸件的内腔在一定条件下，也可以利用模样内腔自然形成砂垛（也称自带型芯）来形成。图 10-46a 所示铸件因型腔出口处较小，只好采用型芯。图 b 为改进后结构，因内腔直径 D 大于高度 H，固可用自带型芯取代型芯。

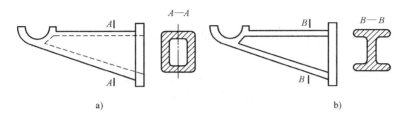

图 10-45　悬臂支架铸件

a) 改进前　b) 改进后

图 10-47 所示为轴承架铸件。图 a 所示结构需两个型芯，其中大的型芯呈悬臂状，必须
用型芯撑支架；若改为图 b 所示结
构，只需一个整体型芯，这样不仅使
型芯安放稳固，也有利于排气。

5. 铸件的结构斜度

垂直于分型面的非加工表面留有
一定斜度，这种斜度称为结构斜度。

具有结构斜度的外壁，不仅使造
型便于起模，而且不因模样有较大松
动而提高了铸件的尺寸精度。图 10-48 所示为铸件的结构斜度的实例。

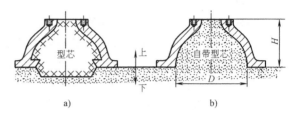

图 10-46　内腔两种设计

a) 不合理　b) 合理

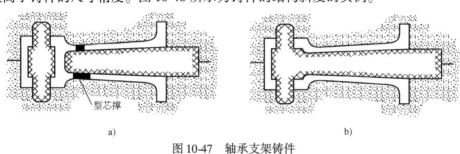

图 10-47　轴承支架铸件

a) 不合理　b) 合理

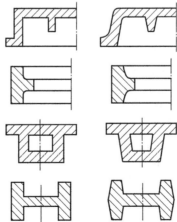

图 10-48　结构斜度

a) 不合理　b) 合理

第五节　铸件质量与成本分析

在铸件生产过程中，由于铸件结构、工艺设计、操作过程等方面的原因，会引起在铸件表面、内部和力学性能等方面出现一些缺陷。铸件产生缺陷后，就会降低铸件的质量，严重时会使铸件成为废品。

为了确定铸件是否合格，要对铸件进行检查。对于有缺陷的铸件，如果缺陷不影响铸件的使用要求，则应视为合格铸件。有些缺陷虽然会使铸件成废品，但是若能经过修补清除缺陷，则该铸件也可视为合格铸件。

一、铸件的主要缺陷及其防止措施

对铸件质量的鉴定，在很大程度上是检查铸件是否有缺陷，及铸造缺陷对铸件质量的影响程度。铸件质量检查工作是保证铸件可靠使用的必要环节。但是，铸件的质量检查和鉴定工作，不仅仅是确定铸件是否合格或质量等级，更重要的是要找出产生缺陷的原因，并提出相应的预防措施，以提高铸件的成品率和质量等级。

表 10-12 列了常见铸件缺陷的产生原因和预防措施。

表 10-12　常见铸件缺陷及其预防措施

序号	缺陷名称	缺陷特征	预防措施
1	气孔	在铸件内部、表面或近于表面处，有大小不等的光滑孔眼，形状有圆的、长的及不规则的，有单个的，也有聚集成片的。颜色有白色或带一层暗色，有时覆有一层氧化皮	降低熔炼时液态金属的吸气量。减少砂型在浇注过程中的发气量。改进铸件结构，提高砂型和型芯的透气性，使型内气体能顺利排除
2	缩孔	在铸件厚断面内部、两交界面的内部及厚断面和薄断面交接处的内部或表面，形状不规则，孔内粗糙不平，晶粒粗大	壁厚小且均匀的铸件要采用同时凝固，壁厚大且不均匀的铸件采用由薄向厚的顺序凝固，合理放置冒口和冷铁
3	缩松	在铸件内部微小而不连贯的缩孔，聚集在一处或多处，晶粒粗大，各晶粒间存在很小的孔眼，小压试验时渗水	壁间连接处尽量减小热节，尽量降低浇注温度和浇注速度
4	渣气孔	在铸件内部或表面有形状不规则的孔眼。孔眼不光滑，里面全部或部分充塞着熔渣	提高铁液温度，降低熔渣粘性，提高浇注系统的挡渣能力，增大铸件内圆角
5	砂眼	在铸件内部或表面有充塞着型砂的孔眼	严格控制型砂性能和造型操作，合型前注意打扫型腔
6	热裂	在铸件上有穿透或不穿透的裂纹（主要是弯曲形的），开裂处金属表皮氧化	严格控制铁液中的硫、磷质量分数，铸件壁厚尽量均匀，提高型砂和型芯的退让性，浇冒口不应阻碍铸件收缩，避免壁厚的突然改变，开型不能过早，不能激冷铸件
7	冷裂	在铸件上有穿透或不穿透的裂纹（主要是直的），开裂处金属表皮未氧化	
8	粘砂	在铸件表面上，全部或部分覆盖着一层金属（或金属氧化物）与砂（或涂料）的混（化）合物或一层烧结的型砂，致使铸件表面粗糙	减少砂粒间隙，适当降低金属浇注温度，提高型砂、芯砂的耐火度
9	夹砂	在铸件表面上，有一层金属瘤状物或片状物，在金属瘤片和铸件之间夹有一层型砂	严格控制型砂、芯砂性能，改善浇注系统，使金属液流动平稳，大平面铸件要倾斜浇注

（续）

序号	缺陷名称	缺陷特征	预防措施
10	冷隔	在铸件上有一种未完全融合的缝隙或洼坑，其交界边缘是圆滑的	提高浇注温度和浇注速度，改善浇注系统，浇注时不断流
11	浇不到	由于金属液未完全充满型腔而产生的铸件缺陷	提高浇注温度和浇注速度，不要断流和防止跑火

二、铸件成本分析

铸件的成本主要包括各种原材料费用、燃料的消耗、工模具费用、管理费用、工时消耗和铸件废品率等。在生产中要在保证质量的前提下提高铸件产量，努力采取措施降低成本。影响上述各项费用的因素主要是铸件设计、铸造工艺和经营管理。

1. 铸件设计与铸件成本的关系

铸件设计主要包括铸件材料的选用，确定结构尺寸。良好的铸件设计不但可以降低生产成本，而且也有利于提高铸件质量。

铸件材料对铸件成本的影响是显著的，表10-13列出各类铸件的相对价格。由表可知，灰铸铁铸件的相对价格最低。因此，在保证使用性能的前提下，应尽量选用灰铸铁。

表10-13 各类铸件的相对价格

材料类别	灰铸铁	球墨铸铁	可锻铸铁	碳钢	低锰钢	含铬钢	铝硅合金	黄铜	锡青铜
相对价格	0.6	0.8	1.0	1.0	1.2	1.4	6.0	5.0	8.0

铸件结构尺寸对铸件成本也有很大影响。铸件的轮廓形状、壁厚、截面形状、壁间连接加强肋的布置等问题，都必须考虑合金铸造性能，否则会产生各类的铸造缺陷，导致铸件的废品率增加。另外，铸件的外型与内腔，铸造圆角、铸孔、加工面等问题，都必须选择平直分型面，这样有利于确定合理的浇注位置，有利于简化造型、造芯、合型、落砂、清理等操作工艺过程，有利于提高生产效率，降低生产成本。

2. 铸造工艺对铸件成本的影响

砂型铸造工艺设计首先要考虑如何获得合格质量要求的铸件；其次考虑如何以最少的材料消耗、最少的工时和工模费用，生产出最多的合格铸件。例如，在单件生产条件下，刮板造型和挖砂造型可以优先选用。虽然这两种造型方法比较麻烦，要增加工时消耗的费用，但可以在模型制造费的降低和缩短生产周期的效益中得到超额的补偿。当生产数量较大时，与单件生产情况会发生变化。此时，若采用整模造型或分模造型、假箱造型，虽然模样、模具制造费用增加，但是这些分摊在每个铸件上却是很小的数值，而且操作简化所导致生产效率的提高，所带来的经济效益却是很显著的。

另外，如分型面的选择、型芯的设计、浇冒口尺寸、起模斜度和机械加工余量的大小等都与铸件成本有关系。显然，合理地进行工艺设计，不仅需要一定的基本理论知识，还需要一定的生产实践经验。

3. 生产技术管理对铸件成本的影响

科学的生产管理和严格的质量控制是现代企业提高生产效率和经济效益的重要内容。

铸件废品率高的原因，有工艺设计不合理，操作不正确，或者原材料的成分和力学性能不合格，测试手段不完善，设备有故障，工模具有缺陷等方面原因。这种情况的出现有技术方面的问题，更多的可能是生产管理方面的问题。加强企业的生产技术管理对加强成本控制的效果已被多数企业实践所证实。

思考题与练习题

1. 铸件为什么获得广泛应用？铸造的成形特点及其存在的主要问题是什么？
2. 砂型铸造的生产过程包括哪几个主要工序？
3. 指出模样、型芯、铸型与铸件的关系？
4. 何谓合金的铸造性能？它主要包括哪些方面？铸造性能不好，会引起哪些缺陷？
5. 可采用哪些措施提高合金的流动性？
6. 缩孔和缩松是怎样形成的？可采用什么措施加以防止？
7. 什么是顺序凝固原则和同时凝固原则？各需要采用哪些措施来实现？各原则适合于哪些合金？
8. 常用手工造型的方法有哪些？指出各种手工造型方法的特点。
9. 挖砂造型与假箱造型有什么异同？
10. 图 10-49、图 10-50 所示零件，采用砂型铸造，请确定其造型方法及合理分型面。

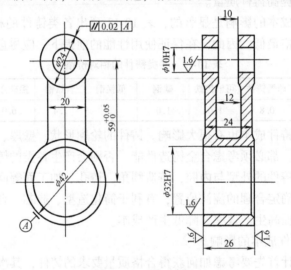

图 10-49 题 10 图 1

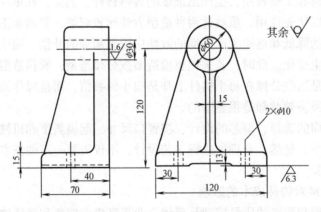

图 10-50 题 10 图 2

11. 是否可用铸件代替模样来造型，为什么？
12. 试绘制图 10-51、图 10-52 两种铸件的铸造工艺图。

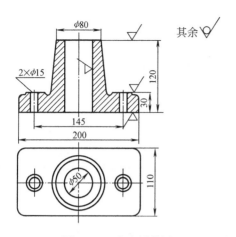

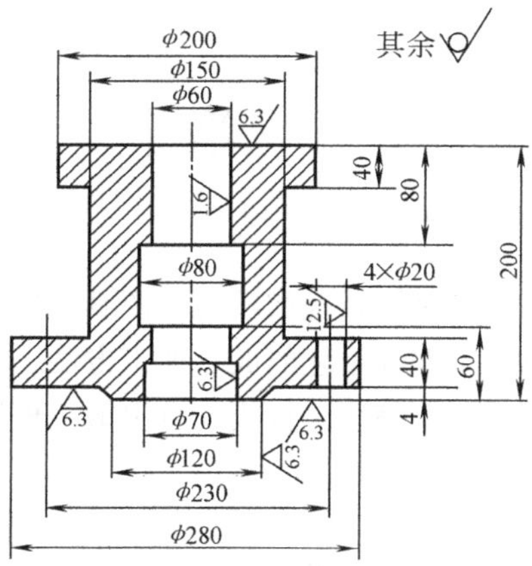

图 10-51　支座零件图　　　　　　　　图 10-52　轴架零件图

13. 为什么空心球不能直接铸造出来？要采取什么工艺措施才能铸造出来？

14. 金属型铸造和压力铸造有什么相同点和不同点？

15. 金属型铸造为何能改善铸件的力学性能？灰铸铁件用金属型铸造时，可能遇到哪些问题？

16. 离心铸造在生产圆筒铸件中有哪些优越性？成型铸件采用离心铸造的目的是什么？

17. 下列铸件在大量生产时，采用什么铸造方法为宜？

铝活塞；缝纫机头；汽轮机叶片；气缸套；铸铁污水管；摩托车气缸体；车床床身。

18. 图 10-53 所示的铸件结构有何缺点？如何改进？

19. 图 10-54 所示铸件的两种结构中哪种更合理？为什么？

20. 有缺陷的铸件是否一定不合格？试举例说明。

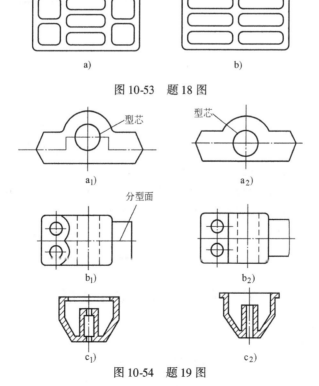

图 10-53　题 18 图

图 10-54　题 19 图

第十一章 锻压成形工艺

锻压是对坯料施加压力,使其产生塑性变形、改变尺寸、形状及改善性能,用以制造机械零件、工件或毛坯的成形加工方法,它是锻造和冲压的总称,属于压力加工范畴。压力加工包括轧制、挤压、拉拔、自由锻、模锻、板料冲压等加工方法。其典型工序实例如图11-1所示。

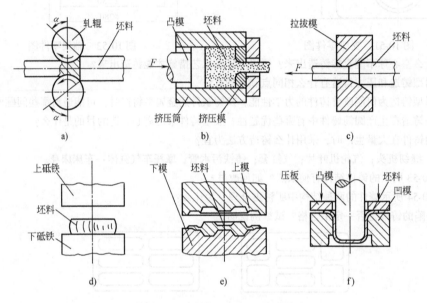

图 11-1 压力加工方法示意图

a) 轧制 b) 挤压 c) 拉拔 d) 自由锻 e) 模锻 f) 冲压

锻压加工能改善金属组织,提高金属的力学性能。锻压成形对金属材料有高的利用率,并且生产周期短,生产率高,因而锻压生产得到广泛地应用。在机械制造业中的许多重要机械零件,如主轴、传动轴、曲轴、连杆、齿轮、凸轮以及炮管、枪管等都是由锻压的方法成形的。在飞机上,锻压件的重量约占各种零件的85%;在汽车上占80%;机床上占60%;电器、仪表及生活用品中的金属制品,绝大多数都是冲压件。

但锻压加工存在着锻件的尺寸精度不高,不能直接锻制成形状较复杂的零件以及设备费用较高等缺点。

第一节 金属的塑性变形

一、金属塑性变形的实质

工业用的金属材料都是由多晶体组成的,而多晶体的塑性变形要比单晶体复杂得多。为了说明多晶体的塑性变形,首先有必要了解单晶体的塑性变形。

1. 单晶体的塑性变形

单晶体塑性变形有两种方式，即滑移和孪生。

（1）滑移 单晶体的塑性变形，是在切应力的作用下主要以滑移的方式进行的。滑移是指晶体的某一部分沿着某一晶面（滑移面）相对于另一部分而滑动的现象，如图11-2所示。

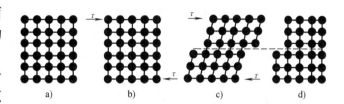

图11-2 晶体在切应力作用下的变形

a）未变形 b）弹性变形 c）弹、塑性变形 d）塑性变形

近代理论及实践证明：晶体滑移时，并不是整个滑移面上全部原子一起移动的，而是借助于位错的移动来实现的，如图11-3所示。在切应力的作用下，通过一条位错线从滑移面一侧到另一侧的移动便造成一个原子间距的滑移，而这只是位错线对附近少数原子的移动，且移动距离远小于一个原子的距离，所以通过位错移动所需克服的滑移阻力就很小，滑移也就容易实现。

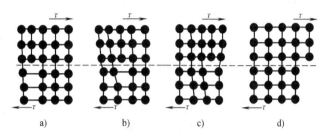

图11-3 通过位错运动产生滑移的示意图

（2）孪生 在切应力作用下，晶体的一部分相对于另一部分以一定的晶面（孪生面）产生一定角度的剪切变形称为孪生，如图11-4所示。晶体中未变形部分和变形部分的交界面称为孪生面。金属孪生变形所需要的切应力，一般高于产生滑移变形所需要的切应力，故只有在滑移困难的条件下才发生孪生。如六方晶格由于滑移系少，比较容易发生孪生。

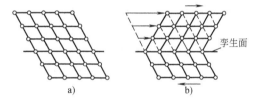

图11-4 晶体的孪生

a）变形前 b）变形后

2. 多晶体的塑性变形

多晶体是由很多形状、大小、位向不同的晶粒组成的，在多晶体内存在着大量晶界。多晶体塑性变形是各个晶粒滑移的综合结果。由于每个晶粒在塑性变形时都要受到周围晶粒及晶界的影响和阻碍，故多晶体塑性变形时的抗力要比单晶体高得多。

在多晶体内，单就一个晶粒分析，其塑性变形方式与单晶体是一样的，也是滑移和孪生。此外，在多晶体晶粒之间还有少量的相互移动和转动，这部分塑性变形为晶间变形，如图11-5所示。

晶界上的原子排列不规则，晶格畸变严重，也是各种缺陷和杂质原子富集的地方。在常温下晶界对滑移起阻碍作用。晶粒愈细、晶界就愈多，对塑性变形的抗力也就愈大，金属的强度也愈高。同时，因为晶粒愈细，在一定体积的晶体内晶粒数目就愈多，变形就可分散到更多的晶粒内进行。使各晶粒的变形比较

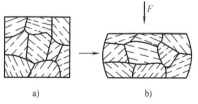

图11-5 多晶体的晶间变形示意图

a）变形前 b）变形后

均匀而不致产生太大的应力集中。所以细晶粒金属的塑性和韧性均较好。

二、金属的冷塑性变形、回复及再结晶

1. 冷变形强化

（1）冷变形强化现象　冷塑性变形不仅使金属材料的形状与尺寸改变，而且还使其组织和性能产生一系列的变化，其主要变化是产生了冷变形强化，即随着变形度的增加，金属材料的强度、硬化增加，而塑性、韧性下降。图 11-6 所示是低碳钢的强度、硬度、塑性和韧性随变形增加而变化的情况。

除了对力学性能有影响外，塑性变形还使得电阻增加、耐蚀性降低。

（2）产生冷变形强化的原因　前面已经指出，塑性变形是通过位错运动而实现的。位错运动受阻，塑性变形就难以进行。经冷塑性变形，使晶体中原来存在的晶界与亚晶界产生严重的晶格畸变，加之位错沿滑移面运动、各位错相互作用加剧产生了塞积、缠结现象，使位错密度逐渐增

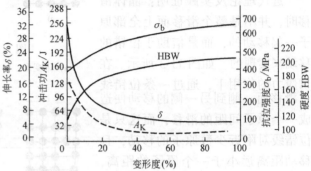

图 11-6　冷塑性变形对低碳钢力学性能影响

加，产生冷变形强化。金属的变形量愈大，位错密度就愈大，变形抗力也就愈大。所以，造成冷变形强化的根本原因就在于冷塑性变形增大了金属材料内部的位错密度。

此外，冷塑性变形加工后位错密度高，晶体处于高能量状态，金属材料易与周围介质发生化学反应，耐蚀性便有所降低。

还需要指出的是，金属材料经冷塑性变形后，晶粒形状会被压扁或拉长。当变形度很大时，晶粒被拉成细条状，晶界也变得模糊不清，形成纤维组织，这种呈纤维组织称为冷加工纤维组织，如图 11-7 所示。形成纤维组织后，金属的性能会具有明显方向性，其纵向（沿纤维方向）的力学性能高于横向（垂直纤维方向）的性能。与此同时，由于变形不均匀还使金属材料中存在着内应力。

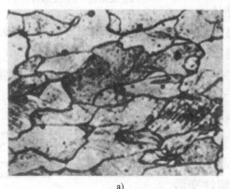

a)　　　　　　　　　　b)

图 11-7　冷塑性变形后组织

a) 变形度较小　b) 变形度大

（3）冷变形强化在生产中的利弊

1）冷变形强化的有利影响。冷变形强化是硬化金属的一种主要工艺方法，可提高金属强度、硬度和耐磨性，特别是对那些不能用热处理强化的金属材料，如纯金属、多数铜合金、奥氏体不锈钢和高锰钢等。冶金厂出厂的某些金属材料有所谓"硬"，"半硬"等状态，就是指经过冷轧或冷拉等冷塑性强化方法后的供应状态。再如冷拉高强度的钢丝和冷卷弹簧也是利用冷塑性强化提高强度（σ_b 可达 1960～2940MPa）和规定非比例伸长应力 $\sigma_{p0.01}$（弹性极限）。其次，它是使工件能够均匀成形的重要因素。图 11-8 所示是金属材料在冷冲压过程中，由于圆角 r 处变形最大，当圆角 r 处金属变形到一定程度以后首先产生冷塑性变形，随后的变形即转移到其他部位，这样既可以避免已发生的部位继续变形至破裂，又可以得到均匀的冲压件。

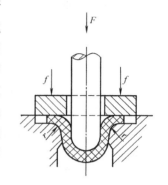

图 11-8　冲压示意图

2）冷塑性变形的不利影响。当变形达到一定程度后，如需要继续变形，工件就会发生破裂；另外，由于冷塑性变形产生的内应力会降低金属材料的耐蚀性，导致工件变形与开裂，降低工件抗载能力。

为了消除内应力和冷塑性强化现象，恢复金属材料的塑性，就需要退火处理。退火后金属材料塑性恢复，可再继续进行冷塑性变形加工，这种在工序之间的退火称为中间退火。

2. 回复、再结晶

冷塑性变形金属材料既有冷塑性强化的特征，又有内应力存在。为了消除内应力，或为继续变形，需要使组织和性能恢复到变形前的状态，均必须通过加热来完成。如对冷塑性变形的金属材料进行加热，则因原子活动能力增强，就会迅速地发生一系列组织与性能的变化，使金属材料恢复到变形前的稳定状态，如图 11-9 所示。

冷塑性变形的金属在加热过程中随着加热温度的升高，经历三个变化阶段，即回复、再结晶和晶粒长大。

（1）回复　当加热温度不高时，原子扩散能力较低，显微组织变化不大，强度、硬度稍有下降，塑性略有升高，电阻和内应力显著下降，应力腐蚀现象基本消除，这种现象称为回复。

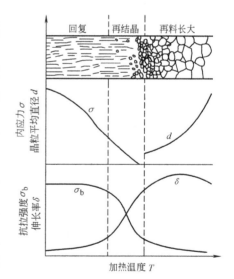

图 11-9　加热温度对冷塑性变形金属组织和性能影响

工业上利用回复现象进行低温退火（又称为消除内应力退火），既可保留强化了的力学性能，又使内应力基本上得到消除。例如，用冷拔钢丝制成的弹簧，在卷制后要进行一次 250～300℃低温退火，经消除内应力使其定形。又如黄铜拉深件，为了消除残余应力，避免应力腐蚀而开裂，也需要采用260℃左右去应力退火。

通过回复，虽然金属中的点缺陷大为减少，晶格畸变有所降低，但整个变形金属的晶粒破碎拉长的状态仍未改变，组织仍处于不稳定状态。

（2）再结晶　当加热到较高温度时（如纯铁加热到450℃以上），由于原子扩散能力增强，使得被拉长了晶粒重新形核、结晶变为等轴晶粒，称为再结晶。

再结晶首先在晶粒碎化最严重的地方产生新晶粒核心，然后晶核并吞旧晶粒而长大，直到旧晶粒完全被新晶粒代替为止。可见，冷塑性变形金属的再结晶过程，也是通过形核与长大的方式完成的。

再结晶后的晶粒内部晶格畸变消失，位错密度下降，因而金属的强度、硬度显著下降，而塑性则显著上升，结果使冷塑性变形金属的组织与性能基本上恢复变形前状态（图11-9）。但必须指出，再结晶只是改变了晶粒的外形和消除了因变形而产生的某些晶体缺陷，而新、旧晶粒的晶格类型是完全相同的，所以再结晶不是相变过程。

再结晶过程不是在恒定温度下发生的，而是在一个温度范围内进行的过程。开始发生结晶的最低温度（开始温度）称为再结晶温度，用符号 $T_{再}$ 表示。对于工业纯金属，其再结晶温度与熔点关系大致为

$$T_{再} \approx 0.4 T_{熔}$$

式中，$T_{再}$、$T_{熔}$ 均以热力学温度表示计算。

金属中微量杂质和合金元素，特别是那些高熔点合金元素，常会阻碍原子扩散和晶界迁移，可提高金属的再结晶温度。例如纯铁的再结晶温度约为450℃，当加入少量碳而形成为低碳钢后，其再结晶温度提高到540℃左右。实际生产中，再结晶退火加热温度通常都比最低再结晶温度高。表11-1为常用金属材料的再结晶退火与去应力退火的加热温度。

表11-1　常见金属材料的再结晶退火与去应力退火的加热温度

金属材料		去应力退火温度 t/℃	再结晶退火温度 t/℃
钢	碳素及合金结构钢碳	500~650	680~720
	素弹簧钢	280~300	—
铝及铝合金	工业纯铝	≈100	350~420
	普通硬铝合金	≈100	350~370
铜及铜合金(黄铜)		270~300	600~700

再结晶后，如果温度继续升高或延长保温时间，则会发生晶粒长大。晶粒长大使性能恶化，应尽量避免。

三、锻造流线及锻造比

在锻造时，金属的脆性杂质被打碎，顺着金属主要伸长方向呈碎粒状或链状分布；塑性杂质随着金属变形沿主要变形方向呈带状分布，这样热锻后的金属组织就具有一定的方向性，通常称为锻造流线。锻造流线使金属性能呈现各向异性。沿流线（纵向）较垂直于流线方向（横向）具有较高强度、塑性和韧性。表11-2表示 $w_C = 0.45\%$ 碳钢力学性能与流线方向间关系。

表11-2　碳钢（$w_C = 0.45\%$）力学性能与流线方向的关系

取样方向	σ_b/MPa	$\sigma_{0.2}$/MPa	$\delta(\%)$	$\varphi(\%)$	A_K/J
纵向	715	470	17.5	62.8	49.6
横向	675	440	10.0	31.0	24

因此，生产中若能利用流线组织纵向强度高的特点，使锻件中的流线组织连续分布并且与其受力方向一致，则会显著提高零件的承载能力。例如，吊钩采用弯曲工序成形时，就能使流线方向与吊钩受力方向一致，如图 11-10a 所示，从而可提高吊钩承受拉伸载荷的能力。图 11-10b 所示为锻造成形的曲轴，其流线分布是合理的。图 11-10c 所示为切削成形的曲轴，由于流线不连续，所以流线分布不合理。

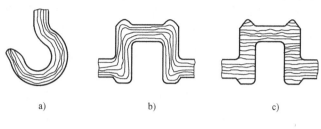

图 11-10　吊钩、曲轴中流线分布
a）吊钩　b）锻造成形曲轴　c）切削成曲轴

锻造比是锻造时金属变形程度的一种表示方法，通常用变形前后的截面积、长度比或高度比 Y 表示。锻造比计算公式与锻造工序有关，拔长和镦粗工序的锻造比可用下式计算

$$Y_{拔长} = \frac{A_0}{F_1} = \frac{L_1}{L_0}$$

$$Y_{镦粗} = \frac{A_1}{A_0} = \frac{H_0}{H_1}$$

式中　$Y_{拔长}$、$Y_{镦粗}$——拔长、镦粗时的锻造比；

A_0、L_0、H_0——变形前坯料的截面积（mm^2）；长度、高度（mm）；

A_1、L_1、H_1——变形后的截面积（mm^2）；长度、高度（mm）。

在一般情况下，增加锻造比，对改善金属的组织和性能是有利的，但锻造比太大却是无益的。当 $Y<2$ 时，随着钢料内部组织的细密化，锻件力学性能有明显提高。当 $Y=2\sim5$ 时，锻件的力学性能开始出现各向异性，而且横向（垂直流线的方向）的塑性开始明显的下降。当 $Y>5$ 时，钢料的组织细密化已近极限，锻件的力学性能不再提高，各向异性则进一步增加。

四、金属的锻造性能

金属的锻造性能是衡量金属材料承受锻压加工能力的工艺性能。金属的锻造性能可用其塑性和变形抗力来综合衡量。塑性越好，变形抗力越小，则锻造性能好。

金属的锻造性能取决于金属的本质和变形条件。

1. 金属本质的影响

（1）化学成分　纯金属比合金的强度低，塑性好，所以锻造性能好。碳钢随着碳的质量分数的增加，锻造性能愈来愈差。合金钢中合金元素的质量分数愈多、合金成分愈复杂，锻造性能愈差。

（2）金属组织　纯金属和单相固溶体具有良好的锻造性能。金属化合物使锻造性能变差。铸态组织和粗晶粒组织不如锻轧组织和细晶组织的锻造性能好。

2. 变形条件的影响

（1）变形温度　在一定温度范围内（过热温度以下），提高变形温度可以显著地改善金属的锻造性能。因为随着温度的升高，金属原子的活动能力增强，原子间的结合力减弱，使金属的塑性提高，变形抗力减小。其次，高温下金属一般能形成单相的固溶体，且再结晶过程进行迅速，可以随时消除冷塑性变形造成的不利影响。所有这些都有利于改善金属的锻造性能。

（2）变形速度　变形速度即单位时间内金属材料的变形程度。变形速度对金属材料的锻造性能的影响如图 11-11 所示。当变形速度小于临界值 c 时，随变形速度提高，回复和再结晶来不及消除冷塑性变形强化，金属的塑性下降，变形抗力增加，使金属的锻造性能变坏；当变形速度大于临界值 c 后，由于塑性变形的热效应迅速提高了金属的温度，使其强度、变形抗力降低，塑性提高，因而使金属的锻造性能随变形速度增加而提高。

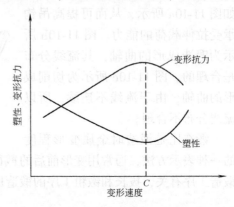

图 11-11　变形速度对金属的锻造性能的影响

一般锻造设备的变形速度都小于临界值 c，所以对塑性差的金属材料应采用低的变形速度。而高速锤、高能量成形的变形速度高于临界值 c，提高变形速度可以提高金属的锻造性能。

（3）应力状态　采用不同的压力加工方法进行塑性变形时，金属内部所产生应力的性质、大小不同。例如：挤压时，金属坯料内部产生三个方向受压，如图 11-12a 所示。拉拔时沿坯料的径向为压应力，轴向为拉应力，如图 11-12b 所示。自由锻镦粗时，金属坯料心部为三向压应力，侧表面层水平方向的切应力转变拉应力，如图 11-12c 所示。拉应力使金属内部不同晶面间的原子趋向分离，从而可能导致坯料破裂。相反，压应力能提高金属的塑性，但增加金属变形时内部摩擦力，使变形抗力增大，为实现变形加工，就要相应增加设备的吨位。

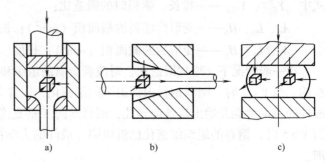

图 11-12　金属变形时的应力状态

a）挤压　b）拉拔　c）自由锻镦粗

第二节　坯料加热和锻件冷却

一、坯料的加热

在一定温度范围内，随着温度的升高，金属的塑性提高而变形抗力减小。因此，在高温下进行锻造加工，可提高锻造性能，只用较小的力即可产生较大的塑性变形，加工后获得良好的组织。因此，金属的加热是锻造加工生产中一个重要环节。

坯料加热应在合理的温度范围内进行，保证金属坯料在加工过程中具有较好锻造性能，并尽可能扩大温度范围，以提供充足的成形加工时间，从而减少加热次数，提高生产率并降低氧化损耗。这一温度范围用始锻温度和终锻温度来表示。

始锻温度即开始锻造时的温度，也就是允许加热到的最高温度。始锻温度过高，就会产生过热甚至过烧缺陷。

过热是指加热温度超过一定温度时，晶粒急剧长大的现象。过热后的金属晶粒粗大，塑性大为降低。若温度继续升高，则晶界上低熔点杂质开始熔化，晶界发生剧烈氧化，破坏了晶粒之间的联系，使金属失去了塑性，在压力作用下被压碎，这种现象称为过烧。过热的金属可以用热处理方法消除，过烧的金属则无法挽救。

因此，为了便于锻造，而又不出加热缺陷，锻造必须在一定的温度范围内进行。

终锻温度即停止锻造时的温度。在保证加工结束前金属还具有足够的塑性以及结束后能获得较好的再结晶组织前提下，终锻温度应该低，这样就扩大了锻造加工温度范围。但终锻温度不能过低，否则，此时金属塑性差，变形抗力大，并可能出现冷塑性变形强化。在较低温度下锻造加工易出现裂纹。

常用金属材料的锻造温度见表11-3。

表11-3　常用金属材料的锻造温度范围

材料种类	始锻温度/℃	终锻温度/℃
低碳钢	1200～1250	800
中碳钢	1150～1200	800
低合金结构钢	1100～1180	850
铝合金	450～500	350～380
铜合金	800～900	650～700

二、锻件的冷却

锻件的冷却也是锻造生产的一个重要环节；冷却时由于表面冷得快，内部冷得慢，金属表里冷却收缩不一致而形成的温度差达到一定值时，就会使锻件产生变形、裂纹等缺陷。锻件常用的冷却方法有下列三种。

1）空气中冷却（简称空冷）一般多用于 $w_C \leqslant 0.5\%$ 的碳钢和 $w_C \leqslant 0.3\%$ 的低合金钢中的中小型锻件。

2）在干砂或石灰坑中冷却一般多用于中碳钢、碳素工具钢和大多数低合金钢的中型锻件。

3）随炉缓冷一般多用于中碳钢和低合金钢的大型件以及高合金钢的重要锻件。冷却时常将锻件放入500～700℃坑式炉中随炉冷却。

第三节　自　由　锻

自由锻是使金属在上下砧之间受到冲击力或压力，产生塑性变形从而获得锻件的加工方法。坯料在锻造过程中，在垂直于冲击力或压力的方向上自由伸展变形，不受限制，故称自由锻。

自由锻分手工锻造和机器锻造两种。前者手工操作，劳动强度大，生产率低，且只能生产小锻件。后者是在空气锤、蒸汽锤、水压机上进行锻造。

自由锻生产率低、锻件精度差、形状简单，但其所用设备及工具均有很大的通用性，因而广泛用于单件及小批生产。而对大型锻件，自由锻是惟一可行的加工方法。

一、自由锻设备

自由锻造时所用设备有两类：一类是产生冲击力的锻锤，如空气锤、蒸汽空气锤；另一类是产生静压力的压力机，如液压机和油压机。

空气锤是锻造小型锻件的常用设备，其外形和工作原理如图 11-13 所示。电动机经曲轴连杆机构带动压缩缸活塞上下运动，压缩缸内空气通过气阀进入工作气缸，使工作活塞上下运动而完成锻击工件。

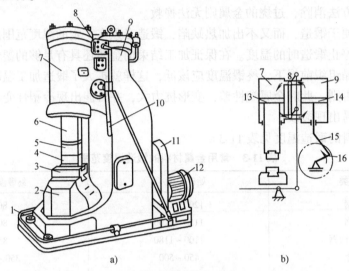

图 11-13　空气锤示意图
a) 外形图　b) 工作原理
1—踏杆　2—砧座　3—砧垫　4—下砧铁　5—上砧铁　6—锤头　7—工作缸
8—转阀　9—压缩缸　10—手柄　11—减速机构　12—电动机
13、14—活塞　15—连杆　16—曲柄

锻锤的能力是以其落下部分质量来表示的。空气锤的落下部分质量有 50～1000kg。蒸汽空气锤则较大，一般为 0.5～5t，锻击力亦大于空气锤。

压力机的规格是用最大作用力来表示的。自由锻造水压机的压力为 800～1200t。压力机工作平稳，用于锻造重型锻件。

二、自由锻的基本工序

1. 镦粗

镦粗是使坯料的高度减低，截面积增大的工序。镦粗工序主要用于高度小、截面大的工件，如齿轮坯、圆饼类锻件。镦粗有完全镦粗、局部镦粗两种基本方法，如图 11-14 所示。

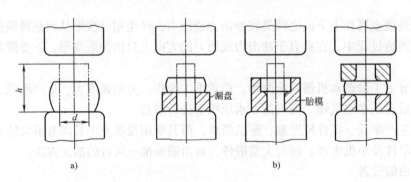

图 11-14　镦粗
a) 完全镦粗　b) 局部镦粗

为了防止镦粗时坯料弯曲，坯料高度 H_0 与直径 D_0 之比 $H_0/D_0 \leq 2.5$。

2. 拔长

拔长是使坯料的截面积减小、长度增加的工序。拔长工序主要用于制造长而截面小的工件，如轴、拉杆、曲轴等。拔长方法主要有两种：

（1）在平砧上拔长　图11-15a 是在锻锤上下平砧间拔长的示意图。高度为 H（或直径为 D）的坯料由右向左送进，每次送进量为 L，为了使锻件表面平整，L 应小于砧宽 B，一般 $L \leq 0.75B$；对重要锻件，为了使整个坯料产生完全的塑性变形，L/H（或 L/D）应在 $0.4 \sim 0.8$ 范围内。

（2）在芯轴上拔长　图11-15b 是在芯轴上拔长空心坯料的示意图。锻造时，先把芯轴插入冲好孔的坯料中，然后当作实心坯料进行拔长。拔长时，一般要几次拔长，先将坯料拔成六角形，锻到所需长度后，再倒角滚圆，取出芯轴，芯轴的工作部分应有 1：100 的斜度，这种拔长方法可使空心坯料的长度增加，壁厚减少而内径不变，常用于制作空心件如炮筒、透平主轴圆环、套筒等。

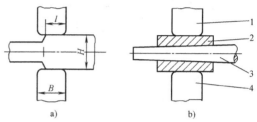

图 11-15　拔长示意图

a）在平砧上拔长　b）在芯轴上拔长

1—上砧　2—坯料　3—芯轴　4—下砧

3. 冲孔

冲孔是利用冲头在锻粗后的坯料上冲出通孔或不通孔的工序。冲孔的方法主要有以下两种。

（1）双面冲孔法　用冲头在坯料上冲至 2/3 ~ 3/4 深度时，取出冲头，翻转坯料，再用冲头从反面对准位置，冲出孔来。双面冲孔的过程如图 11-16 所示。

（2）单面冲孔法　厚度小的坯料可采用单面冲孔法。冲孔时、坯料置于垫环上，将一略带锥度的冲头大端对准冲孔位置，用锤击方向打入坯料，直接穿透为止，如图 11-17 所示。

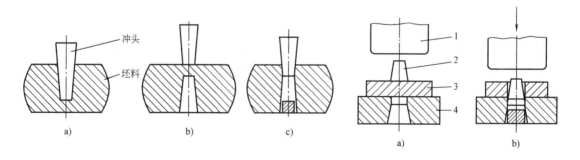

图 11-16　双面冲孔示意图

a）冲一面　b）冲另一面　c）冲孔完成

图 11-17　单面冲孔示意图

a）准备冲孔　b）冲孔结束

1—上砧　2—冲头　3—坯料　4—垫环

4. 弯曲

弯曲是采用一定的工模具将坯料弯成所规定的外形的工序。

常用的弯曲方法有以下两种。

（1）锻锤压紧弯曲法　坯料的一端被上下砧压紧，用大锤打击或用吊车拉另一端，使其弯曲成形，如图11-18所示。

（2）用垫模弯曲法　在垫模中弯曲能得到形状和尺寸较准确的小型锻件，如图11-19所示。

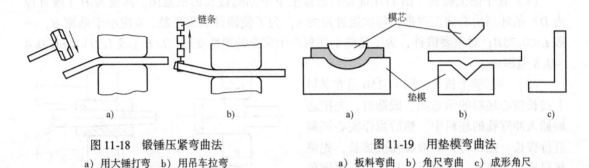

图11-18　锻锤压紧弯曲法
a）用大锤打弯　b）用吊车拉弯

图11-19　用垫模弯曲法
a）板料弯曲　b）角尺弯曲　c）成形角尺

三、自由锻工艺规程的制订

制订工艺规程，编写工艺卡片是进行自由锻生产必不可少的技术准备工作，是组织生产过程、规定操作规范、控制和检查产品质量的依据。制订自由锻工艺规程包括以下几项主要内容。

1. 绘制锻件图

锻件图是工艺规程中的核心内容。它是以零件图为基础，并考虑以下一些问题而绘制而成的。

（1）机械加工余量　自由锻所得锻件的精度和表面质量均较差，需进一步进行切削加工才能达到零件的要求。所以锻件上加工面应留有足够的加工余量。余量大小按零件大小、形状、精度要求等来确定。

（2）余块　余块也称敷料。余块是为了简化锻件形状而保留的，零件上某些凹槽、小孔、台阶、斜面和锥面等都要加以简化，如图11-20所示。它并非零件本身的要求，故应在随后的切削加工中将其切除掉。

由此可见，锻件在形状和尺寸上均不同于零件。为了使锻造工作人员了解零件的情况，在锻件图上用双点画线画出零件形状，并在锻件尺寸的下面用括号注上零件尺寸。

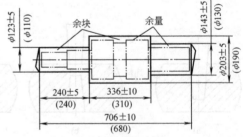

图11-20　典型锻件图

（3）锻造公差　锻造公差是锻件名义尺寸的允许偏差。因为自由锻中，锻件形状与尺寸均由锻工的操作技术来保证，掌握尺寸较困难外加金属的氧化和收缩等原因，使锻件的实际尺寸总有一定误差，因而规定出锻造公差，以利于保证锻件质量和提高生产率。锻件公差为加工余量的1/4 ~ 1/3。

表11-4列出阶梯轴锻造机械加工余量与公差。

表11-5列出了带圆孔盘类锻件机械加工余量与锻造公差，供参考。

表11-4　阶梯轴类锻造机械加工余量与公差（摘自 JB/T 4249·2—1986）

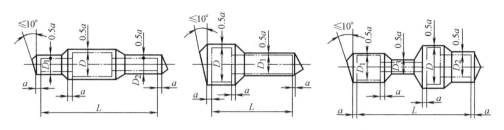

零件总长 L/mm		零件直径 D/mm							
		大于 0	50	80	120	160	200	250	315
		至 50	80	120	160	200	250	315	400
大于	至	余量 a 与极限偏差							
0	315	7 ±2	8 ±3	9 ±3	10 ±4	—	—	—	—
315	630	8 ±3	9 ±3	10 ±4	11 ±4	12 ±5	13 ±5	—	—
630	1000	9 ±3	10 ±4	11 ±4	12 ±5	13 ±5	14 ±6	16 ±7	—
1000	1600	10 ±4	12 ±5	13 ±5	14 ±6	15 ±6	16 ±7	18 ±8	19 ±8
1600	2500	—	13 ±5	14 ±6	15 ±6	16 ±7	17 ±7	19 ±8	20 ±8
2500	4000	—	—	16 ±7	17 ±7	18 ±8	19 ±8	21 ±9	22 ±9
4000	6000	—	—	—	19 ±8	20 ±8	21 ±9	23 ±10	—

表11-5　带孔圆盘类锻件机械加工余量与锻造公差（JB/T 4249·4—1986）

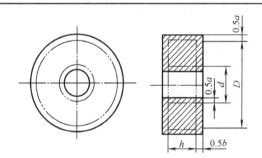

零件高度 h/mm	零件直径 D/mm											
	80 ~ 120			120 ~ 160			160 ~ 200			200 ~ 250		
	加工余量 a、b、c 与极限偏差											
	a	b	c	a	b	c	a	b	c	a	b	c
0 ~ 80	6 ±2	5 ±2	9 ±3	7 ±2	6 ±2	10 ±4	8 ±3	7 ±2	11 ±4	9 ±3	8 ±3	12 ±5
80 ~ 120	7 ±2	6 ±2	10 ±4	8 ±3	7 ±2	12 ±5	9 ±3	8 ±3	13 ±5	10 ±4	9 ±3	14 ±6
120 ~ 160	—	—	—	9 ±3	8 ±3	13 ±5	10 ±4	9 ±3	14 ±6	11 ±4	10 ±4	15 ±6
160 ~ 200	—	—	—	—	—	—	11 ±4	10 ±4	15 ±6	12 ±5	11 ±4	16 ±7
200 ~ 250	—	—	—	—	—	—	—	—	—	13 ±5	12 ±5	17 ±7
250 ~ 315	—											
315 ~ 400	—											

（续）

零件高度 h/mm	零件直径 D/mm											
	250 ~ 315			315 ~ 400			400 ~ 500			500 ~ 630		
	加工余量 a、b、c 与极限偏差											
	a	b	c	a	b	c	a	b	c	a	b	c
0 ~ 80	10 ±4	9 ±3	13 ±5	11 ±4	10 ±4	15 ±6	13 ±5	12 ±5	17 ±7	15 ±6	14 ±6	19 ±8
80 ~ 120	11 ±4	10 ±4	15 ±6	12 ±5	11 ±4	17 ±7	14 ±6	13 ±5	19 ±8	16 ±7	15 ±6	21 ±9
120 ~ 160	12 ±5	11 ±4	16 ±7	13 ±5	12 ±5	18 ±8	15 ±6	14 ±6	20 ±8	17 ±7	16 ±7	22 ±9
160 ~ 200	13 ±5	12 ±5	17 ±7	14 ±6	13 ±5	19 ±8	16 ±7	15 ±6	21 ±9	18 ±8	17 ±7	23 ±10
200 ~ 250	14 ±6	13 ±5	18 ±8	15 ±6	14 ±6	20 ±8	17 ±7	16 ±7	22 ±9	19 ±8	18 ±8	24 ±10
250 ~ 315	15 ±6	14 ±6	19 ±8	16 ±7	15 ±6	21 ±9	18 ±3	17 ±7	23 ±10	20 ±8	19 ±8	25 ±11
315 ~ 400	—	—	—	17 ±7	16 ±7	22 ±9	19 ±8	18 ±8	24 ±10	21 ±9	20 ±8	26 ±11

最小冲孔直径 d								
落下部分质量/t	≤0.15	≤0.25	≤0.5	≤0.75	1	2	3	5
最小冲孔直径 d/mm	30	40	50	60	70	80	90	100

注：锻件高度大于孔径 3 倍时，孔允许不冲出。

2. 确定变形工序

自由锻的工序分为基本工序、辅助工序及精整工序三类。

基本工序除上述镦粗、拔长、冲孔和弯曲外，还有切割和错移等。

辅助工序是为使基本工序操作方便而进行的预先变形工序，如压钳口、压钢锭棱边、压肩等。

精整工序是用来修理锻件的最后尺寸和形状，消除表面不平和歪扭，使锻件达到图样要求的工序，如修整鼓形、平整端面、校正弯曲等，一般在终锻温度以下进行。

各类自由锻件的基本工序方案见表 11-6。

表 11-6　自由锻件分类及基本工序方案

类别	图　例	基本工序方案	实　例
饼块类		镦粗或局部镦粗	圆盘、齿轮、模块、锤头等
轴杆类		拔长 镦粗—拔长（增大锻造比） 局部镦粗—拔长（截面相差较大的阶梯轴）	传动轴、主轴、连杆等

（续）

类别	图　例	基本工序方案	实　例
空心类		镦粗—冲孔 镦粗—冲孔—扩孔 镦粗—冲孔—心轴上拔长	圆环、法兰、齿圈、圆筒、空心轴等
弯曲类		轴杆类锻件工序—弯曲	吊钩、弯杆、轴瓦盖等
曲轴类		拔长—错移（单拐曲轴） 拔长—错移—扭转（多拐曲轴）	曲轴、偏心轴等

3. 计算坯料质量和尺寸

（1）坯料质量计算　坯料有铸锭和型材两种，前者用于大中型锻件，后者用于中小型锻件。

$$m_0 = m_{锻} + m_{烧}$$

式中　m_0——坯料质量；

$m_{锻}$——锻件质量，由锻件体积和金属密度的乘积求得；

$m_{烧}$——坯料在加热时，因生成氧化皮的金属耗损量。一般第一次加热为 $m_{锻}$ 的 2% ~ 3%，以后每次加热为 $m_{锻}$ 的 1% ~ 1.5%。

（2）坯料尺寸的计算　采用镦粗时，为了避免弯曲，坯料高径比（H_0/D_0）应小于 2.5，为了下料方便，高径比应大于 1.25，即 $1.25D_0 \leqslant H_0 \leqslant 2.5D_0$。

坯料体积为

$$V_0 = m_0 / \rho$$

所以坯料的直径 D_0 或边长 A_0 可由下式计算。

对于圆截面坯料：

$$V_0 = \pi/4 D_0^2 H_0 = \pi/4 D_0^2 (1.25 \sim 2.5) D_0 = (0.98 \sim 1.96) D_0^3$$
$$D_0 = (0.8 \sim 1.0) \sqrt[3]{V_0}$$

对于方截面坯料：

$$V_0 = A_0^2 H_0 = (1.25 \sim 2.5) A_0^3$$
$$A_0 = (0.74 \sim 0.93) \sqrt[3]{V_0}$$

根据初步计算出的坯料直径或边长，查表选用标准直径或边长，然后求出坯料的高度或下料长度。表 11-7 列出热轧圆钢标准直径。

表 11-7　热轧圆钢的标准直径　　　　　　　　　　（单位：mm）

5	5.5	6	6.5	7	8	9	10	11	12	13	14	15	16
17	18	19	20	21	22	23	24	25	26	27	28	29	30
31	32	33	34	35	36	38	40	42	45	48	50	52	55
56	58	60	63	65	68	70	75	80	85	90	95	100	105
110	115	120	125	130	140	150	160	170	180	190	200	210	220

采用钢锭为坯料的大型锻件，可根据实际经验估算钢质量。各类锻件的钢锭利用率（锻件质量/钢锭质量）为 0.50 ~ 0.65，因为要切除较大冒口，使锻件内部组织致密，锻造比通常取 2 ~ 5。

4. 选定锻造设备

选定锻造设备的依据是锻件的材料、尺寸和质量，同时，还要适当考虑车间现有的设备条件。设备吨位太小，则锻件内部锻不透，质量不好，生产率也低；若吨位太大，则造成设备和动力的浪费，且操作不方便，也不安全。

对于低碳钢、中碳钢和低合金高强度结构钢，采用自由锻时，可按表 11-8 选定锻锤吨位。

表 11-8　自由锻锤的锻造能力范围

锻件类型	锻锤吨位/t	0.25	0.5	0.75	1	2	3	5
圆饼	D/mm	<200	<250	<300	≤400	≤500	≤600	<750
	H/mm	<35	<50	<100	<150	200	300	≤300
圆环	D/mm	<150	<300	<400	≤500	≤600	≤1000	<1200
	H/mm	≤60	≤75	<100	<150	≤200	≤250	<300
圆筒	D/mm	<150	<175	<250	<275	<300	<350	≤700
	d/mm	≥100	≥125	>125	>125	>125	>150	>500
	L/mm	≤150	≤200	≤275	≤300	≤350	≤400	≤550
圆轴	D/mm	<80	<125	<150	≤175	≤225	275	≤350
	m/kg	100	200	300	<500	750	1000	1500
方块	$H(=B)$/mm	≤80	≤150	≤175	≤200	≤250	≤300	≤450
	m/kg	<20	<50	<70	≤100	≤350	≤800	≤1000
扁方	B/mm	≤100	≤160	<175	≤200	<400	≤600	<700
	H/mm	≥7	≥15	≥20	≥25	≥40	≥50	≥70
成形锻件质量/kg		5	20	35	50	70	100	300
钢锭直径/mm		125	200	250	300	400	450	600
钢坯边长/mm		100	175	225	275	350	400	550

注：D—锻件外径；d—锻件内径；H—锻件高度；B—锻件宽度；L—锻件长度；m—锻件质量。

5. 制订自由锻工艺规程举例

以图 11-21 所示车床变速箱齿轮为例，制订自由锻工艺如下。

（1）绘制锻件图　采用自由锻时，零件上的凹档、小槽不锻出，加工余量和锻件公差，根据锻件形状、尺寸，查表 11-4，得 $a = (10 \pm 4)$ mm、$b = (9 \pm 3)$ mm、$c = (14 \pm 6)$ mm，根据这些数据，绘出齿轮的锻件图，如图 11-21b 所示。

（2）确定变形工序　根据零件、参照表 1-5，该锻件带有凸肩，还应采用镦粗垫环局部镦粗，由于孔径较大，冲孔后还需要冲头扩孔，考虑到冲孔和扩孔时金属还要会沿着径向流动，并且沿凸肩高度方向产生拉缩现象，局部镦粗后的径向尺寸要比锻件小些，凸肩的高度比锻件凸肩大些。

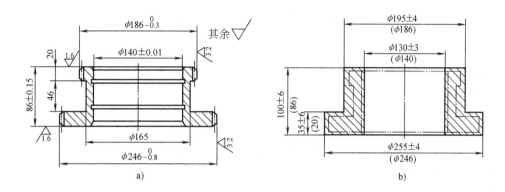

图 11-21 车床变速箱齿轮

a) 零件图 b) 锻件图

图 11-22 为该齿轮轮坯的自由锻工序。

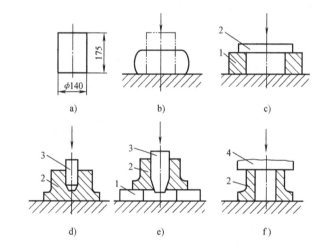

图 11-22 齿轮坯的自由锻工序

a) 下料 b) 镦粗 c) 垫圈局部镦粗 d) 冲孔 e) 冲头扩孔 f) 修整

1—垫环 2—锻件 3—冲头 4—上砧

（3）确定坯料的质量及尺寸 坯料的质量

$$m_0 = m_锻 + m_芯 + m_烧$$

$$m_锻 = \rho V_锻 = 19\text{kg}$$

$$m_芯 = (1.18 \sim 1.57)dH$$

取冲孔系数为 1.4，$d = 60\text{mm}$，$H = 100\text{mm}$。所以

$$m_芯 = 0.5\text{kg}$$

$$m_烧 = \delta(m_锻 + m_芯)$$

取 $\delta = 3\%$，所以

$$m_烧 = 0.6\text{kg}$$

故

$$m_0 = (19 + 0.5 + 0.6)\text{kg} = 20.1\text{kg}$$

$$V_0 = m_0 / \rho = \frac{20.1}{7.8} \text{mm}^3 = 257.7 \text{mm}^3$$

$$D_0 = (0.8 - 1.0) \sqrt[3]{V_0} = 137 \text{mm}$$

由表 11-7 选 D_0 为 140mm。

坯料高度 H_0 为

$$H_0 = V_0 \left/ \left(\frac{\pi}{4} D_0^2 \right) \right. = 175 \text{mm}$$

取 H_0 为 175mm，最后确定坯料尺寸：ϕ140mm×175mm。

（4）确定设备吨位　参照表 11-8，属圆环类，应选 0.5 t 自由锻锤。

四、自由锻锻件结构工艺性

锻件结构应合理，以达到锻造方便、节省金属材料、保证锻件质量和提高劳动生产率的目的。

1. 锻件上应避免锥体或斜面的结构

图 11-23a 所示，若锻造这种结构，必须要用专用工具，而锻件成形也比较困难，使工艺过程复杂，改进后如图 11-23b 所示，该结构为合理。

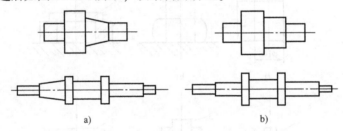

图 11-23　轴类锻件结构

a）不合理　b）合理

2. 避免圆柱面与圆柱面相交

因为这些表面的交接处是复杂曲线，难以锻出，如图 11-24 所示。

3. 锻件上不能有加强肋、凸台、工字形截面或空间曲线形表面

图 11-25a 所示的盘类锻件，必须采用特殊工具或特殊工艺措施，这样会增加成本、降低生产率。将锻件改进成如图 11-25b 所示的结构后是合理的。

4. 采有组装结构

对于断面尺寸相差很大的零件和形状比较复杂的零件，可考虑将零件分成几个形状简单部分，分别锻造出来，再用焊接或螺纹连接方式构成整体零件，如图 11-26 所示。

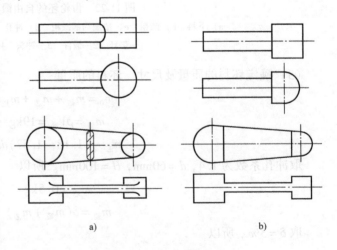

图 11-24　杆类锻件结构

a）不合理　b）合理

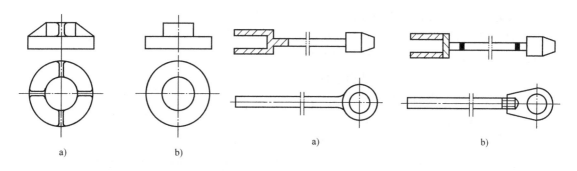

图 11-25　盘类锻件结构　　　　　　　　图 11-26　复杂件结构
a）不合理　b）合理　　　　　　　　　a）不合理　b）合理

第四节　模　锻

模锻是将加热后的坯料放在锻模膛内，在锻模上施加压力或冲击力，使坯料变形并充满锻模模膛，从而获得具有形状和尺寸要求的锻件。

与自由锻相比，模锻的优点是生产率较高，锻件尺寸较精确，表面光洁，可以获得形状较复杂的锻件，操作简单，易实现机械化，锻件生产成本低等。但模锻的设备费用高，锻模制造周期长，成本高。

综上所述，模锻只适用于批量大、质量较轻的中小型锻件的生产。例如汽车、拖拉机、动力机械中一些对力学性能要求较高的中小型零件。

模锻按使用设备不同分为锤上模锻、胎模锻、压力机上模锻。

一、锤上模锻

锤上模锻是在模锻锤上进行模型锻造的方法。它比其他模锻方法所用设备费用低，模锻工艺通用性大，能生产各种类型的锻件，是目前应用最广泛的一种模锻方法。

1. 锻模结构

锤上模锻所用的锻模由上、下模块组成。根据锻件的形状、尺寸，在两个模块中加工相应的模膛。上下模块用楔铁分别固定在锤头和铁砧座上，如图 11-27 所示。

锻造时下模块不动，上模块和锤头一起作上下运动对坯料进行锤击，锻出所需要的锻件。模膛根据其作用不同，分为制坯模膛和模锻模膛两类。

（1）制坯模膛　模锻形状复杂的锻件时，为了便于成形，先使坯料初步变形所用的模膛称为制坯模膛。

根据制坯工步的不同，制坯模膛又可分为拔长模膛、滚挤模膛、弯曲模膛等。

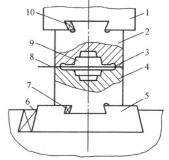

图 11-27　锤上锻模构造
1—锤头　2—上模　3—飞边槽
4—下模　5—模垫　6、7、10—紧
固楔铁　8—分模面　9—模膛

按模锻锻件的复杂程度不同，所需变形的模膛数量不等，可将锻模设计成单膛锻模和多膛锻模。单膛锻模是在一副锻模上只有终锻模膛。如齿轮坯模锻件就是将加热好的圆柱形坯料直接放入单膛锻模中终锻成形。多膛锻模是在一副锻模上具有两个以上模膛的锻模。多膛锻模一般把模锻模膛排在模块中部，制坯模膛排在两侧。

图 11-28 所示是弯曲连杆锻造模膛及变形工步。该零件较为复杂，经过拔长、滚压、弯曲预锻、终锻等工步。所用锻模是多膛锻模。最后经切边模切去飞边，而获得锻件。

（2）模锻模膛 模锻模膛是使坯料变成一定形状和尺寸的锻件所用的模膛。

根据锻件的形状和复杂程度不同，模锻模膛又分为预锻模膛和终锻模膛。大批量生产形状复杂的锻件时，为了保护终锻模膛的精度，延长寿命，便于坯料在终锻模膛内成形，坯料需经过在预锻模膛中预锻，然后再在终锻模膛内最终成形。预锻模膛的斜度、圆角较大；终锻模膛斜度、圆角较小，且模膛周围有飞边槽，用来增加金属从模膛中逸出的阻力，促使金属更好地充满模膛、容纳多余金属、保护模膛。终锻模膛和锻件的外形相同，其尺寸比锻件大一个收缩量（钢件取 1.5%），用以抵消锻件冷却时的收缩。

2. 工艺规程制订

锤上模锻的工艺规程包括：绘制锻件图、计算坯料尺寸、确定模锻工步、选择设备等。

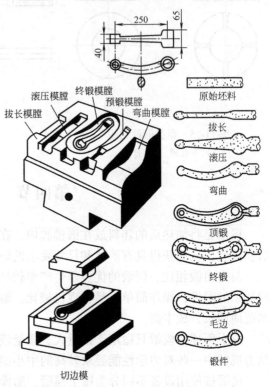

图 11-28 弯曲连杆锻造模膛和变形工步

（1）绘制锻件图 锻件图是确定模锻工步、设计和制造锻模、计算坯料尺寸、检验锻件的依据，绘制锻件图时应考虑以下几个问题。

1）分模面。分模面是上、下模块在锻件上的分界面，确定分模面的一般原则是：

①便于模锻件从模膛取出。一般情况，分模面应选在锻件最大尺寸的截面上。如图 11-29 所示零件中，若选 a-a 为分模面，则无法将模锻件从模膛中取出。

②模膛要浅，以便于锻模制造、坯料填充模膛。图 11-29 中的 b-b 面不符合该原则。

③沿分模面的上、下模膛外形要一致，便于及时发现锻模的错移。若采用图 11-29 中的 c-c 为分模面，则当出现错模时，不易被发现，从而导致出废品。

④应该使锻件上余块为最小。

⑤分模面为一平面，且上、下模膛深浅一致，以便锻模制造。

综合上述分析，图 11-29 中的零件以 d-d 面做分模面最为合适。

2）确定加工余量、锻造公差和余块模

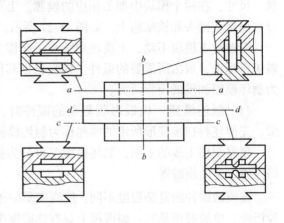

图 11-29 分模面选择比较图

锻造的尺寸精度较高，其加工余量和锻造公差较自由锻件小，一般加工余量为 1～4mm，锻件公差为±(0.3～4)mm。为了节省金属材料，模锻件尽量不加或少加余块。

3）模锻斜度。为了便于金属充满模膛及从模膛取出锻件，锻件上与分模面垂直的表面必须附加斜度，该斜度称为模锻斜度，如图 11-30 所示。模锻斜度应选 3°、5°、7°、10°等标准度数。

4）圆角半径。模锻件上两个面的相交处应以圆角过渡，以便坯料填充模膛，减少模具凹角处的应力集中，提高模具寿命。通常内圆角半径 R 应大于外圆角半径 r。外圆角半径一般取 1.5～12mm，内圆角半径 $R=(2-3)r$，如图 11-31 所示。

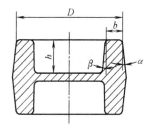

图 11-30　模锻斜度

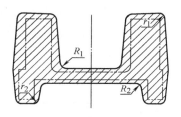

图 11-31　锻件的圆角半径

5）冲孔连皮。对于具有通孔的模锻件，由于不可能依靠模膛上、下冲芯将金属压透，模锻件的孔内总有一层冲孔连皮。因此设计上、下冲芯高度中，不能使其在合模时上下接触。模锻后留下的冲孔连皮在其后冲孔工序中去除。如图 11-32 所示，冲孔连皮厚度 s 通常取 4～8mm。当孔径 $d<30$mm 时，孔不锻出。

齿轮坯模锻件图，如图 11-33 所示。

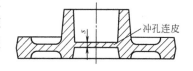

图 11-32　锻件的冲孔连皮

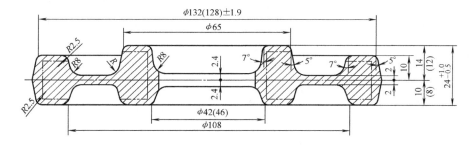

图 11-33　齿轮坯模锻件图

（2）计算坯料尺寸　短轴类锻件坯料的体积（V_0）可按下式计算

$$V_0 = (V_锻 + V_连 + V_飞)(1+K_1)$$

式中　V_0——锻件的体积；

$V_连$——冲孔连皮的体积；

$V_飞$——飞边的体积，按飞边槽体积一半计算；

K_1——烧损系数，一般取 2%～4%。

短轴类锻件的坯料直径 D_0 可按下列计算

$$D_0 = 1.08 \sqrt[3]{V_0/m}$$

式中　m——坯料的高径比，可取 $1.8 \sim 2.2$。

长轴类锻件的坯料可根据最大截面 F_{max} 计算直径：

$$D_0 = 1.23 \sqrt[3]{KF_{max}}$$

式中　K——模膛系数，不制坯或有拔长工步时，$K=1$；有滚压工步时，$K=0.7 \sim 0.85$。

（3）确定模锻工步　模锻工步主要根据零件形状、尺寸来制订。锤上模锻件分为短轴类锻件和长轴类锻件。

短轴类锻件（图 11-34）是在分模面上的投影为圆或长度与宽度相近的锻件。这类锻件的变形工步，通常是镦粗制坯和终锻成形。形状简单的锻件也可直接终锻成形。形状复杂的要增加成形镦粗、预锻等工步。图 11-35 所示为高轮毂锻件变形工艺过程。

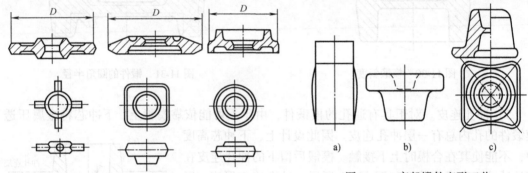

图 11-34　短轴类锻件

图 11-35　高毂锻件变形工艺
a）镦粗　b）成形镦粗　c）终锻

长轴类锻件（图 11-36）是长度与宽度（或直径）相差较大，因此采用拔长、滚压等工步制坯，形状复杂的增加弯曲、成形、预锻等工步。图 11-37 为弯曲轴线锻件的变形工艺过程。

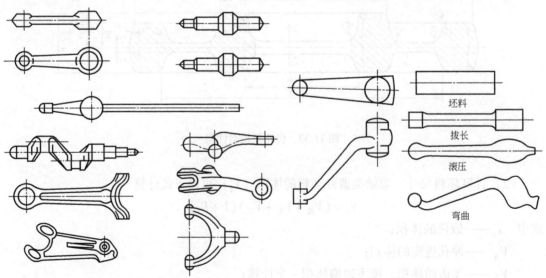

图 11-36　长轴类锻件

图 11-37　弯曲轴线锻件变形工艺过程

（4）锻锤吨位的确定　锻锤吨位可根据质量参照表11-9确定。

表11-9　选择模锻锤吨位的概略数据

模锻锤位/t	≤0.75	1	1.5	2	3	5	7~10	16
锻件质量/kg	<0.5	1.5~5	1.5~5	5~12	12~25	21~40	10~100	>100

（5）模锻件的修整　终锻并不是模锻全过程的终结，而只是代表完成了锻件主要成形工序，尚需经过切边，冲孔、校正、清理等一系列工序，才能得到合格的锻件。

1）切边和冲孔。切边是切除锻件四周的飞边，冲孔是冲除冲孔连皮。

切边和冲孔是在另外的压力机上进行，可以热切和冷切。热切所需压力比冷切小得多。锻件塑性好，不易产生裂纹，但容易变形。较大的锻件和高碳钢、高合金钢锻件常采用热切，中碳钢、低合金钢的小型锻件采用冷切。

2）校正。在终锻后的转运和切边、冲孔等操作中，都可能引起锻件的变形。因此，许多锻件，尤其是形状复杂的锻件，还需要校正。校正也分热校和冷校。热校通常是将热切后的锻件立即放回终锻模膛内进行校正。冷校是在热处理及清理后专用校正模内进行，用于结构钢的小型锻件和容易在冷却、热外理等过程中变形的锻件。

（6）锻件热处理　其热处理目的是为了消除模锻件的冷塑性变形强化或过热组织，使晶粒细化获得所需力学性能。一般采用正火或退火。

3. 模锻零件的结构工艺性

设计模锻零件时，应使结构符合下列原则：

1）模锻零件要有合理的分模面、模锻斜度和圆角半径。

2）为了金属易充满模膛、减少工步，零件外形力求简单、平直、对称，避免截面差别过大或具有薄壁、高肋、凸起等结构。

3）应尽量避免窄沟、深孔及多孔结构，便于模具制造和延长模具寿命。

图11-38a所示的零件、凸缘高而薄，两个凸缘之间又形成较深的凹槽，难以用模锻方法锻制。图11-38b所示的零件又扁又薄，薄壁处锻造时很快冷却，难以达到成形要求，同时对保护设备和锻模也不利。

4）对于复杂锻件，在可能条件下，应采用锻—焊或锻—机械连接工艺，以减少余块、简化模锻工艺。

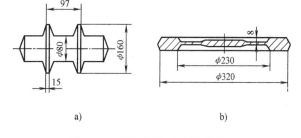

图11-38　结构不合理的模锻件
a）不合理　b）不合理

二、胎模锻

胎模锻是在自由锻设备上使用可移动模具生产模锻件的一种锻造方法。所用模具称为胎模。胎模锻的结构简单，形式多种多样，但不固定在锤头和砧座上的。一般选用自由锻方法制坯，然后在胎模中终锻压成。胎模锻是介于自由锻和模锻之间的一种工艺。

1. 胎模锻的特点

胎模锻与自由锻相比，可获得形状复杂、尺寸较为精确的锻件；节省金属，提高生产率。与模锻相比，可利用自由锻设备组织各类锻件生产，操作灵活；胎模制造也较简单。但胎模锻件尺寸精度低于锤上模锻。另外，胎模锻的劳动生产率、模具寿命等方面低于模锻。

胎模锻适用于中小批生产，在没有模锻设备的工厂、应用较为普遍。

2. 胎模的种类

胎模按照结构形成不同，可分为扣模、套筒模、合模等。

（1）扣模　如图 11-39 所示，扣模用来对坯料进行全部或局部扣形，用于非旋转体锻件的成形或弯曲，也可以为合模锻造进行制坯。用扣模锻造时，坯料不转动。

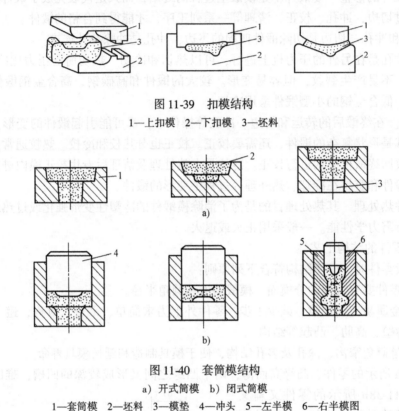

图 11-39　扣模结构
1—上扣模　2—下扣模　3—坯料

图 11-40　套筒模结构
a）开式筒模　b）闭式筒模
1—套筒模　2—坯料　3—模垫　4—冲头　5—左半模　6—右半模图

（2）套筒模　锻模为圆筒形，如图 11-40 所示。套筒模分为开式筒模和闭式筒模两种：开式筒模只能用来生产最大截面在一端，且为平面的锻件。对形状复杂的锻件，需在套筒模内再加两个半模，使坯料在两个半模的模膛内成形，锻后先取两个半模，分开两个半模后即可得到锻件。它适用于生产短轴类零件，如齿轮、法兰盘等回转体的锻件。

（3）合模　通常由上模和下模两部分组成，如图 11-41 所示。为了使上下模吻合及不使锻件产生错移，常用导柱、导锁定位。合模多用于生产形状较复杂的非回转体锻件，如连杆、叉形件等。

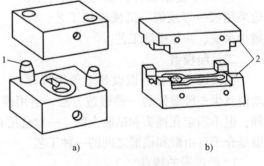

图 11-41　合模结构
1—导柱　2—导锁

3. 胎模锻的工艺过程

胎模锻的工艺过程包括制订工艺规程、制造胎模、备料、加热、锻制和后续工序等。在工艺规程制订中，分模面的选取可灵活些，分模面的数量不限一个，而且在不同工序中可以选取不同的分模面，以便于制造胎模和使锻件成形。

图 11-42 所示是法兰盘胎模锻工艺过程，所用胎模为筒模，是由模筒、模垫和冲头组成。先将坯料加热后，用自由锻镦粗、然后将模垫和模筒放在下砧上，再将镦粗的坯料平放在模筒内，压上冲头后终锻成形，最后将连皮冲去。

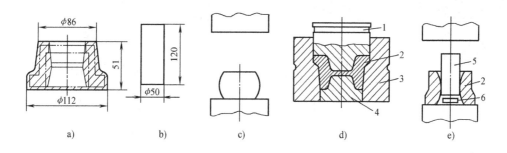

图 11-42　法兰盘胎模锻工艺过程
1—冲头　2—锻件　3—模筒　4—模垫　5—冲子　6—连皮

三、压力机上模锻

锤上模锻有工艺适应性强的特点，目前，在锻压生产中有广泛的应用。但是，模锻锤在工作中存在振动和噪声大、劳动条件差、蒸汽效率低、能源消耗多等难以克服的缺点。因此近年来大吨位模锻锤，有逐渐被压力机所取代的趋势。

常用模锻压力机有曲柄压力机、摩擦压力机和平锻机等。

1. 曲柄压力机模锻

曲柄压力机的工作原理如图 11-43 所示。

电动机 2 起动，运动通过传动带 1 带动飞轮 3 转动，然后经传动轴 4、齿轮副 5、离合器 8 使曲轴上曲柄 6 转动，经过杆 7 变为滑块 10 及锻模的上下往复运动，从而完成模锻。终锻前采用预成形及预锻工步，如图 11-44 所示。

曲柄压力机导向精度高，上下模都可安装顶出装置，工作时锻件不易错移、变形均匀、形状准确、锻件余量及公差较小。另外，曲柄压力机振动小，噪声低，操作安全，劳动条件得到改善。但模膛内不易清除氧化皮，锻件应采用无氧化加热或电加热。

2. 摩擦压力机上模锻

摩擦压力机的工作原理如图 11-45 所示。它由电动机将运动传动到摩擦轮 4 上，通过摩擦轮中的某一个与飞轮 3 的边缘靠紧产生摩擦力带动飞轮旋转。飞轮分别与两个摩擦轮之

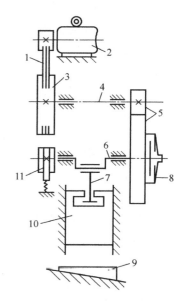

图 11-43　曲柄压力机传动系统图
1—传动带　2—电动机　3—飞轮
4—传动轴　5—齿轮副　6—曲柄
7—连杆　8—离合器　9—楔形工
作台　10—滑块　11—制动器

一接触就使飞轮获得不同方向的旋转，螺杆1也就随飞轮做不同方向旋转，从而使滑块7随螺杆产生上下运动。在这类压力机上模锻，主要是由飞轮、螺杆和滑块向下运动时所积蓄的能量来实现。

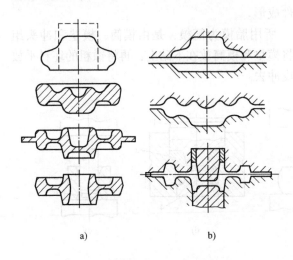

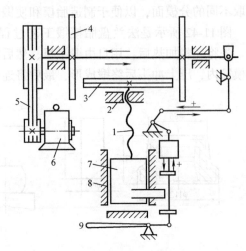

图 11-44　曲柄压力机上模锻齿轮工步
a）坯料　b）模膛

图 11-45　摩擦压力机传动示意图
1—螺杆　2—螺母　3—飞轮　4—摩擦轮　5—传动带
6—电动机　7—滑块　8—导轨　9—操作杆

　　摩擦压力机模锻速度低，锻击频率低，金属变形过程中的再结晶可以充分进行。特别适宜锻造低塑性的合金钢及部分有色金属，另外，摩擦压力机工作时振动小，噪声低，劳动条件改善，模具寿命长。同时，摩擦压力机造价低，用途广泛，可进行模锻、精锻、切边，冷挤压等。但摩擦压力机承受偏心载荷的能力低，通常只采用单膛模锻。

　　摩擦压力机模锻适用于小型锻件，尤其是带头的杆类小锻件的批量生产。图 11-46 所示是典型模锻件。

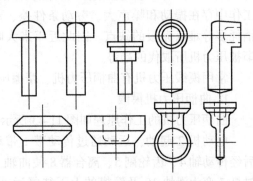

图 11-46　摩擦压力机上模锻的锻件

　　3. 平锻机上模锻

　　平锻机工作原理与曲柄压力机相同，只因滑块是沿水平方向运动，故称平锻机，如图 11-47 所示。

　　平锻机除具有曲柄压力机上模锻的一般特点外，还具有如下特点：

　　1）坯料都是棒料或管材，并且只进行一端加热和局部变形加工，可以制造立式锻压设备上不能锻造的某些长杆类锻件。

　　2）锻模分为凸模、固定凹模和活动凹模三部分，且有二个分模面，因而可以锻制侧面带有凸台或凹槽的锻件。

　　3）锻件外壁不需要斜度，带孔件不留冲孔连皮，飞边也很小，甚至没有飞边，因此材料利用率高，锻件质量好。

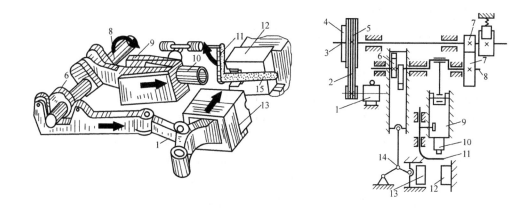

图 11-47 平锻机传动图

1—电动机 2—V 带 3—传动轴 4—离合器 5—带轮 6—凸轮 7—齿轮 8—曲轴 9—主滑块
10—凸块 11—挡料板 12—固定凹模 13—副滑块和活动凹模 14—杠杆 15—坯料

平锻机上模锻是一种高效率、容易实现机械化的锻造方法，但它是模锻设备中结构复杂的一种，造价高，投资大，对非回转体锻件较难锻造，仅适用于大批量生产的条件。

第五节 板 料 冲 压

利用装在压力机上的冲模对板料加压，使其产生分离或变形，以获得零件的加工方法称为板料冲压。板料冲压一般是在常温下进行的，故又称冷冲压，简称冲压。如板料厚度超过 8 ~ 10mm 时，才用热冲压。

板料冲压具有如下特点：

1) 金属板料经冷塑性变形强化作用并获得一定形状、具有结构轻巧、强度和刚度较高的优点。

2) 冲压件尺寸精度高，表面粗糙度值小，互换性好。

3) 可以冲出形状复杂的零件，废料较少，材料利用率高。

4) 冲压操作简单，工艺过程便于实现自动化、机械化，生产率高；但冲模制造复杂，要求高。因此，这种工艺方法用于大批量生产时才能使冲压产品成本降低。

板料冲压在工业生产中有着广泛的应用，特别是在汽车、拖拉机、航空、电器、仪表等工业中占有极其重要的位置。

板料必须具有足够的塑性，常用材料有低碳钢、高塑性合金钢、铜合金、铝合金、镁合金等。

冲压设备主要有剪床和冲床两类。剪床是把板料切成一定宽度的条料，以供下一步冲压加工。除剪切工作外，冲压工作主要在冲床上进行。冲床传动系统如图 11-48 所示。

冲床的传动一般采用曲轴连杆机构，将电动机旋转运动转变为滑块的往复运动，从而实现冲压工作。

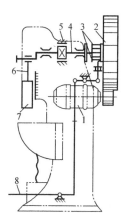

图 11-48 冲床传动系统示意图

1—电动机 2—大齿轮（飞轮） 3—离合器 4—曲轴 5—制动器 6—连杆 7—滑块 8—操纵杆

一、板料冲压的基本工序

板料冲压工序可以分为分离工序和变形工序两大类。

1. 分离工序

分离工序是将坯料的一部分和另一部分分开的工序，如落料、冲孔、修整、剪切等。

（1）落料和冲孔　落料和冲孔都是将板料沿封闭轮廓分离的工序，一般统称为冲裁。这两个工序的模具结构和坯料变形过程都是一样的，只是用途不同。落料是被分离部分为成品或坯料，周边部位为废料；冲孔则是被分离部分为废料，而周边部分是带孔的成品。

图 11-49 为落料与冲孔过程示意图。凸模与凹模都有锋利的刃口，当凸模向下运动压住板料时，板料受到挤压，产生弹性变形并进而产生塑性变形。由于加工硬化以及冲模刃口对金属板料产生应力集中作用，当上下刃口附近材料内的应力超过一定限度后，即开裂产生裂纹，随着凸模继续下压，上下裂纹逐渐产生，随着凸模继续下压，上下裂纹逐渐向板料内部扩展直至汇合，板料即被切离。

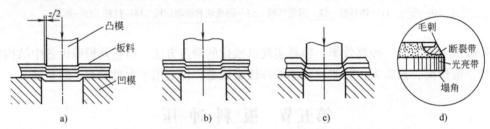

图 11-49　落料和冲孔时金属板料的分离过程示意图

a）弹性变形　b）塑性变形　c）分离　d）落下部分的放大图

凸模与凹模之间要有合适的间隙 z，这样才能保证上、下裂纹相互重合，获得表面光滑略带斜度的断口。若间隙过大或过小，则会严重影响冲裁质量，甚至损坏冲模。在实际生产中，对于软钢及铝、铜合金，可选 $z = (6\% \sim 8\%)s$（s—板料厚度）；对于硬钢可选 $z = (8\% \sim 12\%)s$。冲裁时，裂纹与模具轴线成一定角度，因此冲裁后，冲下件的直径（或长度，宽度）和余料的相应尺寸是不同的，二者相差模具单边间隙的两倍，设计模具时要加以注意。

设计落料模时，应先按落料件确定凹模刃口尺寸，取凹模作设计基准件，然后根据间隙确定凸模尺寸（即用缩小凸模刃口的尺寸来保证间隙值）。

设计冲孔模时，先按冲孔件确定凸模刃口尺寸，取凸模作设计基准件，然后根据间隙 z 确定凹模尺寸（即用扩大凹模刃口尺寸来保证间隙值）。

冲模在工作过程中会有磨损。落料件尺寸会随凹模的磨损而增大。为了保证零件的尺寸要求，并提高模具的使用寿命，落料时取凹模刃口尺寸靠近落料件公差范围的下限；而冲孔时，选取凸模刃口的尺寸靠近孔的公差范围的上限。

（2）修整　使落料或冲孔后的成品获得精确的轮廓的工序称为修整。利用修整模沿冲压件外缘或内孔刮削一层薄薄的切屑或切掉冲孔或落料时在冲压件截面上存留的剪裂带和毛刺，从而提高冲压件的精度和降低表面粗糙度值，如图 11-50 所示。

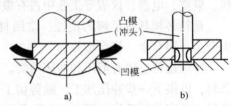

图 11-50　修整工序

a）外圆修整　b）内孔修整

（3）剪切　用剪刃或冲模将板料沿不封闭轮廓进行分离工序，称为剪切。

2. 变形工序

变形工序是坯料的一部分相对于另一部分产生塑性变形而不破坏的工序，如弯曲、拉深、翻边和成形。

（1）弯曲　弯曲是将坯料的一部分相对于另一部分弯曲成一定角度的工序。图 11-51 为弯曲过程示意图。

弯曲时材料内侧受压应力，而外侧受拉应力。当外侧拉应力超过坯料的抗拉强度时，就会造成弯裂。坯料愈厚、内弯曲半径愈小，应力愈大，愈易弯裂。一般弯曲最小弯曲半径 = $(0.25 \sim 1)s$（s 为板料厚度）。塑性好的材料弯曲半径可小些。

弯曲时应注意板料的流线方向，如图 11-52 所示。落料排样时，应避免坯料弯曲线与流线方向平行，否则弯曲时容易破裂。如果弯曲线无法避免与流线方向平行时，则该处的弯曲半径应较正常的增加一倍。

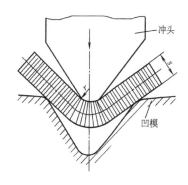

图 11-51　弯曲过程示意图

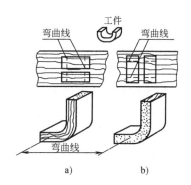

图 11-52　弯曲线与流线方向
a）合理　b）不合理

弯曲完毕后，凸模回程时，工件所弯的角度由于金属弹性变形的恢复而有增加，称为回弹角。如图 11-53 所示。一般回弹角为 $0° \sim 10°$。在设计弯曲模具时，必须使模具的角度比成品件角度小一些，以便在弯曲后得到准确的角度。

（2）拉深　拉深是将平板状坯料加工成开口的中空形状零件的变形工序，又称为拉延。

拉深过程如图 11-54 所示。把直径为 D 的平板坯料放入凹模 4 上，在凸模 2 的作用下，板料被拉入凸模和凹模的间隙中，形成中空零件。在拉深过程中，拉深件的底部一般不变形，只起到传递拉力的作用，厚度基本不变。零件直壁由坯料外径 D 减去内径 d 的环形部分形成。由于各部分受到的应力方向和大小有所变化，拉深件的

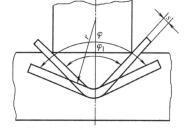

图 11-53　弯曲件的回弹

壁厚在不同的部位有微量的减薄或增厚，在侧壁的上部厚度增加最多，而在靠近底部的圆角部位，壁厚减少最多，此处为拉深过程最容易破裂的危险区域。

拉深模和冲裁模一样是由凸模和凹模组成。但拉深模的工作部分不是锋利的刃口，而是做成了一定的圆角。对于钢的拉深件，一般取凹模的圆角半径 $r_d = 10s$（s 为板料厚度），而凸

模的圆角半径 $r_p = (0.6 \sim 1)r_d$。如果这两个圆角半径过小，则拉深件在拉深过程中容易拉裂。

拉深模的凸凹模间隙远比冲裁模的大，一般取 $z = (1.1 \sim 1.2)s$（s 为板料厚度）。间隙过小，模具与拉深件间的摩擦力增大，容易拉裂工件，擦伤工件表面，降低模具寿命；间隙过大，又容易使拉深件起皱，影响拉深的深度。

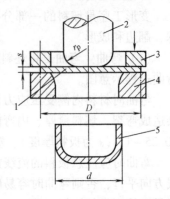

图 11-54　拉深过程示意图
1—坯料　2—凸模　3—压边圈
4—凹模　5—工件

拉深过程中的变形程度一般用拉深系数 m 来表示。拉深系数是拉深件直径 d 与坯料直径 D 的比值，即 $m = d/D$。拉深系数愈小，表明拉深直径愈小，变形程度愈大，坯料被拉入凹模愈困难，容易把拉深件拉穿。一般情况下，拉深系数 m 在 $0.5 \sim 0.8$ 范围内。如果拉深系数过小，不能一次拉深成形时，则可采用多次拉深工艺。拉深系数应一次比一次略大，同时，为了消除拉深变形中产生加工硬化现象，中间应穿插退火处理。

（3）翻边　翻边是带孔坯料周围获得凸缘的工序，如图 11-55 所示。

图中 d_0 为坯料上孔的直径，s 为坯料厚度，d 为凸缘平均直径，h 为凸缘的高度。

（4）成形　是利用局部变形使坯料或半成品改变形状的工序。图 11-56 为鼓肚容器成形简图，用橡皮芯来增大半成品的中间部分，在凸模轴向压力作用下，对半成品壁产生均匀的侧压力而成形。凹模是可以分开的。

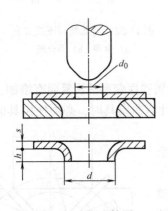

图 11-55　翻边简图

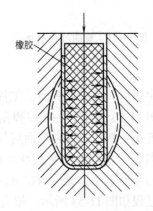

图 11-56　鼓肚容器成形

二、板料冲压件的结构工艺性

设计的冲压件结构在冲压过程中加工难易程度，称为冲压件的结构工艺性。结构工艺性良好的冲压件能使板料消耗少、模具成本低且使用寿命长，冲压质量高及提高生产率。为此，设计冲压件必须注意以下几点。

1. 对落料件与冲孔件的要求

1）落料件的外形和冲孔的孔形应力求简单、对称，排样时能将废料降低至最低程度。图 11-57 所示的零件，图 b 较图 a 紧凑。

2）圆孔的直径不得小于板厚 s，方孔的每边长不得小于 $0.9s$，孔与孔之间及孔到工件边缘的距离不得小于 s，工件边缘凸出或凹进的尺寸不得小于 $1.5s$，如图 11-58 所示。

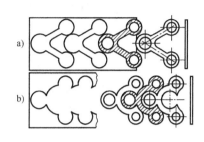

图 11-57　零件形状与节约材料关系

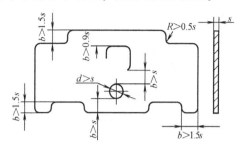

图 11-58　冲裁件尺寸与厚度的关系

3）冲孔件或落料件上直线间的交接处，曲线与直线的交接处均采用圆弧连接，以避免尖角处应力集中而被冲模冲裂。

2. 对弯曲件的要求

1）弯曲边不宜过短，否则难以弯曲成形。一般弯曲边长 $H > 2s$，如图 11-59a 所示。如果要求具有很短的弯曲边，可先留出适当余量，以增大弯曲件，成形后再切去多余的边长。

2）弯曲带孔的弯曲件时，为避免孔的变形，孔的位置应如图 11-59b 所示，$L > (1.5 \sim 2)s$。

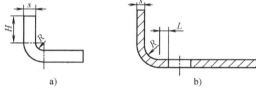

图 11-59　弯曲件结构工艺性

a）弯曲边高　b）带孔的弯曲件

3）在弯曲半径较小的弯边交接处，容易产生应力集中而破裂。可事先钻出止裂孔（工艺孔），能有效地防止裂纹的产生，如图 11-60 所示。

3. 对拉深件的要求

1）拉深件外形应简单、对称、易于成形，不宜太深，以便减少拉深次数。

2）拉深件凸缘直径的大小要适当，如图 11-61 所示。凸缘过大的拉深困难，过小压板发挥不了作用，凸缘会形成折皱，合理凸缘直径为

$$d + 12s \leq D \leq d + 25s$$

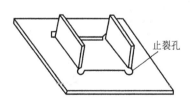

图 11-60　弯曲件上的止裂孔

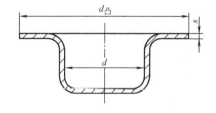

图 11-61　拉深件凸缘尺寸

4. 改进结构、简化工艺和节省材料

1）采用冲-焊结构，如图 11-62 所示结构。若采用铸、锻或切削加工，将要化费大量材料和加工工时；若先分别冲制出简单件，然后再焊接成整体，工艺将变得十分简单。这种结

构称为冲-焊结构。

2）采用冲口工艺，减少组合零件。如图 11-63a 为由三件铆接或焊接而成，采用冲口
（冲孔、弯曲）工艺后，制出整体零件，如图 11-63b 所示，这样，既省材料，又简化工艺。

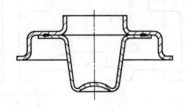

图 11-62　冲-焊结构

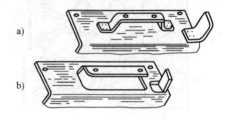

图 11-63　冲口工艺应用
a）铆接结构　b）冲压结构

三、冲模的分类和构造

冲模按完成的工序，可分为简单模、连续模和复合模。

1. 简单模

在压力机的一次冲程中只完成一个工序的模具，称为简单模。图 11-64 所示为一落料用
的简单模，凸模 10 用压板 8 固定在上模板 2 上，上模板则通过模柄 1 与压力机的滑块连接，
因此，凸模可随滑块作上、下运动。凹模 7 用压板 6 固定在下模板 5 上，下模板用螺栓固定
在压力机工作台上。为了使凸模向下运动时能对准凹模孔，以便凸模与凹模之间保持均匀间
隙，通常用导柱 4 和导套 3 的结构。条料在凹模上沿两个导料板 9 之间送进，碰到定位销为
止。当凸模向下压时，冲下的零件进入凹模孔，条料则夹在凸模上，而在与凸模一起回程
时，碰到卸料板 12 而被推下，这样条料可继续在导板间送进，进行冲压。

2. 连续模

在压力机的第一次行程中，在模具的不同部位上同时完成数道冲压工序的模具，称为连
续模。图 11-65 所示为一冲压垫圈的连续模。

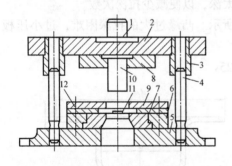

图 11-64　简单冲模
1—模柄　2—上模板　3—导套　4—导柱　5—下
模板　6—压板　7—凹模　8—压板　9—导料板
10—凸模　11—定位销　12—卸料板

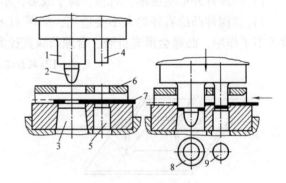

图 11-65　板料翻边
1—落料凸模　2—定位销　3—落料凹模　4—冲孔凸模
5—冲孔凹模　6—卸料板　7—坯料　8—成品　9—废料

工作时，定位销 2 对准预先冲好的定位孔，上模继续下降时凸模 1 进行落料，凸模 4 进
行冲孔。当上模回程时，卸料板 6 从凸模上推下残料。这时，再将坯料 7 向前送进，如此循

环进行，每次送进距离由挡料销控制（图中未画出）。

3. 复合模

利用压力机的一次行程，在模具的同一位置同时完成二道以上冲压工序的模具，称为复合模。

图11-66所示为一落料及拉深工序的复合模。当压力机滑块带着上模下降时，首先凸模1进行落料，然后由下面的拉深凸模7将条料4顶入拉深凹模3中进行拉深。顶出器8和卸料板5在滑块回程时将成品11推出模具。

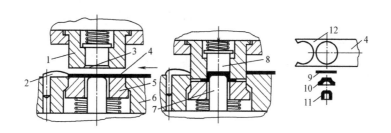

图11-66　落料及拉深复合模

1—落料凸模　2—挡料销　3—拉深凹模　4—条料　5—压板(卸料板)　6—落料凹模
7—拉深凸模　8—顶出器　9—坯料　10、11—开始拉深件　12—切余材料

第六节　其他压力加工工艺

随着工业的发展，对锻压加工提出越来越高的要求，出现了许多先进的锻压工艺。其主要特点是能使锻压件形状接近零件形状，以便达到少切削或无切削的目的，提高尺寸精度和表面质量，提高锻压件的力学性能，节省金属材料，降低生产成本，改善劳动条件，大大提高生产率，并能满足一些特殊工件的要求。

一、精密模锻

精密模锻是在普通模锻设备上，锻出形状复杂、精度高的锻件的模锻工艺。

普通模锻存在的主要问题是锻件表面氧化脱碳严重，锻件尺寸精度较低，表面粗糙度值较大，锻后切削加工余量较大，金属材料利用率较低。图11-67a所示为精锻汽车差速器行星齿轮，它的齿形可直接锻出，其尺寸精度可达IT15～IT12，表面粗糙度 R_a 值为3.2～0.8μm。

精密模锻工艺要点如下：

1）精确计算原始坯料尺寸，严格按坯料质量下料，否则会增大锻造公差，降低精度。

2）精细清理坯料表面，要进行酸洗，去除坯料表面氧化皮、脱碳层等。

3）采用无氧化或少氧化的保护气体加热，避免或减少坯料表面氧化脱碳。

4）选用刚度大、精度高的锻造设备，如曲柄压力机、摩擦压力机或精锻机等。

5）采用高精度的模具。一般模膛尺寸必须比锻件精度高三级，另外，模具必须具有导柱导套结构，保证合模时准确。为了排除模膛内气体，应在凹模上开设排气小孔。图11-67b所示为行星齿轮精锻模结构。

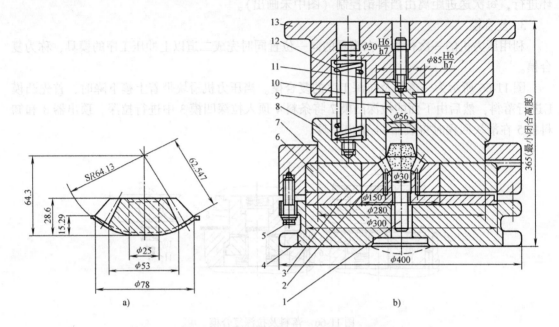

图 11-67　行星齿轮精密锻件及所用模具

a）汽车差速器行星齿轮锻件图　b）行星齿轮精锻模结构

1—顶杆　2—凹模　3—下模垫块　4—下模座　5—螺栓　6—应力圈　7—压紧套圈
8—导模　9—凸模　10—拉杆　11—内六角螺栓　12—压紧弹簧　13—上模座

二、挤压成形

挤压是将金属坯料放入挤压模模腔内，在强大压力作用下，坯料沿模具出口或缝隙挤出，使横截面积减少，长度增加，成为所需制品的方法。

根据挤压时金属流动方向与凸模运动方向的关系，挤压可分为如下四种：

（1）正挤压　坯料从模孔中被挤出部分的运动方向与凸模运动方向相同的挤压方式称为正挤压，如图 11-68 所示，常用于挤压各种形状的实心零件、管子和壶状零件。

（2）反挤压　坯料从模孔中被挤出部分的运动方向与凸模运动方向相反的挤压方式称为反挤压，如图 11-69 所示，一般用于生产杯状零件。

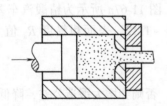

图 11-68　正挤压示意图

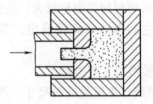

图 11-69　反挤压示意图

（3）复合挤压　同时兼有正挤、反挤时金属流动特征的挤压，称为复合挤压，如图 11-70 所示，常用于生产带突起部分的形状复杂的中空零件。

（4）径向挤压　挤压时金属流动方向和凸模运动方向垂直，如图 11-71 所示，一般常用于生产带凸缘的零件。

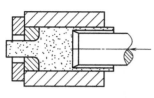

图 11-70　复合挤压示意图

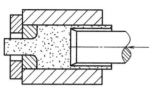

图 11-71　径向挤压示意图

按照挤压时金属坯料所处的温度，挤压又可分为热挤压、温挤压和冷挤压。

（1）热挤压　热挤压温度与热模锻温度相同，热挤压时，坯料变形抗力小，挤压较容易但产品表面较粗糙，适用于挤压尺寸较大的零件毛坯和强度高材料，如中碳钢、高碳钢、合金结构钢和耐热钢等。

（2）冷挤压　坯料在室温下进行挤压的方法称为冷挤压。冷挤压过程中金属压应力非常大，要求挤压模具的强度和耐磨性要高。冷挤压所用材料通常是塑性好的有色金属、低碳钢，且工件尺寸小。为了减少变形抗力，挤压前需对金属进行软化退火、磷化（碳钢）或氧化（铜、铝合金）处理。

（3）温挤压　将坯料加热到再结晶温度以下的某个合适温度（100~800℃）进行挤压。相对于冷挤压而言，由于提高了挤压温度，降低了变形抗力，且避免磷化处理及中间退火，便于组织连续生产。温挤压件尺寸精度和表面粗糙度接近于冷挤压件。主要用于挤压强度高的中碳钢、合金结构钢等。

三、轧制成形

轧制成形除用来生产型材、板材和管材等原材料外，现已广泛用来轧制多种零件。轧制的零件具有生产率高、质量好、节省材料和能源消耗少以及成本低的优点。

根据轧辊轴线和坯料轴线方向不同，轧制分为纵轧、横轧和斜轧三类。

1. 纵轧

纵轧是指轧辊轴线和坯料的轴线互相垂直的轧锻方法，如图 11-72 所示。这种成形方法是利用坯料通过一对旋转着带有圆弧模块轧辊的间隙变形的，也称辊锻。它可以为曲柄压力机模锻制坯，也可以轧制扁截面长杆件，头部不变而横截面沿长度方向递减的锻件，如板手、连杆、履带、链轨节、刺刀、炮弹尾翼等。

2. 横轧

横轧是轧辊轴线和轧件轴线平行、且轧辊与轧件作相对转动的轧锻方法。图 11-73 所示是热轧齿轮的示意图。轧制前，用高频感应将坯料加热到 950~1050℃，然后将带齿的轧辊与圆坯料对辗并同时作径向进给。在对辗过程中，坯料外层的一部分金属被压凹形成齿槽，另一部金属被轧辊反挤上升形成齿顶。直齿轮、斜齿轮均可用热轧工艺制造。

3. 斜轧

轧辊相互倾斜配置，以相同方向旋转，轧件在轧辊的作用下反向旋转，同时还作轴向运动，即螺旋运动，这种轧制称为斜轧。如图 11-74 所示为螺旋斜轧。

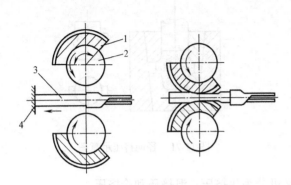

图 11-72　辊锻成形过程
1—扇形模块　2—轧辊　3—坯料　4—挡板

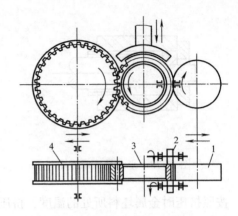

图 11-73　热轧齿轮示意图
1—带齿的轧辊　2—坯料　3—齿轮　4—高频感应器

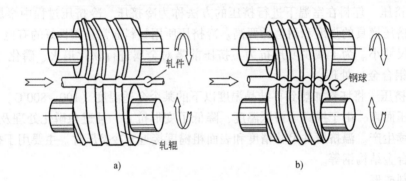

a)　　　　　　　　　　　　　　b)

图 11-74　螺旋斜轧
a) 轧制周期截面杆件　b) 轧制钢球

　　斜轧的一对轧辊上有逐渐加深的螺旋形槽，且相互交叉成一定角度。斜轧时，一对轧辊作同向旋转，坯料在轧辊间绕自身轴线作螺旋前进，在前进过程中被轧制成形，并分离钢球。轧辊每转一周，即可轧制出一个钢球，轧制过程是连续的。

　　斜轧还可以冷轧优质丝杠、高速钢滚刀等工件。

　　各种压力加工方法综合比较见表 11-10。

表 11-10　各种压力加工方法比较表

加工方法	使用设备	适用范围	生产率	锻件精度	模具特点	模具寿命	机械化与自动化	劳动条件	振动和噪声
自由锻造	空气锤 蒸气-空气锤 水压机	小型锻件,单件小批生产 中型锻件,单件小批生产 大型锻件,单件小批生产	低	低	无模具		难	差	大
胎模锻	空气锤 蒸气-空气锤	中小型锻件,中小批量生产	较高	中	模具简单,不固定在设备上	较低	较易	差	大

（续）

加工方法		使用设备	适用范围	生产率	锻件精度	模具特点	模具寿命	机械化与自动化	劳动条件	振动和噪声
模锻	锤上模锻	蒸气-空气锤 无砧座锤	中小型锻件,大批量生产适合锻造各种类型模锻件	高	中	锻模固定在锤头和砧座上,模膛复杂,造价高	中	较难	差	大
	曲柄压力机上模锻	曲柄压力机	中小型锻件,大批量生产,不易进行拔长和滚压工序	很高	高	组合模,有导柱导套和顶出装置	较高	易	好	较小
	平锻机上模锻	平锻机	中小型锻件,大批量生产,适合锻造带法兰的轴和带孔的模锻件	高	较高	三块模组成,有两个分模面,可锻出侧面带凹槽的锻件	较高	较易	较好	较小
	摩擦压力机上模锻	摩擦压力机	小型锻件,中批量生产,可进行精密模锻	较高	较高	一般为单腔模锻	中	较易	好	较小
挤压	热挤压	液压挤压机 机械压力机	适合各种等截面型材、零件的大批量生产	高	较高	由于变形抗力大,所以要求凸、凹模要有很高的强度、硬度和低的表面粗糙度值	较高	较易	好	无
	冷挤压	机械压力机	适合钢和有色金属及合金的小型锻件的大批量生产	高	高		较高	较易	好	无
轧制	纵轧	辊锻机	适合扁截面长杆件、横截面沿长度方向递减的零件的大批量生产;也可为曲柄压力机模锻制坯	高	高	在轧辊上固定有两个半圆弧形的模具	高	易	好	无
	横轧	扩孔机	适合大小环类件的大批量生产	高	高	坯料在具有一定形状的驱动辊和芯辊间变形	高	易	好	无
		齿轮轧机	适合模数较小的齿轮的大批量生产	高	高	模具为一模数和零件相同的带齿形轧轮	高	易	好	无
	斜轧	斜轧机	适合钢球、丝杆等零件的大批量生产。也可以为曲柄压力机模锻制坯	高	高	模具为两个带有螺旋型槽的轧辊	高	易	好	无
冲压	板料冲压	冲床	各类板类件大批量生产	高	高	组合模,较复杂,有导柱、导套装置,产品质量取决于模具精度和间隙大小	高	易	好	无

四、压力加工新工艺

1. 超塑性成形

超塑性是指金属或合金在特定条件下进行拉伸试验,其断后伸长率超过100%以上的特性,如纯钛可超过300%。特定的条件是指一定变形温度（约为 $0.5T_{熔}$）、一定的晶粒度（晶粒平均直径为 $0.2 \sim 0.5\mu m$）、应变系数 ε 在 $10^{-4} \sim 10^{-2} s^{-1}$ 的区间内。

目前，常用的超塑性成形材料主要是锌铝合金、铝基合金、钛合金及高温合金。超塑性成形工艺主要用于模锻、拉深和气压成形等。

超塑性模锻的工艺过程是：首先将合金在接近正常再结晶温度下进行热变形（挤压、轧制、锻造），以获得超细的晶粒组织，然后在预热的模具中模锻成形，最后对锻件进行热处理；以恢复合金的强度。超塑性模锻时须保持恒温度，故又称等温模锻。

将超塑性材料在特殊装置中一次完成拉深，零件质量好，性能无方向性。

将超塑性金属板料置于模具中，并与模具一起加热到规定的温度，当向模具内吹入压缩空气或抽出模具内的空气时，板料将贴紧凹模或凸模，从而获得所需形状的零件。

2. 粉末锻造

粉末锻造通常是指粉末烧结的预成形坯经加热后，在闭式模中锻造成零件的成形工艺方法。它是粉末冶金成形与精密锻造相结合的一种金属加工方法。将各种原料先制成很细的粉末，按一定比例配制成钢所需的化学成分，经混料后，用锻模压制成形，并放在有保护气体的加热炉内，在 1100 ~ 1300℃ 的高温下进行烧结，然后冷却到 900 ~ 1600℃ 时出炉，并进行封闭模锻，从而得到尺寸精度高、表面质量好、内部组织致密的锻件。其工艺路线流程如图 11-75 所示。

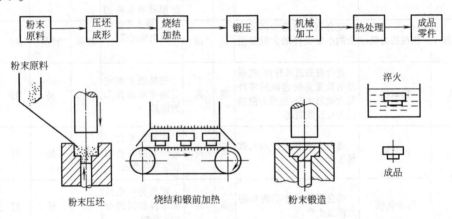

图 11-75　粉末锻造的工艺流程

粉末锻造的特点：材料利用率高，可达到 90% 以上；锻件精度高，表面粗糙度值低，材料均匀，无各向异性，耐磨性好，可实现少或无切削加工锻造；可锻造形状复杂的锻件，特别适于锻造热塑性不良的锻件；工艺流程简单，易实现自动化生产；只需一次成形，模具结构紧凑，寿命长。

粉末锻造在许多领域中得到应用，特别是汽车制造业应用更为突出，如发动机连杆、齿轮、气缸衬套、变速器中的离合器、各种齿轮；底盘中的扇形齿轮、万向轴、伞齿轮等。

3. 高速高能成形

高速高能成形是利用高能率的冲击波，通过介质使金属板料产生塑性变形而获得所需形状的加工方法。高速高能成形的特点是在极短时间内将化学能、热能、电磁能作用于金属坯料上，使其高速成形。按能源不同，高速高能成形可分爆炸成形，电液成形、电磁成形等，如图 11-76 所示。

（1）爆炸成形　爆炸成形是利用炸药爆炸的化学能使金属材料变形的方法。在模腔内置入炸药，其爆炸时产生大量高温高压气体，使周围介质（水、砂子等）的压力急剧上升，并在其中呈辐射传递，使坯料成形，如图 11-76a 所示。该方法设备简单，易于操作，工件尺寸一般不受设备能力限制，形状可较复杂。但生产率低，适用于多品种小批量生产的大型制件。

（2）电液成形　电液成形是利用液体介质中高压放电时产生的高能冲击波，使坯料产生塑性变形的方法，如图 11-76b 所示。该方法生产率较高，易于实现机械化，但设备复杂，制件尺寸受设备功率限制，适用于形状一般复杂的小型制件的较大批量生产。

（3）电磁成形　电磁成形是利用电磁力来加压成形的。成形线圈中的脉冲电流可在极短的时间内迅速增长和衰减，并在周围空间形成一个强大的变化磁场，坯料置于成形线圈内部，在此变化磁场作用下，坯料内产生感应电流，坯料内感应电流形成磁场和成形线圈磁场相互作用的结果，使坯料在电磁力的作用下，产生塑性变形，如图 11-76c 所示。用这种方法成形所用的材料应具有良好的导电性能，如铜、铝合金和钢。电磁成形不需要水和油之类介质，工具几乎也不消耗，装置清洁，生产率高，产品质量稳定，但由于设备容量限制，只适用加工厚度不大的小零件、板材或管材。

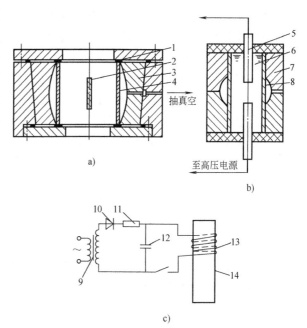

图 11-76　高速高能成形示意图

a）爆炸成形　b）电液成形　c）电磁成形

1—密封圈　2—炸药　3、7—凹模　4、8、14—坯料
5—电极　6—水　9—变压器　10—整流元件
11—限流线圈　12—电容器　13—线圈

第七节　锻件质量与成本

一、锻件质量

1. 锻件质量检查项目

（1）几何形状与尺寸　一般锻件外形尺寸用钢尺、卡钳、样板等量具进行检测；形状复杂的模锻件可用划线方法进行精确检测。

（2）表面质量　锻件表面上若有裂纹、压伤、折叠缺陷，一般用肉眼即可发现。有时裂纹很小，折叠处不知深浅时，可在清铲后再观察；必要时可用探伤法检查。

（3）内部组织　锻件内部是否有裂纹，夹杂、疏松等缺陷，可用肉眼或用 10～30 倍放大镜检查锻压断面上宏观组织。生产中常用的方法是酸蚀检验，即在锻件需要检查的部位切取试样，用酸液浸蚀即可清晰地显示断面上宏观组织的缺陷的情况，如锻造流线分布、裂纹和夹杂物等。

（4）金相检验　借助于金相显微镜观察锻件断口组织状态的检验方法，可以检查碳化物分布、晶粒度和脱碳深度等项目。

（5）力学性能　力学性能检验项目主要是硬度、抗拉强度和冲击韧度。有时根据零件设计要求，还可作冷弯试验、疲劳试验等。

以上质量检查项目，有时根据设计要求和生产实际情况分别采用，有时要逐件检查，有时则按每批锻件抽检。通过质量检查，便可评定锻件是否合格。对于有缺陷的锻件，应分析产生原因，提出预防缺陷的措施。

2. 锻件缺陷的分析

（1）氧化　金属坯料在加热时与炉中氧化性气体反应生成氧化物的现象称为氧化。氧化皮的产生，不但造成金属的烧损，而且降低锻件表面质量和尺寸精度。当氧化皮压入锻件内深度超过机械加工余量时，能导致锻件报废。

（2）脱碳　加热时金属坯料表层的碳与氧等介质发生化学反应造成表层碳元素降低的现象称为脱碳。脱碳会使表层硬度下降，耐磨性降低。如脱碳层厚度小于机械加工余量，不会对锻件造成危害；反之则影响锻件质量。采用快速加热、在坯料表层涂保护涂料、在中性介质或还原性介性中加热都能减缓脱碳。

（3）过热　金属坯料由加热温度过高或高温下保温时间太长引起晶粒粗大的现象称为过热。过热会使坯料塑性下降，锻件的力学性能降低。为此，要严格控制加热温度，尽可能缩短高温阶段的保温时间来预防过热的产生。

（4）过烧　金属坯料加热温度超过始锻温度过多，使晶粒边界出现氧化及熔化的现象称为过烧。过烧后，材料的强度严重下降，塑性很差，一经锻打即破碎变成废料，是无法挽救的。因此，要严格执行正确的操作规范。

（5）裂纹　大型锻件加热时，如果装炉温度过高或加热速度过快，则锻件心部与表层温差过大，造成内应力过大，导致产生裂纹。因此，对大型锻件加热时，要防止装炉温度过高和加热速度过快，一般应采用防热措施。

二、锻件成本

1. 影响锻件成本的主要因素

锻件单件成本的常用计算方法是按标准定额资料进行的。以某生产厂的柴油机的连杆、连杆盖为例，其单件成本如表 11-11 所列。

表 11-11　连杆及连杆盖成本计算表

项　　目	单价/元	占成本比例(%)
主要材料费	2.11	43.9
燃料动力费	0.44	9.1
生产工人工资	0.08	1.7
模具费	1.50	31.2
车间企业费	0.33	6.8
工厂企业费	0.38	7.3
合　　计	4.84	100

连杆、连杆盖下料重量、锻件重量、零件重量如表 11-12 所列。

表 11-12　连杆及连杆盖的材料质量　　　　　　　　（kg）

名称 ＼ 分类	下料重量	锻件重量	零件重量
连杆	2.55	1.70	1.15
连杆盖	0.94	0.65	0.48
合计	3.49	2.35	1.63

$$锻件材料利用率 = \frac{2.35}{3.49} = 67\%$$

$$零件材料利用率 = \frac{1.63}{2.35} = 70\%$$

$$总材料利用率 = \frac{1.63}{3.49} = 47\%$$

从以上统计数据可知，当采用模锻时，其材料费和模具费共占模锻件总成本的75.1%；当采用自由锻时，则材料费占自由锻件总成本的85%～90%。

2. 降低锻件成本的途径

（1）提高材料的利用率　材料利用率由锻件材料利用率和零件材料利用率组成，前者反映了锻造过程中下料损失、废料（冲孔芯料、飞边等）损失、烧损和废品的损失，后者反映了锻造余块、加工余量的损失。材料利用率低，不但浪费了金属材料，还要消耗大量切削加工工时。可见，锻件精密化是降低锻件成本的主要途径。

（2）合理选用锻造方法　锻件成本中，除去材料费、工人工资外，模具费、管理费等均与锻件数量有关。当生产批量不大时，采用昂贵的专用设备、模具，必然导致生产成本提高；当生产批量很大时，若仍用简单自由锻设备，必然导致材料利用率和劳动生产率的降低，同样会引起生产成本的提高。

工艺的先进与落后，应视具体生产条件，特别是生产批量而言，最终还是应从经济效果来评价工艺方案的优劣。例如，对中小批生产来说，胎模锻造是一种比较合理的锻造方法；只有生产批量相当大时，采用模锻才是比较合理的。而当锻件需要量只有几件、十几件时，自由锻应当是优先选用的锻造方法。

思考题与练习题

1. 何谓金属的冷塑性变形强化？它在哪些方面是有利的，在哪些方面是不利的？
2. 造成金属的冷塑性变形强化的原因是什么？怎样消除？
3. 什么是回复、再结晶？加热时冷塑性变形金属的组织、内应力和性能会发生哪些变化？
4. 铜的熔点为1083℃、铝的熔点为660℃、铅的熔点为327℃，试分别计算其再结晶温度。
5. 低碳钢板冲压前硬度为100HBW，而冲压后零件硬度不均匀，有的部位为100HBW，有的部位为150HBW，试说明其原因。
6. 锻造流线是如何形成的？如何正确利用锻造流线？
7. 锻件和铸件在形状和内部组织上有什么差异？它们各适用什么场合？
8. 钢的锻造温度范围是如何确定的？始锻温度和终锻温度过高或过低各有何缺点？
9. 为什么锻件需采取不同冷却方式？

240

10. 自由锻的工艺规程有哪些内容？如何编制自由锻工艺规程？

11. 如图 11-77 所示为减速器低速轴的零件，采用自由锻制坯，试画出其锻件图，并确定坯料的尺寸。

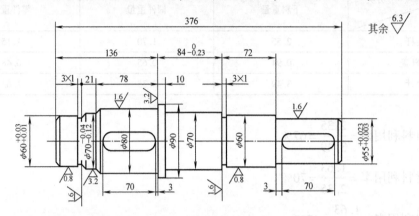

图 11-77　题 11 图

12. 模锻生产的特点及应用范围如何？

13. 如图 11-78 所示为三种不同形状的连杆，试选择锤上模锻的分模面位置，哪一种所需的锻模结构较复杂？

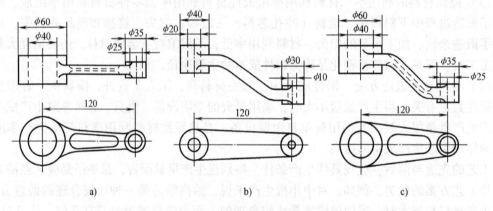

图 11-78　题 13 图

14. 图 11-79 所示的模锻零件结构有否不合理之处？如有请加以改正。

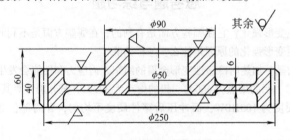

图 11-79　题 14 图

15. 试述胎模锻的特点和应用范围。

16. 为什么胎模锻可以锻造出形状较为复杂的模锻件？

17. 如图 11-80 所示的零件，若批量分别为单件、小批、大量生产时，可选择哪些锻造方法？哪种加工方法最好？

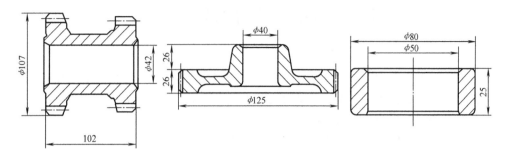

图 11-80　题 17 图

18. 如图 11-81 所示为一汽车半轴零件，其毛坯可由哪几种方法获得？

19. 如图 11-82 所示的冲压件应采用哪些基本工序？若零件高度由 7mm 改为 15mm 时，将采用什么样的冲压工序？

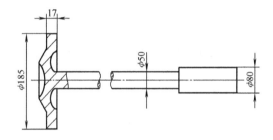

图 11-81　题 18 图

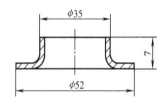

图 11-82　题 19 图

20. 如图 11-83 所示的 08F 钢圆筒件，壁厚为 2mm，试问能否一次拉深成形？

21. 选择模锻件和胎模（合模）锻件分模面与选择砂型铸造的分型面有什么相同点和不同点？

22. 下列零件（毛坯）中哪些应采用铸造方法？哪些应采用压力加工方法生产？为什么？

（1）M8mm×20mm 螺钉。

（2）手表的表壳。

（3）内燃机的气缸体。

（4）电动机外壳。

（5）直径为 250mm 的非传力齿轮。

（6）内径为 120mm，壁厚为 8mm，长度为 1500mm 的下水道管子。

（7）锻工用铁砧。

（8）尺寸为 8mm×45mm×700mm 的汽车用板弹簧。

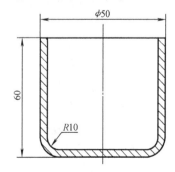

图 11-83　题 20 图

第十二章　焊接成形工艺

焊接是现代工业生产中广泛应用于连接金属的工艺方法。如汽车车身、压力容器与锅炉、船舶的船体、建筑构架、车厢及家用电器等工业产品都离不开焊接方法。焊接质量的好坏，将在不同程度上影响产品的质量。

焊接是指通过加热或加压或两者并用的方法使分离的金属焊件通过原子间扩散与结合而形成永久性连接的加工方法。

焊接方法很多，各有其特点及应用范围，但按工艺特点不同，可以分为熔焊、压焊和钎焊三大类。

熔焊是利用局部加热方法，将焊件的连接部分加热熔化并熔合在一起，待冷却凝固后形成焊缝而将焊件连接起来。

压焊是将两焊件连接部分加热到塑性状态而使表面紧密接触，同时施加压力，使之彼此连接起来。

钎焊是利用熔点比母材低的填充金属熔化后，填充接头间隙并与固态母材相互扩散，实现连接焊件的方法。

第一节　电　弧　焊

电弧焊是利用电弧作热源的熔焊方法，包括焊条电弧焊、埋弧焊、气体保护焊等。

一、焊接电弧

焊接电弧是由焊接电源供给的，具有一定电压的两电极间或电极与焊件间，在气体介质中产生强烈而持久的放电现象。

1. 电弧的产生

当焊条的一端与焊件接触时，将造成短路而产生高温，使相接触的金属很快熔化并产生金属蒸气。当焊条迅速提起 $2 \sim 4mm$ 时，在电场力的作用下阴极表面将产生电子发射，与阳极高速运动的电子与气体分子、金属蒸气中原子相碰撞，将造成介质和金属的电离。因为电离产生的电子奔向阳极，正离子则奔向阴极，这些带电质点在运动途中及到达电极表面时，将不断发生碰撞与复合。碰撞与复合将产生强烈的光和大量的热，其宏观表现是强烈而持久的放电现象，即电弧。

2. 电弧的构造及热量分布

焊接电弧由阴极区、阳极区、弧柱区三部分组成，如图 12-1 所示。

（1）阴极区　阴极区的热量主要是正离子碰撞阴极时，由正离子的动能和它与阴极区电子复合时释放的位能转化而来，占电弧总热量的 36%。用低碳钢焊条焊接钢材时，阴极区的温度约为 2400K，用于加热工件或焊条。

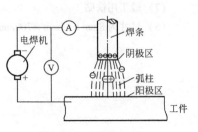

图 12-1　电弧的构造

（2）阳极区 阳极区的热量主要是电子撞入阳极时，由电子的动能和逸出功转化而来的，由于阳极区不发射电子，因此阳极区产生热量较多，占电弧总热量的43%。用低碳钢焊条焊接钢材时，阳极区的温度约2600K，用于加热工件或焊条。

（3）弧柱区 弧柱区的热量主要由正离子与负离子复合时释放出的电离能转化而来，占总热量的21%，但弧柱中心散热差，温度比两极高达6000～8000K。

3. 电弧极性及其选用

阴极区和阳极区的温度与热量不同，当采用直流电源时，有下列两种极性接法。

正接——焊条接阴极，工件接阳极（图12-2a），此时工件受热多，宜焊厚板大工件。

反接——焊条接阳极，工件接阴极（图12-2b），此时工件受热少，宜焊薄板小工件。

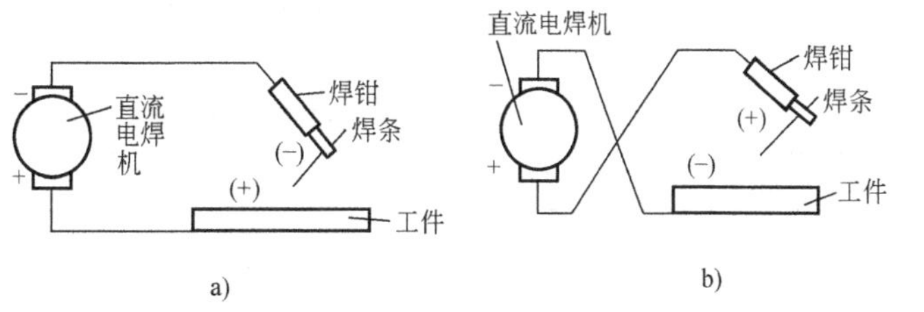

图 12-2　直流弧焊时两种极性接法
a）正接　b）反接

二、电弧焊的冶金特点

在焊接冶金过程中，焊接熔池可以看成是一座微型的冶金炉，进行着一系列的冶金反应。但焊接冶金过程与一般冶炼过程不同，一是冶炼温度高，容易造成合金元素的蒸发与烧损；二是冶金过程短，焊接熔池从形成到凝固的时间只有10s左右，难以达到平衡状态；三是冶炼条件差，有害气体难免侵入熔池，形成脆性的氧化物、氮化物和气孔，使焊缝金属的塑性、韧性显著下降。因此，焊前必须对焊件进行清理，在焊接过程中必须对熔池金属进行机械保护和冶金处理。机械保护是指利用熔渣、保护气体（如二氧化碳、氩气）等把熔池和空气隔开；冶金处理是向熔池中添加合金元素，以改善焊缝金属的化学成分和组织。

三、焊条电弧焊

焊条电弧焊是用手工操作焊条进行焊接的电弧焊方法，是目前生产中应用最广泛、最普遍的一种焊接方法。

1. 焊条电弧焊焊接过程

焊条电弧焊焊接过程如图12-3所示。电弧在焊条与工件间形成，电弧热使工件（母材）熔化成熔池，焊条金属芯熔化，借重力和电弧气体吹力的作用过渡到熔池中。电弧热还使焊条的药皮熔化。药皮熔化后与液体金属起物理与化学作用，所形成的熔渣不断地从熔池中浮出，覆盖在熔池金属上；另外，药皮燃烧产生大量的保护气体围绕于电弧周围，熔渣和保护气体使熔池金属与周围介质隔绝。焊条不断地向前移动形成新的熔池，原来的熔池则不断地冷却凝固，形成连续的焊缝，覆盖在焊缝表面的

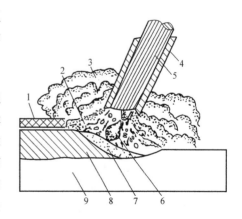

图 12-3　焊条电弧焊焊接过程
1—渣壳　2—液态熔渣　3—气体
4—焊条药皮　5—焊芯　6—金属熔渣
7—熔池　8—焊缝　9—焊件

熔渣也随着凝固成固态渣壳。渣壳导热性差，能减缓焊缝的冷却。

2. 焊条

(1) 焊条的组成与作用　焊条由焊芯和药皮两部分组成。

焊芯起导电和填充金属的作用。通过焊芯可调整焊缝金属的化学成分。焊芯采用焊接专用金属丝，表 12-1 是几种常用焊芯的牌号与成分。

从表中可以看出，焊芯中碳的质量分数低，有害杂质少，含有一定的合金元素。

常用焊条直径有：1.6mm、2mm、2.5mm、3.2mm、4mm、5mm 等，长度在 200 ~ 450mm 之间。

表 12-1　几种常用焊芯的牌号和成分（摘自 GB/T 1495—1999）

钢号	化学成分 w_i(%)							用　途
	C	Mn	Si	Cr	Ni	S	P	
H08	≤0.10	0.30 ~ 0.55	≤0.03	≤0.20	≤0.30	≤0.04	<0.04	一般焊接结构
H08A	≤0.10	0.30 ~ 0.55	≤0.03	≤0.20	≤0.30	≤0.03	<0.04	重要的焊接结构
H08MnA	≤0.10	0.80 ~ 1.10	≤0.07	≤0.20	≤0.30	≤0.03	<0.04	用作埋弧焊焊丝

药皮的主要作用一是改善焊接工艺性，药皮中的稳定剂具有易于引弧和稳定电弧燃烧作用，减少金属飞溅，便于保证焊接质量；二是起机械保护作用，药皮熔化后产生气体和熔渣，隔绝空气，保护熔滴和熔池金属；三是冶金处理作用，药皮里含有铁合金等，能去硫、脱氧、渗合金。药皮还可以去氢，特别是碱性焊条。焊条药皮由矿石、铁合金、有机物和化工产品等组成，并按其组成的成分和性质不同分为钛型、钛钙型、钛铁矿型、氧化铁型、纤维素型、低氢钠型、石墨型等。表 12-2 列出结构钢焊条药皮配方示例。

表 12-2　结构钢焊条药皮配方示例　　　　　　　　　　　　　　　(%)

焊条型号	人造金刚石	钛白粉	大理石	萤石	长石	菱苦土	白泥	钛铁	45 硅铁	硅锰合金	纯碱	云母
E4303	30	8	12.4		8.6	7	14	12				7
E5015	5		45	25				13	3	7.5	1	2

(2) 焊条种类及型号　我国将焊条按化学成分分为七大类，即碳钢焊条、低合金钢焊条、不锈钢焊条、堆焊焊条、铸铁焊条、铜及铜合金焊条、铝及铝合金焊条。其中以碳钢焊条和低合金钢焊条应用最为广泛。

焊条型号是国家标准中规定的焊条代号，碳钢焊条型号按 GB/T 5117—1995，用 E 和数字表示，如 E4303、E5013、E5016 等。E 表示焊条，前两位数字表示熔敷金属抗拉强度的最小值，单位为 kgf/mm^2（kgf 为非法定计量单位，1kgf = 9.8N），第三位数字表示焊条的焊接位置（0 和 1 表示焊条适用于全位置焊接，2 表示适用于平焊，4 表示适用于立焊），第三位和第四位数字组合时表示焊接电流种类及药皮类型，如 03 为钛钙型药皮，交流或直流正接、反接，15 为低氢钠型药皮，直流反接，16 为低氢钾型药皮，交流或直流反接。

焊条牌号是焊条行业统一的焊条代号，一般用大写拼音字母和三个数字表示，如 J422、J507 等。拼音字母表示焊条的大类，如 J 表示结构钢焊条，B 表示不锈钢焊条，Z 表示铸铁焊条等。结构钢焊条牌号前两位数字表示焊缝金属抗拉强度等级，单位为 kgf/mm^2，抗拉强度等级有 42、55、60、70、75、85 等。最后一个数字表示药皮类型和电流种类，见表12-3。其中 1~5 为酸性焊条，6 和 7 为碱性焊条。

（3）焊条的选用 结构钢焊条选用原则是要求焊缝和母材具有相同水平的使用性能。结构钢焊条选用时，主要考虑以下两点：

1）选择与母材的化学成分相同或相近的焊条，焊件为碳素结构钢或低合金结构钢应选用结构钢焊条。

2）选择与母材等强度焊条。根据母材的抗拉强度，按等强原则选择相同强度等级的焊条。如 Q345（16Mn）的抗拉强度约为 520MPa，因此选用型号 J502 或 J506、J507 焊条。

表 12-3　结构钢焊条药皮类型和电源种类编号

编　　号	1	2	3	4	5	6	7
药皮类型 电源种类	钛型 直流或交流	钛钙型 交、直流	钛铁矿型 交、直流	氧化铁型 交、直流	纤维素型 交、直流	低氢钾型 交、直流	低氢钠型 直流

四、埋弧焊

埋弧焊是电弧在焊剂层下燃烧进行的焊接方法，电弧的引燃、焊丝的送进和电弧沿焊缝的移动，都是由设备自动完成。

1. 埋弧焊的焊接过程

埋弧焊设备包括弧焊变压器、控制箱和焊接小车三个主要部分，其装置情况如图 12-4 所示。焊接小车上装有操纵盘、焊丝盘和焊剂漏斗。操纵盘上各种旋钮调节电压、电流、送丝速度等。焊丝盘上盘绕着焊丝，焊丝由两旋转的滚轮夹紧并经导电嘴输送到焊接处。焊接小车是由装在其上的电动机带动，并以要求的速度沿焊接方向在导轨上移动。

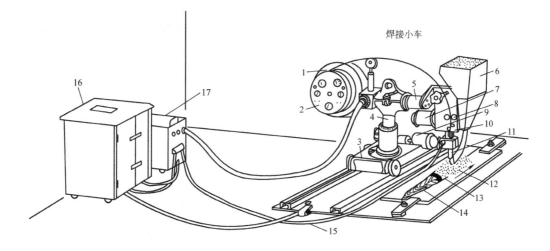

图 12-4　埋弧焊装置示意图

1—焊丝盘　2—操纵盘　3—车架　4—立柱　5—横梁　6—焊剂漏斗　7—送丝电动机
8—送丝滚轮　9—小车电动机　10—机头　11—导电嘴　12—焊剂　13—渣壳
14—焊缝　15—焊接电缆　16—弧焊变压器　17—控制箱

埋弧焊的焊接过程如图 12-5 所示。焊丝末端与工件之间生产电弧以后，电弧的热量使焊丝、工件和电弧周围的焊剂熔化,其中部分在高温下气化,焊剂及金属的蒸汽将电弧周围已熔化的焊剂(即熔渣)排开,形成一个封闭空间,使电弧和熔池空间隔绝。电弧在密闭空间内燃烧时,焊丝与被焊金属不断熔化,形成熔池。随着电弧的前移,熔池金属冷却凝固后形成焊缝,同时,比较轻的熔渣浮在熔池表面,冷却后凝固为渣壳。

2. 埋弧焊的特点与应用

埋弧焊与焊条电弧焊相比,特点如下:

(1)焊缝质量好 焊接电弧和熔池都是在焊剂层下形成,提供了良好的焊接保护,焊接参数自动调整控制,焊接过程稳定。

(2)生产率高、节省焊接材料 由于焊丝导电长度短,可使用较大的焊接电流,所以熔深大,对较厚工件可不开坡口直接焊接。

(3)劳动条件好 电弧处于焊剂层下,避免了弧光对人体的伤害,而且劳动强度较低。

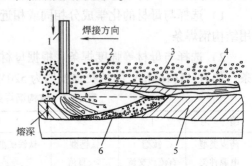

图 12-5 埋弧焊过程示意图
1—焊丝 2—熔渣泡 3—焊剂
4—渣壳 5—焊缝 6—熔池

目前埋弧焊广泛应用于船舶、机车车辆、飞机起落架、锅炉及化工容器等设备中。

3. 埋弧焊工艺

焊接前,要消除焊缝两侧 50 ~ 60mm 内的铁锈和污垢,以免产生气孔。埋弧焊一般在平焊位置上施焊,用以焊接对接或 T 形接头的长直缝和对接接头环形焊缝。对于板厚 20mm 以下的焊件,一般采用单面焊。板厚超过 20mm 时,可进行双面焊,或开坡口单面焊。由于引弧处和断弧处质量不易保证,焊前应在焊缝两端焊上引弧板和引出板,如图 12-6 所示。

为了防止焊件烧穿和保证焊缝成形,生产中常采用焊剂垫或垫板,如图 12-7 所示,或用焊条电弧焊封底。

焊接筒体时,工件以一定的焊接速度旋转,焊丝在其上方不动,如图 12-8 所示。为了防止熔池金属和熔渣流失,保证焊缝成形良好,焊丝应逆旋转方向偏离焊件中心线一定距离 e。

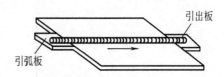

图 12-6 引弧板和引出板

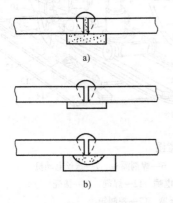

图 12-7 焊剂垫和垫板
a)焊剂垫 b)垫板

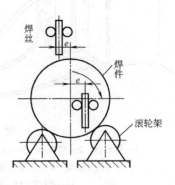

图 12-8 环缝焊示意图

五、气体保护焊

气体保护焊是外加气体进行电弧区保护的电弧焊。有两种：一种是氩弧焊，另一种是 CO_2 气体保护焊。

1. 氩弧焊

氩弧焊是以氩气作为保护气体的电弧焊工艺。氩气是惰性气体，可保护电极和熔化金属不受空气的侵害，甚至在高温下，氩气也不会与金属发生化学反应，也不溶于液态金属中。因此，氩气是一种较理想的保护气体。

氩弧焊按所用电极不同可分为钨极氩弧焊与熔化极氩弧焊两种，如图 12-9 所示。

（1）钨极氩弧焊　钨极氩弧焊（或称 TIG 焊），一般以高熔点的铈钨棒或钍钨棒作电极，焊接时，钨极不熔化，只起导电和产生电弧作用。因为通过电极的电流有限，所以只适用焊接 6mm 以下的工件。

钨极氩弧焊的操作与气焊相似，焊接 3mm 以下薄板时，常采用卷边接头直接熔合，焊接较厚工件时，需添加填充金属。焊接钢材时，用直流电源正接，以减少钨极熔损。焊接铝镁

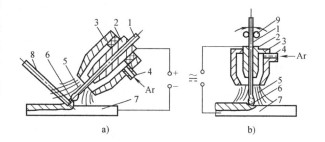

图 12-9　氩弧焊示意图
a）熔化极氩弧焊　b）钨极氩弧焊
1—焊丝或电极　2—导电嘴　3—喷嘴　4—进气管　5—氩气流
6—电板　7—工件　8—填充焊丝　9—送丝辊轮

及其合金时，需采用直流反接或交流电源，利用极间正离子撞击工件的熔池表面存在的高熔点氧化膜（如 Al_2O_3 的熔点为 2050℃），使氧化膜破碎，防止焊缝出现氧化物造成的表面皱皮、内部气孔或夹渣等，有利于焊接熔合和保证质量。

（2）熔化极氩弧焊（又称为 MIG 焊）　以连续送进的焊丝作电极，熔化后作填充金属，可采用大电流，适用于焊接 3~25mm 中厚板。分自动、半自动两种方式。自动熔化极氩弧焊与埋弧焊相似，半自动熔化极氩弧焊的送丝与保证弧长是自动的，但焊工手持焊炬进行操作，可焊接曲折的和狭窄部位的焊缝。

氩弧焊特点如下：

1）机械保护效果好，氩气不与金属发生化学反应，也不溶于金属中产生气孔，可获得优质焊缝。

2）电弧稳定性好，特别是小电流也很稳定，熔池温度容易控制，做到单面焊双面成形。

3）可操作性好，气体保护明弧可见，易实现全位置自动焊接。目前弧焊机器人多采用氩弧焊或 CO_2 焊。

4）热影响区小，焊接变形小。由于氩气价格较高，氩弧焊目前主要用于铝、镁、钛等易氧化的有色金属及其合金，以及不锈钢、耐热钢等焊接；钨极氩弧焊，尤其是脉冲钨极氩弧焊特别适用于薄板的焊接。

2. CO_2 气体保护焊

CO_2 气体保护焊是以 CO_2 气体作为保护气体的电弧焊工艺，简称 CO_2 焊。它用焊丝做电极，靠焊丝和焊件之间产生的电弧熔化工件金属与焊丝，以自动或半自动方式进行焊接。

CO_2 气体保护焊如图 12-10 所示。焊丝由送丝机构通过软管经导电嘴送出，CO_2 气体包

围焊接区，可防止空气对熔化金属的有害作用。但 CO_2 气体的强氧化性，在焊接过程中会使焊缝金属氧化，合金元素烧损，产生气孔和杂质等，影响焊缝的力学性能，因此需采用 Mn、Si 等质量分数较高的焊丝。焊接低碳钢常用 H08MnSiA 焊丝，焊接低合金高强度结构钢常 H08Mn2SiA 焊丝。

CO_2 气体保护焊特点：

1）焊缝质量好，由于 CO_2 气体将焊接区空气很好地隔离，焊丝中 Mn 的质量分数较高，所以焊缝中氢的质量分数低，脱氧、脱硫作用好，焊接接头抗裂性好。同时，由于 CO_2 气流的强冷却作用，电弧热量集中，热影响区和变形都较小。

2）生产率高，CO_2 气体保护焊的电流密度大、熔深大，焊接速度快，又不需要清理渣壳。因此，CO_2 气体保护焊生产率比焊条电弧焊提高 1～3 倍。

3）成本低，焊接时不需要涂料焊条和焊剂，且 CO_2 气体保护焊的成本仅为焊条电弧焊、埋弧焊的 40%。

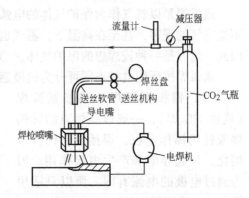

图 12-10 CO_2 气体保护焊示意图

4）可操作性好，易实现全位置自动和半自动焊。

CO_2 气体保护焊目前广泛用于造船、汽车、机车车辆、农业机械等工业部门，主要焊接厚度 30mm 以下的低碳钢和低合金高强度结构钢。

第二节 焊接质量及其控制

一、焊接接头的组织与性能

焊接结构件各焊件之间的连接是依靠焊接接头来实现的。焊接接头的金属组织和性能对焊接质量有重要影响。焊接接头包括焊缝、熔合区和热影响区三部分。

1. 焊缝的组织和性能

焊缝是指焊件经焊接后所形成的结合部分。焊缝区是指在焊接接头截面上的焊缝金属区域。熔焊时，指焊缝表面与熔合线所包围的区域。冷却后，熔池进行结晶，焊缝金属的结晶是从工件熔池表面的熔合区开始，向中心生长，形成层状的柱状联生晶体，如图 12-11 所示。最后，这些柱状晶的前沿一直伸展到焊缝中心，相互接触而停止生长。结晶过程结束后，得到铸态组织，晶粒粗大，成分偏析，组织不致密。但由于焊条药皮在焊接过程中具有合金化作用，使焊缝金属的化学成分往往优于母材，所以焊缝金属的强度一般不低于母材金属。

2. 熔合区的组织和性能

熔合区是被加热到固相线与液相线之间的区域。焊接过程中，母材部分熔化，熔化的金属凝固成铸态组织，未熔化金属因加热温度高而形成过热粗晶粒。所以，该区化学成分不均匀，组织粗大，一般是粗大的过热组织或粗大的淬硬组织和铸态的混合组织。其性能是

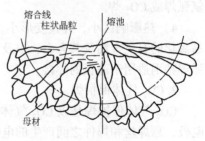

图 12-11 焊缝金属结晶示意图

焊接接头中最差的。

3. 热影响区的组织和性能

在焊接过程中，电弧热除熔化金属外，还传给工件，使焊缝两侧的母材在一定范围内受到不同程度的热影响，对组织和性能引起不均匀的变化区域。如图 12-12 所示为低碳钢焊接接头的组织变化。左图为焊接接头各点最高加热温度曲线；右图为简化的碳钢相图。其热影响区可分为过热区、正火区和部分相变区。

（1）过热区　过热区是在焊接热影响区中具有过热组织的区域。其焊接加热温度范围在 1100℃ 至固相线之间。由于温度大大超过 Ac_3，故奥氏体晶粒粗大，冷却后粗晶组织十分明显，金属的塑性和冲击韧度很低，是热影响区性能最差部位之一。

（2）正火区　正火区是在焊接热影响区中具有正火组织的区域，此区域焊接加热温度范围在 $Ac_3 \sim 1100℃$ 之间。此区温度比正常正火温度偏高，但由于焊接时在 Ac_3 以上温度停留时间极短，而且由于附近钢材的导热使该区域冷却速度较空气中冷却快。因此，这个区域金属相当于进行

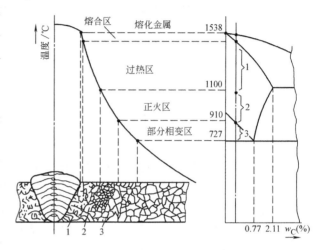

图 12-12　低碳钢焊接接头组织变化
1—过热区　2—正火区　3—部分相变区

一次正火处理，使晶粒细化，力学性能得到改善。

（3）部分相变区　部分相变区是热影响区中部分组织发生相变的区域。此区域焊接加热温度范围在 $Ac_1 \sim Ac_3$ 之间，只有部分组织发生变化，冷却后晶粒大小不均，力学性能较差。

由于焊后冷却速度很大，对于易淬硬钢材，如中碳钢、高强度合金钢等，焊后将出现淬硬组织马氏体。所以，易淬硬钢焊接时，熔合区与热影响区硬化与脆化严重，并随着碳的质量分数和合金元素质量分数的增加，硬化与脆化现象愈加严重。

焊接过程中熔合区与热影响区脆化是不可避免的，但可以采取措施，改善其韧性。尽量选用低碳和优质（低硫、低磷）的钢材作焊接结构材料，控制熔合区和热影响区的冷却速度，对中碳钢采用细焊条、小电流、快速焊。重要的焊接结构需进行焊后热处理，可用焊后退火或正火，改善接头的韧性。去应力退火既可去除残余应力，又能去除氢。正火能细化晶粒，提高力学性能，特别是能改善焊接接头的韧性。

二、焊接应力和变形

工件焊接后会产生残余应力和焊接变形，对构件的制造和使用带来许多不利影响，因而必须设法加以防止和消除。

1. 焊接变形和残余应力产生原因

在焊接过程中，对焊件进行局部均匀加热和冷却是产生焊接变形与应力的根本原因。下面以平板为例，分析平板对接焊的变形与应力的形成过程，如图 12-13 所示。

1）焊接加热时，在焊缝形成过程中，焊缝区温度不一致，会产生大小不等的纵向膨胀，

如图 12-13a 中虚线所示，但钢板是一个整体，这种自由伸长不能实现，钢板端面只能比较均衡地伸长 Δl，这样焊缝区金属因加热温度高而受两边金属的阻碍而产生压应力，远离焊缝区的金属则受到拉应力。当压应力超过金属材料屈服极限时，焊缝区金属就产生压缩性变形，其变形量为图 12-13a 虚曲线顶部无阴影部分，此时钢板内的压应力和拉应力相互平衡。

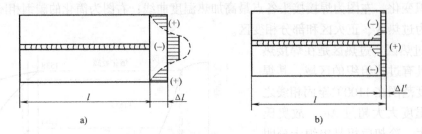

图 12-13　平板对接时变形与应力的形成
a）焊接过程中　b）冷却以后

2）当冷却后，若能自由收缩，焊缝区将缩短至图 12-13b 中虚线所示位置，两侧则缩短焊前长度 l，但这种自由收缩因整体作用无法实现，焊缝区两侧将阻碍中心部分的收缩，因此焊缝中心部分形成拉应力，两侧则形成压应力，在钢板的整体长度上缩短 $\Delta l'$，这种室温下被保留下来的应力和变形，即为焊接残余应力和变形。

由此可知，焊件冷却后，同时存在焊接残余应力和焊接残余变形。当焊件塑性较好和结构刚度较小时，焊件较能自由收缩，则焊接变形较大，而焊接残余应力较小；当焊件塑性较差和结构刚度较大时，则焊接变形较小，而焊接残余应力较大。

2. 焊接变形的防止和矫正

常见焊接变形的基本形式有收缩变形、角变形、弯曲变形、扭曲变形、波浪变形五种，如图 12-14 所示。

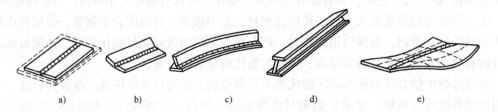

图 12-14　常见焊接变形的基本形式
a）收缩变形　b）角变形　c）弯曲变形　d）扭曲变形　e）波浪变形

（1）防止焊接变形的措施

1）反变形法。Y 形坡口对接时，由于焊缝收缩产生变形，可用反变形法消除。焊接前将工件安放在与焊接变形相反的位置，或者在焊前使焊件已呈反方向变形以抵消焊后发生的变形，如图 12-15 所示。

2）刚性固定法。采取强制手段来减少焊接变形的一种方法。一般是在焊前采用夹具或经定位焊来约束焊件变形，即将容易产生塑性变形的部位夹紧或用焊点固定。但此法会产生较大的焊接应力，故只适用于塑性较好的低碳钢结构，如图 12-16 所示。

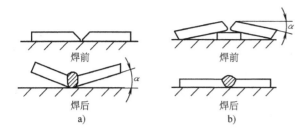

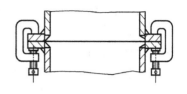

图 12-15　Y 形坡口对接反变形
a）产生角变形　b）采取反变形

图 12-16　刚性固定防止
法兰角变形

3）合理的焊接顺序，焊接对称截面梁时，应采取对称的焊接顺序，可有效减少焊接变形，如图 12-17 所示，即按 1、2、3、4 顺序焊。焊接较长的焊件，可采取中分分段退焊法，中分对称焊法，如图 12-18 所示。此焊法适用于大型钢板的连接或焊后变形较大又矫正困难的结构件。

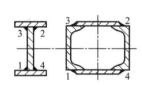

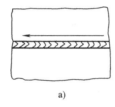

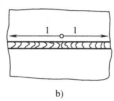

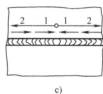

图 12-17　对称断面梁的
合理焊接顺序

图 12-18　长焊缝的几种焊接次序
a）直通焊变形最大　b）中分对称焊变形较小
c）中分分段退焊变形最小

4）机械矫正法。利用机械力的作用使焊件变形部分恢复到焊前所要求的形状和尺寸。采用油压机、气动压力机等，如图 12-19 所示。通常适用塑性好的材料，如低碳钢和低合金高强度结构钢。

5）火焰矫正法。对焊件的局部进行适当加热，使焊件在冷却收缩时产生新的变形，以矫正焊接时产生变形。如图 12-20 所示为焊接后 T 形梁产生上拱，可用火焰在腹板位置进行加热，加热区为三角形，温度为 600～800℃，此时加热区产生塑性变形，冷却后腹板收缩引起反向变形，将焊件矫直。主要适用于塑性较好的低碳钢和低合金高强度结构钢。

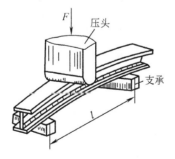

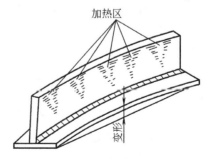

图 12-19　机械矫正法

图 12-20　火焰矫正法

（2）消除焊接残余应力措施

1）焊前预热，预热的目的是减少焊缝区与焊件其他部位的温差，降低焊缝隙天线区的冷却速度，使焊件能较均匀地冷却下来，从而减少焊接应力和变形。一般只适用塑性差、容易产生裂纹的材料，如中、高碳钢，铸铁，合金钢等。

2）焊后热处理，最常用的焊后热处理方法，是对焊接件进行去应力退火，即将焊接件均匀加热到 $600 \sim 650℃$，经保温后，再随炉缓慢冷却的一种工艺。适用于重要焊接件或精密结构件。

三、焊接缺陷及质量检验

1. 焊接缺陷

由于焊接结构设计、焊接工艺设计和焊接操作不当，在焊接生产过程中还会产生各种各样的焊接缺陷。焊接常见的焊接缺陷主要有：

（1）裂纹　焊接裂纹是危害最大的缺陷。按发生的时间不同，焊接裂纹又可分为热裂纹和冷裂纹两种。热裂纹是焊接接头冷却到固相线附近在高温时产生的裂纹，多发生在焊缝中心。冷裂纹是焊接接头冷却到 $300 \sim 200℃$ 以下的低温形成的裂纹。其中有些是在焊后几小时、几天甚至几十天才出现。这些延迟出现的裂纹称为延迟裂纹，是较普遍的形式。常用结构钢的冷裂纹一般发生在热影响区，主要出现在易淬硬的钢材。如中碳钢、合金钢和钛合金中。

（2）气孔　熔池中的气泡在凝固前未能逸出而残留下来所形成的孔穴称为气孔。孔内多为 H_2 或 CO、N_2。其产生原因主要是焊件表面清理不良、药皮受潮或保护作用不好等。

（3）未焊透　焊接时接头根部未完全熔透的现象称为未焊透。未焊透部位相当于存在一个裂纹，它不仅削弱了焊缝的承载能力，还会引起应力集中形成一个开裂源。形成该缺陷原因有：坡口角度或间隙太小，坡口不干净，焊条太粗，焊接速度过快，焊接电流太小及操作不当所致。

（4）咬边　由于焊接参数选择不当或操作工艺不正确，沿焊趾的母材部位产生沟槽或凹陷称为咬边，如图 12-21 所示。一般结构中咬边深度不许超过 0.5mm。重要结构（如高压容器）中不允许存在咬边。电流过大，电弧过长，焊条角度不当等均会产生咬边。对不允许存在咬边的结构件，可将该区清理干净后进行焊补。

（5）夹渣　焊后残留在焊缝中的焊渣称为夹渣。产生原因是：坡口角度小，焊件表面不干净，电流太小，焊接速度过大。预防措施是：认真清理待焊表面，多层焊时层间要彻底清渣，减缓熔池的结晶速度。

（6）焊瘤　熔化金属流敷在未熔化焊件或凝固在焊缝上所形成的金属瘤称为焊瘤。其产生原因：焊接电流太大，电弧过长，焊接速度太慢，焊件装配间隙太大，操作不熟练，运条不当等。

图 12-21　咬边

2. 焊接质量检验

焊接质量检验是焊接结构工艺过程的组成部分，通过对焊接质量的检验和分析缺陷产生的原因，以采取有效措施，防止焊接缺陷形成，保证焊件质量。

质量检验包括焊前检验、工艺过程中检验、成品检验三部分。

焊前和焊接过程中对影响质量的因素进行检查，以防止和减少缺陷。

成品检验是在全部焊接工作完毕后进行，常用的方法有外观检验和焊缝内部检验。

外观检验是用肉眼或低倍（小于 20 倍）放大镜及标准焊板、量规等工具，检查焊缝尺寸的偏差及表面是否有缺陷，如咬边、烧穿、气孔、未焊透和裂纹等。

焊缝内部检验是用专门仪器检查内部有否有气孔、夹渣、裂纹、未焊透等缺陷。常用的方法有 X 射线、γ 射线和超声波探伤等。对于要求密封和承受压力的容器或管道，应进行焊缝的致密性检验。

第三节　其他焊接方法

一、电渣焊

电渣焊是利用电流通过液态熔渣时所产生的电阻热作为热源的一种熔焊方法。根据使用的电极形状不同，电渣焊可分为丝极电渣焊、板极电渣焊、熔嘴电渣焊等。

1. 电渣焊焊接过程

图 12-22 为生产中常用的丝极电渣焊过程示意图。两焊件垂直放置，对接处留有一定间隙，间隙两侧用成形滑块遮挡，滑块一般用铜制作，中间通水冷却。底部加焊引弧板，使接头处形成上端开口的矩形空腔。在空腔中放入足够量的焊剂。通电后，自动焊机送入焊丝，并在引弧板上引着电弧，将焊剂熔化成为液态熔渣，当熔渣液面升高时，电弧被淹没而熄灭，接着电流通过熔渣，进入电渣过程。液态熔渣因电阻热而温度升高可达 1700 ~ 2000℃，使与熔渣接触的焊件边缘及焊丝末端熔化形成熔池。随着焊丝送进，熔池液面升高，冷却滑块上移，熔渣则始终

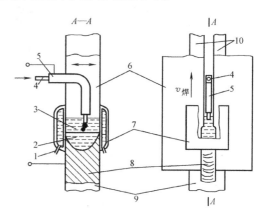

图 12-22　电渣焊示意图

1—水管　2—金属熔池　3—渣池　4—焊丝　5—导丝管
6—焊件　7—滑块　8—焊缝　9—引弧板　10—引出板

浮在熔池上面作为加热前导。同时熔池底部逐渐凝固形成焊缝，一直到接头顶部为止。为了保证焊缝质量，焊件上端事先装有引出板，以便引出渣池，获得完整焊缝。

2. 电渣焊的特点

1）可焊厚件，生产率高。由于整个渣池均处于高温，焊件整个截面均处于加热状态，故无论焊件多厚，均可以不开坡口，只要装配一定间隙便可一次焊接成形。

2）焊缝金属纯净。由于渣池有严密的保护作用，且液态熔池保持时间较长，冶金过程进行完善，气体和渣充分浮出。

3）生产率高，焊接材料消耗少。

4）加热时间长，冷却缓慢，焊件的焊接应力较小。但电渣焊热影响区大，焊缝组织晶粒粗大，故一般要进行焊后热处理，细化晶粒。

电渣焊主要应用于厚度 40mm 以上的直焊缝及环焊缝。电渣焊可与铸造、锻造相结合生产组合件。特别适用于重型机械制造，如轧钢机、水轮机、水压机以及高压锅炉、电站的大型容器等焊接。

二、电阻焊

电阻焊是利用电流通过两个被焊工件的接触处所产生的电阻热,并将接触处迅速加热到塑性状态或局部熔化状态,然后在压力下形成焊接接头的焊接方法。

电阻焊可分为点焊、缝焊和对焊三种,如图 12-23 所示。

1. 点焊

点焊是利用柱状电极加压通电,在搭接工件接触面之间焊成一个个焊点(图 12-23a)的一种焊接方法。

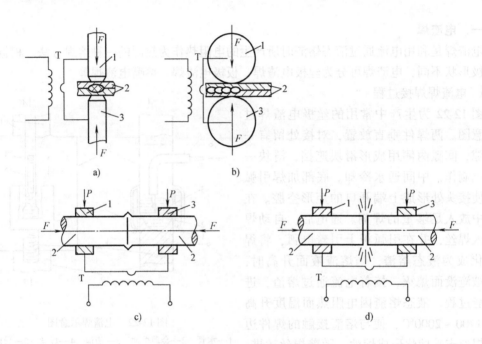

图 12-23 电阻焊类型示意图

a)点焊 b)缝焊 c)电阻对焊 d)闪光对焊

1、3—电极 2—焊件

F—电极力(顶锻力) P—夹紧力 T—电源(变压器)

点焊时,先加压两工个紧密接触,然后接通电流。因为两工件接触处电阻最大,所以产生热量最大。由于电极本身具有冷却水系统,电阻热只将焊件搭接之处的接触点加热到局部熔化状态,形成一个熔核。断电后在压力作用下熔核结晶形成焊点,然后移动焊件或电极到新焊点。

焊完一点后,当焊接下一个焊点时,有一部分电流会流经已焊好的焊点,称之为分流现象,如图 12-24 所示。分流将使焊接处电流减小,影响焊接质量,因此两点之间应有一定距离。工件厚度越大,材料导电性越好,则分流现象越严重,因此点焊距应加大。不同材料及不同厚度的工件焊点间最大距离见表 12-4。

点焊主要用于薄板冲压壳体结构,尤其是汽车、飞机薄板外壳的拼焊和装配,电子仪器、仪表、自行车等工业品都离不开点焊。点焊 图 12-24 点焊分流现象的工件厚度一般为 0.05 ~ 6mm，有时扩大到从 10μm（精密电子器件）至 30mm（钢梁、框架）。

表 12-4　点焊、缝焊接头推荐使用尺寸　　　　　　　　（单位：mm）

工件厚度	焊点直径	缝焊焊缝宽度	单排焊缝最小搭边尺寸		点焊最小直径		
			碳钢、低合金钢、不锈钢	铝合金、镁合金、铜合金	碳钢、低合金钢	不锈钢、耐热钢、钛合金	铝合金、镁合金、铜合金
0.3	2.5 ~ 3.5	2.0 ~ 3.0	6	8	7	5	8
0.5	3.0 ~ 4.0	2.5 ~ 3.5	8	10	10	7	11
0.8	3.5 ~ 4.5	3.0 ~ 4.0	10	12	11	9	13
1.0	4.0 ~ 5.0	3.5 ~ 4.5	12	14	12	10	15
1.2	5.0 ~ 6.0	4.5 ~ 5.5	13	16	13	11	16
1.5	6.0 ~ 7.0	5.5 ~ 6.5	14	18	14	12	18
2.0	7.0 ~ 8.5	6.5 ~ 8.0	16	20	18	14	22
2.5	8.0 ~ 9.5	7.5 ~ 9.0	18	22	20	16	26
3.0	9.0 ~ 10.5	8.0 ~ 9.5	20	26	24	18	30
3.5	10.5 ~ 12.5	9.0 ~ 10.5	22	28	28	22	35
4.0	12.0 ~ 13.5	10.0 ~ 11.5	26	30	32	24	40

2. 缝焊

缝焊焊接过程与点焊相似，如图 12-23b 所示，只是采用滚盘作电极，边焊边滚，焊件在电极之间连续送进，配合间断通电，形成连续焊点，并使相邻两个焊点重叠一部分，形成一条有密封性的焊缝。缝焊用于有气密性要求的薄板结构，如汽车油箱及管道等。缝焊分流现象严重，一般只用于板厚 3mm 以下的薄板结构。

3. 对焊

按焊接过程不同，对焊分为电阻对焊和闪光对焊。

（1）电阻对焊　焊接过程是先加预压，使两焊件端面压紧，再通电加热，使待焊处达到塑性温度后，再断电加压锻，产生一定塑性变形而焊合，如图 12-23c 所示。

电阻对焊操作简单，接头外形较圆滑，但对焊件端面加工和清理要求较高，否则接触面容易发生加热不均匀，产生氧化物夹杂，使焊接质量不易保证。因此，电阻对焊一般仅用截面简单、直径小于 20mm 和强度要求不高的焊件。

（2）闪光对焊　焊接过程是两焊件不接触先加电压，再移动焊件使之接触，由于接触点少，其电流密度很大，接触点金属迅速达到熔化、蒸发、爆破，呈高温颗粒飞射出来，故称为闪光。经次多闪光加热后，端面均匀达到半熔化状态，同时多次闪光把端面的氧化物也清除干净，于是断电加压顶锻，形成焊接接头。

闪光对焊常用于焊接受力大的重要焊件，它即可以进行同种金属焊接，也可进行异种金属焊接，如钢与铜、铝与钢对接等，常用于锚链、刀具、自行车圈、钢轨等焊接。

三、钎焊

钎焊是采用比母材熔点低的金属材料作钎料，将母材和钎料加热，使钎料熔化而母材不熔化，利用液态钎料填充接头间隙，润湿母材并与母材相互扩散实现连接的焊接方法。按所用钎料熔点不同，可把钎焊分为软钎焊和硬钎焊两种方法。

1. 软钎焊

钎料熔点在450℃以下的钎焊称为软钎焊。常用钎料是锡铅钎料，钎剂是松香、氯化锌溶液等。软钎焊接头强度低，工作温度低，主要用于电子线路元件的连接等。

2. 硬钎焊

钎料熔点高于450℃的钎焊称为硬钎焊。常用钎料是铜基钎料和银基钎料等，钎剂是硼砂、硼酸、氟化物等。硬钎焊接头强度较高，工作温度高，主要用于受力较大的钢铁、铜合金构件的焊接，如自行车架、硬质合金刀具等。

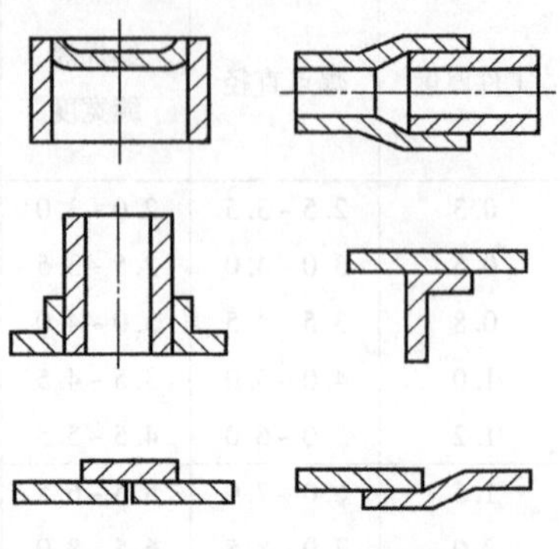

钎焊的加热方法很多，如烙铁加热、气体火焰加热、电阻加热、高频加热等。

钎焊的特点：

1）尺寸精度高。钎焊时加热温度低，故钎焊金属的组织和性能变化小，变形也小。

图 12-25　钎焊的接头形式

2）钎焊可以实现性能差异大的异种金属的连接。

3）生产率高，操作简单，易于实现机械化生产，可一次同时钎焊几条焊缝。

钎焊接头的承载能力与接头连接面积大小有关。通常钎焊接头为搭接接头，如图 12-25 所示。一般通过增加接头长度（为板厚的 2~5 倍）来提高接头的强度。另外使焊件之间的装配间隙尽量小（约为 0.05~0.2mm），目的是增强毛细作用，增加钎料渗透能力，以增加焊件结合面积，从而提高接头的强度。

四、等离子弧焊与切割

1. 等离子弧产生原理

等离子弧发生装置如图 12-26 所示。钨极 1 与焊件 5 之间加一较高电压，经高频振荡气体电离成电弧。此电弧受到三个压缩作用。

1）电弧通过具有细孔道的水冷喷嘴时，弧柱被强迫压缩，此作用称为机械压缩效应。

2）通入一定流量和压力的离子气（如氩气、氮气），使冷气流均匀包围电弧，强迫冷却弧柱，并迫使带电粒子流（离子、电子）往弧柱中心集中，进一步压缩弧柱。这种由于冷却作用，在电弧四周产生一层冷气膜压缩电弧的作用称为热压缩效应。

3）带电粒子流运动可看成是电流在一束平行的导线内移动，其自身磁场所产生的电磁力，使这些导线互相吸引靠近，弧柱又进一步被压缩，这种压缩作用称为电磁收缩效应。

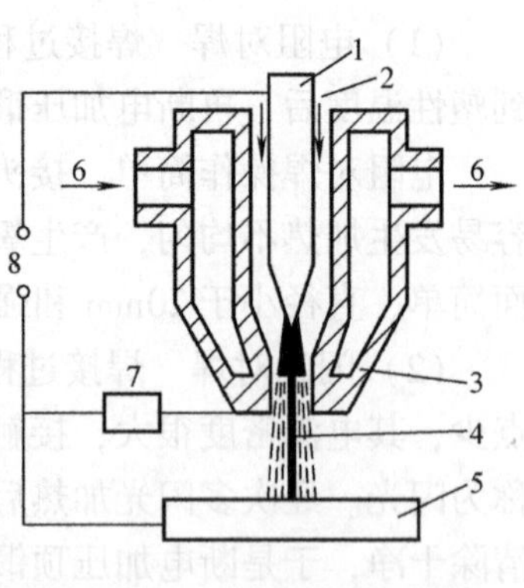

图 12-26　等离子弧发生装置原理图
1—钨极　2—离子气　3—喷嘴　4—等离子弧　5—焊件　6—冷却水　7—电阻
8—直流电源

因经三个压缩效应所形成的等离子体是一种电离度很高的高温压缩电弧，其温度高达 20000~50000K，它能迅速熔化金属材料，可以用来焊接和切割。

如果采用小孔经喷嘴、大气流、大电流，则等离子弧流速高、冲力大，被称为刚性弧，主要用于切割；反之，则等离子弧冲力小，被称为柔性弧；主要用于焊接。

2. 等离子弧焊接

等离子弧焊接实质上是一种具有压缩效应的钨极气体保护焊。应使用专用的焊炬，焊炬的构造应能保证在等离子弧周围通以均匀的保护氩气流，以保护熔池和焊缝不受空气的有害作用。

等离子弧焊可分为微束等离子弧焊和大电流等离子弧焊。

微束等离子弧焊接时，电流在 30A 以下，等离子弧喷射速度和能量密度小，比较柔和，用于焊接 0.025 ~ 2.5mm 的箔材及薄板。

大电流等离子弧焊接时，电流大于 30A，是借助小孔效应使焊缝成形，通常用于焊接厚度大于 2.5mm 的材料，此时气体流量大，等离子弧挺直度大、温度高。当焊接参数选择合适时，等离子弧能穿透整个工件，焊后的焊缝宽度和高度均匀一致，双面成形好，焊缝表面光洁。

等离子弧焊的特点：

1）电流小到 0.1A 时，电弧仍能稳定燃烧，并保持良好的挺直度与方向性，可焊很薄的箔材。

2）等离子弧能量密度大，弧柱温度高，穿透能力强，板厚 20mm 的钢材可不开坡口能一次焊透双面成形，焊接速度快，生产率高，应力度形小。

等离子弧焊广泛应用在航空航天工业部门和尖端工业中焊接难熔、易氧化、热敏感性强的材料，如钼、钨、铬、镍、钛、钽及其合金和不锈钢、耐热钢等。

3. 等离子弧切割

等离子弧切割是利用能量密度高的高温高速等离子流，将切割金属局部熔化并随即吹除，形成整齐的切口。因此，它能切割一般氧气切割不能切割的金属，如不锈钢、铝、铜、钛、铸铁及钨、锆等难熔金属，也可切割花岗石、碳化硅、耐火砖、混凝土等非金属材料。

五、电子束焊

电子束焊接是利用高能量密度的电子束轰击焊件，使其动能转变为热能而进行焊接的熔化焊工艺。一般按焊件所处真空度的差异，分为真空电子束焊、低真空电子束焊和非真空电子束焊三种，以真空电子束焊应用最多。

1. 真空电子束焊的基本原理

真空电子束焊的原理如图 12-27 所示。由电子枪的炽热阴极发射电子，电子被加在工件与阴极间的强电场加速，穿过阳极孔，经磁场聚焦，形成高能量密度的电子束轰击到被焊工件上面进行焊接。

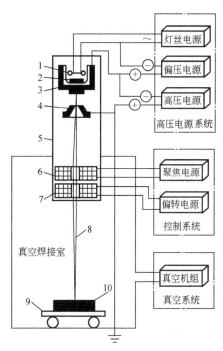

图 12-27　真空电子束焊原理图

1—灯丝　2—阴极　3—聚束极　4—阳极

5—电子枪　6—聚焦透镜　7—偏转线圈

8—电子束　9—焊接台　10—焊件

电子束焊接一般不加填充焊丝。如要保证焊缝的正面和背面有一定高度时，可在焊缝上预加垫片。真空电子束焊接工件，焊前必须进行严格除锈清洗，不残留有机物。

2. 电子束焊接的特点

1）保护效果极佳，焊接质量好。真空电子束焊在真空中进行焊缝金属不会氧化、氮化、且无金属电极污染。所以，真空电子束焊特别适用焊接化学活泼性强、纯度高和极易被大气污染的金属。如铝、钛、锆、钼、铍、钽、高强钢、高合金钢和不锈钢等。

2）焊接变形小。

3）热源能量密度大，熔深大，焊速快，焊缝深而窄。可焊接厚度200~300mm的钢板和厚度超过300mm的铝合金。

4）适应性强。焊接工艺参数可调整、调节范围很宽。可焊接厚度为0.1mm的薄板，也可焊200~300mm厚板，可焊合低金高强度结构钢、不锈钢，也可焊难熔金属、活性金属及复合材料、异种金属，如铜-镍、钼-镍、钼-铜、钼-钨、铜-铝，还能焊接一般焊接方法难以施焊的工件。

5）真空电子束焊接设备复杂，造价高，焊件尺寸受真空室限制。

六、激光焊接与切割

激光是一种亮度高、方向性强、单色性好的光束。激光束经聚焦后能量密度可达10^6~10^{12}W/cm^2，可用作焊接热源，或用于切割和其他加工。

1. 激光焊接

激光焊接是利用聚焦的激光束轰击焊件所产生的热量进行焊接的一种熔焊方法。激光焊的基本原理如图12-28所示。利用激光器产生的激光束，通过聚集系统取焦，形成十分微小且能量密度很高的焦点（光斑），当调焦到焊件接缝处时，光能转换成热能，将焊接部位的材料熔化而形成焊接接头。

激光焊的特点：激光焊接速度快，激光辐射能量放出极其迅速，被焊材料不易氧化，可以在大气中焊接，不需要气体保护或真空保护；灵活性大，激光焊不需要与被焊工件接触，激光还可以通过透明材料进行焊接，易于焊接异种金属材料，甚至可把金属材料与非金属材料焊接到一起。

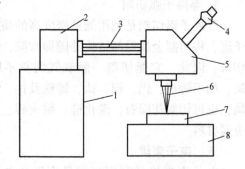

图12-28　激光焊示意图
1—电源　2—激光器　3—激光束
4—观察器　5—聚焦系统　6—聚
集光束　7—焊件　8—工作台

2. 激光切割

激光切割是利用激光束的热能实现切割的一种热切割方法。它可以切割各种金属材料和非金属材料，如氧气切割难以切割的不锈钢和铝、铜、钛、锆及其合金等金属材料，木材、纸、布、塑料、橡胶、岩石、混凝土等非金属材料。

激光切割的优点：切割质量好、效率高；激光切割速度快、成本低。据统计，激光切割一般难以切割的金属时，其成本比等离子切割成本可降低75%。

七、摩擦焊

摩擦焊是将焊件连接表面相互压紧并使之按一定轨迹相对运动，利用连接表面上生成的摩擦热作为热源将焊件端面加热到塑性状态，然后迅速顶锻，完成焊接的一种压焊方法。

摩擦焊过程如图12-29所示。将焊件装夹在摩擦焊机上，加一定预压力，使两焊件抵紧，然后由夹具1带动焊件2做旋转运动，摩擦导致焊件接触部位升温到高塑性状态，利用刹车装置急速使焊件2停转，同时给焊件3施加更大的轴向顶锻压力F，使两焊件的接触部位产生塑性变形而焊接起来。

摩擦焊的优点：接头中不易产生夹渣、气孔等缺陷，焊接表面不易氧化，接头组织致密、质量稳定，不需要填充金属焊条及焊剂，加工成本低，操作简单，易实现机械化、自动化；焊接金属范围广，可对同种或异种金属进行焊接。

但摩擦焊一般限于圆型截面的棒料与管件、棒料与棒料、管件与平板的焊接。可焊实心件的直径为2~100mm，管的外径可达数百毫米。目前，摩擦焊应用在汽车、拖拉机、金属切削刀具、锅炉、石油、纺织等行业。

八、常用焊接方法比较与选用

焊接方法的选用应根据各种焊接方法的特点和焊接结构制造要求，结合考虑符合质量要求的焊接接头，并有较高生产率和较低成本。表12-5列出常用焊接方法的比较，选用时应考虑以下几方面。

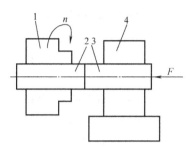

图12-29 摩擦焊示意图
1—旋转夹具 2、3—焊件 4—静止夹具

表12-5 常用焊接方法的比较

焊接方法	比较项目				
	热源	主要接头形式	焊接位置	常用钢板厚度/mm	焊接材料
气焊	化学热	对接、卷边接	全	0.5~2	碳钢、合金钢、铸铁、铜、铝及其合金
焊条电弧焊	电弧热	对接、搭接、角接、T形接		3~20	碳钢、合金钢、铸铁、铜及其合金
埋弧焊			平	6~60	碳钢、合金钢
氩弧焊			全	0.5~25	铝、铜、镁、钛及其合金
CO₂保护焊				0.8~30	碳钢、低合金钢、不锈钢
电渣焊	熔渣电阻热	对接	立	35~400	碳钢、低合金钢、不锈钢、铸铁
对焊	电阻热		平	电阻对焊≤20	碳钢、低合金钢、不锈钢、铝及其合金，闪光对焊异种金属
点焊		搭接	全	0.5~3	低碳钢、低合金钢、不锈钢、铝及其合金
缝焊				<3	
钎焊	各种热源	搭接、套接	平		碳钢、合金钢、铸铁、铜及其合金

（1）焊接接头的质量和性能要符合焊接结构的要求　　选择焊接方法要考虑金属的焊接性、焊接方法的特点和结构质量要求。例如，铝容器焊接，质量要求高的采用氩弧焊，质量要求不高时，可采用气焊。密封性要求高的采用缝焊，密封性无要求的可采用点焊。焊接薄板壳体，变形要求小的，采用 CO_2 气体保护焊或电阻焊，而不用气焊。

（2）经济性　　单件小批生产、短焊缝选用焊条电弧焊。成批生产、长焊缝选用自动焊。40mm 以上厚板，采用电渣焊一次焊成，生产率高。

（3）工艺性　　焊接方法选用考虑施工单位的焊接设备、材料、野外施工的电源条件，焊接工艺实现的可能性。例如，不能用双面焊，只能用单面焊又要求焊透时，宜用钨极氩弧焊，这样易保证焊接质量。

第四节　常用金属材料的焊接

一、金属材料的焊接性

1. 金属材料焊接性概念

金属材料的焊接性是金属材料对焊接加工的适应性，是指金属材料在一定的焊接方法、焊接材料、工艺参数及结构形式条件下，获得优质焊接接头的难易程度。它包括两方面内容：一是工艺性能，即在一定工艺条件下，焊接接头产生工艺缺陷的作用，尤其是出现裂纹的可能性；二是使用性能，即焊接接头在使用中的可靠性，包括力学性能及耐热、耐蚀等特殊性能。

评定某种金属材料的焊接性，还要看选择什么焊接方法和采取什么工艺措施，对过去认为焊接性差的金属，通过采取措施和先进的焊接方法，仍能得到优良的焊接接头，则认为采取措施后焊接性是良好的，如钛合金的氩弧焊接。

2. 金属焊接性评定

金属焊接性评定，通常是钢材的焊接，主要以抗裂性优劣来评定。因为钢材焊接时的冷裂倾向与热影响区的淬硬性有关，而淬硬性又决于钢材化学成分。所以可用钢材的化学成分评定其淬硬性和冷裂倾向。实践证明，在各种元素中，碳对钢的淬硬性、冷裂倾向最为显著，因此通过试验把其他元素对钢的淬硬性、冷裂倾向的影响折合成等效的碳质量分数，即"碳当量"，用碳当量公式计算出钢材的碳当量。国际焊接学会推荐的碳素结构钢和低合金结构钢常用的计算碳当量公式为

$$CE = w_C + w_{Mn}/6 + w_{Ni} + w_{Cu}/15 + w_{Cr} + w_{Mo} + w_V/5$$

代入各元素的质量分数值，即可计算碳当量 CE 的数值。

经验表明：碳当量愈大，焊接性愈差。当 CE < 0.4% 时钢格焊接性良好，焊接冷裂倾向小，焊接时一般不需要预热；CE = 0.4% ~ 0.6%，焊接性较差，冷裂倾向明显，焊接时需要预热和采取其他工艺措施防止裂纹；CE > 0.6% 时，焊接性差，冷裂倾向严重，需采取较高预热温度和严格工艺措施。

二、碳素结构钢和低合金高强度结构钢的焊接

1. 低碳钢焊接

低碳钢的碳当量较低，焊接性好，一般不需要预热，不需要其他的焊接工艺措施，即可获得优质的焊接接头。另外，低碳钢可用各种焊接方法进行焊接，只有在厚度大的结构或在

0°以下低温焊接时，才考虑预热，需要将焊件预热至 100 ~ 150℃。

2. 中碳钢

中碳钢的碳当量较高，焊接性比低碳钢差，因此，焊接前必须进行预热，使焊接时焊件各部分的温差较小，以减少焊接应力。如 45 钢焊接时，一般预热至 150 ~ 250℃。另外，焊接时，应选用抗裂能力强的低氢型焊条，如 E5015、E5016 等，并采用细焊条、小电流、开坡口、多层多道焊，焊后要缓冷等。

3. 低合金高强度结构钢

低合金高强度结构钢一般采用焊条电弧焊和埋弧焊，按相应强度等级选用焊接材料。此外强度等级低的，如 Q295 钢，可采用 CO_2 气体保护焊，较厚件可采用电渣焊。

Q345（16Mn）钢的碳当量 CE < 0.4%，焊接性良好，一般不需要预热，是制造锅炉、压力容器等重要结构的首选材料。当板厚大于 30mm 时或环境温度较低时，焊前要预热，焊后要进行消除应力的热处理。

对于强度等级高的低合金高强度结构钢，淬硬性、冷裂倾向增大，焊接性差，一般都要预热，焊接时采用大电流、慢焊速，以减缓焊接接头的冷却速度，焊后及时进行回火，回火温度为 600 ~ 650℃。根据钢材强度等级选择相应焊条（应尽量使用低氢型焊条）或使用碱度高的焊剂配合适当焊丝施焊，并注意焊前烘干焊条、焊剂，对焊件认真处理。

三、不锈钢的焊接

奥氏体不锈钢应用最广，其中以 1Cr18Ni9 为代表焊接性良好，适用于焊条电弧焊、氩弧焊、埋弧焊。焊条电弧焊选用化学成分相同的奥氏体不锈钢焊条；氩弧焊和埋弧焊时，选用焊丝应保证焊缝化学成分与母材相同。

焊接奥氏体不锈钢的主要问题是晶间腐蚀和热裂纹。晶间腐蚀的主要原因是 C 与 Cr 化合成 $Cr_{23}C_6$ 造成贫铬区，使耐蚀能力下降所致。因此，应选择适当的焊接材料及采用小电流、快速焊、强制冷却等措施以防晶间腐蚀。热裂纹是由于晶界处易形成低熔点共晶，且此类钢本身热导率较小，仅为低碳钢的 1/3 左右，而线膨胀系数大，约比低碳钢大 50%，故在焊接时易形成较大拉应力，应严格控制硫、磷等杂质的质量分数。

四、铸铁的焊补

铸铁中碳的质量分数高，硫、磷杂质含量也较多，因此，焊接性差。铸铁的焊补主要问题有两方面：一是易产生白口组织，加工困难；二是碳的质量分数高易产生裂纹，此外还易产生气孔。

铸铁焊补的工艺有热焊和冷焊两种。

1. 热焊

热焊是将焊件先整体或局部预热到 600 ~ 700℃，施焊过程中铸件温度不应低于 400℃，焊后缓冷或焊后再将焊件重新加热至 600 ~ 650℃，进行去应力退火。热焊能有效地防止产生白口组织和裂纹，焊后便于机械加工，但需配置加热设备，且劳动条件差。焊接方法一般采用气焊或焊条电弧焊。气焊火焰可以用于预热工件和焊后缓冷。

热焊一般用于小型、中等厚度（大于 10mm）的铸件和焊后加工复杂、重要的铸铁件，如汽车的气缸体和机床导轨等。

2. 冷焊

冷焊是焊前铸件不预热或只进行 400℃ 以下的低温预热。冷焊常采用焊条电弧焊，主要依靠铸铁焊条来调整化学成分，防止出现白口组织和避免裂纹的产生。常用焊条有铸铁芯铸铁焊条和钢芯铸铁焊条，适用于一般非加工面的焊补。镍基铸铁焊条，适用于重要铸件加工面的焊补。冷焊常采用小电流短焊缝（每段小于50mm），断续焊，短电弧焊，以及焊后轻锤焊缝以松弛应力等工艺措施，防止焊后开裂。冷焊生产率高，成本低，劳动条件较好，但焊接处切削加工性较差。

五、非铁金属（有色金属）的焊接

1. 铝及铝合金的焊接

铝及铝合金焊接的主要问题是：

1）极易氧化。铝和氧的亲和力很大，很容易生成氧化铝，其组织致密，氧化铝熔点为2050℃，覆盖在熔池表面，阻碍金属熔合，会引起焊缝夹渣。

2）铝的导热系数、膨胀系数较大，焊接时容易产生焊接应力和变形，导致裂纹的产生。

3）氧化铝膜易吸收水分，焊接时使焊缝形成气孔，同时液态铝可以溶解大量的氢气，而在固态时几乎不溶解氢，因此在熔池凝固时也易生成气孔。

4）铝在高温时强度很低，容易引起焊缝塌陷，常需要采用垫板。

在现代焊接技术条件下，铝及铝合金焊接性较好，工业上较多采用氩弧焊、气焊、电阻焊、钎焊焊接铝及铝合金。

氩弧焊是较为理想的焊接方法，用纯度极高的氩气保护，不用熔剂，焊接质量好，耐蚀性较强，一般厚度在8mm以下采用钨极氩弧焊，厚度在8mm以上采用熔化极氩弧焊。

焊前应去除母材表面油污及杂质，在焊接时调节焊接工艺参数以改变焊接接头冷却速度，使之利于气体排出。要求不高的纯铝和热处理不能强化的铝合金可采用气焊，此时必须采用气焊熔剂（气剂401）去除氧化物。

2. 铜及铜合金的焊接

铜及铜合金的焊接比低碳钢困难得多，其主要原因是：

1）焊接时难熔合，焊缝成形能力差。铜导热性好，比低碳钢高8倍，为了防止焊接时热量从母材中散失，并获得足够熔深，需进行预热。焊件厚度愈大，散热愈快，焊接区难以达到熔化温度，故母材与填充金属难以熔合。

2）铜在液态时易氧化，生成的 Cu_2O 与 Cu 形成的低熔点共晶体沿晶界分布，又因铜凝固收缩大，因此易产生裂纹。

3）铜在液态时能溶解大量氢，凝固时溶解度减小，来不及逸出而生成气孔。

焊接铜及铜合金常用的方法有氩弧焊、气焊、埋弧焊和钎焊。氩弧焊是焊接铜及铜合金应用最广泛的熔焊方法。厚度小于3mm的工件采用钨极氩弧焊，可不开坡口不加焊丝；厚度3~12mm的工件采用填丝的钨极氩弧焊或熔化极氩弧焊；厚度大于12mm的工件一般采用熔化极氩弧焊。气焊黄铜采用弱氧化焰；其他均采用中性焰。埋弧焊运用于厚板长焊缝的焊接，厚度20mm以上的工件焊前应预热，单面弧时背面应加成形垫板。铜及铜合金的钎焊的焊接性能优良，硬钎焊时采用铜基钎料、银基钎料，配合硼砂、硼酸混合物作为钎料；软钎焊时可用锡铅钎料，配合松香、焊锡膏等作为钎料。

第五节　焊接结构工艺性

焊接结构的设计，除考虑结构的使用性能要求外，还应考虑结构工艺性，以力求生产率高、成本低，满足经济性要求。焊接结构工艺性一般包括焊接结构材料的选择、焊缝的布置和焊接接头的设计等方面的内容。

一、焊接结构材料的选择

金属材料不同，其焊接性能就不同，导致在焊接时的难易程度不同，会直接影响到焊接工艺的繁简和焊接质量的优劣。因此，在满足焊接结构使用性能的前提下，应尽可能选择焊接性好的金属材料来制造焊接结构。一般来说，碳的质量分数 <0.25% 的低碳钢和碳当量 <0.4% 的低合金钢，都具有良好的焊接性，应优先选用。碳的质量分数 >0.5% 的碳钢和碳当量 >0.4% 的合金钢，其焊接性较差，一般不宜采用，如必须选用时，则应有必要的工艺措施，以确保焊接质量。

异种金属因焊接性能不同，在焊接时易产生较大的应力和增大产生裂纹的倾向，甚至难以用熔焊方法进行焊接，因此在设计焊接结构时，应尽可能选用同种金属材料。

当焊接重要结构件、又难以进行预热或焊后热处理时，应尽可能采用焊接性好的低碳钢和低合金高强度结构钢。

设计焊接结构时，应尽可能选择槽钢、角钢等成形材料或板料冲压件，以减少焊缝数量和简化焊接工艺，同时也增加结构件的强度和刚性。对结构复杂部分则考虑采用铸钢件或锻钢件。如

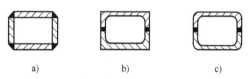

图 12-30　合理选择减少焊缝数目的实例
a) 用四块钢板焊接　b) 用两根槽钢焊成
c) 用两块钢板弯曲后焊成

图 12-30 所示的构件，图 a 有四条焊缝，图 b、c 各有两条焊缝。

二、焊缝的布置

1. 焊缝位置应便于焊接操作

焊缝设置应便于焊接操作，以满足焊接电极伸入运行的需要。图 12-31a、b 所示的内侧焊缝，焊条无法伸入，应改成图 12-31c、d 所示的设计才比较合理。埋弧焊结构要考虑焊接接头处施焊时便于存放焊剂，如图 12-32 所示。

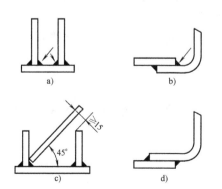

图 12-31　焊缝位置便于焊条电弧焊设计
a)，b) 不合理　c)，d) 合理

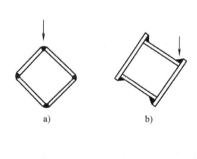

图 12-32　便于埋弧焊的设计
a) 放焊剂困难　b) 放焊剂方便

点焊与缝焊应考虑电极的伸入是否方便，如图 12-33 所示。

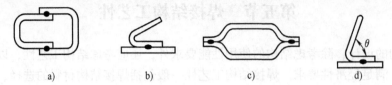

图 12-33　便于点焊及缝焊的设计

a)，b) 电极难以伸入　c)，d) 操作方便

2. 焊缝避免密集交叉

焊接结构中，如果焊缝密集或交叉，会使热影响区反复加热，而导致金属严重过热，组织恶化，接头性能严重下降，并在焊接残余应力作用下，极易引起断裂，如图 12-34 所示。

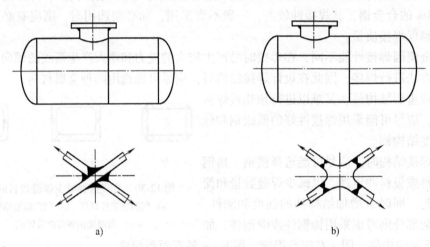

图 12-34　焊缝布置的不同方案

a) 密集焊缝，不合理　b) 分散焊缝，合理

3. 焊缝应尽量避开最大应力和应力集中位置

对于受力较大、较复杂的焊接结构，在最大应力和应力集中的位置不应该布置焊缝。对于要求较高的压力容器，特别是中、高压容器，不能采用平板封头和无折边封头的焊接结构，而应采取碟形封头或椭圆封头、球形封头，如图 12-35 所示。

4. 焊缝对称布置的设计

如图 12-36a、b 所示的焊件，焊缝位置偏在截面重心的一侧，由于焊缝的收缩会造成较大的弯曲变形，因此，最好是能同时或对称施焊，以减少焊接变形。如图 12-36c、d、e 所示。

焊接结构在某些部位要求较高精度，且必须加工后进行焊接，为避免加

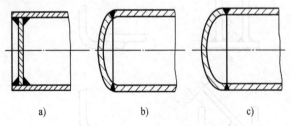

图 12-35　压力容器封头

a) 平板封头　b) 无折边封头　c) 碟形封头

工精度受到影响，焊缝位置的设计应尽可能离开已加工表面远一些。如图 12-37 所示，图 a、b 的设计不合理，图 c、d 的设计合理。

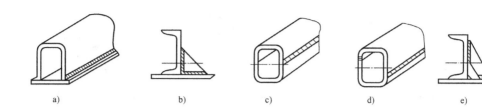

图 12-36　焊缝对称布置的设计

a），b）变形大　c），d），e）变形较小

三、焊接接头的设计

1. 接头形式设计

焊接结构常用的接头形式有对接、搭接、角接和 T 形接等，如图 12-38 所示。接头形式的选择应根据焊接结构形状、焊件厚度、焊缝强度及施工条件情况等情况来考虑，要考虑易于保证焊接质量和尽量降低成本。

对接接头受力比较均匀，是应用最多的接头形式，尤其是熔化焊重要受力的焊缝应尽量选用。生产中锅炉、压力容器、船体、飞机、车辆等结构的受力焊缝常采用对接接头。如图 12-39 所示的蒸压釜封头，采用图 12-39a 的对接接头，虽然加工复杂，但接头容易焊透，便于用射线探伤照相法检查是否存在未焊透、裂纹、夹渣、气孔等焊接缺陷，能保证焊接质量，是正确的接头设计方案。而图 12-39b、c 的 T 形接和搭接，虽然加工比较简单，但不易焊透，不易用射线探伤检查焊接质量，且应力集中也较大，因此采用这种接头形式不合理，不能保证焊接质量。角接与 T 形接头受力情况比对接复杂，但接头成直角或一定角度连接时，必须采用这种接头形式。因此两者也是熔化焊受力焊件常选用的接头形式。

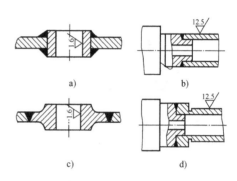

图 12-37　焊缝位置远离机械加工面的设计

a），b）不合理　c），d）合理

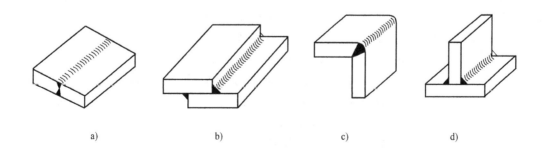

图 12-38　常用焊接接头形式

a）对接接头　b）搭接接头　c）角接接头　d）T形接头

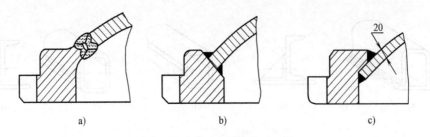

图 12-39　蒸压釜封头三种形式比较

a）对接，合理　b）T形接，不合理　c）搭接，不合理

搭接接头因两工件不在同一平面上，受力时将产生附加弯矩，影响承拉能力，如图 12-40 所示。同时又耗费金属，但对下料和装配尺寸精度要求不高，承受剪切能力强。对于厂房屋架、桥梁、起重机吊臂等桁架结构多采用搭接接头，如图 12-41 所示。并且对于异种金属钎焊接头和电阻焊的点焊、缝焊接头，因考虑结合面小、承载能力差，也必须采用搭接才能保证接头质量。至于电阻对焊接头，由于受工件尺寸和截面尺寸的限制，只能用对接接头。

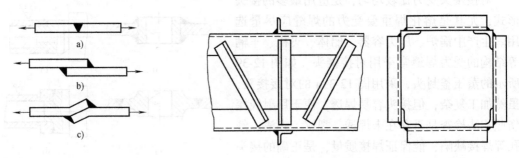

图 12-40　对接和搭接受力情况比较

a）对接　b）搭接　c）搭接（受力后）

图 12-41　工程起重机吊臂（局部）简图

此外，对薄板气焊和钨板氩弧焊，为了避免烧穿或者为省去添加填充焊丝，可采用卷边接头，如图 12-42 所示。

2. 坡口形式设计

焊条电弧焊常用几种焊缝坡口形式与尺寸，如图 12-43、图 12-44、图 12-45 所示。V 形和 U 形坡口只需单面焊，其焊接操作性较好，但焊后角变形较大，焊条消耗也较多。X 形和双 U 形坡口两面施焊，受热均匀，变形小，焊条消耗

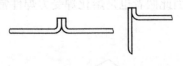

图 12-42　卷边接头

较少，但必须两面都要焊到，有时会受到结构形状的限制。U 形和双面 U 形的坡口根部较宽，允许焊条伸入与运条，容易焊透，但坡口形状复杂，比 V 形和 X 形坡口加工成本高。V 形和 X 形坡口加工常用气割、碳弧气刨或切削加工。而 U 形和双面 U 形必须有切削加工，因此，一般只在重要的受动载荷的厚板结构中才采用。

所以，坡口形式设计时，一定要根据板厚质量要求、坡口加工方法和焊接工艺的可行性等综合考虑确定。一般要求焊透的受力焊缝，能双面焊的都采用双面焊，首先保证焊接质量，其次才考虑生产率和成本。

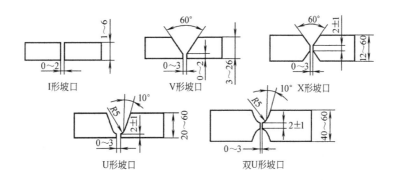

图 12-43　对接接头坡口形式

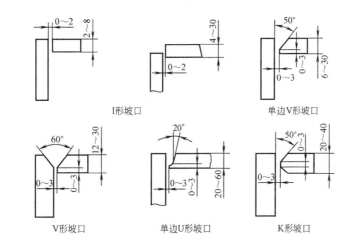

图 12-44　角接接头坡口形式

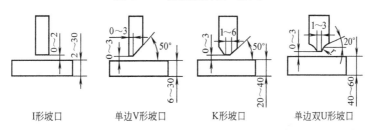

图 12-45　T 形接头坡口形式

为了焊接接头两侧加热均匀，保证焊接质量，要求两侧板厚或截面相同或相近。不同厚度金属材料对接时，允许厚度差如表 12-6 所示，超出表中规定的值，应在较厚的板料上加工成单面或双面斜边的过渡形式，如图 12-46 所示。

表 12-6　不同厚度钢板对接允许厚度差　　　　　　　　（单位：mm）

较薄板厚 δ_1	≥2 ~ 5	>5 ~ 9	>9 ~ 12	>12
允许厚度差（$\delta - \delta_1$）	1	2	3	4

钢板厚度不同的角接接头和 T 形接头受力焊缝，可考虑采用如图 12-47 所示的过渡形式接头。

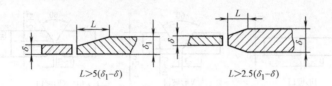

图 12-46　不同厚度金属材料对接过渡形式

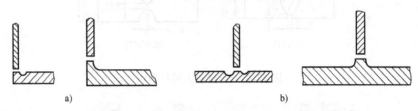

图 12-47　不同厚度的角接与 T 形接头的过渡连接

a）角接接头　b）T 形接头

思考题与练习题

1. 熔焊、压焊和钎焊的实质有何不同？

2. 直流电弧的极性指的是什么，了解直流电弧极性有何实际意义？

3. 焊条电弧焊为什么不用光丝进行焊接？焊条药皮在焊接过程中起什么作用？

4. 埋弧焊与焊条电弧焊相比有何特点？其应用范围怎样？

5. 气体保护焊与埋弧焊比较有何特点？CO_2 气体保护焊和氩弧焊各适于什么场合？

6. 何谓热影响区？低碳钢焊接热影响区内各区域的组织和性能如何？

7. 电渣焊和埋弧焊焊接过程有什么区别？说明其特点及应用范围。

8. 点焊能否焊很厚工件？电阻焊为什么采用大电流来焊接。

9. 产生焊接变形与应力的主要原因是什么？

10. 如何预防焊接应力的产生？如何消除或减小焊接应力？

11. 何谓焊接性？如何评价？

12. 按钢的焊接性好坏顺序排列下列钢材：15、Q345、Q390、ZG270—500、HT200。

13. 有一只 HT200 带轮，轮辐开裂，用铸铁焊条进行电弧焊焊补，但焊后该处在冷却时再次出现裂纹，试分析原因并提出再次焊补不裂的办法。

14. 钎焊有哪几种方式？其优缺点如何？

15. 为下列产品选择合理的焊接方法：

（1）储罐罐体（Q245 钢，$D = 2600mm$，$s = 16mm$）的批量生产。

（2）车刀刀杆（45 钢）与刀片（硬质合金）的焊接。

（3）电冰箱外壳的大批量生产。

（4）防锈铝板容器的大批量生产。

（5）自行车钢圈的大批量生产。

16. 试比较图 12-48 所示的焊接结构哪种较合理。

17. 拼焊图 12-49 所示钢板时，应如何确定焊接顺序（在图中标出）？并说明理由。

18. 如何选择焊接方法？下列情况应选择什么焊接方法？简述理由。

（1）低碳钢桁架结构，如厂房屋架。

（2）纯铝低压容器。

（3）低碳钢薄板（厚1mm）的传动带罩。

（4）厚20mm的Q345钢板拼成大型工字梁。

（5）供水管道维修。

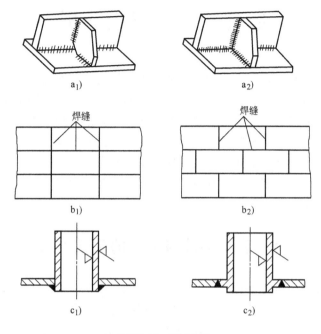

图 12-48　题 16 图

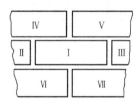

图 12-49　题 17 图

19. 下列是零件在使用中出现问题，应选哪种焊接方法和什么焊条进行焊补？

（1）自行车架（Q345）出现裂纹。

（2）洗衣机缸体（不锈钢）发现漏水。

（3）柴油机水箱（铝铜合金）漏水。

20. 试分析图 12-50 所示两种 T 形焊件的变形方向，并说明理由。

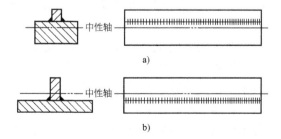

图 12-50　题 20 图

第十三章　机械零件的毛坯成形综合选材及工艺路线分析

制作机械零件和工具的材料，其种类繁多，因此如何合理地选择材料，就成为一项重要的工作。每个机械零件或工具不仅要符合一定的外形尺寸，更重要的是要根据零件和工具的服役条件（包括工作环境、应力状态和载荷性质等），选用合适的材料和热处理工艺，以保证零件与工具的正常工作。若材料选择不当或热处理工艺不合理，有时会造成零件的成本较高或加工困难，有时使机械不能正常运转或使设备的寿命缩短，甚至引起机械设备损坏和人身事故。因此，选用什么材料对产品开发、加工制造、服役功能等关系甚大，是直接影响企业经济效益的重要环节。

第一节　零件与工具的失效方式

选用材料最主要的依据是保证零件或工具正常地工作，使其不易失效。所谓失效，就是指零件在使用过程中，由于尺寸、形状或材料的组织与性能发生变化而失去正常工作所具有的效能。零件或工具在以下三种情况的任一种情况下都认为已失效：①零件或工具完全不能工作；②虽能工作，但已不能完成指定的功能；③零件或工具有严重损坏而不能再继续安全工作。零件或工具的失效可能是刚一开始工作就发生，这种早期失效则带来经济损失，甚至可能造成人身或设备事故；但大多失效是在使用一段时间后发生的。事实上零件或工具的失效是必然的，但要尽可能保证零件或工具的正常使用时间。零件或工具的失效，不要仅理解为破坏或断裂，它还有着更广泛的含意。

失效的主要方式有变形、断裂和表面损伤等。

一、变形失效

零件或工具在使用状态下总要受到各种载荷作用。在载荷的作用下零件或工具都要发生不同程度的变形，会造成零件或工具尺寸和形状的改变，这就会破坏零件或部件之间相互配合的位置和配合关系，可能导致零件或机械设备不能正常工作。例如，车床主轴在工作过程中发生过量的弹性弯曲变形，不仅产生振动，而且造成被加工零件质量严重下降，会造成轴与轴承配合不良；电动机的转子轴的弹性变形量过大，将会改变转子与定子之间的间隙。

零件或工具的过量塑性变形，轻者造成设备工作情况的恶化，严重时会造成设备的破坏。例如，高压容器的紧固螺栓若发生过量塑性变形而伸长，就会使容器渗漏，变速箱中齿轮的齿形由于承受载荷后发生了塑性变形，齿形就不正确，轻者造成啮合不良，发生振动和噪声，重者造成卡齿或断齿，容易引起设备事故。

过量变形的原因主要是零件或工具的材料强度低。造成金属材料强度低的原因很多，可能是由于选材不当，也可能是由于热处理工艺不当，或是零件或工具在使用过程中内部组织发生变化等，要根据具体情况进行具体分析。

二、断裂失效

断裂是机械零件或工具失效的主要形式。根据零件或工具断裂前变形量大小和断口形状，断裂可分为脆性断裂和延性断裂两种。

脆性断裂是断裂前零件或工具几何尺寸几乎不发生变化，即没有明显的塑性变形，断口较齐平，其断面常呈细颗粒状。延性断裂是零件或工具在断裂前产生明显的塑性变形，即零件或工具的尺寸发生明显的变化，一般截面积减小，断口常呈纤维状特征。

引起材料发生断裂的原因极其复杂，有时是由于设计的承载能力小于实际工作时所施加的载荷，或者是材料的力学性能未达到预定的要求（可能是由于热处理工艺不当引起的），或是短时间过载。但是，往往是零件或工具的实际承载比设计时允许的承载能力小得多时也会发生断裂现象。产生这种断裂的原因很多，如金属材料内部组织的变化和微裂纹的扩展、疲劳内应力、蠕变等。实际上，金属零件的断裂并不是某种单一因素所造成的，而往往是几种因素共同作用的结果，它将涉及到零件金属材料的成分、组织、加工制造和运行条件等一系列问题。

三、表面损伤失效

零件或工具在工作过程中，可能由于机械和（或）化学作用而使工件表面及近表面层受到严重损伤，以致不能工作，这种基本上局限于表面层的失效形式称为表面损伤失效。表面损伤失效是一种很复杂的现象，大致可分为三大类：即磨损失效、腐蚀失效和表面疲劳失效。

1. 磨损失效

磨损主要是相对运动的接触表面的材料在机械力的作用下，以细屑形式逐渐磨掉，而使零件或工具的尺寸不断变小的一种失效方式。例如刀具变钝、轴颈尺寸减少等都是磨损现象。单位时间内（或单位行程、每转）材料的磨损量（或尺寸）称为磨损率。磨损率愈小则材料的耐磨性就愈好；反之，则材料的耐磨性就愈差。

在相对运动物体的摩擦表面，磨损现象总是要发生的，只有当磨损量超过一定值以后，零件或工具才会失效或报废。因此，金属材料的耐磨性高（即磨损率小），则零件的使用寿命就长。所以，零件或设备的精度和寿命在很大程度上取决于材料的耐磨性。根据有关资料统计，有70%的机器是由于过量磨损而失效的。

2. 腐蚀失效

腐蚀失效是由于化学或电化学腐蚀作用而造成的零件或工具的失效。因大多数腐蚀都发生在表面或从表面开始，因此被归类于表面损伤失效。通常所说的金属表面生锈，就是腐蚀的一种类型。金属的腐蚀是非常普遍的现象，它可以是整个表面的全面性腐蚀，也可以是局部腐蚀或晶间腐蚀等。腐蚀造成金属材料的损耗，引起零件尺寸和性能变化，最后导致失效。因此如何防止金属腐蚀是一件十分重要的工作。

3. 表面疲劳失效

表面疲劳失效是相互的两个运动表面（特别是滚动接触），在工作过程中承受交变接触应力的作用，使表面层材料发生疲劳破坏而脱落，造成零件或工具的失效。

表面疲劳失效按表面疲劳损伤的程度，又分麻点与剥落两种方式。

实际上零件或工具的失效往往不是单一的某种方式，随着外界条件的变化，失效的方式可从一种类型转变成另一种类型。例如，齿轮的失效方式可能有：断齿、齿形的变形、齿面的磨损和点蚀等。究竟发生哪一种类型的失效，这必须根据实际情况进行具体的分析。

第二节　选用材料的一般原则

一般在下列情况下需要选用材料：设计新产品；改变原设计；改变零件原来的材料以降低成本；为适应本厂的设备条件而要改变零件加工工艺；原材料缺乏需要更换材料等。至于已标准化的零件，如滚动轴承、弹簧等，设计时只需要选用某一规格的产品即可，一般不涉及选用材料的问题。有些零件的材料已有较久的使用历史，基本上已定型化，如发动机的活塞采用铝合金。因此，选用材料大部分涉及到一些尚未准标化或尚未定型化的零件与工具。

产品质量的标志主要是效能、寿命和重量。效能是设计者的目的，因此在保证效能的前提下，寿命和重量就是机械产品质量的关键，对设计人员来说，对此必须要进行全面分析及综合考虑。

一、材料的使用性能

使用性能是保证零件完成规定功能的必要条件。力学性能一般是在分析零件工作条件和失效形式的基础上提出的。

零件的工作条件是复杂的，按载荷性质分为静载荷、冲击载荷、循环载荷等；从受力状态分析有拉伸、压缩、扭转、剪切、弯曲等应力；从工作温度分析有低温、室温、高温、交变温度等。从环境介质看，有加润滑油、接触酸碱、盐、海水、粉尘等。此外，有时还要考虑物理性能要求，如导电性、导热性、热膨胀性、磁性等。

通过对零件或工具的工作条件和失效形式的全面分析，确定零件对使用性能的具体要求。表13-1举出了几种常用零件或工具的工作条件和失效形式。

表 13-1　几种常用零件或工具的工作条件和失效形式

零件或工具	工作条件			常见的失效形式	要求的主要力学性能
	应力种类	载荷性质	受载状态		
紧固螺栓	拉、切应力	静载	—	过量变形断裂	强度、塑性
传动轴	弯、扭应力	循环、冲击	轴颈摩擦、振动	疲劳断裂、过量变形、轴颈磨损	综合力学性能
传动齿轮	压、弯应力	循环、冲击	摩擦、振动	齿折断、磨损、疲劳断裂、接触疲劳（麻点）	表面高强度及疲劳强度、心部强度、韧性
弹簧	扭、弯应力	循环、冲击	振动	弹性失稳、疲劳破坏	屈强比、疲劳强度均高
冷作模具	复杂应力	循环、冲击	强烈摩擦	磨损、脆断	硬度、足够的强度、韧性

二、材料的工艺性能

在选用材料中，与使用性能相比工艺性能常处于次要地位；但在某些特殊情况下，工艺性能也会成为选用材料的主要依据，如大批量生产时，切削加工采用自动切削机床，为保证材料的切削性能而选用易切削结构钢便是一个例子。因此，选用材料必须考虑材料的工艺性能。

金属材料是铸造成型，则选用铸造性能最好的共晶或接近共晶；若是锻造成形，则选用高温塑性好的固溶体的合金；如果是焊接成形，则选用焊接性好的材料，即低碳钢或低碳合金钢；为了便于切削加工，一般选用硬度范围为170～220HBW；不同材料的热处理性能是不同的，碳钢的淬透性差，加热时晶粒也容易长大，淬火时还容易产生变形甚至开裂。因此，在制造高强度大截面、形状复杂的零件时，需要选用合金钢。

三、材料的经济性

选用材料时，除了满足使用性能和工艺性能外，经济性也是选用材料所必须考虑的重要因素。材料的经济性不仅指所选材料的价格高低，同时所选用材料应符合国家资源和供应情况等。

零件的总成本不仅包括材料的价格、加工和管理等费用，还包括附加成本（如零件的维修费）。表13-2为常用金属材料的相对价格。总之，在原则上尽量采用价格低廉、加工性能好的铸铁和碳钢，必要时选用合金钢，而且尽量采用由我国富有元素组成的合金钢（如锰钢、锰硅钢等），少采用含铬、含镍的合金钢种。

表 13-2 我国常用材料的相对价格

材　　料	相对价格	材　　料	相对价格
碳素结构钢	1	碳素工具钢	1.4 ~ 1.5
低合金结构钢	1.2 ~ 1.7	低合金工具钢	2.4 ~ 3.7
优质碳素结构钢	1.4 ~ 1.5	高合金工具钢	5.4 ~ 7.2
易切削钢	2	高速钢	13.5 ~ 15
合金结构钢	1.7 ~ 1.9	铬不锈钢	8
铬镍合金结构钢	3	铬镍不锈钢	20
滚动轴承钢	2.1 ~ 2.9	普通黄铜	13
弹簧钢	1.6 ~ 1.9	球墨铸铁	2.4 ~ 2.9

第三节　毛坯成形综合选材

一、毛坯的类型

在机械制造中零件的毛坯主要有型材、铸件、锻件、冲压件、焊接件等多种。

1. 型材

炼钢炉冶炼成的钢在浇注成钢锭后，除少量用于制造大型锻件外，约85% ~ 95%的铸钢锭是通过轧制等压力加工方法制成各种型材。型材具有流线组织，使其力学性能具有方向性，即顺着流线方向的抗拉强度、塑性好，而垂直于流线方向的抗拉强度、塑性低，但抗剪强度高。型材是大量生产的产品，可从市场上采购，价格便宜，可简化制造工艺和降低制造成本。

型材的断面形状和尺寸有多种，常见的型材有型钢、钢板、钢管、钢丝、钢带等。

（1）型钢　型钢一般采用热轧和冷轧方法生产。前者是把钢坯加热到1000°C以上进行轧制；后者是在室温下进行轧制。一般冷轧产品的尺寸精度、表面质量好，力学性能高，但价格比热轧产品高。

用普通质量钢制成的型钢称为普通型钢，用优质钢或高级优质钢制成的型钢称为优质型钢。型钢的种类有圆钢、方钢、六角钢、等边角钢、不等边角钢、工字钢和槽钢等多种。

（2）钢板　钢板的规格以厚度×宽度×长度表示。根据钢板的厚薄和表面状况，钢板分为厚钢板、薄钢板、镀锌薄钢板、酸洗薄钢板和花纹钢板等。

厚钢板是指厚度为 4.5～60mm 的钢板。习惯上常将厚度不大于 20mm 的钢板称为中板，厚度为 20～60mm 的钢板称为厚板。厚钢板一般用热轧方法生产。

薄钢板有厚度为 0.35～4.0mm 的热轧薄钢板和厚度为 0.2～4.0mm 的冷轧薄钢板。薄钢板表面经镀锌或酸洗后称为镀锌薄钢板或酸洗薄钢板。镀锌薄钢板有较好的抗腐蚀能力；酸洗薄钢板有较好的表面质量。这两种薄钢板的厚度约为 0.25～2mm。

花纹钢板由表面呈菱形或扁豆形凸棱，有较好防滑能力，可用于制造扶梯、踏脚板、平台、船舶甲板等。

（3）钢带　钢带是厚度较薄、宽度较窄、长度很长的钢板。一般成卷供应，其规格以厚度×宽度表示。

热轧普通质量钢带的厚度为 2～6mm、宽度为 50～300mm；冷轧普通质量钢带的厚度为 0.05～3.0mm，宽度为 5～200mm；低碳钢冷轧钢带的厚度为 0.05～3.60mm，宽度为 4～300mm；优质碳素结构钢、弹簧钢、工具钢和不锈钢亦可通过冷轧制成钢带。

（4）钢管　钢管分为无缝钢管（包括热轧、冷轧、冷拔、挤压管等，其规格的表示方法有：外径×壁厚）和焊接钢管（包括直缝焊管和螺旋缝焊管等，其规格的表示方法：一种用公称口径；另一种用外径或外径×壁厚）两类；按断面形状可分为圆管、异形管（如矩形、椭圆形、半圆形、六角形等），常用圆形管。

（5）钢丝　圆形钢丝一般是由圆盘料拉制而成，其规格用直径（单位：mm）表示。实际工作中也常用线号表示规格，线号愈大，线愈细。圆钢丝的直径在 0.16～8mm 范围。

低碳钢丝俗称"铁丝"，一般为普通质量钢。低碳钢丝有一般用途的低碳钢丝、镀锌低碳钢丝和架空通信用低碳钢丝。除此外，还有优质碳素结构钢丝、冷顶锻用钢丝、不锈钢丝和焊条钢丝等。

2. 铸件

用铸造方法获得零件的毛坯称为铸件。这种方法是依靠液态金属的流动成形来获得毛坯或零件。几乎所有的金属材料都可以进行铸造，其中以铸铁应用为最广，而且铸铁也只能用铸造方法来生产毛坯，常用于铸造的碳钢为低、中碳钢。铸造既可生产几克到 200 余吨的铸件，也可生产形状简单到复杂的各种铸件，特别是内腔复杂的毛坯常用铸造方法生产，使铸件形状和尺寸与零件较接近，可节省金属材料和切削加工的工时。一些特种铸造方法成为少切屑和无切屑加工的重要方法之一，同时，所用铸造设备简单，原材料来源广泛，价格低廉。所以，在一般情况下铸件的生产成本较低，是优先选用的毛坯。

但是铸件的组织较粗大，内部易产生气孔、缩松、偏析等缺陷，这些都影响铸件的力学性能，使铸件的力学性能比同材料的锻件低，特别是冲击韧度差，所以一些重要零件和承受冲击载荷的零件不宜用铸件作零件的毛坯。但是，随着科学技术的发展，一些传统锻造毛坯，如曲轴、连杆、齿轮等也逐渐被球墨铸铁等所取代。

3. 锻件

锻件是固态金属材料在外力作用下通过塑性变形而获得的。由于塑性变形使锻件内部组织较细且致密，没有铸件组织中的缺陷，所以锻件比相同材料铸件的力学性能高。尤其塑性变形后使型材中纤维组织重新分布，符合零件受力的要求，更能发挥材料的潜力。锻件常用于强度高、耐冲击、抗疲劳等重要零件的毛坯。

与铸件相比，锻造方法难以获得形状复杂的毛坯，且锻件成本一般比铸件要高，金属材料的利用率亦较低。

自由锻造用于单件、小批生产、形状简单和大型零件的毛坯，其缺点是精度不高，表面不光洁，加工余量大，消耗金属多。模锻件的形状可比自由锻件复杂，且尺寸较准确，表面较光洁，可减少切削加工成本，但模锻锤和锻模价格高，所以模锻适用于中小件的成批或大量生产。

4. 冲压件

冲压可制造形状复杂的薄壁零件。冲压件的表面质量好，形状和尺寸精度高，一般可满足互换性的要求，故一般不需再经切削加工便可直接使用。冲压生产易于实现机械化与自动化，所以生产率较高，产品的合格率和材料利用率高，故冲压件制造成本低。但冲压件只适于大批量生产，这是因为模具制造的工艺复杂，成本高，周期较长，只有在大批量生产中才能显示其优越性。

5. 焊接件

焊接件是借助于金属原子间扩散和结合的作用，把分离的金属制成永久性的结构件。焊接件的尺寸、形状一般不受限制，结构轻便，材料利用率高，生产周期短，主要用于制造各种金属结构件，也用于制造零件的毛坯和修复零件，特别适用于制造单件、大型、形状复杂的零件或毛坯，不需要重型和专用设备，产品改型方便。焊接件接头的力学性能与母材基本接近。焊接件可以采用钢板或型钢焊接，或采用铸-焊、锻-焊、冲-焊联合工艺制成。但是焊接过程是一个不均匀加热和冷却的过程，焊接构件内部易产生内应力和变形，接头的热影响区力学性能有所下降。

二、毛坯类型选择的依据

在毛坯类型选择时，在保证零件的使用要求前提下，力求毛坯质量好、成本低和制造周期短。同时还必须充分考虑以下主要依据：

1. 材料的工艺性

由于材料加工工艺性不同，毛坯的成形方法也各不相同。如铸铁、铸造铝合金、铸造铜合金等铸造性能好的材料，一般只适用铸造方法生产毛坯——铸件；用锻压成形方法生产毛坯，就要求材料具有良好的塑性；当选择焊接方法生产毛坯时，一般用低碳钢或低合金高强度结构钢作为零件的材料，因为碳的质量分数低，合金元素少，材料的焊接性较好。

2. 零件的结构、形状与尺寸大小

毛坯的结构特性，如形状的复杂程度、体积和尺寸的大小、壁和壁间的连接形式、壁的厚薄等，都影响着毛坯生产方法的选择。铸造生产的毛坯形状可较复杂，特别是内腔形状复杂和壁厚较薄的箱体；焊接也可拼焊出形状复杂的坯件，其质量较铸件好，重量较轻，但在批量较大时生产率低。锻压方法一般只能生产形状较简单的毛坯，否则形状复杂零件经锻件毛坯简化后，将使机械加工余量增多，这不仅增加机械加工的工作量，还浪费很多材料。

3. 零件性能的可靠性

铸件内易形成各种缺陷，如晶粒较大（特别在大断面处）、缩孔、缩松、气孔、偏析和夹渣等，废品率也较高，所以铸件的力学性能特别是冲击韧度不如同样材料的锻件，故一般受动载荷的零件，不宜采用铸件作毛坯。对强度、冲击韧度、疲劳强度等要求高的重要零件，大多采用锻件作毛坯。由于焊接结构件主要采用轧制型材焊接而成，故焊接件的性能也较好。

4. 零件生产的批量

一般当零件的产量较大时，宜采用高精度和高生产率的毛坯制造方法，以减少切削加工、节省金属材料和降低生产成本，如冲压、模锻、压力铸造、金属型铸造等。相反，在零件产量较小时，宜采用砂型铸造和自由锻等方法生产毛坯。有时单件产品，特别是形状复杂、尺寸较大的零件，如箱体、支架等，用焊接方法生产坯料的周期短，成本低。

三、常用零件的材料及毛坯选择

常用机械零件按形状特征和用途的不同，主要有轴杆类零件、轮盘类零件和箱体类零件等多种，它们所用材料和毛坯种类是不同的。

1. 轴杆类零件

轴杆类零件一般为回转体零件，其长度大于直径。轴是机器设备中最基本、最关键的零件，轴的主要作用是支承传动零件（如齿轮、带轮、凸轮等），传递运动和动力。轴按结构形状可分为光轴、阶梯轴、空心轴、曲轴和杠杆等，按承载不同可分为转轴（承受弯矩和转矩——如机床主轴）、传动轴（承受转矩——车床的光杆）、心轴（主要承受弯矩——如自行车和汽车的前轴）等。轴杆类零件除承受上述载荷外，还要承受冲击和摩擦的作用。所以，轴杆类零件要求具有优良的综合力学性能、抗疲劳性能和耐磨性等。

（1）轴杆类零件的材料选用 根据轴杆类零件的载荷性质和大小、转速高低、尺寸大小和精度要求不同，可选用多种材料制造。常用于制造轴杆类零件的材料为低、中碳碳钢和合金钢，如 30、35、45、40Cr、40MnB、30CrMnSi 钢等，其中以 45、40Cr 应用较多。同时还要进行正火、调质和表面淬火等热处理来进一步提高性能。对高精度、高速旋转的轴可选用氮化钢 38CrMnAiA。

对中、低速内燃机与柴油机的曲轴、连杆、凸轮轴等可选用低合金高强度结构钢和球墨铸铁、合金铸铁。

（2）轴杆类零件的毛坯选材 轴杆类零件的毛坯，常选用圆钢和锻件。光轴的毛坯一般选用圆钢；阶梯轴的毛坯应根据阶梯直径之比，选用圆钢或锻件；当零件的力学性能要求高时，常选用锻件作毛坯。单件或小批量生产的轴采用自由锻件作毛坯，成批生产的中小型轴常选用模锻件为毛坯，对大型复杂的轴可选用锻-焊结构件作毛坯。

2. 轮盘类零件

轮盘类零件一般是轴向尺寸小于径向尺寸，或者两个方向尺寸相差不大，属于这类零件的有齿轮、飞轮、带轮、法兰盘、联轴器、手轮、刀架等。由于这些零件在机械设备中的作用、要求和工作条件差异很大，因此零件用材和毛坯也各不相同。

对带轮、飞轮、手轮、垫块等一类受力不大（且主要承受压力）、结构复杂的零件，常选用灰铸铁制造，故用铸造方法生产的铸铁件作为毛坯；对单件大型零件亦可用低碳钢焊接而成。对法兰盘、套环、垫圈等零件，根据受力大小、形状和尺寸，可选用铸铁、钢、有色金属等制造，分别用铸件、锻件或型材下料后作毛坯。

齿轮是典型的轮盘类零件，其材料的选用前面已分析过。齿轮毛坯的选择应根据受力的性质与大小、材料的种类、结构形状、尺寸大小、生产批量等不同而异。一般中小型传力齿轮常用锻件作毛坯；当生产批量较大时用热轧或精密模锻件作毛坯，以提高性能，减少切削加工；直径较小的齿轮也可直接用圆钢作毛坯；结构复杂、尺寸较大的齿轮亦可采用铸钢件或球墨铸铁件；对单件大型齿轮可用焊接件作毛坯；对尺寸较小、厚度薄、产量大的传动齿轮可采用冲压方法直接生产零件；对一般非传动力的低速齿轮，可采用工程塑料或灰铸铁件作毛坯。

3. 箱座类零件

箱座类零件一般结构较复杂，具有不规则的外形与内腔，且壁厚不均匀，如各种设备的机身、机座、机架、工作台、齿轮箱、轴承座、泵体等。其工作条件差异较大，但一般以承压为主；并要求有较好的刚性和减振性，且同时受压、弯、冲击作用；对工作台和导轨等要求有较高的耐磨性。

对于一般以承受压力为主的箱座类零件，常选用灰铸铁为材料，因为灰铸铁可制造形状复杂的毛坯，具有良好的耐压、耐磨和减振性，且价格便宜。对受力较复杂的箱座零件，可选用铸钢件为毛坯；对单件小批量的箱座零件可用焊接件。为减少箱座类零件的重量，可选用铝合金铸件（如航空发动机箱体等）。对尺寸较大的支架，可采用铸-焊或锻-焊组合件作毛坯。

第四节　热处理的技术条件、工序位置与结构工艺性

一、热处理的技术条件

在图样上标明材料的牌号，并相应注明热处理的技术条件，其内容包括最终热处理方法及热处理应达到的力学性能等，以作为热处理生产及检验时的依据。一般在图样上都以硬度作为热处理技术条件。标定的硬度值允许有一个波动范围，一般布氏硬度波动范围在 30 ~ 40 个单位，洛氏硬度波动范围在 5 个单位左右。例如调质 220 ~ 250HBW，淬火回火 40 ~ 45HRC。

渗碳零件应标明渗碳、淬火、回火后的硬度（表面和心部）、渗碳的部位（全部或局部）及渗碳层深度等。对重要渗碳件还应提出对显微组织的要求。

表面淬火的零件主要技术要求是表面及心部硬度和有效硬化层深度，可用维氏硬度、表面洛氏硬度和洛氏硬度表示。

在图样上标注热处理技术条件时，可用文字对热处理技术条件加以扼要说明（一般可注在零件图样标题栏的上方），也可用 GB/T 12603—2005 规定的热处理工艺代号。热处理工艺代号由基础分类工艺代号和附加分类工艺代号两部分组成。基础分类工艺代号由四位数组成。附加分类工艺代号在基础分类工艺代号后面，用英文字母表示某些工艺的具体实施条件，如图 13-1 所示。热处理工艺代号标记规定如表 13-3 所列。

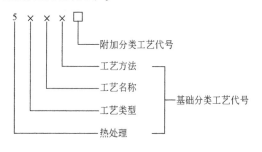

图　13-1

二、热处理工序位置的安排

根据热处理目的和工序位置的不同，热处理可分为预备热处理与最终热处理两大类。

1. 预备热处理的工序位置

预备热处理包括退火、正火和调质等。其工序位置一般在毛坯生产后，切削加工之前或粗加工之后，精加工之前。

表 13-3　热处理工艺分类及代号（摘自 GB/T 12603—2005）

工艺总称	代号	工艺类型	代号	工艺名称	代号	加热方法	代号
热处理	5	整体热处理	1	退火	1	加热炉	1
				正火	2		
				淬火	3	感应	2
				淬火和回火	4		
				调质	5		
				稳定化处理	6	火焰	3
				固溶处理；水韧处理	7		
				固溶处理和时效	8		
		表面热处理	2	表面淬火和回火	1	电阻	4
				物理气相沉积	2		
				化学气相沉积	3	激光	5
				等离子体化学气相沉积	4		
		化学热处理	3	渗碳	1	电子束	6
				碳氮共渗	2		
				渗氮	3		
				氮碳共渗	4	等离子体	7
				渗其他非金属	5		
				渗金属	6	其他	8
				多元共渗	7		
				溶渗	8		

（1）退火、正火的工序位置　一般经铸、锻、焊、冲压后的毛坯都要进行退火或正火处理，以消除毛坯中内应力，细化晶粒，均匀组织，改善切削加工性，或为最终热处理作组织准备。工艺路线为

毛坯生产(铸、锻、焊、冲压等)→退火或正火→机械加工

（2）调质的工序位置　调质主要是提高零件的综合力学性能，或为以后表面淬火和为易变形的精密零件淬火作准备。调质工序一般安排在粗加工之后，半精加工或精加工之前，一般工艺路线为

下料→锻造→正火（或退火）→机械粗加工→调质→机械精加工

在实际生产中，灰铸铁、铸钢件、钢锻件及某些钢轧件，经退火、正火或调质后就不再进行最终热处理，这时上述热处理也就是最终热处理。

2. 最终热处理的工序位置

这类热处理包括各种淬火、回火和化学热处理等。零件经这类热处理后硬度较高，除磨削外不宜其他切削加工，一般均安排在半精加工之后，磨削之前。

（1）淬火的工序位置　整体淬火与感应加热表面淬火的工序位置安排基本相同。

1）整体淬火零件工艺路线：下料→锻造→退火（正火）→机械粗、半精加工→淬火、低温回火（中温回火）→磨削

2）感应加热表面淬火零件的工艺路线：下料→锻造→退火（正火）→机械粗加工→调质→机械半精加工→感应加热表面淬火、低温回火→磨削

（2）渗碳的工序位置　渗碳为整体渗碳与局部渗碳两种。当零件局部不进行渗碳时，应在图样上予以注明，该部位可采取镀铜以防止渗碳或采取多留余量的方法，待零件渗碳后，

淬火前去除不需要的渗碳层。渗碳零件的工艺路线为：下料→锻造→正火→机械加工→局部渗碳时其他部位镀铜（或多留余量）→渗碳→去除不需要渗碳层→淬火、低温回火→磨削

（3）渗氮的工序位置　渗氮的温度低，热处理变形小，渗氮层硬而薄，因而其工序应尽量靠后，一般渗氮后只需研磨或精磨。为了防止因切削加工而产生的残余应力引起渗氮件变形，在渗碳前要进行去应力退火。因渗氮层薄而脆，心部必须有较高强度才能承受载荷，故一般渗氮前应进行调质。调质后形成细密、均匀的回火索氏体，可提高心部力学性能，并便于获得均匀的渗氮层。渗碳零件的工艺路线为：下料→锻造→退火→粗加工→调质→精加工→去应力退火→粗磨→渗氮→精磨或研磨

对要进行精磨的渗氮层，粗磨时，直径应留 0.01~0.15mm 余量；对需研磨的渗氮件，则只留 0.05mm 余量，零件不需要渗氮部位应镀锡（或镀铜）保护，也可留 0.50mm 除渗余量，渗氮后再磨去。

对于精密零件，可进行去应力退火，以稳定尺寸和减少变形，去应力退火一般安排在粗磨和精磨之间，对精度要求很高的零件，可进行多次去应力退火。

三、热处理零件的结构工艺性

零件设计的结构形状不合理，常引起淬火变形、开裂，使零件报废。因此，设计人员需考虑热处理零件的结构工艺性，尽量考虑以下原则：

1. 避免尖角

零件的尖角是淬火应力集中的地方，往往成为淬火开裂的起点。因此，一般应尽量将尖角设计成圆角、倒角，以避免淬火开裂，如图 13-2 所示。

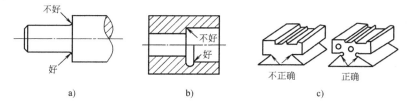

图 13-2　避免尖角、棱角的设计

2. 避免厚薄悬殊的截面

厚薄悬殊的零件在淬火冷却时，由于冷却不均匀而造成的变形、开裂倾向较大，如图 13-3 所示。

为了避免厚薄悬殊造成淬火变形或开裂，可将零件太薄处加厚，或开工艺孔，变不通孔为通孔的方法，如图 13-4、图 13-5 所示。

3. 采用封闭、对称结构

开口或不对称结构的零件在淬火时应力分布亦不均匀，容易引起变形，应改为封闭或对称结构。

图 13-6a 所示的零件，中间单面有一让位槽，淬火将发生较大变形（如图中双点画线所示），若在另一面的对称处增大一个槽（图 13-6b），对使用无影响，却减少了淬火变形。

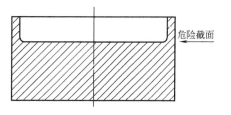

图 13-3　零件存在危险截面的部位

图 13-7 所示是槽形零件，淬火前留肋形成封闭，热处理后切开或去掉。

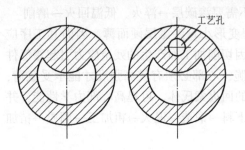

图 13-4　开工艺孔避免淬火变形、开裂

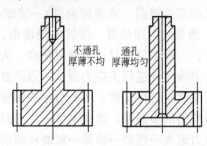

图 13-5　变不通孔为通孔，避免淬火变形、开裂

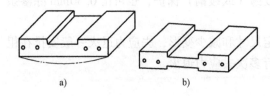

图 13-6　零件对称的例子

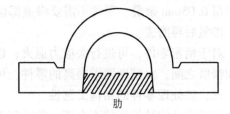

图 13-7　槽形零件淬火前留肋

4. 采用组合结构

有些有淬裂倾向而各部分工作条件要求不同的零件或形状复杂的零件，在可能的条件下可采用组合结构或镶拼结构。

图 13-8a 所示是山字形硅钢片冲模，如果将其做成整体，热处理后要变形（如双点画线所示）。若把整体改为四块组合件，如图 13-8b 所示，热处理变形可不考虑，将单块磨削平后钳工装配组合即可。

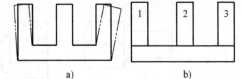

图 13-8　硅钢片冲模

第五节　典型零件的选材及工艺路线分析

一、齿轮

1. 齿轮的工作条件、失效方式及性能要求

齿轮在机床、汽车、拖拉机和仪表装置中应用很广泛，也是很重要的机械零件，它起着传递动力、改变运动速度或方向的作用；有的齿轮还有分度定位作用。其工作时的受力情况如下：

1）齿轮工作时，通过齿面传递动力，在啮合齿面相互滚动和滑动，承受较大的接触应力并发生强烈摩擦。

2）由于传递扭矩，齿根承受较大的弯曲应力。

3）由于换档、起动或啮合不良，齿部承受一定冲击作用。

由于齿轮的上述工作特点，其主要失效形式有以下几种：

1）疲劳断裂：主要起源在齿根，常常一齿断裂引起数齿，甚至更多的齿断裂，他是齿轮最严重的失效形式。

2）过载断裂：主要是冲击载荷过大而造成的。

3）齿面磨损：主要是摩擦磨损和磨粒磨损，使齿厚变小，齿隙增大。

4）麻点剥落：是在接触应力作用下齿面接触疲劳破坏，齿面产生微裂纹并逐渐发展而引起。

根据工作条件和失效方式，对齿轮的材料提出如下性能要求：

1）高的疲劳强度。

2）高的接触疲劳抗力和耐磨性。

3）齿轮的心部要有足够的韧性。

2. 齿轮材料的选用依据

各类齿轮的材料选用的主要依据是上述的工作条件，即载荷性质与大小、转速等来确定，如表13-4所列。

表13-4　根据工作条件推荐选用的一般齿轮材料和热处理方法

传动方式	工作条件		小齿轮			大齿轮		
	速度	载荷	材料	热处理	硬度	材料	热处理	硬度
开式传动	低速	轻载、无冲击、不重要的传动	Q275	正火	150~180HBW	HT200		170~230HBW
						HT250		170~240HBW
		轻载、冲击小	45	正火	170~200HBW	QT500—7	正火	170~207HBW
						QT600—3		197~269HBW
闭式传动	低速	中载	45	正火	170~200HBW	35	正火	150~180HBW
			ZG310—570	调质	200~250HBW	ZG270—500	调质	190~230HRC
		重载	45	整体淬火	38~48HBW	35、ZG270—500	整体淬火	35~40HRC
	中速	中载	45	调质	220~250HBW	35、ZG270—500	调质	190~230HBW
			45	整体淬火	38~48HRC	35	整体淬火	35~40HRC
			40Cr 40MnB 40MnVB	调质	230~280HBW	45、50	调质	220~250HBW
						ZG270—500	正火	180~230HBW
						35、40	调质	190~230HBW
		重载	45	整体淬火	38~48HRC	35	整体淬火	35~40HRC
				表面淬火	45~50HRC	45	调质	220~250HBW
			40Cr 40MnB 40MnVB	整体淬火	35~42HRC	35、40	整体淬火	35~40HRC
				表面淬火	52~56HRC	45、50	表面淬火	45~50HRC
	高速	中载、无猛烈冲击	40Cr 40MnB 40MnVB	整体淬火	35~42HRC	35、40	整体淬火	35~40HRC
				表面淬火	52~56HRC	45、50	表面淬火	45~50HRC
		中载、有冲击	20Cr 20Mn2B 20MnVB 20CrMnTi	渗碳淬火	52~56HRC	ZG310—570	正火	160~210HBW
						35	调质	190~230HBW
						20Cr 20MnVB	渗碳淬火	56~62HRC

表13-4所列齿轮选用材料仅限于钢。生产上齿轮材料还有很多，特别是低速或中速承受低载、低冲击作用的齿轮，可选用灰铸铁、球墨铸铁，在承载不大、无润滑条件下工作的齿轮，还可以选用工程塑料（如尼龙、聚碳酸酯等）。在仪表或手表中的齿轮，要求一定的耐磨性，而承受载荷较轻、速度较小，常选用黄铜、不锈钢等。

3. 工艺路线分析实例

例1. 卧式车床的变速箱传动齿轮

工作条件：工作中承受载不大，转速中等，工作较平稳，无强烈冲击。

性能要求：对齿面和心部的强度，韧度要求不太高，齿轮心部硬度为230～280HBW，齿面硬度为45～50HRC。

选用材料：45钢或40Cr。

工艺路线：下料→锻造→正火→粗加工→调质→精加工→高频感应加热淬火、低温回火→精磨

例2. 汽车变速齿轮

工作条件：比机床齿轮工作条件恶劣，承受载荷较大（包括疲劳弯曲应力和接触压应力），受冲击作用较频繁。

性能要求：对齿面和心部要求较高强度，心部还有足够韧性，齿面硬度58～62HRC，心部硬度30～45HRC。

选用材料：20CrMnTi。

工艺路线：下料→锻造→正火→机械加工→渗碳、淬火和低温回火→喷丸→磨削。其中渗碳层深度为 $1.00～1.30mm$，表层 $w_C = 0.85\%～1.05\%$。

预备热处理的正火是为了得到均匀和细化的晶粒组织；消除锻造内应力；获得良好的切削加工性能，并为最终热处理作好组织准备。

渗碳是为了提高齿面的碳的质量分数，以保证淬火后得到高硬度和良好耐磨性的高碳马氏体组织。

淬火是为了除表面有高硬度外，还能使心部获得足够的强度和韧度。因为20CrMnTi钢奥氏晶粒长大倾向小，故可以渗碳后直接淬火，也可以采用马氏体分级淬火，以减少齿轮的淬火变形。

低温回火是为了消除淬火的应力，减少齿轮的脆性，获得回火马氏体组织的必要工序。

喷丸处理不仅可清除表面氧化皮，而且是一项可使齿面形成压应力，提高材料的疲劳强度的强化工序。

对于工作条件十分繁重的大模数齿轮（如坦克的传动齿轮），可选用18Cr2Ni4WA合金结构钢。通过渗碳，淬火和低温回火，获得其强度、硬度、塑性和韧性可达到很好配合的性能。

二、轴类

1. 工作条件、失效方式及性能要求

轴类零件是机械设备中最主要的零件之一，也是影响机械设备的精度和寿命的关键零件。各种轴的尺寸相差悬殊，如手表中摆动轴最小处只有 $\phi0.085mm$，而汽轮机转子轴可达 $\phi1000mm$ 以上。轴与齿轮一样，主要用来承受各种载荷和传递动力，一般轴的工作条件为：

1）传递一定的扭矩，承受一定的交变弯矩和拉、压载荷。

2）轴颈承受较大的摩擦。

3）承受一定的冲击载荷。

根据轴的工作特点，其主要失效形式有以下几种：

1）疲劳断裂。这是由于扭转疲劳和弯曲疲劳交变载荷长期作用下造成的轴断裂。它是最主要的失效方式。

2）过载断裂。这是在大载荷或冲击载荷作用下轴发生的折断或扭断。

3）磨损失效。这是在轴颈或花键处受强烈磨损所致。

4）过量变形失效。在载荷作用下，轴发生过量弹性变形和塑性变形而导致影响设备的正常运行。

根据工作条件和失效方式，对轴类零件选用材料提出如下性能要求：

1）良好的综合力学性能，以防止冲击或过载断裂。

2）高的疲劳强度，以防疲劳断裂。

3）良好的耐磨性，以防止轴颈磨损。

此外，还应考虑刚度、切削加工性、热处理工艺性及成本。

2. 轴类零件选用材料

对轴进行选材时，必须将轴的受力情况作进一步分析，按轴的受力类型选择材料。

（1）承受载荷不大的轴　主要考虑轴的刚度、耐磨性及精度。例如，一些工作应力较低，强度和韧度要求不高的转动轴，常采用低、中碳钢（如 20、35、45 钢）经正火后使用。若轴颈处要求有一定耐磨性，则选用 45 钢，并经调质后在轴颈处进行表面淬火和低温回火。对尺寸较小，精度要求较高的仪表或手表中的轴，可采用高碳钢（如 T10 钢）或高碳易切削结构钢（如 Y12Pb）经淬火和低温回火后使用。

（2）承受交变弯曲载荷或交变扭转载荷的轴（如卷扬机轴、齿轮变速箱轴）或同时承受上述两种载荷的轴（如机床主轴、发动机曲轴、汽轮机主轴）　这两类轴在载荷作用下应力在轴的截面上分布是不均匀的，表面部位的应力值最大，愈往中心愈小。在选材时，不一定选淬透性较好的钢种，一般只需淬透轴半径的 1/2 ~ 1/3 即可，故常选用 45、40Cr 钢等。先经调质处理后在轴颈处进行高、中频感应加热表面淬火及低温回火。

（3）同时承受交变弯曲（或扭转）及拉、压载荷的轴　这类轴如锻锤锤杆、船舶推进器曲轴等，它在整个截面上应力分布基本均匀，因此应选用淬透性较高的钢，如 30CrMnSi、40MnB、40CrNiMo 钢。一般也经调质，然后在轴颈处进行表面淬火及低温回火。

（4）承受较大冲击载荷，又要求较高耐磨性的形状复杂的轴　属于这类轴的有汽车、拖拉机的变速箱轴，可选用合金结构钢（18Cr2Ni4WA）先经渗碳，再进行淬火和低温回火。

制造轴的材料不限于上述钢种，还可选用不锈钢、球墨铸铁和铜合金等。

3. 工艺路线分析实例

以 CA6140 型卧式车床变速箱的主轴为例，如图 13-9 所示。

（1）工作条件及性能要求

1）承受交变的弯曲应力和扭转应力，有时受到冲击载荷作用。

2）主轴大端内锥孔和锥度外圆经常和顶尖有相对摩擦。

3）花键部位齿轮有相对滑动。

由于该主轴是在滚动轴承中运动，承受中等载荷，中等转速，有装配精度要求，且受到一定冲击载荷，因此确定热处理的技术条件如下：整个调质后硬度应在 220 ~ 250HBW，组织为回火索氏体；内锥孔（莫氏 6 号锥度）硬度应在 45 ~ 50HRC；距表面层 3 ~ 5mm 内为回火托氏体和少量回火马氏体组织；外圆锥面（C 面 $\phi106$mm × 16mm）及花键部位（$\phi90$mm × 80mm）硬度为 48 ~ 52HRC，组织为回火托氏体和较多回火马氏体。

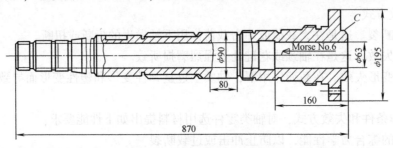

图 13-9　CA6140 型卧式车床主轴

（2）选用材料　根据上述工作条件和性能要求，以选择 45 钢经正火即可（正火后可达 $\sigma_b = 600$MPa，$\sigma_{-1} = 260$MPa）。如果强度、韧度要求较高，可在粗车后进行调质处理（调质后可达 $\sigma_b = 682$MPa，$\sigma_{-1} = 338$MPa），不但强度增高，而且疲劳强度也随着增高，这对主轴是很有利。此钢价廉，可锻性、切削加工性好，它虽属淬透性差的钢，但主轴工作时应力沿截面从表面向中心逐渐减少，是能满足要求的。

（3）工艺路线　下料→锻造→正火→粗加工→调质→精加工（除花键外）→局部淬火、低温回火（圆锥孔及外圆锥体）→粗磨（外圆锥体及圆锥孔）→铣花键→花键表面淬火、低温回火→精磨（外圆、外圆锥体及圆锥孔）

正火后获得硬度为 180 ~ 230HBW，便于机械加工，同时为调质作好了组织准备。

调质是为了提高主轴的综合力学性能，发挥调质作用，可安排在机械粗加工后进行。

内圆锥也和外圆锥面部分可采用盐浴局部淬火和低温回火，得到所需硬度。花键可用高频感应加热表面淬火和 220 ~ 240℃ 回火，以保证装配精度，不易磨损及消除内应力。

由于主轴各部分直径不同且又较长，故应注意淬火操作方法以减少变形。圆锥部分淬火和花键淬火分开进行是为了减少变形。圆锥部分淬火后用精磨纠正淬火变形，然后再进行花键加工与淬火、回火，最后以精磨消除其变形。

第六节　典型工具的选材及工艺路线分析

一、手用丝锥

1. 工作条件、失效方式与性能要求

手用丝锥是用来加工金属零件的内孔螺纹的刃具，如图 13-10 所示。因为它属于手动攻螺纹，故承受载荷较小，切削速度很低，其失效形式是磨损及扭断，因此齿刃部分要求高硬度和高耐磨性，以抵抗扭断。

2. 选用材料

手用丝锥的齿刃硬度为 59 ~ 63HRC，柄部为 30 ~ 45HRC，因此选用碳的质量分数较高的

钢，使淬火后获得高碳马氏体组织，以提高硬度，并形成较多的碳化物以提高耐磨性。不过手用丝锥对热硬性、淬透性要求较低，承受载荷很小，因此选用 $w_C = 1.0\% \sim 1.2\%$ 的碳素工具钢即可。另外，考虑到提高丝锥的韧度及减少淬火时开裂的影响，应选用硫、磷杂质极少的高级优质碳素工具钢，常用 T12A、T10A 钢。

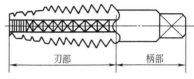

为了使丝锥刃具有高硬度，而心部具有足够韧度，且考虑到丝锥齿刃部很薄，尽量减少淬火变形量，故采用贝氏体等温淬火或马氏体分级淬火。

图 13-10　手用丝锥

碳素工具钢制造手用丝锥，原材料成本低冷，热加工容易，可省合金钢，因而得到广泛使用。为了提高手用丝锥寿命与抗扭能力，也可采用 GCr9 滚动轴承钢。

3. M12 手用丝锥的选材及工艺路线

（1）选用材料　T12A

（2）工艺路线　下料→球化退火→机械加工→淬火、低温回火→柄部处理→防锈处理（发蓝）

球化退火是指当轧材组织不良时才采用，以获得珠光体组织，并为以后淬火作组织准备。若硬度和金相组织合格，也可不进行球化退火。

淬火采用硝盐等温冷却（分级淬火），如图 13-11 所示。淬火后丝锥表层（2~3mm）组织为下贝氏体 + 马氏体 + 渗碳体 + 残留奥氏体，硬度大于 60HRC，具有高的耐磨性。心部组织为托氏体 + 下贝氏体 + 马氏体 + 渗碳体 + 残留奥氏体，硬度为 30~45HRC，具有足够韧度。

丝锥柄部因硬度要求较低，故可浸入 600°C 硝盐炉中进行快速回火处理。

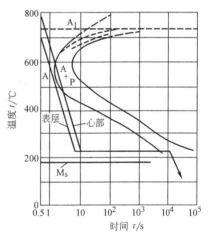

图 13-11　T12A 钢手用丝锥淬时
冷却曲线（示意图）

二、冷作模具

1. 工作条件、失效方式和性能要求

冷作模具包括冲裁模（落料、冲孔、修边、剪刀模等）、拉深模、拔丝和压弯模、冷镦模和冷挤压模等。下面分别讨论几种典型的冷作模具。

（1）冲裁模

1）工作条件：落料、冲孔和修边模，刃口经受多次冲击、摩擦和弯曲应力；冲孔或落料凸模，经受压、弯、冲击载荷和磨损，下料剪刀刀刃经常受磨损、压缩和弯曲载荷。

2）失效方式：正常失效为磨损，但常因结构或热处理不当而产生刃口剥落、镦粗、折断等现象，造成模具早期失效。

3）性能要求：要求高的弯曲和抗拉强度，高的耐磨性和足够韧度，并要求热处理变形小。

（2）拉深、拔丝和压弯模

1）工作条件：凹模承受强烈摩擦和径向应力；凸模除承受摩擦外还承受抗压强度。高速拉紧时，工作表面温度可达 400~500°C。

2）失效方式：常因尺寸磨损和表面产生沟槽而报废。

3）性能要求：高硬度、高耐磨性及一定的热稳定性。

（3）冷镦模

1）工作条件：凸模承受冲击载荷、磨损和抗压强度；凹模承受冲击载荷、磨损，同时由于内外模套压应力产生经向或周边拉应力。

2）失效方式：凸模为磨损、镦粗、下陷及折断，或回程时由于附加拉应力而断裂。凹模硬度较低时，模腔内壁拉毛（擦伤或磨损）和承受冲击载荷而引起疲劳失效，硬度稍高时模口崩裂、扩大或下陷。

3）性能要求：必须有足够的抗压强度、抗弯强度、疲劳强度及耐磨性。凹模要合理处理好强度（硬度与耐磨性）与韧度之间矛盾。工作表面必须有高硬度和耐磨性。心部必须具有足够的韧度，而硬度可低一些（>40~50HRC），合适的有效淬硬层深度为3~4mm。

（4）冷挤压模

1）工作条件：承受很高的压应力（可达2500~3000MPa），由于机床调整时，对中不良或毛坯端面不平等因素，还可能因产生的侧向应力而导致凸模承受很高的弯曲应力；凸模工作过程中，其刃带部分由于与强烈流动的金属之间摩擦而引起擦伤和磨损。其肩部则承受很高的接触压应力和摩擦力，产生磨损和麻点，促使凹模产生弯曲疲劳断裂。

2）失效方式：常见失效方式是疲劳破坏，均属早期失效，而凸模的失效方式为擦伤磨损或挤压时剥落的碳化物质点对模具的磨粒磨损，以及由于局部高温所引起氧化磨损。

3）性能要求：必须具有尽可能高的抗弯疲劳强度。为了防止凸模镦粗产生裂纹，材料必须具有尽可能高的抗压强度和抗剪强度，此外，材料还应具备较高的耐磨性和韧度。

2. 冷作模具的材料选用

凸模、凹模是冷作模具中最重要的零件，在冲压过程中，它们反复地受到强大的冲击载荷作用，用来制造凸模与凹模的材料应满足对模具的性能要求。

表13-5列出了冷作模具模凸模与凹模常用材料与热处理技术要求。

表13-5 凸模与凹模常用材料与热处理技术要求

模具类型		冲件情况	材料	热处理	硬度 HRC	
					凸模	凹模
冲裁模	I	形状简单，冲件材料厚度<3mm的凸、凹模	T8A	淬硬	58~62	62~64
		带台肩、快换式的凸模和凹模	T10A			
		形状简单的镶块				
	II	形状复杂的凸模、凹模和凸凹模	9CrSi、CrWMn			
		冲裁材料厚度>3mm的凸、凹模				
		形状复杂的镶块	Cr12、Cr12MoV			
	III	要求高耐磨的凸模和凹模	Cr12MoV		60~62	62~64
			GCr15、YG15		—	—
	IV	冲薄材料用的凹模	T8A		—	—
	V	板模的凸模和凹模	T7A	淬硬	43~48	

(续)

模具类型		冲件情况	材料	热处理	硬度 HRC	
					凸模	凹模
弯曲模	I	一般弯曲的凸模、凹模、镶块	T8A、T10A	淬硬	56~60	
	II	要求高耐磨的凸模、凹模及其镶块	CrWMn		60~64	
		形状复杂的凸模、凹模、镶块	Cr12			
		生产量特大的凸模、凹模、镶块	Cr12MoV			
	III	材料加热的弯曲凸模与凹模	5CrNiMo		52~56	
			5CrNiTi			
拉伸模	I	一般拉伸的凸模与凹模	T8A、T10A		58~62	60~64
	II	连续拉伸的凸模与凹模	T10A、CrWMn			
	III	要求耐磨的凹模	Cr12、Cr12MoV		—	60~64
			YG15、YG8		—	—
	IV	冲压不锈钢材料用的拉深凸模	W18Cr4V	淬硬	62~64	—
		冲压不锈钢材料用的拉深凹模	YG15、YG8		—	—
	V	材料加热、拉深用的凸模和凹模	5CrNiMo 5CrNiTi	淬硬	52~56	

3. 实例

冲制硅钢片凹模材料选用与工艺路线分析

冲制硅钢片凹模如图 13-12 所示，其外形尺寸为 130mm × 20mm，它是用来冲制厚度为

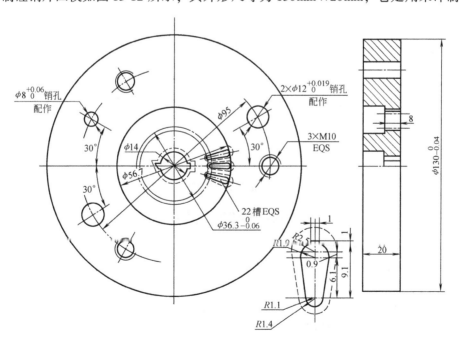

图 13-12　Cr12MoV 钢冲制硅钢片的凹模

0.30mm 硅钢片的模具。由于冲压件厚度小，抗剪强度低，故凹模所承受载荷较小，但凹模在淬火时变形超差，无法用磨削法修正，同时凹模内腔较复杂，且有螺纹孔，壁厚也不均匀。若选用碳素工具钢，淬火变形与开裂倾向较大，若选用 CrWMn 钢，虽淬火变形小，但碳化物偏析较严重，磨削时易产生磨削裂纹。因此，选用 Cr12MoV 钢，热处理技术要求为：硬度 58 ~62HRC，高耐磨性，热处理变形尽量小。

工艺路线：下料→锻造→球化退火→粗加工→去应力退火→精加工→淬火、低温回火（一次硬化法）→磨削及电火花加工成形→试模

Cr12MoV 钢是高碳高铬钢，属莱氏体钢，含有大量碳化物，有很高耐磨性，但需要通过锻造来改善碳化物的大小与分布。若不进行锻造，则容易热处理变形，模具在工作过程中也容易崩刃或掉块。

Cr12MoV 的锻件硬度高，为了降低硬度，改善切削加工性能，锻件应进行球化退火，退火后（空冷）组织为在索氏体基体上分布合金碳化物，硬度为 207 ~255HBW。

这种钢虽然变形小，但在生产中用一次硬化法处理后变形易超过图样要求。为了减少变形，可在一次硬化处理前增加一道消除机械加工去应力退火的工序。

Cr12MoV 钢的组织与性能和淬火温度有很大关系。本例采用一次硬化法，即较低的淬火温度（1020 ~1040°C），并采用低温回火（200 ~220°C）。这种方法的特点就是淬火件硬度高，热处理变形小。

此外，为了减少凹模淬火时变形与开裂的倾向，淬火加热时先在 500 ~550°C 预热，以消除热应力和机械加工应力，并将螺孔用耐火泥堵住。

热处理工艺规范选用如图 13-13 所示。

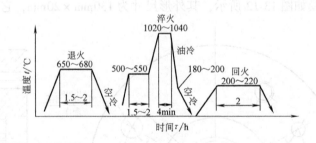

图 13-13　Cr12MoV 冲制硅钢片，凹模
热处理工艺曲线

思考题与练习题

1. 一般机械零件与工具的失效方式有哪几种？
2. 选择材料的一般原则有哪些？简述它们之间的关系。
3. 为了减少零件在热处理时的变形与开裂，一般应采取何种措施？
4. 根据下列不同性能要求的齿轮，各应选择何种材料？
（1）齿面硬度高、中心韧度好的齿轮。
（2）承受载荷不大的低速大型齿轮。
（3）承受载荷大、强度高、尺寸小的齿轮。

（4）低噪声、小载荷齿轮。

5. 某齿轮要求具有良好的综合力学性能，表面硬度 50~55HRC，用 45 钢制造，加工工艺路线为：下料→锻造→热处理→机械粗加工→热处理→机械精加工→热处理→精磨。试回答工艺路线中各个热处理工序的名称、目的。

6. 某工厂用 T10 钢制造的钻头加工一批铸铁件时，钻几千个 φ10mm 的深孔钻头很快磨损，根据检验钻头材质，热处理工艺，金相组织，硬度均合格问失效原因是什么？并提出解决问题的方法。

7. 钢锉采用 T12 钢制造，硬度为 60~64HRC，其加工工艺路线为：热轧钢板下料→正火→球化退火→机械加工→淬火、低温回火→校直。

试回答工艺路线中各个热处理工序目的、热处理后组织。

8. 机械式计数器内部有一级计数齿轮，最高转速为 350r/min，问选用下列何种材料制作合适：40Cr、20CrMnTi、尼龙 66、聚苯乙烯。

参 考 文 献

[1] 张至丰.金属工艺学(机械工程材料)[M].北京:机械工业出版社,1998.
[2] 严绍华.材料成型工艺基础[M].北京:清华大学出版社,2001.
[3] 朱莉,王运炎.机械工程材料[M].北京:机械工业出版社,2005.
[4] 沈其文.材料成型工艺基础[M].武汉:华中科技大学出版社,2003.
[5] 王文清,李魁盛.铸造工艺学[M].北京:机械工业出版社,1998.
[6] 李义增.金属工艺学(热加工基础)[M].北京:机械工业出版社,1997.
[7] 曾昭昭.特种铸造[M].杭州:浙江大学出版社,1992.
[8] 王爱珍.机械工程材料成型技术[M].北京:航空航天大学出版社,2005.
[9] 骆莉,卢记军.机械制造工艺基础[M].武汉:华中科技大学出版社,2006.
[10] 齐乐华.工程材料与机械制造基础[M].北京:高等教育出版社,2006.